千華 **50**th 築夢踏實

千華公職資訊網

千華粉絲團

棒學校線上課程

千華數位文化

郵局外勤法規何時改版呢?

我在思考要考三等還是四等?

請問我要買教師資格檢定考試的套書,可以去哪裡買得到?

沒問題⋯知道您們的回覆很即時,無疑是對購買書籍的消費者最大的回饋。

請問監獄管理員有哪些書呢?

別擔心,讓我來幫您解答!

前往官網　考試日程表　即將報名

千華數位文化

折價券　當期促銷　棒

真人客服 · 最佳學習小幫手

- 真人線上諮詢服務
- 提供您專業即時的一對一問答
- 報考疑問、考情資訊、產品、優惠、職涯諮詢

盡在 千華LINE@

加入好友
千華為您線上服務

千華數位文化

台灣電力(股)公司新進僱用人員甄試

壹、報名資訊

一、報名日期：2025年1月（正確日期以正式公告為準。）

二、報名學歷資格：公立或立案之私立高中（職）畢業

完整考試資訊

http://goo.gl/GFbwSu

貳、考試資訊

一、筆試日期：2025年5月（正確日期以正式公告為準。）

二、考試科目：

(一) 共同科目：國文為測驗式試題及寫作一篇，英文採測驗式試題。

(二) 專業科目：專業科目A採測驗式試題；專業科目B採非測驗式試題。

類別		專業科目
1.配電線路維護	國文(10%) 英文(10%)	A：物理(30%)、B：基本電學(50%)
2.輸電線路維護		A：輸配電學(30%) B：基本電學(50%)
3.輸電線路工程		
4.變電設備維護		
5.變電工程		
6.電機運轉維護		A：電工機械(40%) B：基本電學(40%)
7.電機修護		
8.儀電運轉維護		A：電子學(40%)、B：基本電學(40%)
9.機械運轉維護		A：物理(30%)、 B：機械原理(50%)
10.機械修護		
11.土木工程		A：工程力學概要(30%) B：測量、土木、建築工程概要(50%)
12.輸電土建工程		
13.輸電土建勘測		
14.起重技術		A：物理(30%)、B：機械及起重常識(50%)
15.電銲技術		A：物理(30%)、B：機械及電銲常識(50%)
16.化學		A：環境科學概論(30%) B：化學(50%)
17.保健物理		A：物理(30%)、B：化學(50%)
18.綜合行政類	國文(20%) 英文(20%)	A：行政學概要、法律常識(30%)、 B：企業管理概論(30%)
19.會計類	國文(10%) 英文(10%)	A：會計審計法規(含預算法、會計法、決算法與審計法)、採購法概要(30%)、 B：會計學概要(50%)

詳細資訊以正式簡章為準

歡迎至千華官網(http://www.chienhua.com.tw/)查詢最新考情資訊

目次

本書緣起

　　筆者將自己多年學習電子學的經驗心得，彙整成本書來跟莘莘學子們分享，希望各位同學可以在閱讀此書的同時，對於電子學有更進一步的了解。

　　電子學是一門基礎科目，相關科系中的各學科多少都可以見到它的影子，對於未來有志在電機電子各個領域發展的同學們來說，如果電子學基礎沒有打好，以後想要在這個領域更進一步的話，將會是你們莫大的阻礙。

　　依筆者的經驗，同學往往會因為對半導體元件特性的不熟悉，進而對其電路架構不了解；筆者以淺顯易懂的理念來撰寫本書，希望可以用最簡單的方式，讓同學在面對題目時，可以輕鬆地知道解題方向。

　　最後，感謝千華數位文化公司全力支持本書的出版，使得本書得以完成；若本書有任何錯誤之處，希望各位電子學先進可以不吝賜教，謝謝！

陳 震 謹誌

電子學高分準備方法

1. 對於基本題型一定要熟練，是分數的基本來源。

2. 二極體、BJT、FET元件特性一定要熟知，此類元件特性年年必考。

3. 二極體的應用電路要完全熟練，如果出現類似考題，是一定要得到的分數。

4. 電晶體的小信號分析、直流分析年年必考，計算能力要爐火純青。

5. 邏輯閘電路之判斷的題目，是每年出題的常客，需要特別注意。

6. 考古題儘可能多做，如此可以抓到一些出題的方向以及對題目熟練度的提升。

祝各位金榜題名

第 0 章　電路的基本觀念與理論

0-1　符號使用說明

1. 直流（DC）符號表示：電壓符號以英文大寫 V 表示，電流符號以英文大寫 I 表示。

2. 交流（AC）符號表示：瞬間值以英文小寫 v 表示瞬間電壓值，i 表示瞬間電流值，有效值則以大寫表示。

3. 電源可分為獨立電源（independent source）和相依電源（dependent source）兩種。

   獨立電源符號：

   獨立電壓源　　　　　　獨立電流源

   相依電源符號：（又被稱為受控電源（controlled source））

   相依電壓源　　　　　　相依電流源

0-2　K.V.L.和 K.C.L.

1. 克希荷夫電壓定理（Kirchhoff's voltage law, K.V.L.）：在密閉的迴路（loop）中，其內的所有電壓昇與電壓降總和等於零。

2. 克希荷夫電流定理（Kirchhoff's current law, K.C.L.）：電路的任一節點，其流入該節點的電流等於流出該節點的電流。

0-3 戴維寧定理和諾頓定理

1. 戴維寧定理（Thevenin's theorem）：對任何網路來說，可化簡為一電壓源串聯一阻抗來表示。

2. 諾頓定理（Norton's theorem）：對任何網路來說，可化簡為一電流源並聯一阻抗來表示。

0-4 垂疊定理

垂疊定理（superposition theorem）：當有二個以上的輸入點時，可先個別求出輸出，再相加之。

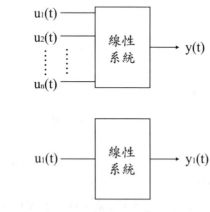

則 $y(t) = y_1(t) + y_2(t) + \cdots\cdots + y_n(t)$

0-5　雙埠電路（two-port circuit）

1. 阻抗參數（impedance matrix, Z 參數）

$$Z_{11}=\frac{V_1}{I_1}\mid I_2=0\text{（輸出端開路）}$$

$$Z_{21}=\frac{V_2}{I_1}\mid I_2=0$$

$$Z_{12}=\frac{V_1}{I_2}\mid I_1=0\text{（輸入端開路）}$$

$$Z_{22}=\frac{V_2}{I_2}\mid I_1=0$$

其等效電路如下：

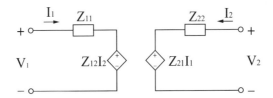

2. 導納參數（admittance matrix, Y 參數）

$$y_{11}=\frac{I_1}{V_1}\mid V_2=0\text{（輸出端短路）}$$

$$y_{21}=\frac{I_2}{V_1}\mid V_2=0$$

$$y_{12}=\frac{I_1}{V_2}\mid V_1=0\text{（輸入端短路）}$$

$$y_{22}=\frac{I_2}{V_2}\mid V_1=0$$

其等效電路如下：

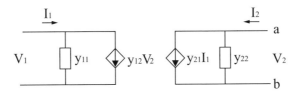

3. 混合參數（mix matrix, H 參數）

$$h_{11}=\frac{V_1}{I_1}\mid V_2=0\text{（輸入阻抗）}$$

$$h_{12} = \frac{V_1}{V_2} \mid I_1 = 0 \text{（逆向電壓增益）}$$

$$h_{21} = \frac{I_2}{I_1} \mid V_2 = 0 \text{（順向電流增益）}$$

$$h_{22} = \frac{I_2}{V_2} \mid I_1 = 0 \text{（輸出導納）}$$

其等效電路如下：

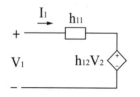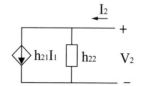

4. 混合參數（H'參數）

$$h'_{11} = \frac{I_1}{V_1} \mid I_2 = 0 \text{（輸出端開路）}$$

$$h'_{12} = \frac{I_1}{I_2} \mid V_1 = 0 \text{（輸入端短路）}$$

$$h'_{21} = \frac{V_2}{V_1} \mid I_2 = 0 \text{（輸出端開路）}$$

$$h'_{22} = \frac{V_2}{I_2} \mid V_1 = 0 \text{（輸入端短路）}$$

第一章　半導體的物理特性

1-1　依導電特性區分

1. 絕緣體：在一般的情況下，價帶內部的電子無法有傳遞的動作。
2. 導體：物體內部電子可以自由傳遞。
3. 半導體：在低溫下半導體類似於絕緣體，但當溫度超過室溫後其導電性越變越好。

1-2　常見半導體材料分類

1. 元素材料：依矽（Si）、鍺（Ge）為主。

   矽（Si）元素：漏電流小，氧化矽品質良好，業界常用之元素，藏量豐富。

   鍺（Ge）元素：漏電流大，因氧化鍺會溶於水，穩定性差。
2. 化合物材料：常見的是砷化鎵（GaAs）、硒化鋅（ZnSe）等。

1-3　本質半導體（intrinsic semiconductor）

1. 半導體內沒有摻雜任何其它元素稱之。
2. 當溫度很低時，矽的原子結構如下圖，因為沒有自由電子，此時半導體等同絕緣體。

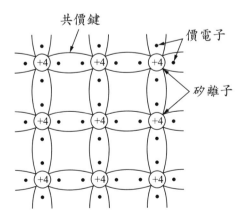

3. 當溫度升高達到室溫時，矽的原子結構因獲得熱能而振動，使有些共價鍵裂開，形成電子電洞時，當一個電子離開共價鍵位置所形成一個空位即電洞。

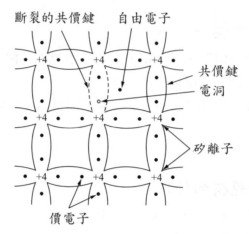

1-4　外質半導體（extrinsic semiconductor）

1. 在本質半導體中適當的滲入三價或五價元素（此過程稱之摻雜（doping）），即成為外質（extrinsic）半導體或稱摻雜（doped）半導體。

2. 當本質半導體加入五價元素（如：銻、磷、砷）形成自由電子加施體離子，稱為 n 型半導體。

3. 加入五價元素後多出一個自由電子，五價元素提供額外的自由電子，稱為施體（donor）或 n 型雜質。

4. n 型半導體原子結構圖：

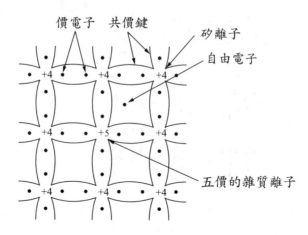

5. 當本質半導體加入三價元素（如：硼、鎵、鋁），形成空位（電洞），所以控制雜質摻雜量，等於控制電洞數目，此種稱為 p 型半導體。

6. 加入三價元素後多出一個電洞，形成電洞加受體雜子，因提供接納電子的電洞，稱為受體（acceptor）或 p 型雜質。

7. p 型半導體原子結構圖：

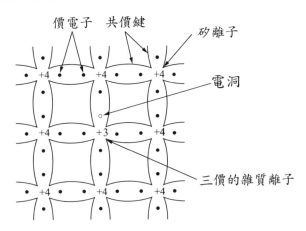

1-5　質量作用定律（mass-action law）

在熱平衡下，電子和電洞的乘積視為一常數，此數與所加施體或受體雜質的量無關。

$$np = n_i^2$$

1-6　電中性定律（electrical neutrality law）

半導體是電中性，電洞的總濃度與電子總濃度相同。

$N_D + P = N_A + n$

N_A：游離後的三價受體

N_D：游離後的五價施體

1-7　霍爾效應（Hall effect）

1. 一塊帶有電流 I 之材料，假設放在橫向磁場 B 中，若垂直 I 及 B 的方向上會感應出一電場 E，此現象稱為霍爾效應。

2. 霍爾效應在於它可決定半導體為 n 型或是 p 型，推導式如下：

平衡時：$F_e = F_B \Rightarrow qEy = qv^x \times B_z$

霍爾電壓：$V_H = EyW$

但　$J = pqv^x = v_x = J/pq$

所以　$V_H = v_x B_z W = JB_z W/pq = IB_z W/A_{pq}$

若 $V_H > 0$ 則半導體為 p 型，反之則為 n 型。

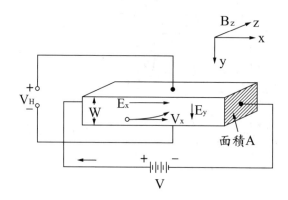

1-8　其他特殊半導體

1. 熱阻器（thermistor）—當溫度升高時，則導電係數增加，亦即其電阻係數降低，故其電阻溫度係數為負。

2. 敏阻器（sensistor）—當溫度升高，雖然 n 及 p 值提高，但 μ_p 及 μ_n 值卻下降更多，使導電係數下降，則導電係數下降。

3. 發光二極體（LED）—當二極體順偏時，因自由電子與電洞復合釋放出能量，而此能量以光的型式釋放稱之。

4. 光檢二極體（PD）—當二極體逆偏時，以光照射 pn 空乏區接面，可將共價鍵的電子撞出形成電子電洞流。

5. 片電阻（sheet resistance）—用於積體電路上。

❧ 讀後練習 ❧

(　　)　*1.* 一般積體電路中常以矽為材料的原因是　(A)傳導率較高　(B)矽電阻係數小　(C)矽熱穩定性佳　(D)含量豐富。

(　　)　*2.* 半導體內因不均勻之濃度梯度所形成之電流是謂　(A)游離電流　(B)傳導電流　(C)漂移電流　(D)擴散電流　(E)以上皆非。

(　　)　*3.* 在同一材料中，電子與電洞之移動率那一較快　(A)電洞　(B)電子　(C)相同　(D)不一定　(E)無法相比。

(　　)　*4.* 將微量銻摻入矽晶體中，當在相同溫度下　(A)電洞增加　(B)電子減少　(C)電子增加，電洞不變　(D)電子減少，電洞不變　(E)電子增加，電洞減少。

(　　)　*5.* 所謂電中性的半導體　(A)無主要載子　(B)無自由電荷　(C)電洞與電子數量相等　(D)正負電荷數量相等　(E)以上皆非。

(　　)　*6.* 在 $100°K \sim 400°K$ 間，電子或電洞的移動率是隨溫度的增加而　(A)增加　(B)減少　(C)不變　(D)先增後至定值　(E)先減後至定值。

(　　)　*7.* 當溫度上升後，摻雜雜質之半導體，會變成　(A) N 型材料　(B) P 型材料　(C)本質半導體　(D)多數載子激增，少數載子不變　(E)多數載子激增，少數載子大減。

(　　)　*8.* 下列材料何者不是半導體　(A)硼　(B)鍺　(C)矽　(D)磷化鎵。

(　　)　*9.* 在 N 型材料，有較多的自由電子，因此所帶之電性為　(A)電中性　(B)正電　(C)負電　(D)不一定。

(　　)　*10.* 利用下列何種效應可分出半導體是 N 型或是 P 型　(A)電流熱效應　(B)霍爾效應　(C)二次放射效應　(D)光電效應。

(　　)　*11.* N 型半導體於矽或鍺加入 n 價雜質為　(A)三價　(B)四價　(C)五價　(D)以上皆是。

（　　）12. n 型半導體是呈現　(A) 正電性　(B) 負電性　(C) 電中性　(D) 視情況而定。

（　　）13. 光子將施體電子激發進入傳導帶，或使價電子激發至受體能階，此謂　(A) 外質激發　(B) 本質激發　(C) 本外質激發　(D) 以上皆非。

（　　）14. P 型半導體中，電子濃度將隨溫度升高而　(A) 增加　(B) 減少　(C) 不變　(D) 不一定　(E) 以上皆非。

（　　）15. 在常溫下，電子和電洞之移動率隨著載體濃度之增加而　(A) 增加　(B) 減少　(C) 不變　(D) 不一定　(E) 以上皆非。

（　　）16. 霍爾效應最主要是用來　(A) 金屬內之溫度係數　(B) 金屬內電阻大小　(C) 半導體的原子結構　(D) 判別半導體是 N 型或 P 型。

（　　）17. 產生擴散電流之原因是　(A) 半導體內出現溫差　(B) 半導體內出現外加電壓　(C) 半導體內載子濃度不同　(D) 以上皆非。

（　　）18. N 型材料中，有多數的自由電子，因此所帶電性為　(A) 正電　(B) 負電　(C) 偶帶電　(D) 不帶電。

（　　）19. 下列敘述，何者為誤　(A) N 型半導體加入的雜質為五價元素　(B) P 型半導體加入的雜質為受體　(C) N 型半導體的多數載子為電洞　(D) 外質半導體的導電性較本質好。

（　　）20. 下列何者為誤？　(A) 在 N 型半導體裡，電洞的濃度隨溫度提高而減少　(B) 當溫度提高，一般金屬導體電阻增加　(C) 矽半導體，溫度上升，電阻下降　(D) P 型半導體，導電的載子為電洞。

（　　）21. 霍爾效應主要用來決定　(A) 半導體內電流之大小　(B) 金屬的傳導係數　(C) 半導體內的磁場　(D) N 型或 P 型　(E) 以上皆非。

（　　）22. n 型半導體，主要載子濃度與施體離子的正電荷濃度關係為　(A) 施體離子濃度大得多　(B) 主要載子濃度大得多　(C) 相等　(D) 不一定。

（　　）23. 對 N 型半導體，下列敘述何者正確　(A) 多數載子為電洞　(B) 多數載子為電子　(C) 摻雜質為三價元素　(D) 少數載子為電子。

（　　）24. 本質半導體在絕對零度時　(A)其特性如導體　(B)其特性如半導體　(C)其特性如絕緣體　(D)有少數之自由電子及電洞　(E)以上皆非。

（　　）25. 電洞是如何傳導　(A)自由電子之移動　(B)本身之移動　(C)離子之移動　(D)價電子之移動　(E)原子之移動。

（　　）26. 金屬內之自由電子於室溫，是不停地運動，且經常與重離子碰撞而改變運動方向，其方向是雜亂的，以平均而言，在單位面積內通過之電子數目為　(A)很少　(B)很多　(C)難以估計　(D)零　(E)條件不足，難以定論。

（　　）27. 在純矽中摻入施體雜質，則電子數目增加，同時電洞數目比本質濃度少，其原因是　(A)電中性定律　(B)熱擾動　(C)擴散　(D)熱平衡　(E)電子電洞復合。

（　　）28. 半導體內之漂移電流是因　(A)磁場作用　(B)電場作用　(C)力場作用　(D)不均勻濃度梯度　(E)以上皆非。

（　　）29. N 型材料中所流動之漂移電流，大部份是自由電子所產生，其主要因自由電子之　(A)移動率　(B)複合率　(C)擴散速率大於電洞　(D)電量濃度。

（　　）30. 以外質半導體而言　(A)電洞數目等於自由電子數目　(B)電子數目大於電洞數目　(C)由雜質所產生之載子遠超過由熱效應所產生之載子　(D)由熱效應所產生之載子遠超過由雜質產生之載子　(E)以上皆非。

（　　）31. 電洞之形成，是因為　(A)原子核之振動，留下之空位　(B)價電子離開價鍵後，留下之空位　(C)電子離開導電帶，留下之空位　(E)以上皆非。

（　　）32. 下列那項對本質半導體之敘述為誤　(A)矽的能隙較大　(B)共價鍵結構　(C)正溫度係數　(D)導電性較金屬差。

（　　）33. 下列敘述，何者為誤？　(A)半導體溫度上升，電阻下降　(B)溫度昇高，一般金屬導體電阻增加　(C)P 型半導體中，導電主要是電洞　(D)N 型半導體，電洞濃度將隨溫度昇高而減少。

(　　) 34. 純矽半導體本質濃度N_i = 1.5×10^{10}原子/cm³，其密度為 5×10^{22}原子/cm³若每10^4個矽原子加入一個硼原子，將成為何類半導體 (A) N 型 (B) P 型 (C) 條件不足，無法判定 (D) 均有可能。

(　　) 35. 何者對外質半導體之敘述為誤 (A) P 型半導體所摻入雜質為受體 (B) P 型半導體的多數載子為電洞 (C) P 型半導體是摻入五價元素 (D) 導電性較本質好。

(　　) 36. 矽晶中，加入磷、砷等五價雜質，所形成半導體稱為 (A) N 型半導體 (B) P 型半導體 (C) 本質半導體 (D) 帶電半導體。

(　　) 37. 對單一矽結晶體而言，下列敘述何者為誤 (A) 元素半導體 (B) 鑽石結構 (C) 在室溫下E_G = 1.12V (D) 導電載子是電子。

(　　) 38. 在室溫下，下列何種情況作用下會使得矽半導體之遷移率增加 (A) 溫度與雜質濃度均增加 (B) 溫度與外加電場強度均增加 (C) 溫度增加而雜質濃度減少 (D) 雜質濃度與外加電場施度均增加 (E) 溫度、雜質濃度與外加電場強度均下降。

(　　) 39. 在四價原子之材料摻加五價原子稱為 (A) 受子 (B) 載子 (C) 施子 (D) 離子。

(　　) 40. 荷電載子在半導體內之漂移運動，是因為 (A) 熱效應 (B) 外加電場 (C) 載子密度不均勻 (D) 光線照射。

(　　) 41. 一具溫度與電阻線性關係的電阻式溫度檢測器在 0℃時其電阻為 150 歐姆，如果其溫度係數為 0.00412 則在 50℃時其電阻值應為多少 (A) 180.9 (B) 160.9 (C) 200.9 (D) 220.9Ω。

(　　) 42. 變容二極體之電容量，在實用上，常用 (A) 順向電流 (B) 順向電壓 (C) 逆向電壓 (D) 溫度調變之。

(　　) 43. 將所處物理環境安全相同，皆為電中性且原本分離的 p 型矽及 n 型矽直接緊密接在一起，則 (A) 一開始會有電流由 n 型矽流向 p 型矽 (B) 一開始流動的電流大部份是由雙方的少數載子移動所造成 (C) 平衡後 p 型矽內電洞的數目會較平衡前為多 (D) 以上皆非。

解答

1. (A)。

2. (D)。擴散電流是由於半導體內的濃度不均勻導致載子移動所產生之電流。

3. (B)。電子移動率較快。

4. (E)。銻為五價元素，故當摻入矽晶體中時，電子增加。

5. (D)。電中性指半導體中，正電荷與負電荷數量相等，故保持電中性。

6. (B)。

7. (C)。本質半導體指的就是摻雜雜質之半導體，與溫度無關。

8. (A)。硼為三價元素。

9. (A)。半導體均為電中性。

10. (B)。可利用 $V_H > 0$ 判定為 P 型，反之則為 n 型。

11. (C)。N 型半導體是摻雜五價元素。

12. (C)　13. (A)。

14. (A)。半導體中隨溫度升高而釋放出更多的電子或電洞。

15. (B)。當載體濃度增加使得電子與電洞結合機率增加。

16. (D)。霍爾電壓用來判定半導體為 n 型或 P 型。

17. (C)。因載子濃度不同而產生擴散電流。

18. (D)。半導體為電中性。

19. (C)。N 型半導體中多數載子為電子。

20. (A)。電洞濃度隨溫度增加而增加。

21. (D)　22. (C)　23. (B)　24. (C)　25. (D)　26. (D)　27. (E)　28. (B)　29. (A)　30. (C)

31. (B)　32. (C)　33. (D)　34. (B)　35. (C)　36. (A)　37. (D)　38. (E)　39. (C)　40. (B)

41. (A)　42. (C)　43. (D)。

第二章 PN 接面二極體電路

2-1 理想二極體符號及特性曲線

1. 理想二極體（ideal diode）是一種雙端（two-terminal）的電子元件。

2. 它在電路上的符號與 i-v 特性曲線如圖(a)、(b)。

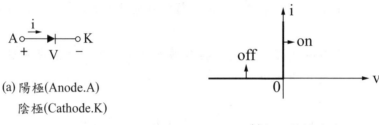

(a) 陽極(Anode.A)

　　陰極(Cathode.K)

(b) i−v 特性曲線

3. 理想二極體的特性可視為一種只能單一方向導電的開關。

4. 當理想二極體流入電流 i＝0，$V_K > V_A$（逆向偏壓），可視為開路，如圖。

5. 當理想二極體流入電流 i＞0，則 $V_{KA}＝0$（順向偏壓），可視為短路，如圖。

6. 在分析二極體電路時，必須假設（guess）和驗證（verify）。

【範例練習 1】

右圖中，i＝？，V＝？

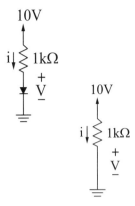

【解析】假設二極體為 on（等效為短路）

∴V＝0V，i＝$\frac{10}{1}$＝10mA

i＞0，亦即二極體電流由陽極流向陰極

∴假設正確。

【範例練習 2】

右圖中，i＝？，V＝？

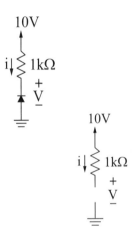

【解析】假設二極體為 off（等效為開路）

∴i＝0mA，V＝10－1×i＝10V

（註：1kΩ電阻既為開路，亦為短路）

V＞0，亦即二極體陰極電位高於陽極電位

∴假設正確。

【範例練習 3】

右圖中，i_{D1}＝？，i_{D2}＝？，v＝？

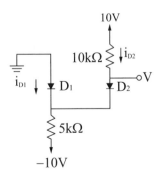

【解析】

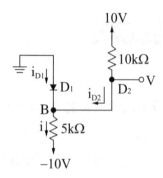

假設D_1、D_2皆為 on，因此可得

$$\therefore V = 0V$$

$$i_{D2} = \frac{10 - 0}{10} = 1mA$$

$$i = \frac{0 - (-10)}{5} = 2mA$$

使用 KCL 於 B 點可得

$$i_{D1} + i_{D2} = i \quad \therefore i_{D1} = i - i_{D2} = 2 - 1 = 1mA$$

$$i_{D1} > 0，i_{D2} > 0 \quad \therefore D_1、D_2皆 on 假設正確。$$

【範例練習 4】

右圖中，$i_{D1} = ?$，$i_{D2} = ?$，$v = ?$

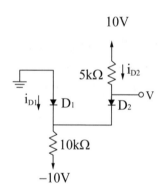

【解析】

假設D_1、D_2皆為 on，因此可得

$$\therefore V = 0V$$

$$i_{D2} = \frac{10 - 0}{5} = 2mA$$

$$i = \frac{0 - (-10)}{10} = 1mA，$$

使用 KCL 於 B 點可得

$$i_{D1} = i - i_{D2} = 1 - 2 = -1mA$$

$$i_{D1} < 0 \quad \therefore D_1 on 的假設為錯誤$$

重新假設D_1為 off（註：D_2仍假設為 on），

因此可得

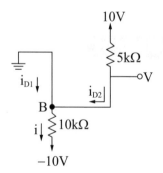

$$\therefore i_{D1} = 0mA$$

$$i_{D2} = \frac{10 - (-10)}{5 + 10} = 1.33mA$$

$V = 10 - 5i_{D2} = 3.35V$

$i_{D2} > 0$ ∴D_2 on 的假設正確

$V_{D1} = 0 - V = -3.35V$

$V_{D1} < 0$ ∴D_1 off 的假設正確。

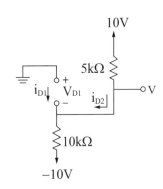

2-2 二極體邏輯閘（Logic gate）電路

1. 或閘（OR gate），如圖。

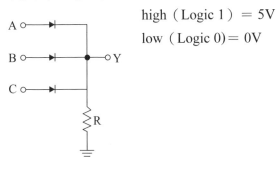

high（Logic 1）= 5V
low（Logic 0）= 0V

$Y = A + B + C$，證明如下：

(1) A、B、C 有一為 high⇒對應的二極體為 on⇒Y 為 high。

(2) A、B、C 皆為 low⇒二極體皆 off⇒電阻 R 的電流為 0⇒Y 為 low。

2. 及閘（AND gate），如圖。

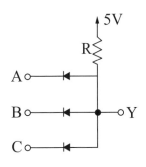

$Y = ABC$，證明如下：

(1) A、B、C 有一為 low⇒對應二極體 on⇒Y 為 low。

(2) A、B、C 皆為 high⇒二極體皆 off ⇒電阻 R 的電流為 OA⇒Y 為 high。

2-3 實際二極體（Real diode）特性曲線

1. 實際二極體（Real diode）的 i-v 曲線，如圖。

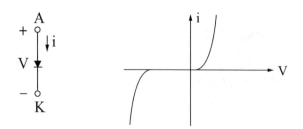

2. 對上圖標示刻度

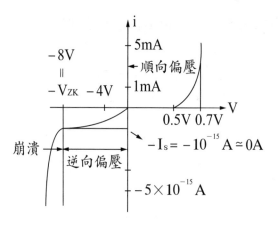

V > 0：Forward bias（順向偏壓）

−V_{zk} < V < 0：Reverse bias（逆向偏壓）

V < −V_{zk}：Breakdown（崩潰）

3. 順向偏壓（Forward bias）

$i = I_s (e^{V/\eta V_T} − 1)$

其中$V_T = \dfrac{kT}{q}$為 thermal voltage（熱電壓）且 T 為常溫時$V_T = 25mV$

1≤n≤2 若未特別指明，假 n = 1

若 V≤− 0.1V，則$e^{V/\eta V_T} ≤ e^{−100/25} = e^{−4} = 0.0183 ≪ 1$

∴$i ≈ −I_s$　∴I_s標為 saturation current（飽和電流）

(1)$i \propto I_s$（V 固定時）(2)I_s與二極體(3)溫度每上升 5℃ 時，I_s之值加倍

若 V≥0.1V，則$e^{V/\eta V_T} ≥ e^{100/2.5} = e^4 = 54.6 ≫ 1$

∴$i ≈ I_s e^{V/\eta V_T}$　　（順偏常用公式）

由上式解出 V 可得 $V = \eta V_T \ell_n \dfrac{i}{I_s}$

4. Q_1 與 Q_2 兩個二作點

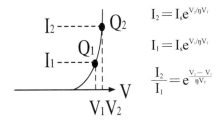

$I_2 = I_s e^{V_2/\eta V_T}$

$I_1 = I_s e^{V_1/\eta V_T}$

$\dfrac{I_2}{I_1} = e^{\frac{V_2 - V_1}{\eta V_T}}$

由電壓的改變量 $V_2 - V_1$ 可求出電流的比值 $\dfrac{I_2}{I_1}$

由上式可得 $V_2 - V_1 = \eta V_T \ell_n \dfrac{I_2}{I_1} = \eta V_T \dfrac{\log \frac{I_2}{I_1}}{\log e} = 2.3 \eta V_T \log \dfrac{I_2}{I_1}$

$\dfrac{I_2}{I_1} = 10 \Rightarrow V_2 - V_1 = 2.3 \eta V_T$

∴若電流變為 10 倍，則電壓增加 $2.3 \eta V_T$

5. 溫度效應

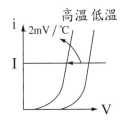

由圖所示，I_s，V_T 均與溫度有關，因此溫度會影響 i-v 曲線。由於 I_s 受溫度影響較為顯著，因此我們忽略 V_T 的溫度效應。高溫時 I_s 變大，因此由左圖可知，在 i 固定的情況下（i＝I），V 隨著溫度上升而降低。溫度每上升 1℃，電壓 V 則減少 2mV，因此二極體順向壓降的溫度係數（temperature coefficient）為 －2mV/℃，其值為負值。

6. 逆向偏壓

當 $V \le -0.1V$ 時（逆向偏壓），$i \approx -I_s$，然而實際的逆向電流（reverse current）卻遠大於 I_s；以小信號二極體為例，$I_s = 10^{-15}A$，但逆向電流卻可能高達 $10^{-9}A$（$\approx 0A$），這是由於 leakage offect（漏電流效應）之故。

7. 崩潰區

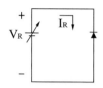

我們慢慢增加逆向偏壓V_R；當$V_R > V_{zk}$時（註：V_{zk}稱為 breakdown voltage，崩潰電壓），二極體有大量逆向電流I_R流過（$I_R \gg I_s$），此時二極體操作於崩潰區，其工作點（$V = -V_R$，$i = -I_R$）。

2-4　實際二極體等效符號

1. 二極體導通時 ⇒ 等效以一個電池V_r串聯一個順向電阻R_f代替。

2. 二極體截止時 ⇒ 以一個反向電阻R_r代表。

2-5　小信號模型（small-signal model）

1.
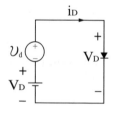
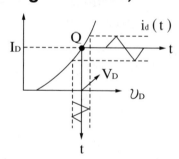

將$v_D = V_D + v_d$代入$i_D = I_s e^{v_D/\eta V_T}$可得

$$i_D = I_s e^{\frac{V_D + v_d}{\eta V_T}} = I_s e^{\frac{V_D}{\eta V_T}} \cdot e^{\frac{v_d}{\eta V_T}}$$

由工作點 Q 可得$I_D = I_s e^{\frac{V_D}{\eta V_T}}$，因此

$i_D = I_D e^{v_d/\eta V_T} \approx I_D(1 + \dfrac{v_d}{\eta V_T})$，稱為小信號近似（small-signal approximation）

……①

成立的條件為$\upsilon_d/\eta V_T \ll 1$，稱為小信號條件(small-signal condition)……②

$\because 1 \leq \eta \leq 2$ 且 $V_T = 25mV$　$\therefore$②式可具體寫成$\upsilon_d \leq 10mV$，亦即υ_d振幅在$10mV$以內皆可使用①式

2. ①、②式由來如下：

$$e^x = 1 + x + \frac{x^2}{2!} + \cdots\cdots \approx 1 + x \text{ 若 } x \ll 1$$

由①式可得

$$i_D = I_D + \frac{I_D}{\eta V_T}\upsilon_d = I_D + i_d \cdots\cdots ③$$

其中　$i_D = \frac{I_D}{\eta V_T}\upsilon_d = \frac{\upsilon_d}{r_d} \cdots\cdots ④$

其中　$r_d = \frac{\eta V_T}{I_D} \cdots\cdots ⑤$

稱為小信號電阻（small-signal resistance）或增量電阻（increment resistance）

由⑤式可知小信號電阻r_d與工作點電流I_D成反比

分析 Q 點斜率可得

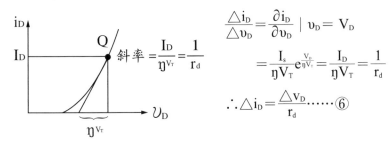

事實上，$\triangle i_D$即為i_d，$\triangle \upsilon_D$即為υ_d，因此⑥即為④。

$$\upsilon_D = V_D + \upsilon_d，i_D = I_D + i_d \cdots\cdots ⑦$$

其中υ_D為總電壓（total voltage）

　　i_D為總電流（total current）

　　$V_D，I_D$為直流偏壓成份（dc bias compeoent）

v_d、i_d為交流信號成份（ac bias compeoent）

綜合以上結論可得

$I_D = I_s e^{V_D/\eta V_T}$……直流偏壓關係

$i_d = \dfrac{v_d}{r_d}$……小信號關係

其中$r_d = \dfrac{\eta V_T}{I_D}$與直流偏壓電流$I_D$有關。

2-6 小信號等效電路（small-signal equivalent circuit）

1.

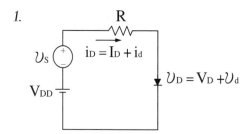

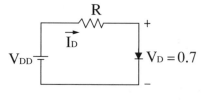

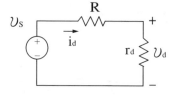

（直流偏壓電路）　　　　　　　（小信號等效電路）

將V_s短路　　　　　　　　　將V_{DD}短路，二極體以r_d取代。

【範例練習 1】

右圖，$R = 10k\Omega$，電源V^+含有電源
漣波，且$\eta = 2$，試求v_D的直流成分
與小信號振幅。

【解析】

$V_D = 0.7$

$I_D = \dfrac{10 - 0.7}{10} = 0.93\text{mA}$

$v_s = 1V$，$V_T = 25\text{mV} = 0.025V$

$r_d = \dfrac{\eta V_T}{I_D} = \dfrac{2 \times 0.025}{0.93} = 0.0538\text{k}\Omega$

$v_D = \dfrac{0.0538}{10 + 0.0538} \times 1 = 5.35 \times 10^{-3}V$

$\quad = 5.35\text{mV}$

$v_D < 10\text{mV}$

∴小信號分析為正確。

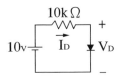

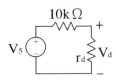

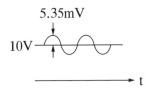

【範例練習 2】

右圖中，二極體之 $\eta = 2$，在以下兩種情況下，分別求出v_D之百分比變動

(a)電源電壓有±10%變動

(b)連接 1kΩ負載電阻

【解析】

(a)電源電壓有±10%變動，亦即電源電壓為 10±1V，右圖則為直流偏壓電路，其中

$\quad V_D = 0.7 \times 3 = 2.1V$，

$\quad I_D = \dfrac{10 - V_D}{1} = 7.9\text{mA}$；

因此可得$r_d = \dfrac{\eta V_T}{I_D} = \dfrac{2 \times 0.025}{7.9}$，

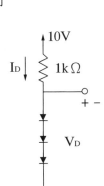

因此可得$r_d = \dfrac{\eta V_T}{I_D} = \dfrac{2 \times 0.025}{7.9}$

$\qquad\qquad = 6.33 \times 10^{-3} k\Omega$

$\triangle v_s = 1V$

$\triangle v_D = \dfrac{3r_d \triangle v_s}{R + 3rd} = 0.0186V = 18.6mV$

$\therefore \dfrac{\pm \triangle v_D}{V_0} = \dfrac{\pm 18.6mV}{2.1V} = \pm 0.9\%$

$\triangle v_D = \dfrac{\triangle v_D}{3} = \dfrac{18.6mV}{3} = 6.2mV < 10mV$

$\therefore$ 小信號分析為正確。

(b)

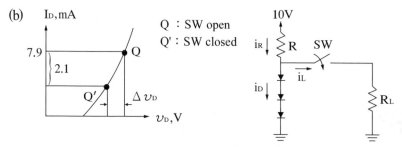

Q：SW open
Q'：SW closed

$i_R = i_D + i_L$

$\therefore i_R = \triangle i_D + \triangle i_L$

$\triangle i_R \approx 0 \quad \therefore \triangle i_D = -\triangle i_L = -\left(\dfrac{V_0}{R_L} - 0\right)$

$\qquad\qquad = -\dfrac{2.1}{1} = -2.1mA$

$\therefore \triangle v_0 = 3\triangle v_D = 3r_d \triangle i_D = -0.0399V = -39.9mV$

$\therefore \dfrac{\triangle v_D}{V_0} = \dfrac{-39.9mV}{2.1V} = -1.9\%$

$|\triangle v_D| = \dfrac{|\triangle v_D|}{3} = \dfrac{39.9mV}{3} = 13.3mV > 10mV$

$\therefore$ 小信號分析略有誤差。

2-7　整流器（rectifier）

1. 整流電路與輸入－輸出波形

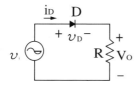

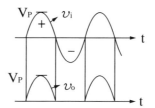

2. v_i正半週時，$v_i \geq 0$，D on（∵陽極靠近高
電位，陰極靠近低電位），$v_D = 0$　∴v_0
$= v_i$

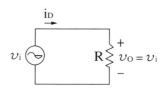

3. v_i負半週時，$v_i \leq 0$，輸入電壓真實極性
與參考方向相反，二極體陽極靠近低電
位，陰極靠近高電位，D off，$i_D = 0$，
$v_0 = R_{iD} = 0$

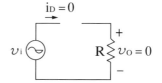

【範例練習】

右圖電路可用來對 12V 電池充電，其中$v_s =$
$24\sin\omega t V$，試求二極體導體的時間百分比，二
極體的峰值電流，與二極體的最大逆向電壓。

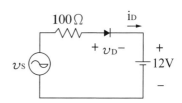

【解析】

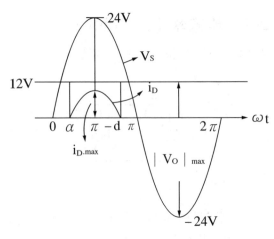

$\omega t = \alpha$時，$v_s = 12V$

$\therefore 24\sin\alpha = 12$

$\sin\alpha = \dfrac{1}{2}$　　$\alpha = \dfrac{\pi}{6}$

1. 導通時間百分比

$$= \frac{(\pi - \alpha) - \alpha}{2\pi} \times 100\%$$

$$= \frac{\pi - 2\alpha}{2\pi} \times 100\% = 33.3\%$$

2. $\omega t = \dfrac{\pi}{2}$時，$i_{D,max} = \dfrac{v_{s,max} - 12}{100}$　　（$\because v_D = 0$）

$$= \frac{24 - 12}{100} = 0.12A$$

3. 使用 KCL 可得

$v_D = -(12 + 24) = -36V$

$\therefore |v_D|_{max} = 36V$

2-8　整流電路（rectifier circuit）

1. 電源供應器（power supply）：假設交流電源（ac line）的電壓為 120V（rms），頻率為 60Hz；其振幅為 $120\sqrt{2} = 170V$，變壓器（transformer）一次繞組（primary winding）有N_1匝，二次繞組（secondary winding）有N_2匝，因此可得變壓器二次側電壓v_s為 $120\dfrac{N_2}{N_1}$（rms）；若$\dfrac{N_2}{N_1} = \dfrac{1}{15}$，則$v_s$振幅為 $120 \times \dfrac{1}{15} \times \sqrt{2} = 11.3V$，因此可用來產生$v_D = 5V$的直流輸出電壓。

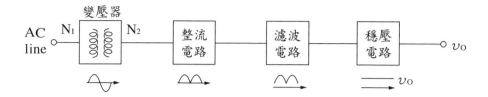

2. 變壓器兼具降壓（step-down）與隔離（electrical isolation）的作用。

3. 半波整流電路（half-wave rectifier circuit）：

考慮圖(2)，若 $v_s < V_{DD}$，則 D' off，$v_0 = 0$，若 $v_s > V_{DD}$，則 D' on，$v_0 = \dfrac{R}{R + r_D}$ $(v_s - V_{DD})$，通常 $r_D \ll R$，因此可簡化為 $v_0 \approx v_s - V_{DD}$，V_p 為 v_s 峰值。

$v_D = v_s - v_0$

v_s 負半週時，D 為逆向偏壓，且 $v_0 = 0$，當 $v_s = -V_p$ 時，$v_D = (-V_P) - 0 = -V_p$，亦即二極體。

逆向偏壓達到最大，因此我們可定義 $1v_D1max$ 為峰值逆向電壓（peak inverse voltage，PIV）。因此可得

　　PIV（半波整流）$= V_p$

因此二極體的崩潰電壓 V_{zk} 必須大於 PIV 以防止二極體進入崩潰區

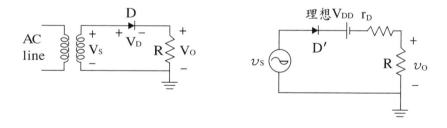

　　　(1)半波整流電路　　　　　　　　　(2)等效電路

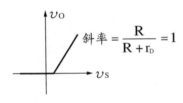

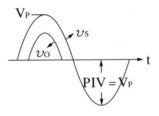

(3)轉移特性曲線　　　　　　　　(4)v_s波形與v_0波形

4. 全波整流電路（full-wave rectifier circuit）

考慮圖 2，D_1 on 的條件為$v_s > V_{D0}$，此時$v_0 = v_s - V_{D0}$，D_2 on 的條件為

$-v_s > V_{D0}$，亦即$v_s < -V_{D0}$，此時$v_0 = -v_s - V_{D0}$

若$-V_{D0} < v_s < V_{D0}$，則D_1、D_2皆 off 且$v_0 = 0$，綜合以上可得圖 3

$$v_{D1} = v_s - v_0$$

當$v_s = -V_p$時，$v_0 = -v_s - V_{D0} = V_p - V_{D0}$

$$v_{D1} = (-V_p) - (V_p - V_{D0}) = -2V_p + V_{D0}$$

亦即 PIV $= \left| v_{D1} \right|_{max} = 2V_p - V_{D0}$　變壓器二次側中間抽頭

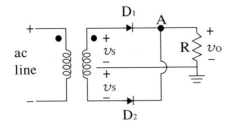

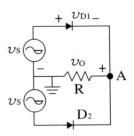

圖 1　變壓器二次側中間抽頭　　　　　圖 2　等效電路
　　　（transtormer with a
　　　centertapped secondary winding）

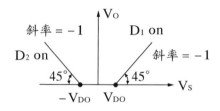

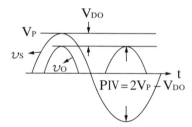

圖 3　轉移特性曲線　　　　　　　　　圖 4　υ_s波形與υ_0波形

5. 橋式整流器（bridge rectifier）

當$\upsilon_s > 2V_{D0}$時，D_1、D_2 on、D_3、D_4 off，$\upsilon_0 = \upsilon_s - 2\upsilon_{D0}$，如圖 2 所示。

當$-\upsilon_s > 2V_{D0}$時，亦即$\upsilon_s < -2V_{D0}$，D_3、D_4 on，D_1、D_2 off，$\upsilon_0 = -\upsilon_s - 2V_{D0}$，如圖 3 所示。

使用 KVL 於圖 1 可得$\upsilon_0 + \upsilon_{D2} + \upsilon_{D3} = 0$

當$\upsilon_s = V_p$時，$\upsilon_0 = V_p - 2V_{D0}$，$\upsilon_{D2} = V_{D0}$

　$\upsilon_{D3} = -\upsilon_0 - \upsilon_{D2} = -V_p + V_{D0}$

$\therefore$PIV $= |\upsilon_{D3}|_{max} = V_p - V_{D0}$……橋式整流器

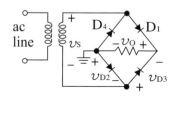

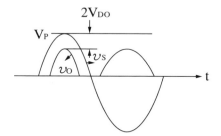

圖 1　橋式整流器

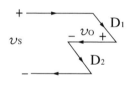

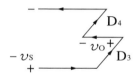

圖 2　υ_s正半週時　　　　　圖 3　υ_s負半週時

6. 峰值整流器（Peak rectifier）

⑴在整流器負載電阻並聯一濾波電容（filter capacitor）以使輸出電壓近
乎理想的直流電源。

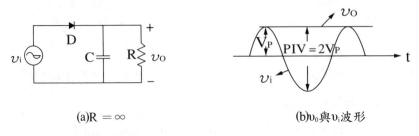

(a)R $= \infty$　　　　　　　　　　(b)v_0與v_i波形

⑵假設二極體為理想二極體，且R為有限值

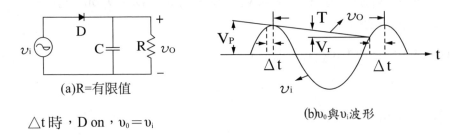

(a)R=有限值

(b)v_0與v_i波形

$\triangle t$時，D on，$v_0 = v_i$

T-$\triangle t$時，D off，故為 RC 放電，如下圖所示。

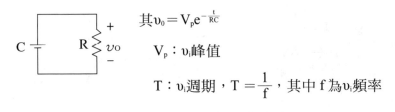

其$v_0 = V_p e^{-\frac{t}{RC}}$

V_p：v_i峰值

T：v_i週期，$T = \dfrac{1}{f}$，其中 f 為v_i頻率

V_r：峰對峰漣波電壓

　　　（peak-to-peak ripple voltage）

通常$\triangle t \ll T$，亦即 T-$\triangle t \approx T$

因此$V_p - V_r = V_p e^{-\frac{T}{RC}}$

由$e^{-x} = 1 - x + \dfrac{x^2}{2!} - \cdots\cdots (-1)^n \dfrac{x^n}{n!}$，假使 $x \ll 1$

可得$e^{-\frac{T}{RC}} \approx 1 - \dfrac{T}{RC}$（$\because T \ll RC$）

$V_p - V_r = V_p \left(1 - \dfrac{T}{RC} \right) = V_p - \dfrac{V_p T}{RC}$

將 $T = \dfrac{1}{f}$ 代入上式可得

$$V_r = \frac{V_p}{fRC} \cdots\cdots 半波$$

【範例練習】

其半波峰值整流器的輸入電壓為 60Hz 弦波且峰值為 $V_p = 100V$。假設負載電阻 $R = 10k\Omega$，如欲產生 2V 之峰對峰漣波電壓，試求電容 C 之值。

【解析】$f = 60Hz$，$V_p = 100V$，$R = 10k\Omega = 10^4\Omega$，$V_r = 2V$
利用公式

$$C = \frac{V_p}{fRV_r} = \frac{100}{60 \times 10^4 \times 2} = 8.33 \times 10^{-5}F$$

$$= 83.3\mu f$$

7. 全波峰值整流器

(1)將電容 C 接在全波整流器輸出端，如下圖，即稱之。

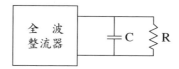

(2)與半波峰值整流器比較得知，放電時間由 T 減為 $\dfrac{T}{2}$，因此可得

$$V_r = \frac{V_p}{RC} \times \frac{T}{2} = \frac{V_p}{RC} \times \frac{1}{2f} = \frac{V_p}{2fRC} \cdots\cdots 全波$$

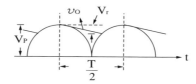

(3)若將二極體順向壓降V_{D0}考慮，則V_p必須修正：

對於半波整流器以及中間抽頭變壓器電路

V_p改為$V_p - V_{D0}$

對於橋式整流器電路V_p改為$V_p - 2V_{D0}$

2-9　齊納二極體（**Zener Diodes**）

1. 不論崩潰的原因為齊納效應（Zener effect）或是崩潰效應（avalanche effect），皆稱為 Zener Diodes。

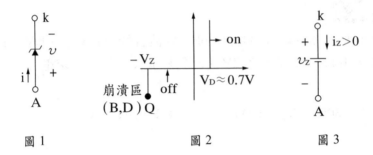

圖 1　　　　　　　　　　　圖 2　　　　　　　　　　圖 3

2. 圖 2 崩潰區呈現出定電壓的特性，因此崩潰區等效電路如圖 3 所示；亦即齊納二極體操作於崩潰區具有穩壓的特性，此時功率損耗（power dissipation）為 $V_z i_z$；因此齊納二極體的 maximum power 為

　　$P_{D,max} = V_z i_{zmax}$

舉例而言，0.5-W，6.8-V 的齊納二極體，其最大電流為

　　$i_{zmax} = \dfrac{P_{Dmax}}{V_z} = \dfrac{0.5W}{6.8V} = 0.0735A = 73.5mA$

【範例練習 1】

$V^+ = 10V$

6.8V 齊納二極體接成圖示電路(a)若 $R_L = \infty$，則 $V_0 = ?$　(b)若 $R_L = 2k\Omega$，則 $V_0 = ?$　(c)若 $R_L = 0.5k\Omega$，則 $V_0 = ?$　(d)若二極體操作於崩潰區，試求 R_L 的範圍？

R = 0.5kΩ

V_0　R_L

【解析】

(a) 假設二極體於崩潰區

　　$\therefore V_0 = V_z = 6.8V$

　　$i_z = \dfrac{V^+ - V_0}{R} = \dfrac{10 - 6.8}{0.5} = 6.4mA > 0$

　　$\therefore$ 崩潰區假設正確

iz　R

$V_D = V_z$

(b) 假設二極體於崩潰區

$$\therefore V_0 = V_z = 6.8V$$

$$i_z = i_R - i_L$$

$$= \frac{V^+ - V_0}{R} - \frac{V_0}{R_L}$$

$$= \frac{10 - 6.8}{0.5} - \frac{6.8}{2} = 3mA > 0$$

$\therefore$ 崩潰區假設正確

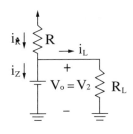

(c) 若 $R_L = 0.5k\Omega$

$$i_Z = \frac{10 - 6.8}{0.5} - \frac{6.8}{0.5} = -7.2mA < 0$$

$\therefore$ 假設錯誤

故重新假設二極體為 off

$$V_0 = \frac{R_L V^+}{R + R_L} = \frac{0.5 \times 10}{0.5 + 0.5} = 5V$$

$$V = -V_0 = -5V$$

$$\therefore -V_z = -6.8 < V < 0.7 = V_D$$

$\therefore$ 假設正確

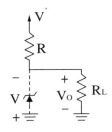

(d) B.D（崩潰區）條件為

$$\frac{V^+ - V_0}{R} > \frac{V_0}{R_L} \quad (\because i_z > 0)$$

$$\therefore \frac{10 - 6.8}{0.5} > \frac{6.8}{R_L}$$

$$\therefore 6.4 > \frac{6.8}{R_L}$$

$$\therefore R_L > 1.06k\Omega$$

3. 實際齊納二極體模型

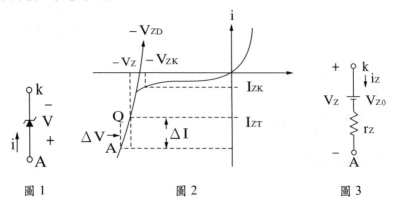

圖 1　　　　　　　　　圖 2　　　　　　　　　圖 3

V_z為測試電流（test current）I_{zT} 所對應的電壓，此時 Q 為工作點。

I_{zk}：膝部電流（knee current），V_{zk}：膝部電壓（knee voltage）

此一工作點（$\upsilon = -V_{zk}$，$i = -I_{zk}$）可視為 off 與崩潰區的分界點

Q 點切線為$\overline{AB}$，其斜率為$\dfrac{\triangle I}{\triangle V} = \dfrac{1}{r_2}$

$\therefore r_z = \dfrac{\triangle V}{\triangle I}$稱為增量電阻（incremontal resistance）或動態電阻（dynamic resistance）；因此齊納二極體於崩潰區的小信號模型即為電阻r_z

圖 2 中，B 點座標為$(-V_{ZD}, 0)$，A 點座標為(υ, i)

$\therefore \overline{AB}斜率 = \dfrac{0 - i}{(-V_{ZD}) - \upsilon} = \dfrac{1}{r_z}$

令$\upsilon_z = -V$，$i_z = -i$，亦即我們定義υ_z為陰極相對於陽極的電壓，i_z為陰極流向陽極的電流，因此可得

$\dfrac{i_z}{\upsilon_z - V_{20}} = \dfrac{1}{r_z}$　$\therefore \upsilon_z = V_{ZD} + r_z i_z$

因此齊納二極體於崩潰區的等效電路如圖 3，其中$i_z > I_{zk}$

【範例練習 2】

齊納二極體於 $i_z = 5mA$ 時，$v_z = 6.8V$ 且 $r_z = 20\Omega$，$I_{zk} = 0.2mA$

(a) $v_0 = ?$

(b) 若 $\triangle V^+ = \pm 1V$，則 $\triangle v_0 = ?$

(c) 連接 $2k\Omega$ 負載電阻時，$\triangle v_0 = ?$

$V^+ = 10V$

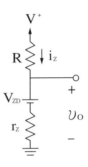

$R = 0.5k\Omega$

$+$
v_0
$-$

$R_L = 2k\Omega$

【解析】

(a) $r_z = 20\Omega = 0.02k\Omega$

將 $i_z = 5mA$，$v_z = 6.8V$，

$r_z = 0.02k\Omega$

$v_z = V_{ZD} + r_z i_z$

可得 $V_{ZD} = 6.7V$，因此可得右圖，其中

$i_z = \dfrac{V^+ - V_{ZD}}{R + r_z} = \dfrac{10 - 6.7}{0.5 + 0.02} = 6.35mA$

$\because i_z > I_{zk}$

$\therefore$ 崩潰區的假設正確

$\therefore v_0 = V_{ZD} + r_z i_z = 6.7 + 0.02 \times 6.35 = 6.83V$

(b) 小信號分析如右圖

$\triangle v_0 = \dfrac{r_z \triangle V^+}{R + r_z} = \dfrac{0.02 \times (\pm 1)}{0.5 + 0.02}$

$= \pm 0.0385V = \pm 38.5mV$

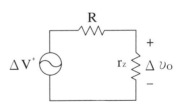

(c) $i_R = i_z + i_L$ $\therefore \triangle i_R = \triangle i_z + \triangle i_L$

$\triangle i_R \approx 0$ $\therefore \triangle i_z = -\triangle i_L$

$= -(\dfrac{V_0}{R_L} - 0)$

$= \dfrac{-6.83}{2}$

$= -3.4mA$

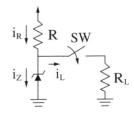

$\because i = -i_z$　$\therefore \triangle i = -\triangle i_z = 3.4mA$

$\therefore \triangle \upsilon = r_z \triangle i = 0.02 \times 3.4 = 0.068V = 68mV$

$\because \upsilon_0 = -\upsilon$

$\therefore \triangle \upsilon_0 = -\triangle \upsilon = -68mV$

2-10　齊納二極體的溫度效應

1. V_z的溫度係數（temperature coefficient, TC），係以 mV/℃為單位。
2. 若$V_z <$ 5V，則 TC $<$ 0；若$V_z >$ 5V，則 TC $>$ 0。
3. D_z順向壓降（0.7V）的溫度係數為$-$ 2mV/℃；若D_1之V_z的溫度係數為 2mV/℃，則串聯電壓$V_z +$ 0.7 的溫度係數為$(-2) + 2 = 0$mV/℃，亦即參考電壓（referance voltage）$V_z +$ 0.7 不受溫度影響。

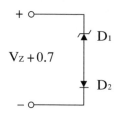

讀後練習

( )　1. 下列那些半導體元件工作於順向偏壓　(A)齊納二極體　(B)發光二極體　(C)光檢測器　(D)變容二極體。

( )　2. 考慮一個單側 pn 接面二極體，若將摻雜較少側之雜質濃度再降低，則會產生何種現象　(A)內建電位將會增加　(B)逆偏時，空乏區寬度將會增加　(C)逆偏時，空乏電容將會增加　(D)以上皆非。

( )　3. 考慮一個 pn 接面二極體，若 p 區的空乏區寬度大於 n 區的空乏區寬度，則N_A、N_D的關係為：　(A) $N_A > N_D$　(B) $N_A = N_D$　(C) $N_A < N_D$　(D) 未能決定。

( ) 4. 下圖之電路中，D_1 與 D_2 為兩相同之二極體，其特性以下列方式描述 $i_D = 10^{-6} (e^{50 v_D} - 1)$，其中 i_D 為經流二極體之電流，單位為安培，v_D 為跨越二極體之電壓，單位為伏特。則此電路上流經電阻 R 之電流 I 為　(A) 0A　(B) 5×10^{-4}A　(C) 10^{-6}A　(D) 以上皆非。

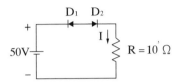

( ) 5. 一個二極體其順偏電壓為 0.6V 時，通過電流為 1mA，如果現在過電流為 50mA，則其順向偏壓應為多少？（該二極體物理特性 $\eta = 1$，$V_T = 25mV$，相關數據 $\ell n2 = 0.693$，$\ell n3 = 1.099$，$\ell n5 = 1.609$）　(A) 0.7V　(B) 0.5V　(C) 0.65V　(D) 0.75V。

( ) 6. 兩個 PN 矽製二極體串接如圖，並供給 5V 電源，則二極體 D_1 之個別 V_{D1} 為多少？（$\eta V_T = 0.052V$，$\ell n2 = 0.693$）　(A) 0.7V　(B) 0V　(C) 0.036V　(D) 0.15V。

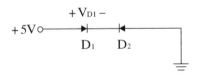

( ) 7. 一個矽二極體在反偏壓區之飽和電流大約是 0.1μA（T = 20℃），當溫度升高至 40℃，試決定該飽和電流的近似值為何？　(A) 0.1μA　(B) 0.2μA　(C) 0.3μA　(D) 0.4μA。

( ) 8. 有一矽二極體，在順向電流為 1mA，溫度為 25℃ 時，順向電壓為 0.7V。設計 5℃ 時，如電流仍保持在 1mA，則順向電壓為　(A) 0.6　(B) 0.66　(C) 0.74　(D) 0.82 伏特。

( ) 9. 一般二極體電流開始有效增加時之電壓稱為起始電壓式切入電壓，矽半導體為例，此電壓約為　(A) 0.3V　(B) 0.6V　(C) 1V　(D) 1.2V。

( ) 10. 假設有一種二極體其工作曲線如圖(a)，試問：如圖(b)中電路，$V_i = 5V$，$R = 250\Omega$，$V_B = 0V$，此時輸出 V_o 最接近　(A) 1V　(B) 2V　(C) 3V　(D) 4V。

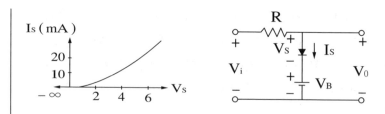

(　　) 11. 若上題的V_B改為 2.5V，此時V_0最接近　(A) 0.5V　(B) 1.5V　(C) 3V
(D) 4.5V。

(　　) 12. 若將上題中的二極體由一個改成兩個並聯，如圖，此時輸出V_0
最接近　(A) 1.5V　(B) 2.5V　(C) 3.5V　(D) 4.5V。

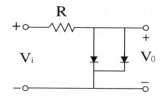

(　　) 13. 將上題中的兩個二極體中的一個倒過來擺，如圖，此時輸出V_0
最接近　(A) 2V　(B) 2.5V　(C) 3V　(D) 3.5V。

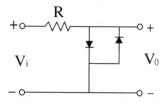

(　　) 14. 如圖求I與V（假設二極體為理想）　(A) 2.5mA，0V　(B) 0mA，
5V　(C) 0.5mA，0V　(D) 5mA，5V。

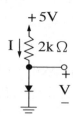

(　　) 15. 設$V_1 = 5V$，$V_2 = 0V$，且$r_D = 20\Omega$，$V_D = 0.2V$試求下圖電路之V_0
(A) 0.663V　(B) − 0.392V　(C) 0.392V　(D) − 0.663V。

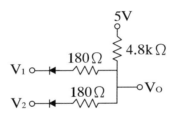

( ) *16.* 利用二極體及電阻組成數位正邏輯電路，試問此為何種邏輯閘？
(A) OR (B) NOR (C) AND (D) NAND。

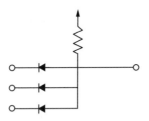

( ) *17.* 在下圖電路中，二極體之導通電壓，順向電阻$V_D = 0.7V$，逆向
電阻$R_f = 0\Omega$，若$R_r = \infty$，則 (A) $I_1 = 0.3mA$ (B) $I_2 = 0.43mA$ (C)
$I_3 = 0.7mA$ (D) $V_{OUT} = 2.5V$。

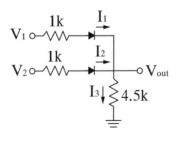

( ) *18.* 上題中，若$V_1 = 5V$，$V_2 = 0V$，則 (A) $I_1 = 0.5mA$ (B) $I_2 = 0.78mA$
(C) $I_3 = I_2 = 0.6mA$ (D) $V_{OUT} = 3.52V$。

( ) *19.* 二極體之電流I_d與電壓V_d之關係為$I_d = I_0(e^{V_d/V_T} - 1)$式中$I_0$、$V_T$皆為
常數，則在$V_d = V_q$時，此二極體之動態（小信號）電導為 (A)
$\dfrac{I_0}{V_d}$ (B) $\dfrac{I_0(e^{V_d/V_T} - 1)}{V_d}$ (C) $\dfrac{I_0}{V_T}$ (D) $\dfrac{I_0}{V_T}e^{V_q/V_T}$。

( ) *20.* 在室溫（300°K）時，設 PN 接面之單向電流為 10mA，則此二
極體之動態電阻為 (A) 5.2 (B) 2.6 (C) 10 (D) 26Ω。

( ) *21.* $V_D = 0.7V$，$\eta = 2$，且熱電壓$V_T = 25mV$，試求下圖電路之V_0值
(A) 0.00049sinωtV (B) 0.00037sinωtV (C) 0.7 + 0.00049sinωtV (D)
0.7 + 0.00037sinωtV。

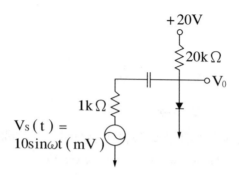

( )　22. 有一二極體電路如下圖，二極體特性為

$$i_d = \begin{cases} 1.5 \times 10^{-2}V_D^2 & V_D \geq 0 \\ 0 & V_d < 0 \end{cases}$$

二極體直流工作點(V_{DQ}, I_{DQ})為　(A) 1.33V，26.53mA　(B) 1.16V，20.18mA　(C) 1V，15mA　(D) 0.85V，10.84mA。

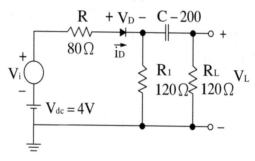

( )　23. 上題中，若輸入信號$v_i(t) = 0.1\sin\omega t$伏特，則輸出電壓$V_L(t) = V_{Lm}\sin\omega t$之最值$V_{Lm}$為多少　(A) 34.62mA　(B) 42.86mA　(C) 30.33mA　(D) 60mA。

( )　24. 下圖中假設D_1與D_2為理想二極體已知輸入電壓V_i太大或太小時其輸出電壓V_0的值皆為定值，試求輸入電壓V_i的範圍使輸出V_0值隨V_i之增大而變大　(A) $7V \geq V_i \geq 1V$　(B) $8V \geq V_i \geq 2V$　(C) $9V \geq V_i \geq 3V$　(D) $10V \geq V_i \geq 4V$。

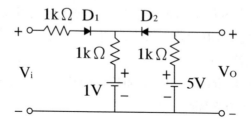

(　) 25. PN 二極體接面附近所形成的電勢極性為　(A) P 端負，N 端正
(B) P 端正，N 端負　(C) 視偏壓而定　(D) 視溫度而定。

(　) 26. 如圖，當 a = 9 時，及 a = 4，V(t)之有效值（均方根值），依
序為　(A) 1/3，1/2 V　(B) 1/9，1/4 V　(C) 1，1 V　(D) 9，4 V。

(　) 27. 如圖所示之單相半波整流器，R 為電阻性負載，D 為理想二極
體，則輸出電壓V_0的均方根值為　(A) $0.707V_m$　(B) V_m　(C) $0.5V_m$
(D) $0.318V_m$。

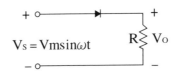

(　) 28. 上題中，漣波因數為　(A) 1　(B) 1.21　(C) 1.57　(D) 2。

(　) 29. 上題中，二極體反向電壓峰值為　(A) V_m　(B) $2V_m$　(C) $1/2V_m$　(D)
$\sqrt{2}V_m$。

(　) 30. 一理想全波整流器之輸入電壓為 V(t) = 2 + cost + 3sin2tV，則
輸入電壓之有效值　(A) 3V　(B) 5V　(C) 6V　(D) 9V。

(　) 31. 上題中全波整流器若為理想變壓器交鏈型式，且變壓比 1：1，
則其輸出端平均電壓為　(A) 2V　(B) 2.5V　(C) 4V　(D) 4.5V。

(　) 32. 圖示電路為　(A) 濾波器　(B) 振盪器　(C) 倍壓器　(D) 整流器。

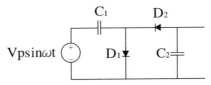

(　) 33. 橋式全波整流器中每個二極體的峰值逆向電壓約為輸入弦波峰
值的　(A) 4 倍　(B) 3 倍　(C) 2 倍　(D) 1 倍。

(　) 34. 稽納二極體最常用於　(A) 整流　(B) 穩壓　(C) 檢波　(D) 混波。

(　) 35. 有一電壓調整器如圖示，其中稽納二極體為 4.7V 且其最小工作
電流為 12mA，若負載的變化範圍由 15mA～100mA。已知電源
為V_{dc} = 15V，求最佳R_1值至少為若干　(A) 686Ω　(B) 103Ω　(C)
91Ω　(D) 381Ω。

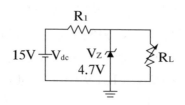

( )　36. 上題中,若負載R_L不小心開路可能為造成稽納二極體的負擔,試問此稽納二極體至少應承受多少瓦功率,本電路才能安全工作　(A) 127mW　(B) 766mW　(C) 470mW　(D) 527mW。

( )　37. 有一二極體電路如圖示,其中D_1、D_2為理想二極體,若$V_i = 3V$,則V_0為　(A) 5V　(B) 3V　(C) 1.5V　(D) 8V。

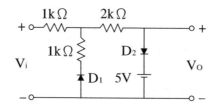

( )　38. 上題中,若$V_i = -5V$,則V_0為　(A) $-10V$　(B) 0V　(C) $-2.5V$　(D) $-5V$。

( )　39. 一個矽二極體在反偏壓區之飽和電流大約是$0.1\mu A$(T = 20℃),當溫度升高至40℃,試決定該飽和電流的近似值為何　(A) $0.7\mu A$　(B) $0.2\mu A$　(C) $0.3\mu A$　(D) $0.4\mu A$。

( )　40. 下列有關光二極體之敘述,何項是正確的　(A) 光二極體之反應時間較光導電池為慢　(B) 光二極體之靈敏度較光電晶體為高　(C)光二極體在一般反向偏壓不工作　(D)照光愈強順向電流愈大。

( )　41. 下圖為一精密半波整流器,其中 R = 1kΩ。若$V_I = -1V$,則V_0 =　(A) 1V　(B) 0.7V　(C) $-0.7V$　(D) 0V。

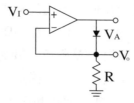

( )　42. 在PN二極體的累增崩潰特性中,其溫度係數的變化情形為何?　(A)正或負　(B)負　(C)零　(D)正。

(　　)　43. 圖示為一穩壓電路，A為理想放大器，稽納二極體D_z的崩潰電壓

為 5.V，(D)的順偏電壓為 0.7V，若V_o要穩壓在 10V，則$\frac{R_2}{R_1}$為

(A) $\frac{1}{5}$　(B) $\frac{1}{2}$　(C) 1　(D) 2。

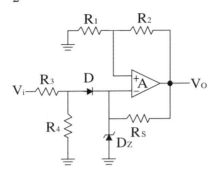

(　　)　44. 承上題，若$R_3 = 5k\Omega$，$R_4 = 57k\Omega$，且維持穩時稽納二極體D_z的

工作電流必須小於 1.2mA，試求當V_i由 0V升至 10V時，可該此

穩壓電路正常動作的R_s值為　(A) 50kΩ　(B) 20kΩ　(C) 10kΩ　(D)

1kΩ。

(　　)　45. 圖示中的運算放大器為理想元件，若V_i為振幅±1V的三角波

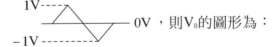

0V ，則V_o的圖形為：

(A)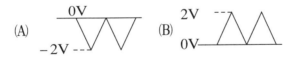

(C)

(B)

(D)

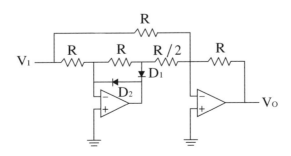

( ) 46. 圖示二極體為一理想元件,試求I_D之值約為何? (A) 0.83mA
(B) 1mA (C) 1.87mA (D) 2.5mA。

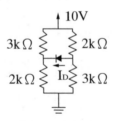

( ) 47. 圖示為一全波整流電路,變壓器輸出V_s之均方根值為 5.6V,假
設整流理想元件,要求直流電壓漣波電壓峰對峰值須小於0.25V,
試求濾波電容 C 值 (A) 66μF (B) 131μF (C) 263μF (D) 527μF。

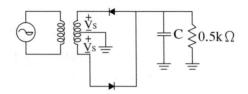

( ) 48. 圖中電路工作於 300k 室溫。若 $\dfrac{V_f}{\eta V_T} \gg 1$,則$V_0$等於 (A) $e^{\left(\frac{V_s}{R}\right)}$ (B)
$\dfrac{\eta}{V_T \ell n \dfrac{V_s}{R}}$ (C) $-\eta V_T \left(\ell n \dfrac{V_s}{R} - \ell n I_s\right)$ (D) $\dfrac{\ell n I_s}{\eta V_T} \left(\ell n \dfrac{V_s}{R}\right)$。

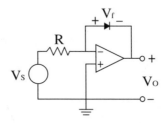

( ) 49. 二極體電路如圖,其中D_1、D_2和D_3為理想二極體,當$V_i = 50V$,
V_0為多少 (A) 50V (B) 40V (C) 30V (D) 20V。

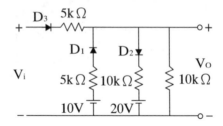

(　)│50. 單相全波橋式整流器，若不加濾波器時，其漣波因數約為　(A) 4.5%　(B) 48%　(C) 121%　(D) 310%。

── 解答 ──

1. (B)。發光二極體利用電能轉換成光能，故操作於順向偏壓。

2. (B)　3. (C)　4. (C)。

5. (A)。利用 $V_2 - V_1 = nV_T \ell n \dfrac{I_2}{I_1}$

$\Rightarrow V_2 - 0.6V = 1 \times 25mV \times \ell n \dfrac{50}{1}$

$\Rightarrow V_2 = 25mV \times (\ell n5 + \ell n5 + \ell n2) + 0.6V$

$\quad = 25mV \times 3.911 + 0.6V$

$\quad \doteqdot 0.7V$

6. (C)。

7. (D)。每上升 10°C，I_s加倍，故上升 20°C 時，此時$0.1 \times 2^2 = 0.4$

∴當 T = 40°C 時，I_s為 0.4μA。

8. (C)。

9. (B)。矽半導體之切入電壓約為 0.6V。

10. (C)。可利用選項來刪除法，利用 $\dfrac{V_i - V_s}{R} = I_s$，$V_s = V_0$

(A) $\dfrac{5-1}{250} = 16mA$，與圖(a)不合（當$V_s = 1V$ 時，$I_s \neq 16mA$）

(B) $\dfrac{5-2}{250} = 12mA$，與圖(a)不合（當$V_s = 2V$ 時，$I_s \neq 12mA$）

(C) $\dfrac{5-3}{250} = 8mA$，與圖(a)符合

(D) $\dfrac{5-4}{250} = 4mA$，與圖(a)不合（當$V_s = 4V$ 時，$I_s \neq 4mA$）。

11. (D)。一樣可利用$\dfrac{V_i - V_0}{R} = I_s$，$V_0 = V_s + V_B$，再利用選項作刪除法

(A) $V_0 = 0.5V \Rightarrow V_s = -2V$不合

(B) $V_0 = 1.5V \Rightarrow V_s = -1V$不合

(C) $\dfrac{5-3}{250} = 8mA$，$\Rightarrow V_s = 0.5V$，與圖(a)不合

(D) $\dfrac{5-4.5}{250} = 2mA$，$\Rightarrow V_s = 2V$，與圖(a)符合

12. (B)　13. (C)。

14. (A)。因為二極體為理想，故二極體短路，V = 0V

$$I = \frac{5}{2K} = 2.5mA$$

15. (C)。因為 $V_1 = 5V$，故 D_1 不通，可等效電路如圖

$$\therefore \frac{5 - V_0}{4.8K} = \frac{V_0 - V_D}{180 + r_D}$$

$$\Rightarrow 5V_0 = 1.96V$$

$$\Rightarrow V_0 = 0.392V$$

16. (C)。由圖中可知，只有當三個輸入都為1時，輸出為1，故為 AND 閘。

17. (B)。當 $V_1 = 0V$ 時，D_1 不通，故可等效電路如圖

$$\therefore I_2 = I_3 = \frac{3 - (V_0 + 0.7)}{1K} = \frac{V_D}{4.5K}$$

$$\Rightarrow 10.35 = 5.5V_0$$

$$\Rightarrow V_0 \doteq 1.88V$$

$$\therefore I_2 = I_3 = \frac{1.88}{4.5K} \doteq 0.42mA$$

18. (D)　19. (D)　20. (B)　21. (C)　22. (C)　23. (B)。

24. (C)。(A) 當 $V_i = 1V$ 時，D_1：OFF，故 $V_0 =$ 定值

(B) 當 $V_i = 2V$ 時，D_1：OFF，故 $V_0 =$ 定值

(D) 當 $V_i = 10V$ 時，D_2：OFF，故 $V_0 =$ 定值

25. (A)　26. (A)　27. (C)　28. (B)　29. (A)　30. (A)　31. (B)　32. (C)　33. (D)　34. (B)。

35. (C)。假設有最大負載電流 1.00mA

則可利用 $\frac{15 - V_Z}{R_1} = 12 + 100 \Rightarrow \frac{15 - 4.7}{R_1} = 112mA$

$$\therefore R_1 \doteq 91\Omega$$

36. (D)　37. (B)　38. (C)　39. (D)　40. (C)　41. (D)　42. (D)　43. (C)　44. (B)　45. (A)

46. (C)　47. (D)　48. (C)　49. (C)　50. (C)。

第三章　BJT

3-1　物理結構與操作模式

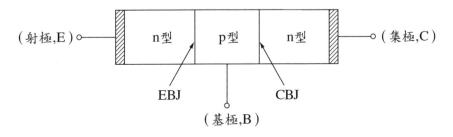

〔Fig3.1　npn 電晶體〕

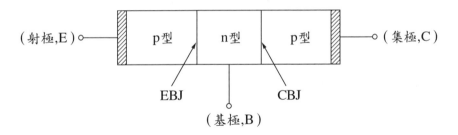

〔Fig3.2　pnp 電晶體〕

主動區用於放大器
載止區和飽和區用於邏輯電路

BJT 操作模式

模　　式	EBJ	CBJ
載止區	截止	截止
主動區	導通	截止
飽和區	導通	截止

3-2 npn 電晶體操作在主動區

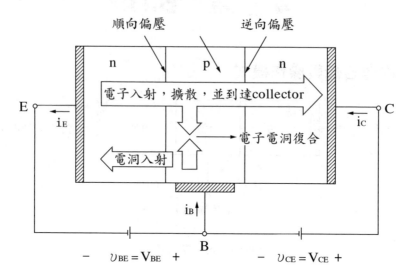

〔Fig3.3 npn 電晶體在主動區的電流流動〕

$i_B = i_{B1} + i_{B2}$ ——————————————————————————————— (1)

$i_E =$ (電子入射電流)$+ i_{B1}$

  $= (i_C + i_{B2}) + i_{B2}$

  $= i_C + i_B$ ————————————————————————————————— (2)

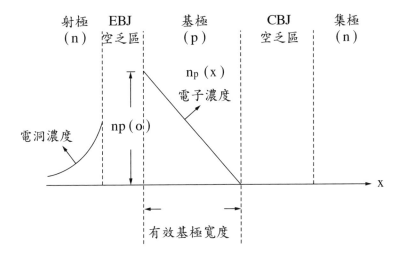

〔Fig3.4　基極中的少數載子濃度分布($\upsilon_{BE} > 0$，$\upsilon_{CB} > 0$)〕

根據接面定理

$$n_p(0) = n_{p0}e^{\frac{\upsilon_{BE}}{V_T}}$$ ——————————————— (3)

其中

$$n_{p0} = \frac{n_i^2}{N_A}$$ （N_A為基極雜質濃度）

電子擴散電流為

$$I_n = A_E q D_n \frac{dn_p(x)}{dx} = A_E q D_n \left(-\frac{n_p(0)}{w}\right)$$ ——————————————— (4)

其中A_E為 EBJ 的截面積

∴集極電流為

$$i_C = |I_n| = \frac{A_E q D_n}{w} \frac{n_i^2}{N_A} e^{\frac{\upsilon_{BE}}{V_T}} = I_s e^{\frac{\upsilon_{BE}}{V_T}}$$ ——————————————— (5)

其中

$$I_s = \frac{A_E q D_n n_i^2}{N_A w}$$ ——————————————— (6)

稱為飽和電流

$$I_s = 10^{-12} \sim 10^{-15} A$$

$$I_s \propto \frac{1}{w}$$

$I_s \propto n_i^2$　溫度每上升 $5°C$，I_s值會加倍

$i_C \propto I_s(v_{BE}$ 固定$)$

$I_s \propto A_E$

I_s又稱為電流比例因子

3-2-1　基極電流

$$i_{B1} = \frac{A_E q D_p n_i^2}{N_D L_p} e^{\frac{v_{BE}}{V_T}} \quad\text{————————————————} \quad (7)$$

其中N_D為射極雜質濃度且

L_p為射極中的電洞擴散長度

(7)係仿照(5)、(6)而得

其中，D_n改為D_p，N_A改為N_D，w 改為L_p

$$i_{B2} = \frac{Q_n}{Z_b} \quad\text{————————————————} \quad (8)$$

其中Q_n為基極中的少數載子儲存電荷(亦即總電子電量)且Z_b為基極中的少數載子壽命(亦即電子壽命)

觀察 Fig3.4 可得

$$Q_n = A_E q \times \frac{1}{2} n_p(0)w$$

$$= \frac{A_E q w n_i^2}{2N_A} e^{\frac{v_{BE}}{V_T}} \quad\text{————————————————} \quad (9)$$

將(9)代入(8)並引用(6)可得

$$i_{B2} = \frac{A_E q w n_i^2}{2Z_b N_A} e^{\frac{v_{BE}}{V_T}} = \frac{1}{2} \frac{w^2}{D_n Z_b} I_s e^{\frac{v_{BE}}{V_T}} \quad\text{————————} \quad (10)$$

將(9)、(10)代入 $i_B = i_{B1} + i_{B2}$ 並引用(5)可得

$$i_B = \frac{I_s}{\beta} e^{\frac{v_{BE}}{V_T}} = \frac{i_C}{\beta} \quad\text{————————————————} \quad (11)$$

其中

$$\beta = (\frac{D_p}{D_n} \frac{N_A}{N_D} \frac{w}{L_p} + \frac{1}{2} \frac{w^2}{D_n Z_b})^{-1} \quad\text{————————} \quad (12)$$

稱為共射極電流增益

$$\beta = \frac{i_C}{i_B}$$

$$\beta = 100 \sim 200$$

如欲提高β值，我們可縮小 w 且使得$w_A \ll N_D$，亦即將基極變窄且基極低濃度，射極高濃度。

3-2-2 射極電流

使用 KCL 於 Fig3.3 中的 npn 電晶體可得

$$i_E = i_C + i_B = \beta i_B + i_B = (1 + \beta) i_B \text{ ——————————— (13)}$$

$$\therefore \frac{i_B}{1} = \frac{i_C}{\beta} = \frac{i_E}{1 + \beta} \text{ ——————————— (14)}$$

我們定義共基極電流增益為

$$\alpha = \frac{i_C}{i_E} = \frac{\beta}{1 + \beta} \text{ ——————————— (15)}$$

由(13)可得

$$i_B = i_E - i_C$$

$$= i_E - \alpha i_E$$

$$= (1 - \alpha) i_E \text{ ——————————— (16)}$$

$$\therefore \frac{i_E}{1} = \frac{i_C}{\alpha} = \frac{i_B}{1 - \alpha} \text{ ——————————— (17)}$$

$$\therefore \beta = \frac{i_C}{i_B}$$

$$= \frac{\alpha}{1 - \alpha} \text{ ——————————— (18)}$$

$$\because \beta \gg 1$$

$$\therefore 由(15)可知\alpha \approx 1，亦即 i_B \ll i_C \approx i_E$$

舉例而言，若$\beta = 100$，則

$$\alpha = \frac{100}{100 + 1}$$

$$= 0.99$$

由(18)可知小的$\triangle \alpha$導致大的$\triangle \beta$

舉例而言，

$$\alpha_1 = 0.98$$

$$\Rightarrow \beta_1 = \frac{0.98}{1-0.98}$$

$$= 49$$

$$\alpha_2 = 0.99$$

$$\beta_2 = \frac{0.99}{1-0.99}$$

$$= 99$$

亦即

$$\triangle\alpha = \alpha_2 - \alpha_1 = 0.01$$

導致

$$\triangle\beta = \beta_2 - \beta_1$$

$$= 50$$

因此電晶體β值有相當大的變動量

將(5)代入(15)可得

$$i_E = \frac{i_C}{\alpha} = \frac{I_s}{\alpha}e^{\frac{v_{BE}}{V_T}} \tag{19}$$

3-2-3　等效電路模型

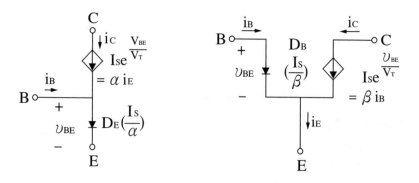

〔Fig3.5　npn BJT 操作在主動區的大信號等效電路模型〕

由(19)可知，Fig3.5 的左圖中，$\dfrac{I_s}{\alpha}$為二極體D_E的飽和電流(註：流經D_E的電流為 iE)

由(11)可知，Fig3.5 的右圖中，$\dfrac{I_s}{\beta}$為二極體D_B的飽和電流(註：流經D_B的電流為 iB)

3-2-4　I_{CB0}

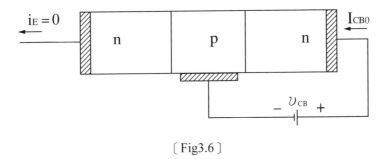

〔Fig3.6〕

I_{CB0}之值約為 nA 等級且溫度每上升 10℃，I_{CB0}之值會加倍

3-2-5　真實電晶體結構

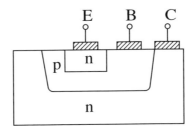

〔Fig3.7　npn 電晶體〕

集極包圍射極

$$\therefore \alpha \approx 1，\beta \gg 1(註：\alpha = \dfrac{i_C}{i_E}，\beta = \dfrac{\alpha}{1-\alpha})$$

3-3　pnp 電晶體

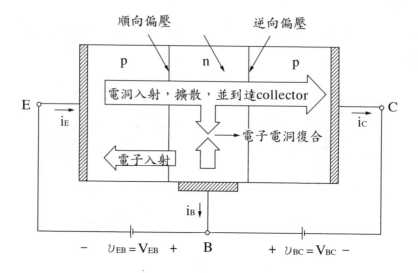

〔Fig3.8　pnp 電晶體在主動區的電流流動〕

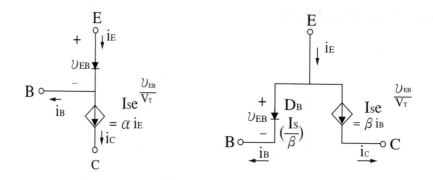

〔Fig3.9　pnp 電晶體在主動區的大信號等效模型〕

主動區 npn 電晶體中，$v_C > v_B > v_E$

主動區 pnp 電晶體中，$v_E > v_B > v_C$

3-4　元件符號

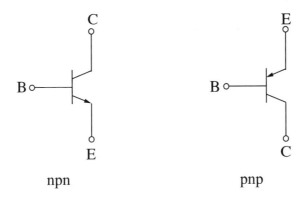

npn　　　　　　　　　　pnp

〔Fig3.10　BJT 符號〕

BJT 並非是對稱元件，亦即射極與集極不可以互換使用，因此 BJT 符號中的射極端點與集極端點必須有所區別

BJT 符號中，我們係以箭頭標示 EBJ，箭頭方向係由 p 型區域指向 n 型區域與二極體類似

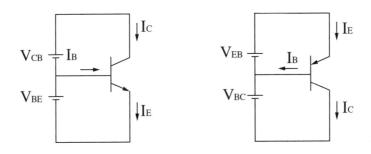

〔Fig3.11　電壓極性與電流方向〕

【範例練習 1】

右圖中的電晶體β＝ 100 且V_{BE}＝ 0.7V 時，I_c＝ 1mA，欲使I_c＝ 2mA 且V_c＝ 5V，試求R_C，R_E 之值。

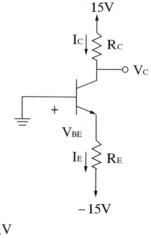

【解析】

$$R_C = \frac{15 - V_c}{I_c}$$

$$= \frac{15 - 5}{2}$$

$$= 5k\Omega$$

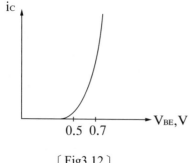

$$V_{BE} - 0.7 = V_T \ell n\frac{2}{1} \quad V_T = 25mV = 0.025V$$

$$\therefore V_{BE} = 0.7 + 0.025\ell n2 = 0.717V \quad \beta = 100$$

$$\therefore \alpha = \frac{\beta}{1 + \beta} = 0.99 \quad I_E = \frac{I_c}{\alpha} = \frac{2}{0.99} = 2.02mA$$

使用 KVL 可得　$0 - (-15) = V_{BE} + R_E I_E$

$$\therefore R_E = \frac{15 - V_{BE}}{I_E} = \frac{15 - 0.717}{2} = 7.07k\Omega$$

3-5　電晶體特性的圖解表示

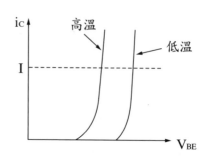

〔Fig3.12〕　　　　　　　　　　　　〔Fig3.13〕

npn 電晶體的 iC-υ_{BE}關係式如(5)所示

$$i_C = I_s e^{\frac{\upsilon_{BE}}{V_T}} \quad\text{————————————————————(5)}$$

(5)此一指數關係式與二極體頗為類似，可圖解表為 Fig3.12，因此分析電晶體時可假設

$$\upsilon_{BE} = V_{BE} = 0.7V$$

電晶體的溫度效應如 Fig3.13 所示，其中υ_{BE}的溫度係數為 $-2mV/℃$，亦即溫度每上升 1℃，υ_{BE}減少 2mV

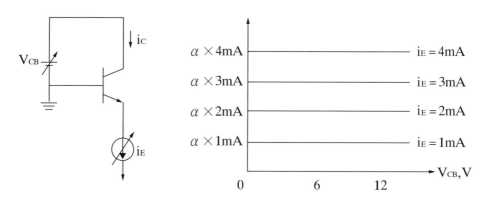

〔Fig3.14　npn 電晶體在主動區的 iC-υ_{CB}特性〕

由(15)可知 $i_C = \alpha i_E$，因此電晶體可視為電流控制電流源，且 i_C 不受υ_{CB}影響，由於電晶體為主動區，因此 CBJ 必須逆向偏壓，所以$\upsilon_{CB} \geq 0$

3-5-1　ic 受υ_{CE}影響—爾利效應

先前提及 ic 不受υ_{CE}影響並不符合實際的狀況

υ_{CB}提高導致 CBJ 空乏區變寬，由 Fig3.4 可知，有效基板寬度 w 變小

由(6)可知I_s變大，由(5)可知 iC 變大

$$\upsilon_{CE} = \upsilon_{CB} + \upsilon_{BE} = \upsilon_{CB} + 0.7$$

$$\therefore \upsilon_{CE} \uparrow，\upsilon_{CB} \uparrow，ic \uparrow$$

亦即υ_{CE}提高導致 ic 增加，此即爾利效應

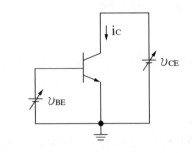

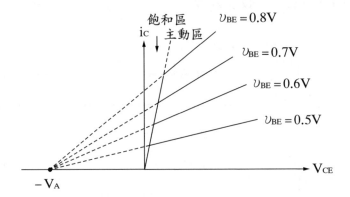

〔Fig3.15〕

由於爾利效應($v_{CE}\uparrow ic\uparrow$)之故，⑸式必須修正為

$$ic = I_s e^{\frac{v_{BE}}{V_T}}(1 + \frac{v_{CE}}{V_A})$$ ⎯⎯⎯⎯⎯⎯⎯⎯⎯⎯⎯ ⑳

其中V_A稱為爾利電壓，如 Fig3.15 所示

對 npn 電晶體而言，V_A為正值

V_A值為 50～100V

⑳中，通常$v_{CE}\ll V_A$，因此我們分析電晶體電路時常常忽略爾利電壓，以使計算更為簡便。

3-6　電晶體電路之直流分析

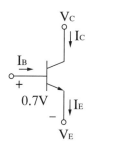

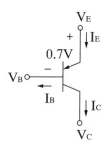

Fig3.16　npn 電晶體　　　　　　　　Fig3.17　pnp 電晶體

Fig3.16 係主動區 npn 電晶體，其中

$V_{BE} = 0.7V$，$\dfrac{I_B}{1} = \dfrac{I_C}{\beta} = \dfrac{I_E}{\beta+1}$ 或 $\dfrac{I_E}{1} = \dfrac{I_C}{\alpha} = \dfrac{I_B}{1-\alpha}$，且

我們必須驗證 $V_C > V_B$ 是否成立($\because$ CBJ 為逆向偏壓)

Fig3.17 係主動區 pnp 電晶體，其中

$V_{EB} = 0.7V$，$\dfrac{I_B}{1} = \dfrac{I_C}{\beta} = \dfrac{I_E}{\beta+1}$ 或 $\dfrac{I_E}{1} = \dfrac{I_C}{\alpha} = \dfrac{I_B}{1-\alpha}$，且

我們必須驗證 $V_C > V_B$ 是否成立($\because$ CBJ 為逆向偏壓)

【範例練習 2】

右圖中，$\beta = 100$，$R_C = 4.7k\Omega$，$R_E = 3.3k\Omega$，試求
所有的節點電壓與支路電流

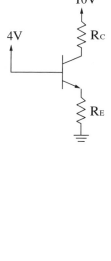

【解析】

我們假設電晶體為主動區
因此 $V_{BE} = 0.7V$，如圖所示
其中 $V_E = 4 - 0.7 = 3.3V$

$$I_E = \frac{V_E}{R_E} = \frac{3.3}{3.3} = 1mA$$

$$\alpha = \frac{\beta}{1+\beta} = \frac{100}{101} = 0.99$$

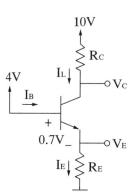

$I_C = \alpha I_E = 0.99\text{mA}$

$V_C = 10 - R_C I_C = 10 - 4.7 \times 0.99 = 5.3\text{V}$

$V_C = 5.3\text{V} > 4\text{V} = V_B$　∴電晶體確實為主動區

【範例練習3】

圖中的電晶體1是否為主動區

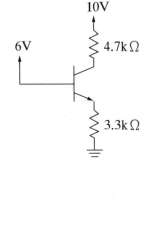

【解析】我們假設電晶體為主動區

如圖示

其中，

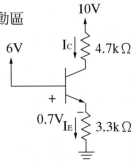

$I_E = \dfrac{6 - 0.7}{3.3} = 1.6\text{mA}$

通常$\alpha \approx 1$

因此$I_C = \alpha I_E \approx I_E = 1.6\text{mA}$

∴$V_C = 10 - 4.7 I_C = 2.48\text{V} < V_C = 2.48\text{V} < 6\text{V} = V_B$

∴電晶體不是主動區　此電晶體為飽和

【範例練習4】

試求右圖中所有的節點電壓與支路電流

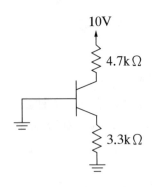

【解析】跨在 EBJ 上電壓為 0V

因此 EBJ 不導通，即

EBJ 為逆向偏壓

CBJ 為逆向偏壓(∵V_C靠近 10V，V_B為 0V)

∴電晶體為截止

∴$I_B = I_C = I_E = 0\text{mA}$

$V_E = 3.3 I_E = 0\text{V}$

$$V_C = 10 - 4.7I_C$$

$$= 10V$$

【範例練習 5】

試求右圖中所有的節點電壓與支路電流

【解析】我們假設 pnp 電晶體為主動區

因此 $V_{EB} = 0.7V$

如右圖所示

其中，$V_E = 0.7V$

$$I_E = \frac{10 - V_E}{2} = 4.65mA$$

$$I_C = \alpha I_E = 4.6mA$$

$$I_B = (1-\alpha)I_E = 0.05mA$$

$$V_C = 1 \times I_C + (-10) = -5.4V$$

$$V_C = -5.4V < 0V = V_B$$

∴pnp 電晶體為主動區

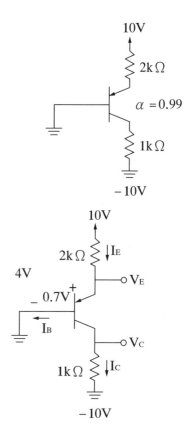

【範例練習 6】

試求右圖中所有的節點電壓與支路電流

【解析】

我們假設電晶體為主動區，如圖所示

其中

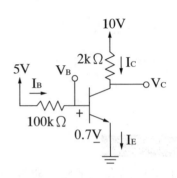

$V_B = 0.7V$

$I_B = \dfrac{5 - 0.7}{100} = 0.043mA$

$I_C = \beta I_B = 4.3mA \quad I_E = (\beta + 1)I_B = 4.343mA$

$V_C = 10 - 2k \times I_C = 1.4V \quad V_C = 1.4V > 0.7V = V_B$

∴電晶體確實為主動區

【範例練習 7】

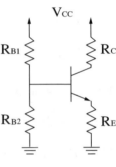

左圖中，$V_{CC} = 15V$，$R_{B1} = 100k\Omega$，$R_{B2} = 50k\Omega$，

$R_C = 5k\Omega$，$R_E = 3k\Omega$，$\beta = 100$，試求所有的節點

電壓與支路電流。

【解析】

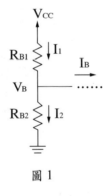

圖 1

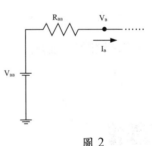

圖 2

圖 1 的戴維寧等效電路如圖 2 所示，其中

$$V_{BB} = \frac{R_{B2}V_{CC}}{R_{B1} + R_{B2}} = \frac{50 \times 15}{100 + 50} = 5V \quad\quad\quad\quad (1)$$

為開路電壓，且

$$R_{BB} = R_{B1}//R_{B2} = 100//50 = \frac{100 \times 50}{100 + 50} = 33.3k\Omega \quad\quad\quad (2)$$

為戴維寧等效電阻。

將圖 2 用於題目圖中可得圖 3，其中我們假設電晶體為主動區，因此 $V_{BE} = 0.7V$，

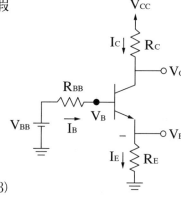

圖 3

$$\frac{I_B}{1} = \frac{I_C}{\beta} = \frac{I_E}{\beta + 1} \quad\text{————————— (3)}$$

使用 KVL 於 EBJ 迴路可得

$$V_{BB} = R_{BB}I_B + V_{BE} + R_E I_E \quad\text{————————————— (4)}$$

由(3)可得 $I_B = \dfrac{I_E}{\beta + 1}$ ，其用於(4)可解出

$$I_E = \frac{V_{BB} - V_{BE}}{R_E + \dfrac{R_{BB}}{\beta + 1}} = \frac{5 - 0.7}{3 + \dfrac{33.3}{101}} = 1.29\text{mA} \quad\text{————— (5)}$$

$$\therefore I_B = \frac{1.29}{101} = 0.0128\text{mA} \text{ , } I_C = \beta I_B = 1.28\text{mA}$$

由圖 3 可得

$$V_E = R_E I_E = 3 \times 1.29 = 3.87\text{V} \quad\text{———————— (6)}$$

$$V_B = V_{BE} + V_E = 0.7 + 3.87 = 4.57\text{V} \quad\text{————— (7)}$$

$$V_C = V_{CC} - R_C I_C = 15 - 5 \times 1.28 = 8.6\text{V} \quad\text{——— (8)}$$

$$V_C = 8.6\text{V} > 4.57\text{V} = V_B \quad \therefore 電晶體確實為主動區。$$

由圖 1 可得

$$I_1 = \frac{V_{CC} - V_B}{R_{B1}} = \frac{15 - 4.57}{100} = 0.104\text{mA} \quad\text{———— (9)}$$

$$I_2 = \frac{V_B}{R_{B2}} = \frac{4.57 - 50}{50} = 0.091\text{mA} \quad\text{———————— (10)}$$

3-7 電晶體作為放大器

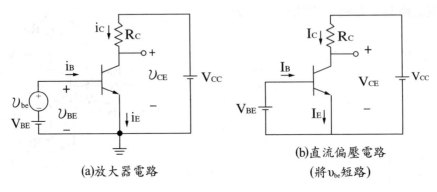

(a)放大器電路　　(b)直流偏壓電路
(將υ_{be}短路)

〔Fig3.18〕

分析 Fig3.18(b)可得

$$I_C = I_s e^{\frac{V_{BE}}{V_T}} \quad\text{——————————————————} \quad (21)$$

$$I_E = \frac{I_C}{\alpha} \quad\text{——————————————————} \quad (22)$$

$$I_B = \frac{I_C}{\beta} \quad\text{——————————————————} \quad (23)$$

$$V_C = V_{CE} = V_{CC} - R_C I_C \quad\text{——————————————} \quad (24)$$

Fig3.18(a)中，$\upsilon_{BE} = V_{BE} + \upsilon_{be}$，$\upsilon_{CE} = V_{CE} + \upsilon_{ce}$，$i_B = I_B + i_b$，$i_C = I_C + i_c$，$i_E = I_E + i_e$；

亦即我們將電壓、電流分成直流偏壓與交流信號。

3-7-1　轉移電導

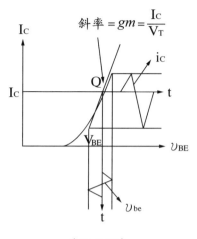

〔Fig3.19〕

將 $\upsilon_{BE}=V_{BE}+\upsilon_{be}$ 代入 $i_c=I_s e^{\frac{\upsilon_{BE}}{V_T}}$ 可得

$$i_C=I_s e^{\frac{V_{BE}+\upsilon_{be}}{V_T}}=I_s e^{V_{BE}+V_T}e^{\frac{\upsilon_{be}}{V_T}}$$

$$=I_C e^{\frac{\upsilon_{be}}{V_T}}\approx I_C(1+\frac{\upsilon_{be}}{V_T})\quad \text{if}\ \frac{\upsilon_{be}}{V_T}\ll 1 \qquad\qquad\text{(25)}$$

(25)相當於二極體中 $n=1$ 的情況。

事實上 υ_{be} 振幅在 10mV 以內皆可使用(25)。

由(25)可得 $i_C=I_C+i_c$ ，其中

$$i_c=\frac{I_C}{V_T}\upsilon_{be}=g_m\upsilon_{be} \qquad\qquad\qquad\text{(26)}$$

其中

$$g_m=\frac{I_C}{V_T} \qquad\qquad\qquad\qquad\text{(27)}$$

稱為轉移電導。

由(27)可知轉移電導 g_m 與工作點電流 I_C 成正比。

Fig3.19 之 Q 點斜率為

$$g_m=\frac{i_c}{\upsilon_{be}}=\frac{\triangle i_C}{\triangle \upsilon_{BE}}=\frac{\partial i_C}{\partial \upsilon_{BE}}\bigg|_{\upsilon_{BE}=V_{BE}}$$

$$= \frac{I_s}{V_T}e^{\frac{V_{BE}}{V_T}} = \frac{I_C}{V_T} \quad\text{————————————————————(28)}$$

3-7-2　基極電流與基極輸入電阻

總基極電流為

$$i_B = \frac{i_c}{\beta} = \frac{I_C + i_c}{\beta} = \frac{I_C}{\beta} + \frac{i_c}{\beta} \quad\text{————————(29)}$$

$$\because i_B = I_B + i_b \text{且} I_B = \frac{I_C}{\beta} \quad \therefore i_b = \frac{i_c}{\beta} = \frac{g_m \upsilon_{be}}{\beta} \quad\text{————(30)}$$

從基極和射極的小信號電阻看進去，定義為

$$r_\pi = \frac{\upsilon_{be}}{i_b} = \frac{\beta}{g_m} = \frac{\beta}{\frac{I_C}{V_T}} = \frac{V_T}{\frac{I_C}{\beta}} = \frac{V_T}{I_B} \quad\text{——————(31)}$$

3-7-3　射極電流與射極輸入電阻

總射極電流為

$$i_E = \frac{i_c}{\alpha} = \frac{I_C + i_c}{\alpha} = \frac{I_C}{\alpha} + \frac{i_c}{\alpha} \quad\text{————————(32)}$$

$$\because i_E = I_E + i_e \text{且}$$

$$I_E = \frac{I_C}{\alpha}$$

$$i_e = \frac{i_c}{\alpha}$$

$$= \frac{g_m \upsilon_{be}}{\alpha} \quad\text{————————————————(33)}$$

從基極和射極的小信號電阻看進去，定義為

$$r_e = \frac{\upsilon_{be}}{i_e} = \frac{\alpha}{g_m} = \frac{\alpha}{\frac{I_C}{V_T}} = \frac{V_T}{\frac{I_C}{\alpha}} = \frac{V_T}{I_E} \quad\text{——————(34)}$$

由 $\frac{(31)}{(34)}$ 可得 $\frac{r_\pi}{r_e} = \frac{i_e}{i_b} = 1 + \beta$

$$\therefore r_\pi = (\beta + 1)r_e \quad\text{————————————————(35)}$$

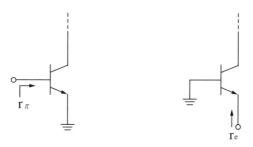

〔Fig3.20〕

基極：低電流、高電阻

射極：高電流、低電阻

$\quad i_b < i_e$

$\therefore r_\pi > r_e$

3-8 小信號等效電路模型

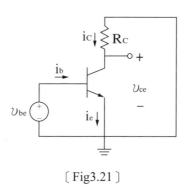

〔Fig3.21〕

Fig3.18(a)放大器電路的交流小信號電路如Fig3.21所示(我們將V_{BE}短路，將V_{CC}短路)，其中

$$i_b = \frac{\upsilon_{be}}{r_\pi} \ , \ i_e = \frac{\upsilon_{be}}{r_e} \ , \ i_C = g_m \upsilon_{be} \quad\text{————————— (36)}$$

$$\upsilon_{ce} = -R_c i_c = -g_m R_C \upsilon_{be} \quad\text{————————— (37)}$$

$$\therefore 電壓增益 = \frac{\upsilon_{ce}}{\upsilon_{be}} = -g_m R_c \quad\text{————————— (38)}$$

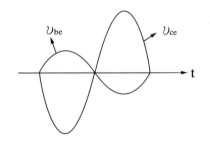

電壓增益為負表示相位反轉如
Fig3.22 所示

〔Fig3.22〕

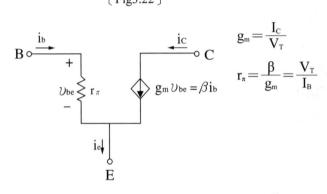

$$g_m = \frac{I_C}{V_T}$$

$$r_\pi = \frac{\beta}{g_m} = \frac{V_T}{I_B}$$

〔Fig3.23　混合π模型〕

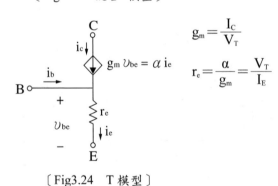

$$g_m = \frac{I_C}{V_T}$$

$$r_e = \frac{\alpha}{g_m} = \frac{V_T}{I_E}$$

〔Fig3.24　T模型〕

註：i_b流經r_π，i_e流經r_e

混合π模型與T模型不但適用於npn電晶體，同時亦適用於pnp電晶體。

綜合 Fig3.23 與 Fig3.24 可得

$$\upsilon_{be} = r_\pi i_b = r_e i_e \ , \ i_c = g_m \upsilon_{be} = \beta i_b = \alpha i_e \ \text{———————————(39)}$$

【範例練習 8】

右圖中，$\beta = 100$，$V_{BB} = 3V$，$R_{BB} = 100k\Omega$，

$R_c = 3k\Omega$，$V_{CC} = 10V$，試求電壓增益 $\dfrac{\upsilon_0}{\upsilon_i}$

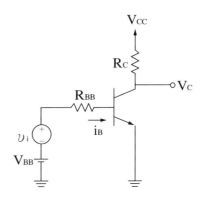

【解析】

(一) 直流偏壓分析：

將題目圖中 υ_i 短路可得右圖，其中

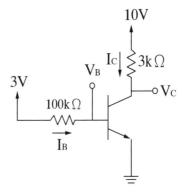

$$V_B = V_{BE} = 0.7V，I_B = \frac{3 - 0.7}{100} = 0.023mA \quad\text{————(1)}$$

$$I_C = \beta I_B = 2.3mA，V_C = 10 - 3I_C = 3.1V \quad\text{————(2)}$$

$$V_C = 3.1V > 0.7V = V_B \quad \therefore 電晶體為主動區$$

(二) 交流小信號分析：

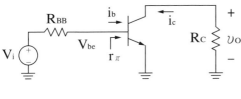

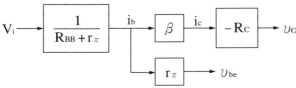

將題目圖中 V_{BB} 短路，V_{CC} 接地可得小信電路，其等效方塊圖所示

其中小信號參數r_π與工作點電流I_B有關，亦即

$$r_\pi = \frac{V_T}{I_B} = \frac{0.025}{0.023} = 1.09k\Omega \text{ ——————————— (3)}$$

可得電壓增益為

$$\frac{\upsilon_0}{\upsilon_i} = \frac{-\beta R_C}{R_{BB} + r_\pi} = \frac{-100 \times 3}{100 + 1.09} = -3 \text{ ————————— (4)}$$

【範例練習 9】

考慮上題電路圖，其中υ_i為三角波。試求υ_i所允許的最大振幅，並畫出此時υ_i、i_B的波形。

【解析】υ_i振幅受到兩個因素限制：

① $|\upsilon_{be}| \leq 10mV$：小信號條件

② $\upsilon_C \geq \upsilon_B$：主動區條件

可得

$$\frac{\upsilon_{be}}{\upsilon_i} = \frac{r_\pi}{R_{BB} + r_\pi} = 0.011 \text{ ————————— (1)}$$

若$\hat{V}_{be} = 10mV = 0.01V$，則

$$\hat{V}_i = \frac{\hat{V}_{be}}{0.011} = \frac{0.01}{0.011} = 0.91V \text{ ————————— (2)}$$

由上題(4)式可知電壓增益為負值，因此υ_i波峰對應至υ_C波谷，υ_i波谷對應至υ_C波峰，如圖 2 所示，其中

$$\hat{V}_C = 3\hat{V}_i \text{ ——————— (3)}$$

可知

$$\upsilon_B = \upsilon_{BE} \approx V_{BE} = 0.7V \quad (\because \hat{V}_{be} =$$

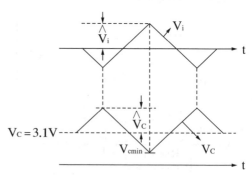

$0.01V \ll 0.7V = V_{BE})$

∴主動區條件可表為$V_{Cmin} \geq 0.7V$，其中$V_{Cmin} = V_C - \hat{V}_C$

由(2)、(3)可得

$V_{Cmin} = 3.1 - 3 \times 0.91 = 0.37V < 0.7V$

$\therefore \hat{V}_i = 0.91V$ 違反主動區條件

$\therefore \hat{V}_i$ 之值必須減小，亦即

$V_{Cmin} = V_C - \hat{V}_C = 3.1 - \hat{V}_i = 0.7$

$\therefore \hat{V}_i = \dfrac{3.1 - 0.7}{3} = 0.8V$

可知 i_b，υ_{be}，i_c 皆與 υ_i 同相位，僅有 υ_c（註：$\upsilon_c = \upsilon_0$）與 υ_i 反相位。

$\hat{I}_b = \dfrac{\hat{V}_i}{R_{BB} + r_\pi} = \dfrac{0.8}{100 + 1.09} = 0.008mA$

$\hat{V}_{be} = r_\pi \hat{I}_b = 8.7 \times 10^{-3}V = 8.7mV$

$\hat{I}_c = \beta \hat{I}_b = 0.8mA$，$\hat{V}_C = 3\hat{V}_i = 2.4V$

（註：$\hat{V}_C = R_C \hat{I}_C = 3 \times 0.8 = 2.4V$）

下圖中的 i_B 波形即為上題電路圖中的電流 i_B

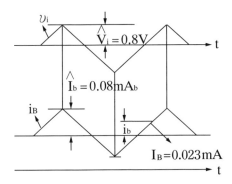

$i_B = I_B + i_b$，其中 i_B 為總電流

I_B 為直流偏壓條件

i_b 為交流信號條件

【範例練習 10】

右圖中，$\alpha = 0.99$，$V^+ = 10V$，$V^- =$
$- 10V$，$C_1 = C_2 = \infty$，$R_E = 10k\Omega$，

$R_C = 5k\Omega$，試求電壓增益$\dfrac{v_0}{v_i}$

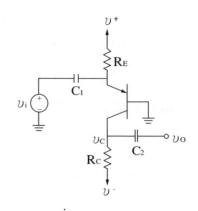

【解析】

電晶體小信號模型

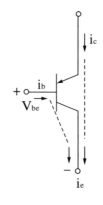

〔圖 1 npn 電晶體〕　　〔圖 2 pnp 電晶體〕

圖 1 中，$v_{be} = r_\pi i_b = r_e i_e$；圖 2 中，$v_{eb} = r_\pi i_b = r_e i_e$

圖 1、圖 2 中，$i_c = \beta i_b = \alpha i_e$

㈠直流偏壓分析：

將題目圖中電容C_1、C_2開路可得右圖，其中

$I_E = \dfrac{10 - 0.7}{10} = 0.93mA$

$I_C = \alpha I_E = 0.92mA$，

$V_C = - 10 + 5I_C = - 5.4V$

$V_C = - 5.4V < 0V = V_B$

∴pnp 電晶體為主動區

㈡交流小信號分析：

將題目圖中V^+、V^-接地，C_1、C_2短路可得左圖(小信號電路)，其等效方塊圖如下圖所示(註：$\upsilon_i = \upsilon_{eb}$)，

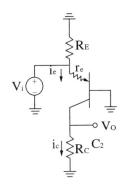

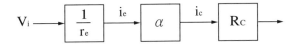

其中小信號參數r_e與工作點電流I_E有關，亦即

電容 C 的阻抗為$Z_C = \dfrac{1}{j\omega C}$

直流偏壓分析時，$\omega = 0$ 且$Z_C = \infty$，亦即電容 C 等效為開路。

交流小信號分析時，$\omega \neq 0$；若$C = \infty$，則$Z_C = 0$，亦即電容C等效為短路。

因此電容 C 兼具直流阻隔與交流耦合兩種功能。

㈠直流偏壓分析：

$$r_e = \frac{V_T}{I_E} = \frac{0.025}{0.93} = 0.027 k\Omega$$

可得電壓增益為

$$\frac{\upsilon_0}{\upsilon_i} = \frac{\alpha R_C}{r_e} = \frac{0.99 \times 5}{0.027} = 183$$

考慮小信號條件，υ_i所允許的最大振幅為

$$\hat{V}_i = \hat{V}_{eb} = 10mV = 0.01V$$

此時υ_0的振幅為

$$\hat{V}_0 = \hat{V}_C = 183\hat{V}_i = 183 \times 0.01 = 1.83V$$

υ_0與υ_i同相位($\because$電壓增益為正值)，如下圖所示

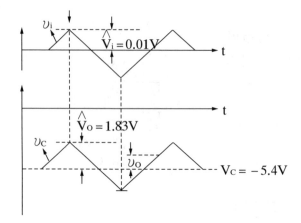

$v_c = V_c + v_o$，v_c波形即為題目圖中的電壓v_c

3-8-1 輸出電阻γ_0

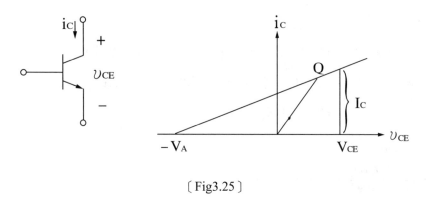

〔Fig3.25〕

由 Fig3.15 可得 Fig3.25，其中 Q 為工作點。

$$\frac{\triangle i_c}{\triangle v_{CE}} = Q\text{ 點斜率} = \frac{I_C}{V_A + V_{CE}} \approx \frac{I_C}{V_A}(\because V_{CE} \ll V_A) \text{ —————— (40)}$$

我們定義輸出電阻為

$$\gamma_0 = \frac{\triangle v_{CE}}{\triangle i_c} = \frac{1}{Q\text{ 點斜率}} = \frac{V_A}{I_C} \text{ —————————— (41)}$$

輸出電阻γ_0與工作點電流I_C成反比。

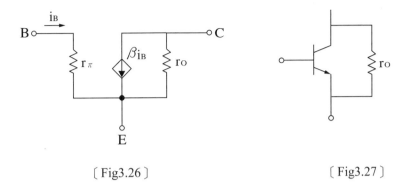

〔Fig3.26〕   〔Fig3.27〕

考慮輸出電阻r_0，Fig3.23 混合π模型可修正為 Fig3.26。

事實上，我們只要將以前所使用的電晶體小信號模型中的集極與射極之間接上電阻γ_0即可，如 Fig3.27 所示。

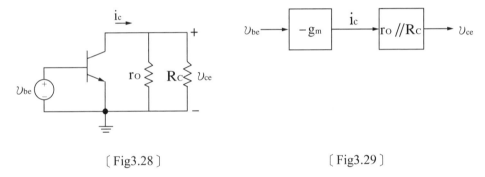

〔Fig3.28〕   〔Fig3.29〕

Fig3.21 之電晶體若考慮爾利效應，則在集極與射極之間接上電阻γ_0。若 Fig3.28 所示，其等效方塊圖如 Fig3.29 所示，其中電壓增益為

$$\frac{\upsilon_{ce}}{\upsilon_{be}} = -g_m \left(\gamma_0 // R_C\right) \tag{42}$$

$$\gamma_0 // R_C = \frac{\gamma_0 R_C}{\gamma_0 + R_C} < R_C \quad \therefore 比較(42)與(38)$$

可知爾利效應導致電壓增益絕對值 $\left| \dfrac{\upsilon_{ce}}{\upsilon_{be}} \right|$ 降低。

若$\gamma_0 \gg R_C$，亦即$\gamma_0 \geq 10R_C$，則$\gamma_0 // R_C \approx R_C$，亦即爾利效應可忽略。

3-9　圖解法

我們將範例練習 8 重畫於 Fig 3.29，並改以圖解法分析

我們首先考慮直流偏壓，此時$\upsilon_i = 0$，亦即υ_i短路

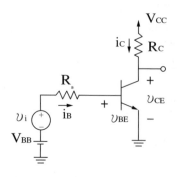

〔Fig3.29〕

因此可得

$V_{BB} = R_B i_B + \upsilon_{BE}$　（輸入負載線）

$V_{CC} = R_C i_C + \upsilon_{CE}$　（輸出負載線）　——————————(43)

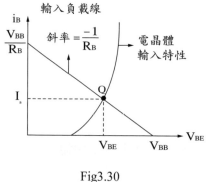

Fig3.30

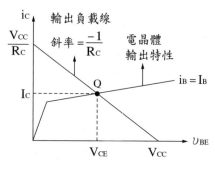

Fig3.31

分析輸入電路可得 Fig3.30，其中工作點 Q 為($\upsilon_{BE} = V_{BE}$, $i_B = I_B$)
(註：$V_{BE} \approx 0.7V$)將$i_B = I_B$用於分析輸出電路（集極迴路）可得
Fig3.31，其中工作點 Q 為($\upsilon_{CE} = V_{CE}$, $i_C = I_C$)(註：$I_C \approx \beta I_B$)

3-9-1 u_i為三角波，其振幅$\hat{V}_i$

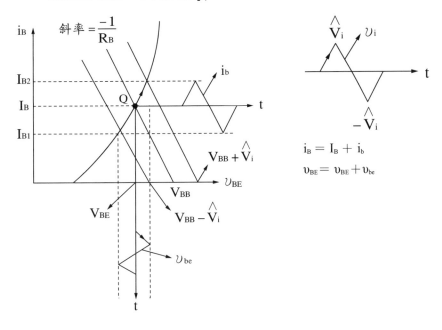

〔Fig3.32〕

使用 KVL 於 Fig3.29 中的輸入電路(基極迴路)可得

$$V_{BB} + v_i = R_B i_B + v_{BE} \text{\hspace{3cm}} (44)$$

當$v_i = 0$ 時，v_i通過 0V 即為(43)第一式之輸入負載線，其橫軸截距為
($v_{BE} = V_{BB}$，$i_B = 0$)

當$v_i = \hat{V}_i$時(v_i波峰)，橫軸截距為($v_{BE} = V_{BB} + \hat{V}_i$，$i_B = 0$)

當$v_i = -\hat{V}_i$時(v_i波谷)，橫軸截距為($v_{BE} = V_{BB} - \hat{V}_i$，$i_B = 0$)

由(44)可得

$$i_B = \frac{-1}{R_B} v_{BE} + \frac{V_{BB} + v_i}{R_B} \text{\hspace{2.5cm}} (45)$$

因此這三條直線的斜率皆為$\frac{-1}{R_B}$，故為平行直線，如Fig3.32所示，其中箭頭方向即為時間 t 增加時各電壓、電流的變化趨勢。

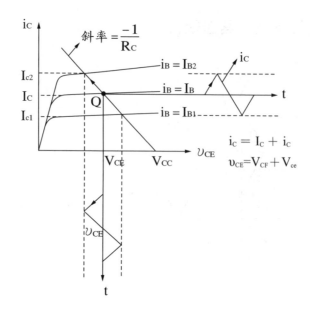

〔Fig3.33〕

Fig3.32 中 $i_B = I_B$，I_{B2}、I_{B1} 即對應至 Fig3.33 中的三條電晶體輸出特性曲線，因此可得 i_C、v_{ce} 波形，其中 v_{ce} 與 v_i 反相位。此一結論與範例練習 8 (4) 吻合(註：$v_0 = v_{ce}$ 且電壓增益為負值代表反相位)。

3-9-2　偏壓點位置對允許信號振幅的影響

先前提及信號振幅受到兩個因素限制，我們忽略小信號條件，且僅考慮主動條件。

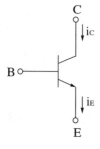

〔Fig 3.34〕

主動條件事實上包含

① CBJ 為逆向偏壓，亦即 $v_C \geq v_B$；

② EBJ 為順向偏壓，亦即 $i_E \geq 0$，$i_C = \alpha i_E \geq 0$，我們簡單表示為

$$i_C \geq 0 \text{———————————————(46)}$$

通常 $v_{BE} \approx 0.7V$，因此由 $v_C \geq v_B$ 可得

$\upsilon_{CE}=\upsilon_C-\upsilon_E\geq\upsilon_B-\upsilon_E=\upsilon_{BE}=0.7V$，

亦即

$\qquad \upsilon_{CE}\geq0.7V$ ———————————————————————————— (47)

(46)中，$i_c=0$ 代表電晶體進入截止區，此時

$\qquad \upsilon_{CE}=V_{CC}-R_ci_c=V_{CC}$

(47)中，$\upsilon_{CE}=0.7V$ 代表電晶體進入飽和區，因此主動模式電晶體中υ_{CE}的擺動範圍為

$\qquad 0.7V\leq\upsilon_{CE}\leq V_{CC}$

改變 Fig3.29 中的R_c值可得到 Fig3.31 中不同的輸出負載線，因而得到不同的工作點 Q，如 Fig3.35 所示，其中$R_{C1}<R_{C2}$

$R=R_{C1}$對應至工作點Q_1，此時V_{CE1}太靠近V_{CC}，因而限制了υ_{CE}的正向擺動

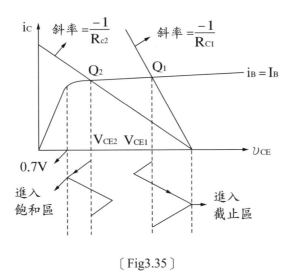

〔Fig3.35〕

$R=R_{C2}$對應至工作點Q_2，此時V_{CE2}太靠近 0.7V，因而限制了υ_{CE}的負向擺動，因此我們應適當選擇R_c值以滿足

$\qquad V_{CE}-0.7=V_{CC}-V_{CE}$

如 Fig3.36 所示，如此方能允許信號振幅達到最大

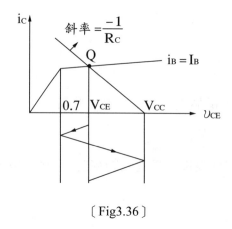

〔Fig3.36〕

3-10 分立式電路的 **BJT** 偏壓設計

分立式電路係相對於IC積體電路而言，偏壓設計首要目標係建立穩定的I_E值，使其不受β值大幅變動所影響。原因如下：

$$I_C = \alpha I_E \approx I_E \ , \ g_m = \frac{I_C}{V_T} \ , \ \gamma_0 = \frac{V_A}{I_C}$$

穩定的I_C值可得穩定的小信號參數g_m，γ_0，因而可得穩定的電壓增益。

3-10-1 單電源偏壓設計

偏壓設計(a)原電路(b)等效電路。

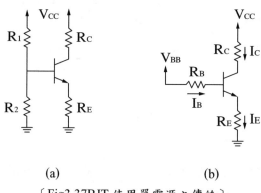

(a)   (b)

〔Fig3.37BJT 使用單電源之傳統〕

Fig3.37 事實上即為範例練習 7 所討論的電路。

因此可得

$$V_{BB} = \frac{R_2 V_{CC}}{R_1 + R_2} \ , \ R_B = R_1 // R_2 = \frac{R_1 R_2}{R_1 + R_2} \quad\text{————————} \quad (48)$$

其中V_{BB}為開路電壓，R_B為戴維寧等效電阻。

使用 KVL 於 Fig3.37(b)EBJ 迴路並引用$I_B = \dfrac{I_E}{\beta + 1}$可得

$$I_E = \frac{V_{BB} - V_{BE}}{R_E + \dfrac{R_B}{\beta + 1}} \quad\text{————————} \quad (49)$$

如欲V_{BE}變動影響I_E甚小，則

$$V_{BB} \gg V_{BE} \quad\text{————————} \quad (50)$$

如欲β變動影響I_E甚小，則

$$R_E \gg \frac{R_B}{\beta + 1} \quad\text{————————} \quad (51)$$

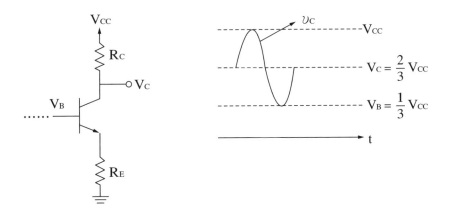

〔Fig3.38〕

　　良好的偏壓設計如 Fig3.38 所示，其中υ_C擺幅可達到最大。

【範例練習 11】

考慮 Fig3.37，其中$V_{CC} = 12V$，$I_E = 1mA$，試設計R_1、R_2、R_C、R_E之電阻值。

【解析】我們採用 Fig3.38 的偏壓設計，亦即

$$V_B = \frac{1}{3}V_{CC} = 4V \text{，} V_C = \frac{2}{3}V_{CC} = 8V \text{ ———————— (2)}$$

因此可得

$$V_E = V_B - V_{BE} = 4 - 0.7 = 3.3V \text{ ———————— (3)}$$

$$R_E = \frac{V_E}{I_E} = \frac{3.3}{1} = 3.3k\Omega \text{ ———————— (4)}$$

考慮圖 2，忽略 I_B

我們選取 $I_1 = 0.1I_E = 0.1mA$，因此可得

$$R_1 + R_2 = \frac{V_{CC}}{I_1} = \frac{12}{0.1} = 120k\Omega \text{ ———————— (5)}$$

又　$\dfrac{V_B}{V_{CC}} = \dfrac{R_2}{R_1 + R_2} = \dfrac{1}{3} \quad \therefore R_1 = 2R_2 \text{ ———— (6)}$

求解(5)、(6)可得 $R_1 = 80k\Omega$，$R_2 = 40k\Omega$

此時實際的 I_E 值為

$$I_E = \frac{4 - 0.7}{3.3 + \dfrac{80//40}{101}} = 0.93mA \neq 1mA$$

我們亦可選取 $I_1 = I_E = 1mA$，

因此可得 $R_1 + R_2 = \dfrac{V_{CC}}{I_1} = \dfrac{12}{1} = 12k\Omega$ 以及 $R_1 = 2R_2$

$$\therefore R_1 = 8k\Omega \text{，} R_2 = 4k\Omega$$

此時 I_E 之值為

$$I_E = \frac{4 - 0.7}{3.3 + \dfrac{8//4}{101}} = 0.99mA \approx 1mA$$

I_E 值誤差較小係因 R_1、R_2 之值降為 $\dfrac{1}{10}$，較為耗電則因 I_1 之值增為 10 倍。

由 Fig3.37 的集極電路可得

$$R_C = \frac{V_{CC} - V_C}{I_C} = \frac{12 - 8}{I_C} = \frac{4}{I_C} \text{ ———————— (7)}$$

其中 $I_C = \alpha I_E = \dfrac{\beta}{\beta + 1}I_E = 0.99I_E$ ———————— (8)

因此設計 1 之$R_C = \dfrac{4}{0.99 \times 0.93} = 4.34k\Omega$

設計 2 之$R_C = \dfrac{4}{0.99 \times 0.99} = 4.08k\Omega$

3-10-2　雙電源偏壓

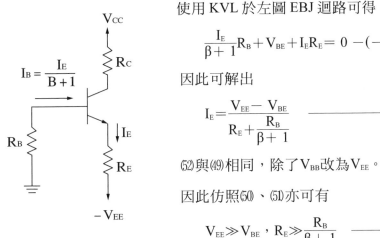

使用 KVL 於左圖 EBJ 迴路可得

$$\frac{I_E}{\beta + 1}R_B + V_{BE} + I_E R_E = 0 - (-V_{EE}) = V_{EE}$$

因此可解出

$$I_E = \frac{V_{EE} - V_{BE}}{R_E + \dfrac{R_B}{\beta + 1}} \qquad\qquad\qquad (52)$$

(52)與(49)相同，除了V_{BB}改為V_{EE}。

因此仿照(50)、(51)亦可有

$$V_{EE} \gg V_{BE} , \; R_E \gg \frac{R_B}{\beta + 1} \qquad\qquad (53)$$

之設計準則

3-10-3　另一種偏壓設計

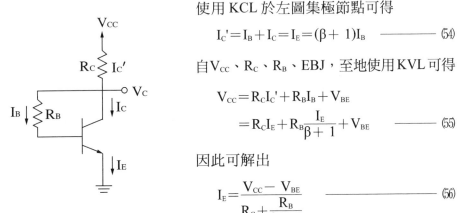

使用 KCL 於左圖集極節點可得

$$I_C' = I_B + I_C = I_E = (\beta + 1)I_B \qquad\qquad (54)$$

自V_{CC}、R_C、R_B、EBJ，至地使用KVL可得

$$V_{CC} = R_C I_C' + R_B I_B + V_{BE}$$
$$= R_C I_E + R_B \frac{I_E}{\beta + 1} + V_{BE} \qquad\qquad (55)$$

因此可解出

$$I_E = \frac{V_{CC} - V_{BE}}{R_C + \dfrac{R_B}{\beta + 1}} \qquad\qquad\qquad (56)$$

如欲使I_E之值變動甚少，則

$$V_{CC} \gg V_{BE} , \; R_C \gg \frac{R_B}{\beta + 1} \qquad\qquad\qquad\qquad\qquad (57)$$

$$V_{CB} = R_B I_B = R_B \frac{I_E}{\beta + 1} \hspace{2cm} \text{(58)}$$

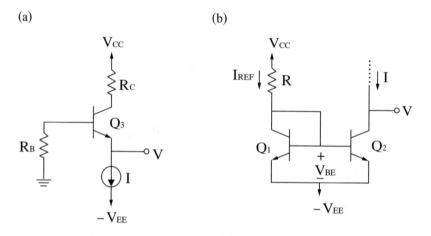

由左圖可知V_{CB}之值即為集極端點所允許的信號振幅

由(58)可知V_{CB}之值取決於R_B之值。

3-10-4 電流源偏壓

(a)

(b)

〔Fig3.41〕

將 Fig3.39 之電阻R_E以電流源 I 取代即得 Fig3.41(a)

其中電流源 I 的實現方法如 Fig3.41(b)所示

Fig3.41(a)中，$I_E = I$，因此電流源偏壓的設計可使偏壓電流I_E之值更為精確

我們接著分析 Fig3.41(b)此一電流源電路

Q_1與Q_2必須匹配，亦即兩者元件特性完全相同

我們並假設β之值很大，因此忽略基極電流（$\because \beta$很大$\Rightarrow I_B = \frac{I_C}{\beta}$很小）

Q_1為接成二極體的電晶體，將基極與集極短路即可得到I_{REF}稱為參考電流

I 稱為電流源輸出電流

由於 Q_1、Q_2 匹配,因此兩者特性曲線相同,由 Fig3.41(b)可得

$V_{BE1} = V_{BE2} = V_{BE}$

因此 Q_1、Q_2 有相同的工作點 Q,如 Fig3.42 所示,且 $I_{C1} = I_{C2}$。

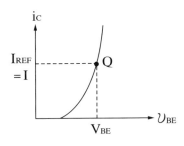

Fig3.42

由於我們忽略基極電流,因此 $I_{REF} = I_{C1}$

又 $I_{C2} = I$,因此可得 $I_{REF} = I$,如 Fig3.42 所示。

考慮 Fig3.41(b),自 V_{CC}、R、V_{BE},至 $-V_{EE}$ 使用 KVL 可得

$$RI_{REF} + V_{BE} = V_{CC} - (-V_{EE}) \quad\quad\quad\quad (59)$$

因此可解出

$$I = I_{REF} = \frac{V_{CC} + V_{EE} - V_{BE}}{R} \quad\quad\quad\quad (60)$$

由於 Q_2 必須為主動模式,因此 $V_{C2} > V_{B2}$,亦即 $V > V_{BE} + (-V_{EE})$,亦即

$$V > V_{BE} - V_{EE} \quad\quad\quad\quad (61)$$

Fig3.41(b)亦稱為電流鏡

亦即該電路像一面鏡子可將參考電流 I_{REF} 反射成輸出電流 I。

3-11　基本單級 **BJT** 放大器組態

　　BJT 放大器有三種基本組態：(CE，共射極)，(CB，共基極)，(CC，共集極)。

3-11-1　共射極放大器

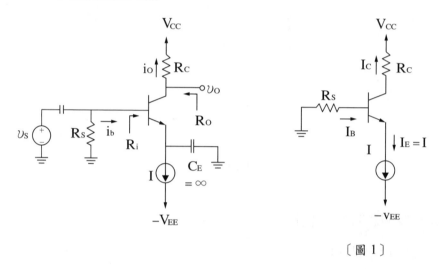

〔圖 1〕

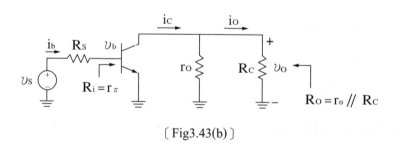

〔Fig3.43(b)〕

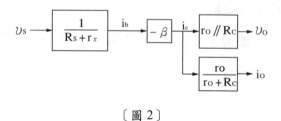

〔圖 2〕

Fig3.43(a)的直流偏壓電路(將信號電壓源 υ_s 短路，將電容 C_E 開路)如圖 1

所示，其中$I_E = I$即為射極偏壓電流。因此可得$I_B = \dfrac{I}{\beta + 1}$，$I_C = \alpha I$

相關小信號參數則為

$$r_e = \frac{V_T}{I_E} \text{，} r_\pi = \frac{V_T}{I_B} \text{，} g_m = \frac{I_C}{V_T} \text{，} \gamma_0 = \frac{V_A}{I_C}$$

Fig3.43(a)的交流小信號電路(將電壓V_{CC}接地，將電流源I開路，將電容C_E短路)如 Fig3.43(b)所示，其中γ_0係考慮電晶體爾利效應的結果。

因此電容C_E稱為傍路電容，且 Fig3.43(a)稱為共射極放大器或射極接地放大器。

Fig3.43(b)的等效方塊圖如圖 2 所示，其中

電壓增益為

$$A_V = \frac{V_0}{V_s} = -\frac{\beta(\gamma_0 // R_C)}{R_S + r_\pi} \quad\text{————————} \quad (62)$$

電流增益為

$$A_i = \frac{i_0}{i_b} = \frac{-\beta\gamma_0}{\gamma_0 + R_C} \quad\text{————————} \quad (63)$$

Fig3.43(a)的輸入電阻為

$$R_i = r_\pi \quad\text{————————} \quad (64)$$

輸出電阻為

$$R_0 = \gamma_0 // R_C \quad\text{————————} \quad (65)$$

考慮(62)。若$R_S \gg r_\pi$，則$A_V \approx -\dfrac{\beta(\gamma_0 // R_C)}{R_S}$，亦即$A_V \propto \beta$

若$R_S \ll r_\pi$，則

$$A_V \approx -\frac{\beta(\gamma_0 // R_C)}{r_\pi} = -g_m\,(\gamma_0 // R_C) \quad\text{————————} \quad (66)$$

($\because g_m r_\pi = \beta$)，亦即$A_V$與$\beta$無關

在實際電路中，$R_C \ll \gamma_0$　$\therefore \gamma_0 // R_C \approx R_C$

因此(66)可近似為$A_V \approx -g_m R_C$

在 IC 放大器中，$R_C \ll \gamma_0$則不成立，亦即R_C之值可做得很大。

我們甚至可以假設$R_C = \infty$(亦即$R_C \gg \gamma_0$)於(60)中。

因此可得

$$A_{Vmax} = -g_m\gamma_0 = -\frac{I_C}{V_T} \times \frac{V_A}{I_C} = -\frac{V_A}{V_T} \quad\text{————————————(67)}$$

其與偏壓電流I_C無關。

$V_T = 0.025V$，若$V_A = 100V$，則$A_{Vmax} = -\dfrac{100}{0.025} = -4000$

使用$R_C \ll \gamma_0$於(63)可得$A_i = -\beta$

事實上$\beta = \left|\dfrac{i_0}{i_b}\right|_{R_c=0}$，因此$\beta$稱為共射極短路電流增益

　　CE放大器可提供足夠的電壓增益、電流增益，輸入電阻之值適中，但輸出電阻之值則過大(此為其缺點)。

3-11-2　具有射極電阻的共射極放大器

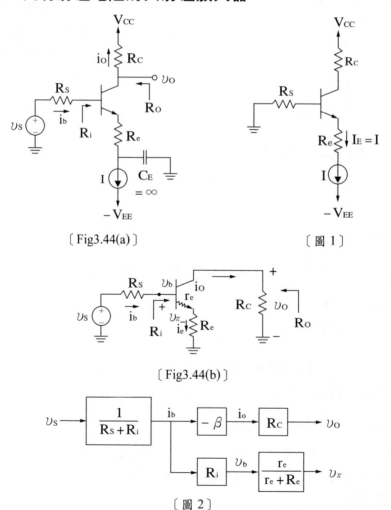

〔Fig3.44(a)〕　　　　　　　　　〔圖1〕

〔Fig3.44(b)〕

〔圖2〕

Fig3.44(a)的直流偏壓電路如圖 1 所示，其中$I_E = I$即為射極偏壓電流。

Fig3.44(a)的交流小信號電路如 Fig3.44(c)所示，其中我們忽略電晶體的爾利效應(亦即$\gamma_0 = \infty$)以利於電路分析。

Fig3.44(c)中，輸入電阻為

$$R_i = (\beta + 1)(r_e + R_e) \tag{68}$$

其中我們係利用電阻反射原理

輸出電阻則為

$$R_0 = R_C \tag{69}$$

Fig3.44(c)的等效方塊圖如圖 2 所示，其中

電壓增益為

$$A_V = \frac{V_0}{V_s} = \frac{-\beta R_C}{R_S + R_i} \tag{70}$$

電流增益為

$$A_i = \frac{i_0}{i_b} = -\beta \tag{71}$$

比較 Fig3.44(a)與 Fig3.43(a)的輸入電阻可得

$$\frac{R_i(\text{含 } R_e)}{R_i(\text{令 } R_e = 0)}$$

$$= \frac{(\beta + 1)(r_e + R_e)}{(\beta + 1)r_e}[\text{註：} r_\pi = (\beta + 1)r_e]$$

$$= 1 + \frac{R_e}{r_e} \approx 1 + g_m R_e (\text{註：} g_m = \frac{\alpha}{r_e} \approx \frac{1}{r_e}) \tag{72}$$

因此射極電阻R_e導致輸入電阻增為$(1 + g_m R_e)$倍。

由圖 2 可得

$$\frac{\upsilon_\pi}{\upsilon_b} = \frac{r_e}{r_e + R_e} = \frac{1}{1 + \frac{R_e}{r_e}} \approx \frac{1}{1 + g_m R_e} \tag{73}$$

就非線性失真而言

Fig3.43(b)中$(R_e = 0)$，$|\upsilon_b| \leq 10\text{mV}$ \hfill (74)

Fig3.44(c)中$(R_e \neq 0)$，$|\upsilon_\pi| \leq 10\text{mV}$，由(73)可得

$$\left|\, \upsilon_b \,\right| = (1 + g_m R_e)\left|\, \upsilon_\pi \,\right| \leq (1 + g_m R_e) \times 10\text{mV} \rule{3cm}{0.4pt} (75)$$

比較(74)、(75)可知射極電阻R_e允許υ_b信號增為$(1 + g_m R_e)$倍。

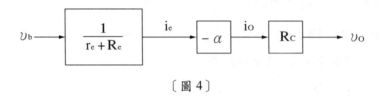

〔圖 4〕

如欲推導 Fig3.44(c)中的電壓增益$\dfrac{\upsilon_0}{\upsilon_b}$，則我們可使用圖 4 之等效方塊圖，其中

$$\frac{\upsilon_0}{\upsilon_b} = \frac{-\alpha R_C}{r_e + R_e} \approx \frac{-R_C}{r_e + R_e} \rule{3cm}{0.4pt} (76)$$

Fig3.44(a)相對於Fig3.43(a)有較低的電壓增益絕對值$\left|\, \dfrac{\upsilon_0}{\upsilon_s} \,\right|$，茲證明如下：

將(68)代入(70)並引用$r_\pi = (\beta + 1)r_e$可得

$$\frac{\upsilon_0}{\upsilon_s}\Big|_{R_e \neq 0} = \frac{-\beta R_C}{R_S + r_\pi + (\beta + 1)R_e} \rule{3cm}{0.4pt} (77)$$

將$\gamma_0 = \infty$代入可得

$$\frac{\upsilon_0}{\upsilon_s}\Big|_{R_e = 0} = \frac{-\beta R_C}{R_S + r_\pi} \rule{3cm}{0.4pt} (78)$$

比較(77)、(78)可知射極電阻R_e導致電壓增益絕對值下降。

Fig3.44(a)相對於Fig3.43(a)而言，其電壓增益$\dfrac{\upsilon_0}{\upsilon_s}$比較不受$\beta$之值的影響，茲證明如下：

由(77)可得

$$\frac{\upsilon_0}{\upsilon_s}\Big|_{R_e \neq 0} \approx \frac{-R_C}{\dfrac{R_S + r_\pi}{\beta} + R_e}\ (\text{註：}\beta + 1 \approx \beta) \rule{2cm}{0.4pt} (79)$$

由(78)可得

$$\frac{\upsilon_0}{\upsilon_s}\Big|_{R_e = 0} = \frac{-R_C}{\dfrac{R_S + r_\pi}{\beta}} \rule{3cm}{0.4pt} (80)$$

比較(79)、(80)可知β對(79)的影響力較低，因此射極電阻R_e導致電壓增益比較不受β之值的影響。

3-11-3 共基極放大器

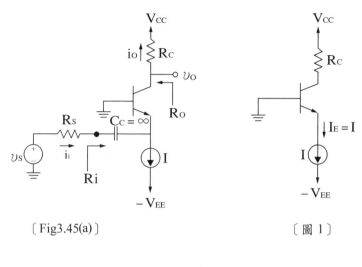

〔Fig3.45(a)〕　　　　　　　　　　　　　　〔圖 1〕

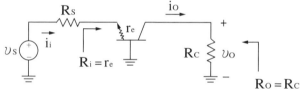

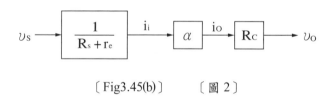

〔Fig3.45(b)〕　　　〔圖 2〕

　　Fig3.45(a)的直流偏壓電路如圖 1 所示，其中$I_E = I$即為射極偏壓電流。

　　Fig3.45(a)的交流小信號電路如 Fig3.45(b)所示，其中我們忽略電晶體的爾利效應(亦即$\gamma_0 = \infty$)以利於電路分析。

　　Fig3.45(a)稱為共基極放大器或基極接地放大器。

　　Fig3.45(b)的等效方塊圖如圖 2 所示，其中

電壓增益為$A_V = \dfrac{v_0}{v_s} = \dfrac{\alpha R_C}{R_S + r_e}$ ————————————————(81)

電流增益為$A_i = \dfrac{i_0}{i_i} = \alpha$ ————————————————————(82)

Fig3.45(a)的輸入電阻為$R_i = r_e$ ——————————————————(83)

輸出電阻為$R_0 = R_C$ ——————————————————————————— (84)

由(81)可知電壓增益A_v幾乎不受β之值的影響。

若$R_s \gg r_e$，則$A_v \approx \dfrac{\alpha R_C}{R_s} \approx \dfrac{R_C}{R_s}$ ——————————————————— (85)

若$R_s \ll r_e$(極為罕見的情況，因為r_e之值甚小)

則$A_v \approx \dfrac{\alpha R_C}{r_e} = g_m R_C$ ——————————————————————— (86)

由(82)可知α稱為共基極短路電流增益。

CB放大器輸入電阻$R_i = r_e$甚低，因此不適合作為電壓放大器之用[註：理想電壓放大器其電壓增益應不受信號源電阻R_s所影響；但由(85)可知CB放大器之電壓增益A_v與信號源電阻R_s成反比]。

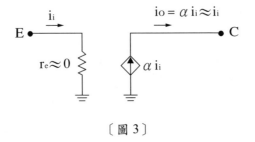

〔圖 3〕

CB電晶體可表為如圖 3 所示的等效電路，因此可作為單位增益電流放大器或電流緩衝器之用。

3-11-4 共集極放大器或射極隨耦器

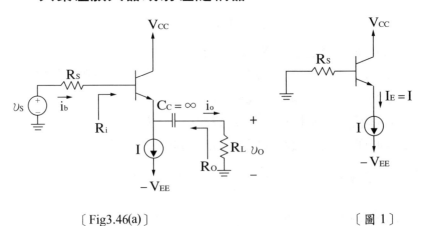

〔Fig3.46(a)〕　　　　　　　　　　　　　　〔圖 1〕

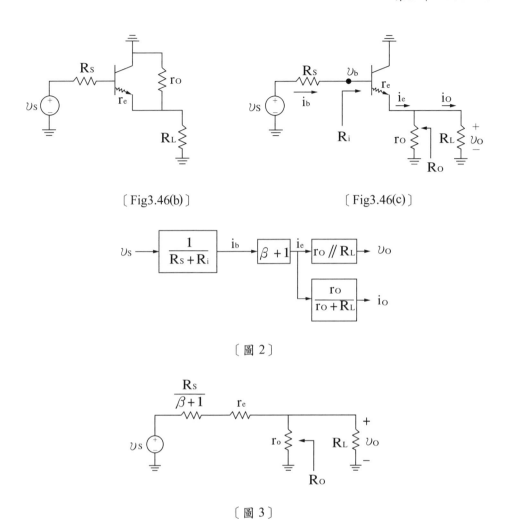

〔Fig3.46(b)〕　　　　　　〔Fig3.46(c)〕

〔圖 2〕

〔圖 3〕

　　Fig3.46(a)的直流偏壓電路如圖 1 所示，其中$I_E＝I$即為射極偏壓電流。

　　Fig3.46(a)的交流小信號電路如 Fig3.46(b)所示，其中γ_0係考慮電晶體爾利效應的結果。

　　我們將 Fig3.46(b)畫成 Fig3.46(c)以利於電路分析。

　　由於交流小信號電路[Fig3.46(b)、(c)]集極接地，因此原電路[Fig3.46(a)]稱為共集極放大器或集極接地放大器。

　　使用電阻反射原理於 Fig3.46(c)可得輸入電阻為

$$R_i＝(\beta＋1)[r_e＋(\gamma_0/R_L)] \tag{87}$$

　　若$r_e \ll R_L \ll \gamma_0$，則$R_i \approx (\beta＋1)R_L$ \hfill (88)

Fig3.46(c)的等效方塊圖如圖 2 所示，其中

電流增益為 $A_i = \dfrac{i_0}{i_b} = (\beta + 1)\dfrac{\gamma_0}{\gamma_0 + R_L}$ ———————————— (89)

(註：若 $R_L \ll \gamma_0$，則 $A_i \approx \beta + 1$)

$$\text{電壓增益為} A_V = \dfrac{\upsilon_0}{\upsilon_s} = \dfrac{(\beta + 1)(\gamma_0 // R_L)}{R_S + R_i}$$

$$= \dfrac{(\beta + 1)(\gamma_0 // R_L)}{R_S + (\beta + 1)[r_e + (\gamma_0 // R_L)]} \tag{90}$$

$$= \dfrac{\gamma_0 // R_L}{\dfrac{R_S}{\beta + 1} + r_e + (\gamma_0 // R_L)} \tag{91}$$

若我們將 Fig3.46(c)基極端的電阻 R_S 反射至射極(除以 $\beta + 1$)，則可得如圖 3 所示之輸出端等效電路，其中電壓增益即為(91)且輸出電阻為

$$R_0 = \gamma_0 // (r_e + \dfrac{R_S}{\beta + 1}) \tag{92}$$

通常 $\gamma_0 \gg r_e + \dfrac{R_S}{\beta + 1}$，因此 $R_0 \approx r_e + \dfrac{R_S}{\beta + 1}$ ———————— (93)

由 Fig3.46(c)可得 $\dfrac{\upsilon_0}{\upsilon_b} = \dfrac{\gamma_0 // R_L}{r_e + (\gamma_0 // R_L)}$ ———————————— (94)

通常 $r_e \ll (\gamma_0 // R_L)$，因此 $\dfrac{\upsilon_0}{\upsilon_b} \approx 1$，亦即射極的信號 υ_0 跟隨基極的信號 υ_b，所以 CC 放大器又稱為射極隨耦器。

將 $R_L = \infty$ 代入(91)可得開路電壓增益

$$A_V \mid_{R_L = \infty} = \dfrac{\gamma_0}{\dfrac{R_S}{\beta + 1} + r_e + \gamma_0} \tag{95}$$

事實上，使用 $R_L = \infty$ 於圖 3 亦可得(95)。

綜上所述，射極隨耦器具有高輸入電阻[由(87)]，低輸出電阻[由(92)]，高電流增益[由(89)]，且電壓增益略低於 1[由(91)]。

射極隨耦器主要功用係將高電阻信號源連接至低電阻負載，亦即作為電壓緩衝器之作，茲說明如下：

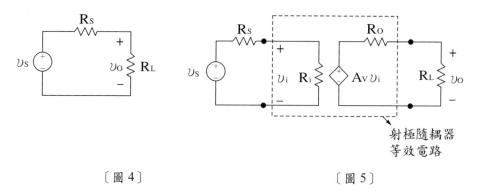

〔圖 4〕　　　　　　　　　　　　　〔圖 5〕

若 $R_s \gg R_L$，則將信號源直接連接至負載(如圖 4 所示)。

將導致 $\dfrac{v_0}{v_s} = \dfrac{R_L}{R_S + R_L} \ll 1$，亦即 $v_0 \ll v_s$

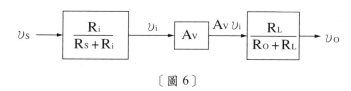

〔圖 6〕

因此我們在信號源與負載之間連接射極隨耦器，如圖 5 所示，其等效
方塊圖如圖 6 所示，其中

$$\frac{v_0}{v_s} = \frac{R_i}{R_S + R_i} A_V \frac{R_L}{R_0 + R_L} \text{——————————(96)}$$

由於 $R_i \gg R_S$，$R_0 \ll R_L$，$A_V \approx 1$，因此可得 $\dfrac{v_0}{v_s} \approx 1$，亦即 $v_0 \approx v_s$

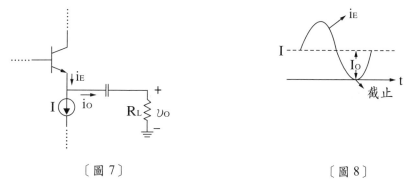

〔圖 7〕　　　　　　　　　　　　　〔圖 8〕

我們將 Fig3.46(a)射極部份的電路畫成圖 7，

其中 $i_E = I + i_0$，$v_0 = R_L i_0$ ————————————(97)

假設i_0為弦波,因此可得圖 8。當$i_E = 0$ 時,電晶體即為截止,因此可得i_0的最大振幅為$\hat{I_0} = I$,所以

v_0的最大振幅為$\hat{V_0} = R_L \hat{I_0} = R_L I$

若電壓增益為A_V,則可得v_s的最大振幅為

$$\hat{V_s} = \frac{\hat{V_0}}{A_V} = \frac{R_L I}{A_V}$$

3-12 電晶體作為開關之用─截止與飽和

主動區:放大器,類比開關之用

截止區與飽和區:開關,數位邏輯電路之用。

3-12-1 截止區

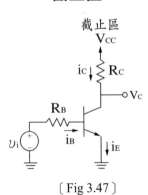

截止區

〔Fig 3.47〕

若$v_i \leq 0.5V$(註:0.5V 為切入電壓),則 EBJ 為逆向偏壓且 CBJ 亦為逆向偏壓 ($\because V_{CC} > v_i$)

$\therefore$電晶體截止

因此可得$i_B = i_C = i_E = 0$,$v_C = V_{CC} - R_C i_C = V_{CC}$ ──────(98)

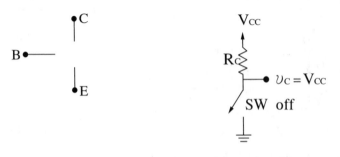

〔圖 1(截止模型)〕   〔圖 2 ($v_i \leq 0.5V$ 時,SW off)〕

3-12-2　主動區

若$v_i > 0.7V$(註：0.7V 為 EBJ 順向導通電壓)，

則$v_{BE} = 0.7V$ 且$i_B = \dfrac{v_i - 0.7}{R_B}$ ————————————————————— (99)

$\therefore i_C = \beta i_B$　(100)，$v_C = V_{CC} - R_C i_C$ ————————————————— (101)

主動區的條件：EBJ 順向偏壓且 CBJ 逆向偏壓。因此我們尚須驗證v_{CB} ≥0 是否成立。

$\therefore v_B = v_{BE} = 0.7V$　$\therefore$我們僅須驗證$v_C \geq 0.7V$ 是否成立即可。若$v_C < 0.7V$，則代表電晶體離開主動區而進入飽和區，亦即以上的分析不成立，我們必須使用飽和區的模型重新分析。

綜合(99)至(101)可知$v_i \uparrow i_B \uparrow i_C \uparrow v_C \downarrow$，此時電晶體極有可能進入飽和區。

3-12-3　飽和區

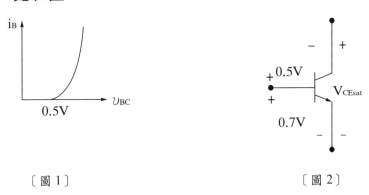

〔圖1〕　　　　　　　　　　　　　　　　〔圖2〕

電晶體操作於飽和區的條件為：EBJ 與 CBJ 皆為順向偏壓。

就 EBJ 而言，$V_{BE} = 0.7V$

就 CBJ 而言，考慮圖1，其中 0.5V 為切入電壓。

假設$V_{BC} = 0.5V$，因此可得圖2，其中

$V_{CEsat} = 0.7 - 0.5 = 0.2V$ ————————————————————————— (102)

因此我們可得 npn 與 pnp 電晶體的飽和模型如 Fig3.48 所示。

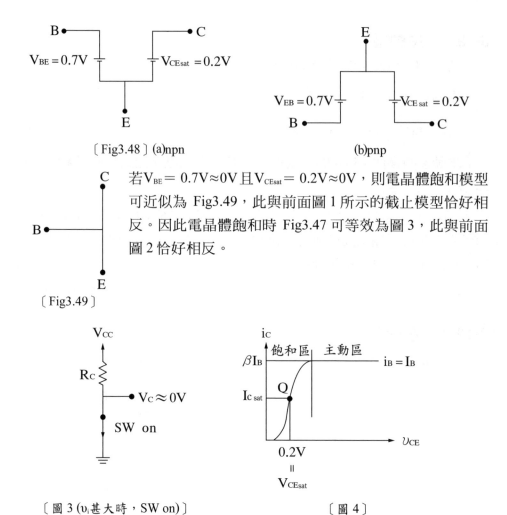

〔Fig3.48〕(a)npn　　　　　　　　　　(b)pnp

若$V_{BE}=0.7V\approx 0V$且$V_{CEsat}=0.2V\approx 0V$，則電晶體飽和模型可近似為 Fig3.49，此與前面圖 1 所示的截止模型恰好相反。因此電晶體飽和時 Fig3.47 可等效為圖 3，此與前面圖 2 恰好相反。

〔Fig3.49〕

〔圖 3 (υ_i甚大時，SW on)〕　　　　　　　　〔圖 4〕

圖 4 之工作點 Q 位於飽和區，其中$I_{csat}<\beta I_B$ ——————————(103)

電晶體飽和時，Fig3.47 即等效為 Fig3.50，其中

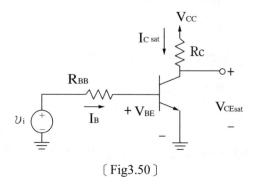

〔Fig3.50〕

$$I_B = \frac{\upsilon_i - V_{BE}}{R_B} \line\tag{104}$$

$$I_{csat} = \frac{V_{CC} - V_{CEsat}}{R_C} \line\tag{105}$$

由(104)、(105)求得之I_B、I_{Csat}之值尚須滿足(103)此一不等式。

由(103)可得

$$I_B > \frac{I_{Csat}}{\beta} \triangleq I_{B(EOS)} \line\tag{106}$$

（註：$\triangleq$表示"定義為"）

其中 EOS 代表飽和區邊緣

我們可定義過驅動因子為

$$ODF = \frac{I_B}{I_{B(EOS)}} \line\tag{107}$$

通常 $2 \leq ODF \leq 10$

由(103)可得

$$\beta > \frac{I_{Csat}}{I_B} \triangleq \beta_{forced} \line\tag{108}$$

【範例練習 12】

試求右圖電路所有的節點電壓與分支電流

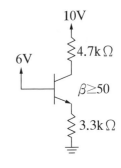

【解析】

我們假設電晶體操作於飽和區

$V_E = 6 - 0.7$

$\quad = 5.3V$

$I_E = \dfrac{V_E}{3.3} = 1.6mA$

$I_C = \dfrac{10 - V_C}{4.7} = 0.96mA$（註：$I_{Csat}$常常表為$I_C$）

$I_B = I_E - I_C = 0.64mA$

$\beta_{forced} = \dfrac{I_C}{I_B} = \dfrac{0.96}{0.64} = 1.5$

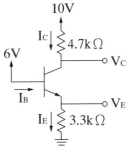

$\beta \geq 50 > 1.5 = \beta_{forced}$

$\therefore \beta > \beta_{forced}$

∴電晶體確實操作在飽和區

【範例練習 13】

如欲使右圖電晶體之 ODF = 10，試求R_B之值。

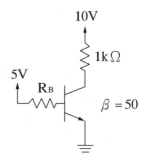

【解析】解：$V_{BE} = 0.7V$，$V_{CEsat} = 0.2V$

$I_{Csat} = \dfrac{10 - 0.2}{1} = 9.8mA$

$I_{B(EOS)} = \dfrac{I_{Csat}}{\beta} = \dfrac{9.8}{50} = 0.196mA$

$I_B = ODF \times I_{B(EOS)} = 10 \times 0.196 = 1.96mA$

由$I_B = \dfrac{5 - 0.7}{R_B}$可得$R_B = \dfrac{5 - 0.7}{1.96} = 2.2k\Omega$

【範例練習 14】

試求下圖電路所有的節點電壓與支路電流。

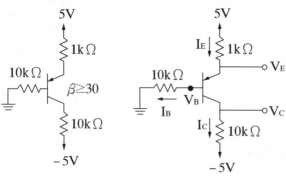

【解析】我們假設電晶體操作於飽和區，因此$V_{EB} = 0.7V$，$V_{ECsat} = 0.2V$
我們假設V_B為未知數，因此可得

$$I_B = \frac{V_B}{10} = 0.1V_B \qquad\qquad\qquad\qquad (1)$$

$$V_E = V_B + 0.7 \qquad\qquad\qquad\qquad\qquad (2)$$

$$I_E = \frac{5 - V_E}{1} = 4.3 - V_B \qquad\qquad\qquad (3)$$

$$V_C = V_E - 0.2 = V_B + 0.5 \qquad\qquad\qquad (4)$$

$$I_C = \frac{V_C - (-5)}{10} = 0.1V_B + 0.55 \qquad\qquad (5)$$

將(1)、(3)、(5)代入$I_E = I_B + I_C$可得

$4.3 - V_B = 0.2V_B + 0.55$，因此可解出$V_B = 3.13V$，其用於(1)至(5)可得

$I_B = 0.31mA$，$V_E = 3.83V$，$I_E = 1.17mA$，

$V_C = 3.63V$，$I_C = 0.86mA$

$$\beta_{forced} = \frac{I_C}{I_B} = \frac{0.86}{0.31} = 2.8$$

$\beta \geq 30 > 2.8 = \beta_{forced}$　$\therefore \beta > \beta_{forced}$

$\therefore$電晶體確實操作於飽和區。

【範例練習 15】

假設右圖中Q_1、Q_2之β皆為 100，分別求出流經 1kΩ電阻與流經 10kΩ電阻的電流。

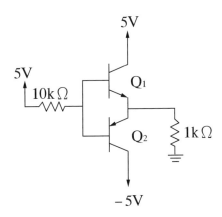

【解析】Q_2之射極靠近 0V，基極靠近 5V，集極靠近 $-5V$，因此Q_2之 EBJ 與 CBJ 皆為逆向偏壓，因此Q_2截止(簡稱為 off)，其等效電路將圖中Q_2移走即得左圖，其中Q_1之 EBJ 為順向偏壓。

$V_B = 5 - 10I_B < 5 = V_C$

$\therefore Q_1$ 之 CBJ 為逆向偏壓

$\therefore Q_1$ 為主動引用(49)可得

$I_E = \dfrac{5 - 0.7}{1 + \dfrac{10}{101}} = 3.9\text{mA}$，$I_B = \dfrac{I_E}{101} = 0.039\text{mA}$

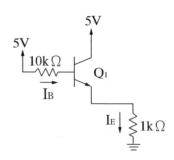

3-13　BJT 的一般大信號模型：EM 模型

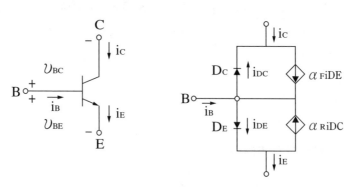

〔Fig3.51　npn 電晶體及其 EM 模型〕

註：D_E 代表 EBJ 二極體，D_C 代表 CBJ 二極體。

Fig3.51 中，二極體 D_E、D_C 的飽和電流分別為 I_{SE}、I_{SC}，因此可得

$$i_{DE} = I_{SE}(e^{\frac{v_{BE}}{V_T}} - 1) \quad (108) \text{，} \quad i_{DC} = I_{SC}(e^{\frac{v_{BC}}{V_T}} - 1) \text{————————— (109)}$$

由 Fig3.7 可知 CBJ 的截面積大於 EBJ 的截面積，因此 $I_{SC} > I_{SE}$；通常

$$\dfrac{I_{SC}}{I_{SE}} = 2 \sim 50 \text{ ————————————————— (110)}$$

α_F：順向 α，亦即我們所說的 α

$\therefore \alpha_F \approx 1$

α_R：逆向 α

EM 模型中的四個參數以及電晶體飽和電流 I_S

滿足下列的關係式：

$$\alpha_F I_{SE} = \alpha_R I_{SC} = I_S \text{ ——————————————— (111)}$$

由(110)、(111)可得

$$\frac{\alpha_R}{\alpha_F} = \frac{I_{SE}}{I_{SC}} = 0.02 \sim 0.5 \quad\text{————————————— (112)}$$

$\because \alpha_F \approx 1 \quad \therefore \alpha_R = 0.02 \sim 0.5$

使用 $\alpha_F \approx 1$ 於(111)可得 $I_S \approx I_{SE}$

因此 I_S 與 EBJ 的截面積比正比。

對於低功率(小信號)電晶體而言，$I_S = 10^{-14} \sim 10^{-15}$A

我們定義 $\quad \beta_F = \frac{\alpha_F}{1 - \alpha_F} \quad\text{——————————— (113)}$

$$\beta_R = \frac{\alpha_R}{1 - \alpha_R} \quad\text{————————————— (114)}$$

其中 β_F(順向β)即為我們以前所說的β且$\beta_F \gg 1$($\because \alpha_F \approx 1$)，$\beta_R$(逆向$\beta$)$= 0.02 \sim 1$ ($\because \alpha_R = 0.02 \sim 0.5$)。

3-13-1 順向主動模式

EBJ 為順向偏壓且 CBJ 為逆向偏壓，因此 Fig3.51 中 $i_{DC} \approx 0$，$\alpha_R i_{DC} \approx 0$，此時元件模型如 Fig3.5 左圖所示，因此將 $I_{SE} = \frac{I_S}{\alpha_F}$[由(111)]代入(108)可得

$$i_E \approx i_{DE} \approx \frac{I_S}{\alpha_F} e^{\frac{v_{BE}}{V_T}} \quad\text{———————————— (115)}$$

$$i_C \approx \alpha_F i_{DE} = I_S e^{\frac{v_{BE}}{V_T}} \quad\text{————————————— (116)}$$

$$i_B \approx i_{DE} - \alpha_F i_{DE} \approx (1 - \alpha_F) i_E$$

$$= \frac{I_S}{\frac{\alpha_F}{1 - \alpha_F}} e^{\frac{v_{BE}}{V_T}} = \frac{I_S}{\beta_F} e^{\frac{v_{BE}}{V_T}} \quad\text{————————— (117)}$$

事實上，(115)即為 $i_E = \frac{i_C}{\alpha_F}$，(117)即為 $i_B = \frac{i_C}{\beta_F}$

3-13-2 飽和模式

EBJ 與 CBJ 皆為順向偏壓

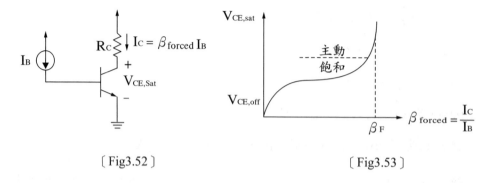

〔Fig3.52〕　　　　　　　　　　　〔Fig3.53〕

3-13-3　反向模式

Fig3.54 顯示 BJT 操作於反向模式其中集極與射極角色互換，亦即射極靠近高電位，集極靠近低電位，且

$$I_C = -I_2，I_E = -I_1$$

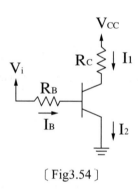

〔Fig3.54〕

因此反向主動模式的條件為：CBJ 為順向偏壓且 EBJ 為逆向偏壓(與順向主動模式恰好相反)。此時 $I_B = \dfrac{V_i - V_{BC}}{R_B}$(註：$V_{BC} = 0.7V$)，$I_1 = \beta_R I_B$

$$I_2 = I_B + I_1 = (\beta_R + 1)I_B$$

若 $\beta_R \ll 1$，則 $I_2 \approx I_B$

反向飽和模式的條件則為：EBJ 與 CBJ 皆為順向偏壓(以前所討論的飽和模式稱為正常飽和模式)，此時

$$I_1 = \frac{V_{CC} - V_{ECsat}}{R_C}(註：V_{ECsat} = 0.2V)，\frac{I_1}{I_B} < \beta_R$$

3-13-4　傳輸模型：EM 模型的另一種形式

Fig3.55 為 npn 電晶體的傳輸模型，其中二極體D_{BE}，D_{BC}的飽和電流分別為$\dfrac{I_S}{\beta_F}$，$\dfrac{I_S}{\beta_R}$，且

$$i_T = I_S\,(e^{\frac{\upsilon_{BE}}{V_T}} - e^{\frac{\upsilon_{BE}}{V_T}}) \hspace{3cm} \text{(118)}$$

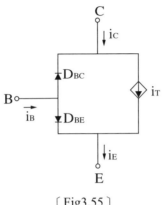

〔Fig3.55〕

3-14　基本 BJT 邏輯反相器

Fie3.47 事實上即為邏輯反向器。

當$\upsilon_i \le 0.5V$時，亦即υ_i為 low 時，電晶體截止，$\upsilon_c = V_{cc}$，亦即υ_c為 high。

當υ_i足夠大時，亦即υ_i為 high 時，電晶體飽和，$\upsilon_c = V_{CEsat} = 0.2V$，亦即$\upsilon_c$為 low。

選擇截止與飽和為反相器中電晶體的兩種操作模式，其原因如下：

1. 這兩種情況電晶體的功率損耗P_D皆甚小。截止時，$i_c = 0$　$\therefore P_D = \upsilon_i i_c = 0$
   飽和時，$\upsilon_c = 0.2V$　$\therefore P_D = \upsilon_c i_c \approx 0$
2. 輸出電壓準位定義清楚。

   電晶體若為主動，則由(100)、(101)可知

   $\upsilon_c = V_{cc} - \beta R_c i_B$，因此$\upsilon_c$值取決於不精確的$\beta$值。

3-14-1　VTC，電壓轉移特性曲線

我們將 Fig3.47 中的υ_c改為υ_0，因此重畫成下圖。

我們將於 Fig3.56 中描繪出 VTC，亦即$\upsilon_0 = f(\upsilon_i)$，其中我們所使用的參數為$R_B = 10k\Omega$，$R_c = 1k\Omega$，$\beta = 50$，$V_{cc} = 5V$

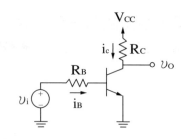

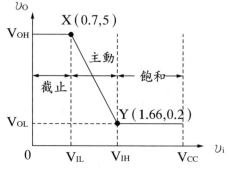

〔Fig3.56 VTC〕

當 $v_i \leq V_{IL} = 0.7V$ 時，電晶體截止，$v_0 = V_{CC} = V_{OH} = 5V$

當 $V_{IL} \leq v_i \leq V_{IH}$ 時(V_{IH} 之值過一會兒即可求得)，電晶體主動，由(99)至(101)可得

$$v_0 = V_{CC} - \beta R_C \frac{v_i - 0.7}{R_B} = -\frac{\beta R_C}{R_B} v_i + (V_{CC} + \frac{0.7 \beta R_C}{R_B}) \text{————} (119)$$

因此可得電壓增益為

$$A_V = \frac{\triangle v_0}{\triangle v_i} = -\frac{\beta R_C}{R_B} = -\frac{50 \times 1}{10} = -5 \text{————} (120)$$

亦即 Fig3.56 中 $\overline{XY}$ 的斜率為 -5

當 $v_i = V_{IH}$ 時，$v_0 = V_{CEsat} = V_{0L} = 0.2V$ 且電晶體進入飽和區。因此由(119)可得

$$V_{CEsat} = V_{CC} - \beta R_C \frac{V_{IH} - 0.7}{R_B} \text{————} (121)$$

$$\therefore V_{IH} = \frac{R_B(V_{CC} - V_{CEsat})}{\beta R_C} + 0.7$$

$$= \frac{10 \times (5 - 0.2)}{50 \times 1} + 0.7 = 1.66V \text{ ————————— (122)}$$

當 $\upsilon_i = V_{OH} = V_{CC} = 5V$ 時，$\upsilon_0 = V_{0L} = V_{CEsat} = 0.2V$

$$\therefore \beta_{forced} = \frac{i_C}{i_B} = \frac{\dfrac{V_{CC} - V_{CEsat}}{R_C}}{\dfrac{V_{CC} - 0.7}{R_B}}$$

$$= \frac{\dfrac{5 - 0.2}{1}}{\dfrac{5 - 0.7}{10}} = 11$$

$\beta = 50 > 11 = \beta_{forced}$

∴電晶體深入飽和區

3-14-2 雜訊邊限

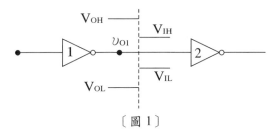

〔圖 1〕

假設反相器 1 驅動反相器 2，如圖 1 所示。

假定反相器 1 為高電位輸出 V_{OH}。若有負雜訊，導致 υ_{01} 低於 V_{IH}，則 υ_{01} 驅動反相器 2 時將導致誤動作(電晶體主動)，因此高電位所能忍受的雜訊為 $V_{OH} - V_{IH}$，因此我們定義高電位雜訊邊限為

$$NM_H = V_{OH} - V_{IH} = 5 - 1.66 = 3.34V \text{ ————————— (123)}$$

假定反相器 1 為低電位輸出 V_{0L}。若有正雜訊導致 υ_{01} 高於 V_{IL}，則 υ_{01} 驅動反相器 2 時將導致誤動作(電晶體主動)，因此低電位所能忍受的雜訊為 $V_{IL} - V_{0L}$，因此我們定義低電位雜訊邊限為

$$NM_L = V_{IL} - V_{0L} = 0.7 - 0.2 = 0.5V \text{ ————————— (124)}$$

NM_L 之值甚低，這代表反相器抵抗雜訊的能力較差。

3-14-3　飽和邏輯與非飽和邏輯

Fig3.47 之反相器為飽和邏輯，亦即電晶體為截止與飽和。然而當電晶體由飽和變為截止時需要相當長的時間延遲，因此限制了反相器的操作速度，因此便產生了非飽和邏輯，亦即電晶體避免進入飽和區以提高操作速度。此時電晶體為截止或主動。

3-14-4　飽和電晶體基極中的少數載子儲存電荷

Fig3.4 描繪主動模式 BJT 基極中的少數載子濃度分布。我們現在討論飽和之 BJT，此時 EBJ 與 CBJ 皆為順向偏壓。

Fig3.57　(a) 線段丙代表飽和 npn 電晶體基極中的少數載子(電子)濃度分布(註：W 為基極寬度)。

　　　　(b) 基極中的電子可分為兩部份：三角形部份產生濃度梯度導致擴散電流，長方形部份則代表電晶體深入飽和區的程度。

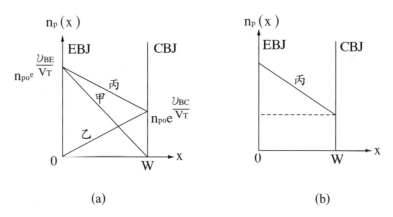

(a)　　　　　　　　　　　　　　(b)

$n_{po} = \dfrac{n_i^2}{N_A}$ （N_A 為基極雜質濃度），$v_{BE} > v_{BC} > 0$

線段甲係由 EBJ 順向偏壓所引起，線段乙係由 CBJ 順向偏壓所引起。

因此合成電子濃度為線段丙＝線段甲＋線段乙，由於傳統電流 i_T 與濃度梯度成正比，因此可得

$$i_T \propto \frac{n_{po}}{W}(e^{\frac{v_{BE}}{V_T}} - e^{\frac{v_{BC}}{V_T}}) \quad\text{————(125)}$$

(125)與(118)吻合。

3-15　共基極特性

Fig3.58 係 Fig3.14 考慮二階效應，次要效應之後的結果。

Fig3.58　npn 電晶體的共基極$i_c - \upsilon_{CB}$特性(註：$I_{E1} > I_{E2} > 0$)

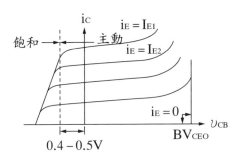

3-12-3 圖 2 即已顯示飽和時$\upsilon_{BC} = 0.5V$，因此$\upsilon_{CB} = -\upsilon_{BC} = -0.5V$，故顯示出 Fig3.58 第二象限中的飽和區。

3-15-1　混合π模型

Fig3.23 之混合π模型已考慮爾利效應之輸出電阻γ_0推廣為 Fig3.26

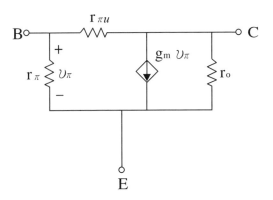

〔Fig3.59　混合π模型〕

觀察 Fig3.58 可知i_E固定時，i_C隨著υ_{CB}增加而略為增加。

∵$i_E = i_B + i_C$

∴i_B隨著υ_{CB}增加而略為減少

因此我們可在集極與基極之間連接電阻γ_μ以考慮此一效應，如 Fig3.59 所示，其中$\gamma_\mu > \beta\gamma_0$

我們可由 Fig3.58 定義共基極電阻為

$$R_{ob} = \frac{1}{斜率} = \frac{\triangle \upsilon_{CB}}{\triangle i_C} \mid_{\triangle i_E = 0} = \frac{\upsilon_{cb}}{i_C} \text{————————— (126)}$$

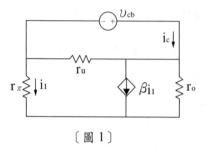

〔圖 1〕

其中υ_{cb}，i_C如圖 1 所示。比較 Fig3.59 與圖 1 中的受控電流源可知

$$g_m \upsilon_\pi = g_m r_\pi i_1 = \beta i_1 \text{——————————————— (127)}$$

〔圖 2〕　　　　　　　〔圖 3〕

將圖 1 中βi_1與γ_0並聯的諾頓等效電路轉換為戴維寧等效電路可得圖 2，其可等效為圖 3，其中

$$R_{ob} = \gamma_\mu // [\gamma_\pi + (\beta + 1)\gamma_0] \approx \gamma_\mu // (\beta \gamma_0) \text{——————— (128)}$$

3-15-2　共射極特性

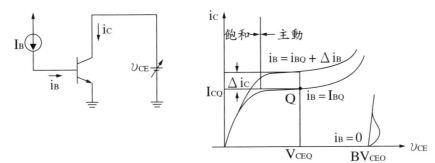

〔Fig3.60　共射極特性〕

(註：$I_{BQ} > C$，$I_{CQ} > 0$，$\triangle i_B > 0$，$\triangle i_C > 0$)

比 Fig3.15 更接近實際的情況即為 Fig3.60，其中每條曲線係將 i_B 保持定值。
我們可由 Fig3.60 定義共射極輸出電阻為

$$R_{ce} = \frac{1}{斜率} = \frac{\triangle \upsilon_{CE}}{\triangle i_C} \Big|_{\triangle i_B = 0} = \frac{\upsilon_{ce}}{i_C} \text{————————————} (129)$$

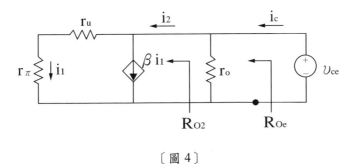

〔圖 4〕

其中 R_{oe}，υ_{ce}，i_C 如圖 4 所示。圖 4 中的受控電流源 βi_1 亦由(127)所推得。分
析圖 4 可得

$$R_{o2} = \frac{\upsilon_{ce}}{i_2} = \frac{\upsilon_{ce}}{(\beta + 1)i_1} = \frac{\gamma_\pi + \gamma_\mu}{\beta + 1} \text{————————————} (130)$$

$$\therefore R_{oe} = \gamma_0 // R_{o2} = \gamma_0 // \frac{\gamma_\pi + \gamma_\mu}{\beta + 1} \approx \gamma_0 // \frac{\gamma_\mu}{\beta} \text{————————} (131)$$

比較(128)、(131)可得 $R_{ob} = \beta R_{oe}$

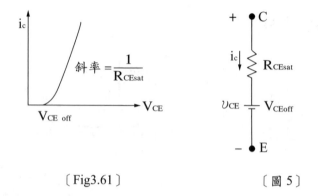

〔Fig3.61〕　　　　　　　　　〔圖 5〕

電晶體於飽和區的模型可近似為 Fig3.61，其中V_{CEoff}稱為電晶體開關的偏移電壓。

由斜率的定義可得

$$\frac{1}{R_{CEsat}} = \frac{i_C - 0}{v_{CE} - V_{CEoff}} \quad \therefore v_{CE} = R_{CEsat}i_C + V_{CEoff} \tag{132}$$

因此可得圖 5 之等效電路(飽和區適用)。

3-15-3　β

考慮 Fig3.60 中的工作點 Q，我們定義

$$h_{FE} = \beta_{dc} = \frac{I_CQ}{I_{BQ}} \tag{133}$$

電晶體做為放大器使用時，我們定義

$$h_{fe} = \beta_{ac} = \frac{\triangle i_C}{\triangle i_B} \Big|_{v_{ce} = 定值} \tag{134}$$

$\because v_{ce} = 0$　$\therefore h_{fe}$稱為短路電流增益

由於β_{dc}與β_{ac}差距甚小，因此我們通常假設$\beta_{dc} = \beta_{ac} = \beta$

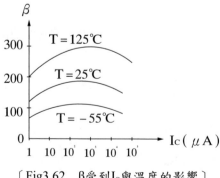

〔Fig3.62　β受到I_C與溫度的影響〕

3-15-4　電晶體崩潰

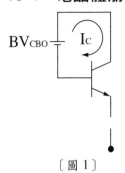

〔圖 1〕

Fig3.58 顯示BV_{CB0}，其定義為射極開路時，CBJ 之崩潰電壓，如圖 1 所示。通常BV_{CB0}高於 50V，若$i_E >$0，則崩潰電壓低於BV_{CB0}。

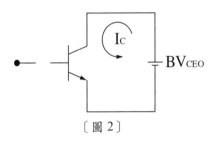

〔圖 2〕

Fig3.60 顯示BV_{CE0}，其定義為基極開路時，集極與射極之間的崩潰電壓，如圖 2 所示。

通常$BV_{CE0} \approx \frac{1}{2} BV_{CB0}$

（只要功率損耗在安全範圍內，CBJ的崩潰並非破壞性的，類似齊納二極體）

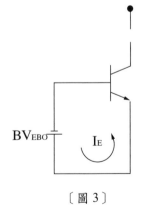

〔圖 3〕

圖 3 顯示BV_{EB0}，其定義為集極開路時，EBJ 之崩潰電壓。

BV_{EB0}之值約為 6～8V，且崩潰為破壞性的，亦即β值將會永久性地降低。因此我們設計電路時必須防止 EBJ 崩潰。

❧ 讀後練習 ❧

( )　1. 圖中，若電晶體 Q 導通時 $V_{BE} = 0.7V$，β(或h_{fe})$= 100$，假設其飽和區(saturation region)及截止區(cutoff region)非常小可以忽略，而C_1與C_2的電容值非常大，若想使V_0的無失真對稱擺盪幅度達到最大，則 Q 的操作點集極電流I_{CQ}為　(A) 4.3mA　(B) 5mA　(C) 5.7mA　(D) 6.4mA。

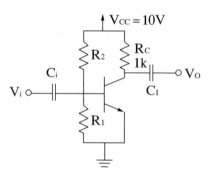

( )　2. 將上題中的輸出端V_0與接地端之間加一負載$R_L = 1K\Omega$，若同樣欲使V_0的 USS 達到最大，則對新操作點而言，與上題的結果比較　(A) 集極與射極間的操作電壓V_{CE0}變大，I_{CQ}變小，V_0的 USS 變大　(B) V_{CEQ}變小，I_{CQ}變小，V_0的 USS 變小　(C) V_{CEQ}變大，I_{CQ}變小，V_0的 USS 變小　(D) V_{CEQ}變小，I_{CQ}變大，V_0的 USS 變大。

( )　3. 將上題中的R_C改用由V_{CC}流向電晶體集極的理想電流源來取代，此時亦調整該電流源的電流值R_1，R_2使得V_0得到最大的 USS，則與 2 題的結果相比較　(A) V_{CEQ}變小，I_{CQ}變大，V_0的 USS 變小　(B) V_{CEQ}變小，I_{CQ}變大，V_0的 USS 變大　(C) V_{CEQ}變大，I_{CQ}變小，V_0的 USS 變大　(D) V_{CEQ}，I_{CQ}與V_0皆不變。

( )　4. 圖中，若二極體的切入電壓(V_r)在任何溫度下皆與電晶體的V_{BE}相同，則在電晶體導通的情況下，下列何種情況可得到最佳的V_{BE}溫度補償　(A) $R_1 \gg R_2$　(B) $R_1 = R_2$　(C) $R_1 \ll R_2$　(D) $R_1 \gg R_2$，$R_1 = R_2$，及$R_1 \ll R_2$三種情況的補償效果相同。

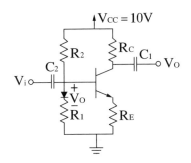

( ) 5. 圖(a)電路中的電晶體，具有如圖(b)所示的$I_C - V_{CE}$特性曲線，適當的調整R_B，使流過R_B的電流為 35 微安培時，V_{CE}約為 (A) 0.2 (B) 1.5 (C) 4.6 (D) 9 伏特。

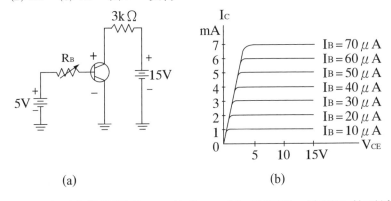

(a)　　　　　　　　　　　　(b)

( ) 6. 同上題，適當的調整R_B，使$V_{CE}=$ 10 伏特時，流過R_B的電流 (A) 17 (B) 29 (C) 45 (D) 60 微安培。

( ) 7. 同上題，將圖(a)中的 15 伏特電源調整為 10 伏特，且 3 仟歐姆的電阻用 2 仟歐姆的電阻取代，適當的調整R_B，使流過R_B的電流為 10 微安培時，V_{CE}約為 (A) 0.2 (B) 4 (C) 8 (D) 10 伏特。

( ) 8. 圖電路中，電晶體的$\beta= 50$，當$I_E = 1$毫安培，$V_{CB} = 2$伏特時，I_C約為 (A) 0.98 (B) 1.00 (C) 1.02 (D) 0.02 毫安培。

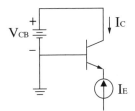

( ) 9. 同上題，如果$I_E = 2$毫安培，$V_{BC} = 0$伏特時，I_C約為 (A) 1.96 (B) 2.00 (C) 2.04 (D) 0.04 毫安培。

( ) *10.* 圖示電路中,若電晶體的β= 200,V_{BE}= 0.7V 且輸入信號V_S為正弦信號,試求此電路的最大不失真輸出電壓$V_0 = V_{om}\sin\omega t$ 之V_{om}為若干? (A) 6.24V (B) 6V (C) 2.63V (D) 4.32V。

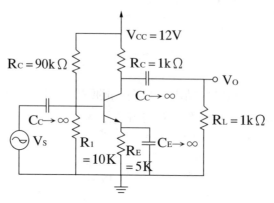

( ) *11.* 上題中,電路的總損耗功率P_{CC}為若干? (A) 149mw (B) 68mw (C) 60mw (D) 63mw。

( ) *12.* 上題中,若電路的R_C、R_L、R_E、β及V_{BE}均不變,欲使此電路的不失真輸出信號為最佳化(即輸出振幅擺動為最大),此時的偏壓I_{BQ}需改變,試求調整後的工作點(I_{CQ},V_{CEQ})為若干? (A) (5.45mA,6V) (B) (7.74mA,3.87V) (C) (8.5mA,2.65V) (D) (3.75mA,7.88V)。

( ) *13.* 如圖V_1= 15V,V_{BE}= 0.75V,I_0= 5mA,β≫1,R = (A) 0.75KΩ (B) 1.4KΩ (C) 3KΩ (D) 5KΩ。

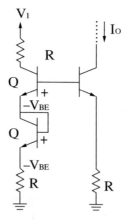

( ) *14.* 若$v(t)$= 1 + cosωt + 2sinωt + cos2ωt伏特,則$v(t)$的均方根值V_{rms}為 (A) 1.58 (B) 1.87 (C) 2 (D) 2.5 伏特。

( )　15. 圖示電路 $V_{CC} = 12V$，$R = 10K\Omega$，Q_1 與 Q_2 為特性完全相同的電晶
體，其 $\beta = 50$，$V_{BE} = 0.7V$，則 I_C 為　(A) 0.55mA　(B) 1.08mA　(C)
0.75mA　(D) 1.25mA。

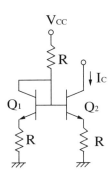

( )　16. 上題中，如 β 增加 100% 而成為 100 時，則 I_C 的增加量百分比為
(A) 0.5%　(B) 0.1%　(C) 2.5%　(D) 1.6%。

( )　17. 圖中若三電晶體完全相同，且其 $\beta \gg 1$，V_{BE} 亦皆等於 0.7V，則正
常工作下 $I_{C2} =$　(A) 3.14mA　(B) 30mA　(C) 29.3mA　(D) 28.6mA。

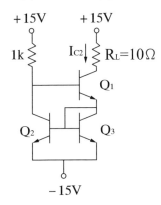

( )　18. 圖中，Q_1 與 Q_2 之直流電放大倍數均為 h_{FE}，則 I_{C2} 為　(A) 10mA　(B)
(h_{FE}) mA　(C) (h_{FE}^2) mA　(D) 1mA。

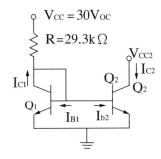

(　)　19. 某功率二極體之最高功率消耗容許值和其外殼溫度之關係如圖。
此二極體之外殼和其 P － N 接合間之熱阻，θ_{JC}為　(A) 2W/℃
(B) 3℃/W　(C) 2.3℃/W　(D) 5W/℃。

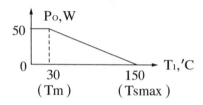

(　)　20. 圖示中，如輸入電流I_i為正弦波，則在集極電阻(1KΩ)上之最大
信號功率為　(A) 3.2milliwatt　(B) 5.1milliwatt　(C) 14milliwatt　(D)
28 milliwatt。

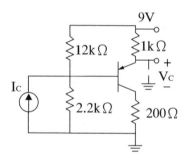

(　)　21. 電晶體放大電路中具有高輸入阻抗、低輸出阻抗，適合用作阻
抗匹配者為　(A) 共射極　(B) 共集極　(C) 共基極　(D) 共陰極。

(　)　22. 圖中若V_{CE}＝ 8.8 伏特，i_C＝ 3×10^{-3}安培，I_B＝ 2×10^{-4}安培，R_C
＝ 3000 歐姆，V_{CC}＝ 20 伏特，V_{BE}＝ 0 伏特，則R_B電阻值為R_E電
阻值的　(A) 66 倍　(B) 88 倍　(C) 100 倍　(D) 150 倍。

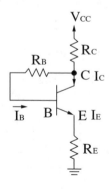

( ) 23. 試回答下列偏壓及穩定度相關問題：最基本的電流鏡電路包括
     (A) 兩個電阻和一個 BJT　(B) 兩個 BJT 和一個電阻　(C) 兩個 BJT
     接成兩個二極體　(D) 一個 BJT 和一個電阻。

( ) 24. 如上題電路中，已知$\beta_F = 100$，$V_{BE} = 0.7V$，則溫度漂移時I_C隨
     (A) $\sqrt{\beta_F}$　(B) $\sqrt{\beta_F + 2}$　(C) $-V^2_{BE}$　(D) 限流元件 R(T)而變動。

( ) 25. 已知$I_C = 10mA$，而歐利電壓$V_A = 100V$，$V_{BE} = 0.6V$，則上題電
     流鏡之輸出端電阻值γ_0等於　(A) $100K\Omega$　(B) $10K\Omega$　(C) $1K\Omega$　(D)
     100Ω。

( ) 26. 已知$V_{CC} = 10V$，$V_{BE} = 0.7V$，$\beta_F = 100$，限流元件內組 R $= 10K\Omega$，
     則上題電流鏡之輸出端電流等於　(A) 0.31mA　(B) 0.71mA　(C)
     0.91mA　(D) 0.5mA。

( ) 27. 對一共射極(CE)npn電晶體放大電路而言，若保持該電晶體在線
     性區內工作，則　(A) 操作點的基極電流愈大，集極與射極間的
     有效小訊號電阻愈大　(B) 操作點的基極電流愈大，集極與射極
     間的操作電壓愈大(其餘元件值不變)　(C) 換一個共射極順向電
     流增益β (h_{fe})較大的 npn 電晶體來用，若其它參數不變，則集極
     與射極間的操作電壓變小　(D) 以上皆非。

( ) 28. 圖中，若Q_1與Q_2完全相同，二者所處的物理環境亦相同，且皆
     在線性區下工作，則此二電晶體的h_{ie}參數大小關係為　(A) $Q_1 =$
     Q_2　(B) $Q_1 < Q_2$　(C) $Q_1 > Q_2$　(D) 不一定。

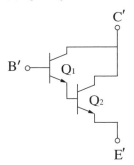

( ) 29. 上題中，由 B'至 E'間的小訊號等效輸入阻抗為(設β遠大於 1)
     (A) $\beta^2 h_{ie2}$ (h_{ie2}為Q_2的h_{ie})　(B) $\beta^2 h_{ie1}$ (h_{ie1}為Q_1的h_{ie})　(C) $2h_{ie2}$　(D) $2h_{ie1}$。

( ) 30. 一達靈頓電路如圖，已知Q_1、Q_2的$h_{fe} = 100$，$h_{ie} = 1K\Omega$，$h_{oe} =$
     $40K\Omega$，則其電流增益$A_i = i_0/i_h$值約為　(A) 0.5×10^4　(B) 10^4　(C)
     2.5×10^3　(D) 2.5×10^2。

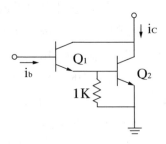

(　) 31. 一電晶體的共集極 h 參數為 h_{fe}、h_{oe}、h_{ie}、h_{re}，則其共基極 h 參數之 h_{ib} 近似於 (A) $\dfrac{h_{ie}}{1 + h_{fe}}$ (B) $-\dfrac{h_{oe}}{h_{fe}}$ (C) $-\dfrac{h_{ie}}{h_{fe}}$ (D) $\dfrac{h_{oe}}{1 + h_{fe}}$。

(　) 32. 圖示的雙埠網路其輸入端與輸出端之關係為 (A) $\dfrac{V_1}{V_1} = \dfrac{1}{4}$ 歐姆，$\dfrac{V_1}{I_2} = \dfrac{7}{4}$ 歐姆 (B) $\dfrac{V_1}{I_1} = \dfrac{7}{4}$ 歐姆，$\dfrac{V_2}{I_1} = \dfrac{1}{4}$ 歐姆 (C) $\dfrac{V_1}{I_2} = \dfrac{49}{4}$ 歐姆，$\dfrac{V_2}{I_2} = \dfrac{1}{4}$ 歐姆 (D) $\dfrac{V_1}{I_2} = \dfrac{49}{4}$ 歐姆，$\dfrac{V_2}{I_2} = \dfrac{7}{4}$ 歐姆。

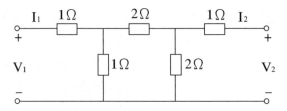

(　) 33. 如圖(a)，(b)所示，(b)為(a)的等效電路圖，若小信號電流增益為 $A_1 = -I_2/I_1 = -10$，則圖(b)中 R_1 與 R_2 之值，下列何者最為適當？
(A) $R_1 = 1K\Omega$，$R_2 = 11K\Omega$ (B) $R_1 = 11K\Omega$，$R_2 = 10K\Omega$ (C) $R_1 = 1.1K\Omega$，$R_2 = 11K\Omega$ (D) $R_1 = 11K\Omega$，$R_2 = 1.1K\Omega$。

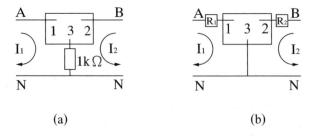

(a)　　　　　　　　　　　(b)

( )　*34.* 一電晶體電路如圖所示，已知該電晶體的β＝ 200，I_{CQ}＝ 5mA，

溫度的電壓等效值為V_T＝$\dfrac{T}{1600}$，其中 T 的單位 K，試求在 27℃時，

該電晶體的g_m及γ_π值為若干？(該電晶體的物理特性η＝ 1)　(A) g_m

＝ 193mA/V，γ_π＝ 38.60Ω　(B) g_m＝ 5.2mA/V，γ_π＝ 38.46KΩ　(C)

g_m＝ 193mA/V，γ_π＝ 1036KΩ　(D) g_m＝ 2.148mA/V，γ_π＝ 93.11KΩ。

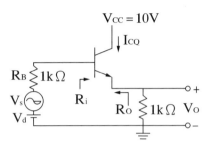

( )　*35.* 上題中，電路的輸入阻抗R_i及輸出阻抗R_0為若干？表示為$(R_i，R_0)$
(A) (202KΩ，10.1Ω)　(B) (201KΩ，5.1Ω)　(C) (201KΩ，5.4Ω)　(D)
(202KΩ，196.3Ω)。

( )　*36.* 圖示為雙極性接面電晶體(BJT)放大電路，其輸入及輸出均用電
容器隔離直流成份；若電晶體之參數為：順向直流電流增益β＝
100，順向基極－射極壓降V_{BE}＝ 0.7V，溫度效應V_T＝ 25mA，則
此直流操作點之集極電壓V_C為　(A) 1.875　(B) 2.875　(C) 3.875
(D) 4.875　伏特。

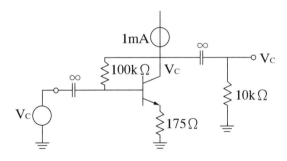

( )　*37.* 同上題，試求低頻小信號電壓增益v_0/v_i為　(A)－ 11.9　(B)－ 22.9
(C)－ 33.9　(D)－ 44.9。

( )　*38.* 電晶體小信號 h 參數h_{oe}之單位，　(A)電壓增益，無單位　(B)電
流增益，無單位　(C) mho　(D) ohm。

（　）39. 有一共射極的 NPN 矽製電晶體電路，其基極串接一只$R_B = 150$
千歐姆的電阻到$V_{BB} = 5$ 伏的直流電壓源正端，而集極則串接一
只$R_C = 2.2$ 仟歐姆的電阻到$V_{CC} = 9$ 伏的直流電壓源正端，V_{BB}與
V_{CC}的負端均接至射極，若電晶體基極到集極之直流電流增益β_{dc}
$= 100$，則集極電壓V_{CE}為　(A) 0.2 伏　(B) 1.911 伏　(C) 2.693 伏
(D) 4.576 伏。

（　）40. 在上題的電路中，電晶體基極和射極間的輸入阻抗約為　(A) 1
仟歐姆　(B) 8.2 仟歐姆　(C) 24 仟歐姆　(D) 91 仟歐姆。

（　）41. 若在上題電路的V_{BB}與R_B之間插入一只峰對峰值為 10 毫伏的交
流信號源V_b，則此電路之交流電壓增益為(相位不計)　(A) 2.9
(B) 7.8　(C) 23.1　(D) 100　(E) $A_v = 1.45$。

（　）42. 在線性雙埠網路中，若輸入端的電壓和電流及輸出端的電壓和
電流分別為V_i，i_1和V_2和i_2。則以這種網路描述的小信號電晶體
混合模型中，h_{ie}為　(A) $\frac{\partial v_1}{\partial i_1}\big|_{i_2=1}$　(B) $\frac{\partial v_1}{\partial i_1}\big|_{v_2=0}$　(C) $\frac{\partial v_2}{\partial i_1}\big|_{i_2=0}$　(D)
$\frac{\partial v_1}{\partial i_2}\big|_{v_2=0}$。

（　）43. 有兩只共射極組態的電晶體放大器A_1和A_2，其相應之輸入阻抗
R_{i1}和R_{i2}分別為 1.1 仟歐姆與 2 仟歐姆；而輸出阻抗R_{o1}和R_{o2}則分
別為 500 歐姆與 100 歐姆。今將A_1的輸出串接到A_2的輸入，且
在A_1的輸入端加一峰對峰值為 10 毫伏的理想交流電壓信號源。
若A_1與A_2的電壓放大倍數分別為 20 與 12，則A_2輸出端交流電壓
的峰對峰值應為　(A) 1.57 伏　(B) 1.92 伏　(C) 2 伏　(D) 2.4 伏。

（　）44. 在I_B不變時，$\frac{\triangle V_{BE}}{\triangle V_{CE}}$代表電晶體之　(A) h_{fe}　(B) h_{oe}　(C) h_{ie}　(D) h_{re}。

（　）45. 四端網路的 H 參數表示法為$V_1 = I_1 + 2V_2$，$I_2 = I_1 + 2V_2$，若改以 Y
參數表示法來表示，應表為　(A) $I_1 = V_1 + 2V_2$，$I_2 = V_1$　(B) $I_1 = V_1$
$- 2V_2$，$I_2 = V_1$　(C) $I_1 = -V_2$，$I_2 = 2V_1 + V_2$　(D) $I_1 = -V_2$，$I_2 = -$
$V_1 - 2V_2$。

（　）46. X 及 Y 為兩個獨立的電壓放大器，其電壓增益分別為A_1及A_2，輸
入阻抗分別為R_{i1}及R_{i2}，輸出阻抗分別為R_{o1}及R_{o2}，今將 X 的輸出
端接至 Y 的輸入端，則連接後整體的電壓增益為　(A) $A_1 A_2 \frac{R_{i1} + R_{i2}}{R_{o1} + R_{o2}}$
(B) $A_1 A_2 \frac{R_{i2}}{R_{o1} + R_{o2}}$　(C) $A_1 A_2 \frac{R_{o2}}{R_{i1} + R_{o2}}$　(D) $A_1 A_2 \frac{R_{o1} + R_{o2}}{R_{i1} + R_{i2}}$。

(　　) 47. 參數中，h_{re}是一種　(A)阻抗　(B)導納　(C)逆向電壓比　(D)順向電流增益。

(　　) 48. 有兩個特性完全相同的電晶體連接成如圖示的電路。該兩電晶體的特性如下：$V_{BE} = 0.7V$，$\beta = 200$，$V_T = 25mV$，逆向飽和電流不計入，回答下列問題：Q_1電晶體的I_{C1}為　(A) 0.25mA　(B) 0.50mA　(C) 1.00mA　(D) 2.5mA。

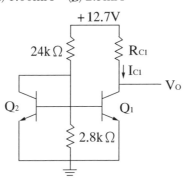

$$V_{BE} = 0.7V，\beta = 200，V_T = 25mV$$

(　　) 49. 若欲令Q_1電晶體的V_{CE1}為 6.7V，則R_{C1}應為　(A) 12KΩ　(B) 6KΩ　(C) 24KΩ　(D) 2.4KΩ。

(　　) 50. 試求Q_2電晶體的g_{m2}值為　(A) 0.02A/V　(B) 0.1A/V　(C) 0.04A/V　(D) 0.01A/V。

(　　) 51. Q_1電晶體的電壓增益A_{v1}為　(A) − 480　(B) − 240　(C) − 10　(D) − 120。

(　　) 52. 有一NPN型電晶體，其$h_{FE} = 100$，且流入集極電流為 0.8 安培，流入基極電流為 12 毫安培，則此電晶體處在　(A)截止區　(B)主動區　(C)飽和區　(D)無法判定。

(　　) 53. 射極隨耦器之阻抗特性是　(A)輸出阻抗小，輸入阻抗大　(B)輸出阻抗大，輸入阻抗小　(C)二者均大　(D)二者均小。

(　　) 54. 有關電晶體結構中，下列何者具有最高的輸入阻抗Z_i？　(A) 共射極(CE)　(B) 共集極(CC)　(C) 共基極(CB)　(D) 無法判斷。

(　　) 55. 圖中，設I_Q為定值，V_e可達之最高電位和最低電位依次為　(A) V_i之正峰值，0　(B) $+V_{CC}$，$-I_Q R_L$　(C) $+V_{CC}$，$-I_Q R_2$　(D) $+V_{CC}$，$-V_{CC}$。

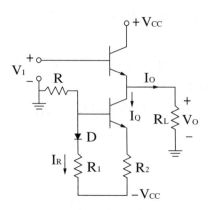

解答

1. (B)　2. (B)　3. (C)　4. (C)。

5. (C)。可利用圖(b)圖形知道，當$I_B = 35\mu A$ 時，I_C可假設為 3.5mA

$$\Rightarrow I_C = \frac{15-V_{CE}}{3K} = 3.5mA \Rightarrow V_{CE} = 4.5V，故選 (C)$$

6. (A)。同理當$V_{CE} = 10V$ 時，$I_C = \frac{15-10}{3K} \fallingdotseq 1.66mA$

　　　　故由圖(b)可知$I_B \fallingdotseq 17\mu A$

7. (C)。

8. (A)。利用$\alpha = \frac{\beta}{\beta+1} = \frac{50}{50+1} = 0.98$

　　　　$I_C = \alpha I_E = 0.98 \times 1mA = 0.98mA$

9. (A)　10. (C)　11. (D)　12. (B)　13. (A)　14. (C)。

15. (A)。利用$\frac{V_{CC}-V_B}{R} = I_B + I_E = (1+\frac{1}{\beta})I_E = (1+\frac{1}{\beta}) \times \frac{V_B - V_{BE}}{R}$

　　　　$\Rightarrow \frac{12-V_B}{10K} = (1+\frac{1}{50}) \times \frac{V_B - 0.7}{10K}$

　　　　$\Rightarrow V_B \fallingdotseq 6.3$

　　　　$\therefore I_C = \alpha I_E = \frac{50}{50+1} \times \frac{6.3-0.7}{10K} = 0.5488mA \fallingdotseq 0.55mA$

16. (C)。利用$\frac{V_{CC}-V_B}{R} = I_B + I_E = (1+\frac{1}{\beta})I_E = (1+\frac{1}{\beta}) \times \frac{V_B - V_{BE}}{R}$

　　　　$\Rightarrow \frac{12-V_B}{10K} = (1+\frac{1}{100}) \times \frac{V_B - 0.7}{10K}$

　　　　$\Rightarrow V_B = 6.32$

　　　　$\therefore I_C = \alpha I_E = \frac{100}{100+1} \times \frac{6.32-0.7}{10K} = 0.55638mA$

$$\therefore \Delta I_C = \frac{0.55638}{0.5488} \doteqdot 1.014$$

$$\therefore 增加約 1.4\%，故選 (D)$$

17. (D)。$V_{BQ_1} = -15 + 0.7 + 0.7 = -13.6V$

$$\therefore I_{C_2} = \frac{15-(-13.6)}{1K} = 28.6mA。$$

18. (D)。由圖中可知

$$I_{C_2} = \frac{V_{CC}-V_{BE}}{R} = \frac{30-0.7}{29.3K} = 1mA$$

19. (C)　*20.* (B)　*21.* (B)。

22. (B)。$\frac{8.8}{R_B} = I_B = 0.2mA \Rightarrow R_B = 44K\Omega$

$$\frac{V_{CC}-V_C}{R_C} = I_B + I_C \Rightarrow \frac{20-V_C}{3K} = 3mA + 0.2mA \Rightarrow V_C = 10.4$$

$$\therefore V_E = V_C - 8.8 = 1.6 \Rightarrow I_E = I_C + I_C = 3.2mA = \frac{V_E}{R_E} = \frac{1.6}{R_E}$$

$$\Rightarrow R_E = 0.5K\Omega$$

$$\therefore \frac{R_B}{R_E} = \frac{44K\Omega}{0.5K\Omega} = 88$$

23. (B)　*24.* (D)　*25.* (B)　*26.* (C)　*27.* (C)　*28.* (C)　*29.* (D)　*30.* (A)　*31.* (C)　*32.* (B)

33. (D)　*34.* (C)　*35.* (A)。

36. (A)。由圖中可知$I_E = 1mA$

$$\therefore V_E = 1mA \times 0.175K\Omega = 0.175V$$

$$V_B = V_E + V_{BE} = 0.175 + 0.7 = 0.875V$$

$$I_B = \frac{I_E}{\beta} = \frac{1mA}{100} = 0.01mA，$$

$$\therefore V_C = 0.01mA \times 100K + 0.875 = 1.875V$$

37. (D)　*38.* (C)。

39. (C)。依題意可畫出電路

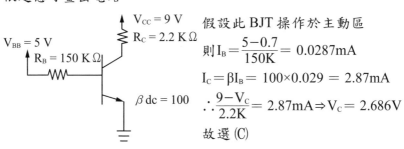

假設此 BJT 操作於主動區

$$則 I_B = \frac{5-0.7}{150K} = 0.0287mA$$

$$I_C = \beta I_B = 100 \times 0.029 = 2.87mA$$

$$\therefore \frac{9-V_C}{2.2K} = 2.87mA \Rightarrow V_C = 2.686V$$

故選 (C)

40. (C)　*41.* (E)　*42.* (B)　*43.* (B)　*44.* (D)　*45.* (B)　*46.* (B)　*47.* (C)　*48.* (A)　*49.* (C)

50. (D)　*51.* (B)　*52.* (C)　*53.* (A)　*54.* (B)　*55.* (B)。

第四章　MOSFET

4-1　簡介

FET 可用來做放大器及開關，它名稱的由來是它的電流控制機制是基於加在控制端點的電壓所造成的電場。

FET 僅由電子導電(n channel，n 通道)或僅由電洞導電(p channel，p 通道)，因此可稱為單載子電晶體(uniplar transistor)。

FET 中較常用的為金氧半場效電晶體(metal-oxide-semiconductor field-effect transistor, MOSFET)。

MOSFET 體積小，製造容易，常用於數位邏輯與記憶體電路中，尤其適合用於 VLSI 增強型 MOSFET 的結構與物理操作(structure and physical operation of the enhancement-type MOSFET)。

4-2　元件結構(Device structure)

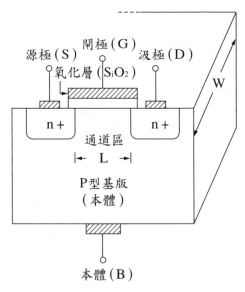

〔Fig4.1　L = 1～10μm

W = 2～500μm

氧化層厚度：0.02～0.1μm(註：μ＝10^{-6})

Fig4.1 顯示 n 通道增強型 MOSFET 的物理結構

Source(S)：源極，Gate(G)：閘極，Drain(D)：汲極

subetratc：基板，Body：基體

Channel region：通道區，Oxide：氧化物，Metal：金屬

L：Channel length(通道長度)，W：Channel width(通道寬度)

S_iO_2 為良好的絕緣體

金屬置於氧化層上以形成閘極電極

事實上，大多數的閘極電極，是用多晶矽(polysilicon)來製作，MOSFET 有另一個多稱絕緣閘 FET 或 IGFET。

如圖 1，汲極區對源極區處於正電壓，將基板接上源極，可將兩個 pn 接面截止。

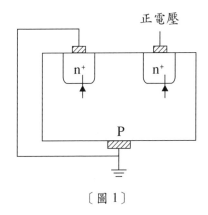

〔圖 1〕

不同於 BJT，MOSFET 通常它的結構是屬於對稱元件，如此它的汲極和源極可以彼此互換。

不加閘極電壓之操作(Operation with No Gate Voltage)

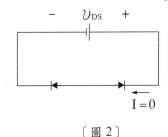

〔圖 2〕

如圖 2 所示，閘極設有偏壓供應時，汲極和源極為兩個背對背的二極體，事實上汲極與源極之間具有 $10^{12}\Omega$ 之高電阻，可視為開路。

產生通道以使電流流動(Creating a channel for current flow)

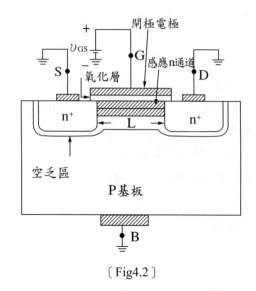

〔Fig4.2〕

　　正電壓v_{GS}自n^+源極和汲極區吸引電子至通道區。當電子數量足夠多的時候即形成 n 型區域以連接源極與汲極。此感應 n 型區域構成通道以使電流流動。

　　因此 Fig4.2 稱為 n-channel MOSFET 或 NMOS 電晶體。

　　通道的形成是由基板表面將 p 型反轉成 n 型,這個感應通道稱之反轉層(inversion layer)$V_{GS} \geq V_t$才能形成通道,其中V_t稱為臨界電壓(threshold voltage)(註:V_T為熱電壓)n-channel MOSFET 之V_t為正值。通常 $1V \leq V_t \leq 3V$。

4-2-1　外加一微小之正電壓v_{DS}

$v_{GS} > V_t$，$v_{DS} > 0$，$i_D > 0$

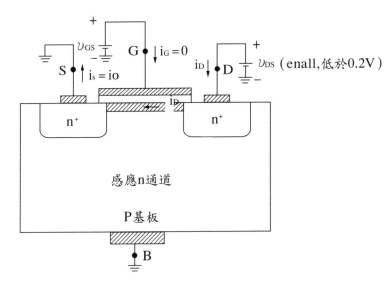

電壓v_{DS}導致電流i_D在感應 n 通道中流動。

電子流與電流反方向，因此電子係由源極(S)流至汲極(D)，這也就是源極、汲極名稱的由來。

通道電導與$v_{GS} - V_t$成正比，其中$v_{GS} - V_t$稱為多餘的閘極電壓，又稱為有效電壓。

$\because i_D = (通道電導) \times v_{DS}$

$\therefore i_D \propto (v_{GS} - V_t) v_{DS}$

v_{GS}必須大於V_t才能產生通道，因此我們稱為增強型操作或增強型MOS-FET。

由 Fig5.4 可得

$$\frac{i_D}{v_{DS}} \propto v_{GS} - V_t$$

亦即

$$\gamma_{DS} \cdot \propto \frac{1}{v_{GS} - V_t}$$

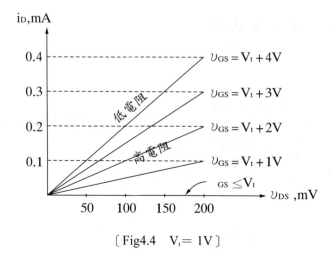

〔Fig4.4 $V_t = 1V$〕

　　設$V_t = 1V$，加在 D.S 間的電壓V_{DS}很小，此元件的操作如一阻值為V_{GS}控制，當V_{DS}增加時的操作的線性電阻。

4-2-2　當v_{DS}增加時

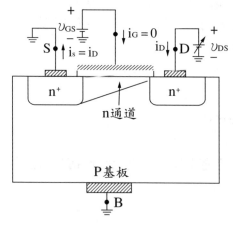

〔Fig4.5 $v_{GS} > V_t$〕

$v_{GD} = v_{GS} - v_{DS}$ 　$\therefore v_{DS} \uparrow v_{GD} \downarrow$

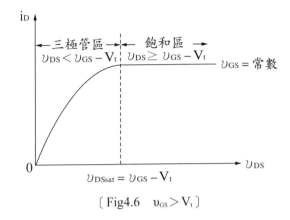

〔Fig4.6　$v_{GS} > V_t$〕

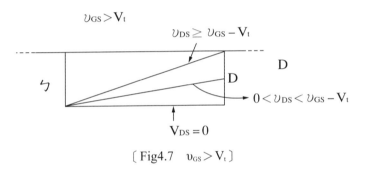

〔Fig4.7　$v_{GS} > V_t$〕

隨著v_{DS}增加v_{GD}下降,因此 D 端吸引至 n 通道的電子較少,因此靠近 D 端的 n 通道較薄,如 Fig4.5,Fig4.7 所示,因此電阻γ_{DS}隨著v_{DS}增加而增加 (註:$R = \dfrac{\rho L}{A} \therefore R \propto \dfrac{1}{A}$),如 Fig4.6 所示($i_D$增加速度變慢,亦即斜率$\dfrac{\triangle i_D}{\triangle v_{DS}}$隨著 v_{DS}增加而減小)。當$v_{GD} = v_{GS} - v_{DS} = V_t$時,亦即$v_{DS} = v_{GS} - V_t = v_{DSsat}$時,汲 端的通道深度變為零,如 Fig4.7 所示,此時通道稱為夾止。

當$v_{DS} \geq v_{GS} - V_t$時,電流i_D為定值,亦即i_D不隨v_{DS}增加而增加,因此 MOS-FET 進入飽和區(註:MOSFET 的飽和與 BJT 的飽和不同),如 Fig4.6 所示。

當$v_{DS} < v_{GS} - V_t$時,MOSFET 操作於三極管區,相當於非線性電阻。

4-2-3　i_D,v_{GS},v_{DS}之關係式

在 Fig4.6 的三極管區中($v_{DS} \leq v_{GS} - V_t$)

$$i_D = \mu_n C_{ox} \frac{W}{L} [(v_{GS} - V_t)v_{DS} - \frac{1}{2}v_{DS}^2] \quad\text{————(1)}$$

其中

$$C_{ox} = \frac{E_{ox}}{t_{ox}} \quad\text{————————————————(2)}$$

為氧化層單位面積的電容(註：t_{ox}為氧化層厚度，E_{ox}為氧化層介電常數)

(1)中μ_n為電子移動率

我們定義$k_n' = \mu_n C_{ox}$為製程互導參數，其單位為 A/V^2

因此(1)可寫成

$$i_D = k_n'\frac{W}{L}[(\upsilon_{GS} - V_t)\upsilon_{DS} - \frac{1}{2}\upsilon_{DS}^2] \quad\text{——————————(3)}$$

其中$i_D \propto \frac{W}{L}$

$\frac{W}{L}$稱為 MOSFET 的寬長比

W，L 之值係電路設計者可加以選擇

考慮 Fig5.6，將$\upsilon_{DS} = \upsilon_{GS} - V_t$代入(3)可得飽和區中$(\upsilon_{DS} \geq \upsilon_{GS} - V_t)$

$$i_D = \frac{1}{2}k_n'\frac{W}{L}(\upsilon_{GS} - V_t)^2 \quad\text{——————————————(4)}$$

綜合(3)、(4)可知在三極管區中，i_D受到υ_{GS}、υ_{DS}影響；在飽和區中，i_D僅受到υ_{GS}影響，與υ_{DS}無關。

【範例練習1】

試求 D 到 S 的電阻值$\gamma_{DS} = \frac{\upsilon_{DS}}{i_D}$　當υ_{DS}甚小時。若 NMOS 電晶體具有$k_n' = \mu_n C_{ox} = 20\mu A/V^2$，$V_t = 1V$，$\frac{W}{L} = \frac{100\mu m}{10\mu m}$，$V_{GS} = 5V$，試求$\gamma_{DS}$之值。

【解析】考慮(3)

∵υDS甚小

∴忽略υ_{DS}^2，因此可得

$$\gamma_{DS} = \frac{\upsilon_{DS}}{i_D} = \frac{1}{k_n'\frac{W}{L}(\upsilon_{GS} - V_t)} \quad\text{———————————(1)}$$

$k_n' = 20\mu A/V^2$

$\qquad = 2 \times 10^{-5} A/V^2$

$\dfrac{W}{L} = \dfrac{100}{10}$

$\qquad = 10$

$\upsilon_{GS} - V_t = 4V$

$\therefore$ 由(1)可得

$\gamma_{DS} = \dfrac{1}{(2\times10^{-5})\times10\times4}$

$\qquad = 1250\Omega$

$\qquad = 1.25K\Omega$

4-2-4 p 通道 MOSFET 和互補式 MOS(CMOS)

CMOS = NMOS + PMOS

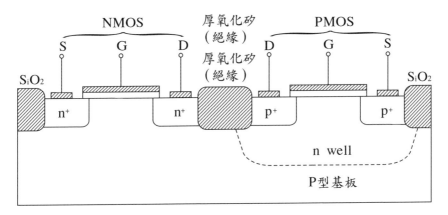

〔Fig4.8 CMOS〕

Fig4.8 係採用 p-type body + n well

我們亦可採用 n-type body + p well

NMOS 比 PMOS 常用,因為 NMOS 較小,較快,且需要較低的電壓。

4-3　增強型 MOSFET 的電流－電壓特性

4-3-1　元件符號

(a) n 通道增強型 MOSFET

(b) n 通道增強型 MOSFET(B)和(S)相連的簡化符號

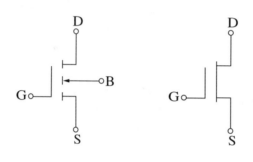

〔Fig4.9〕

Fig4.9　(a)中的虛線表示通過原先不存在，係我們外加$v_{GS} > V_t$才產生通道。

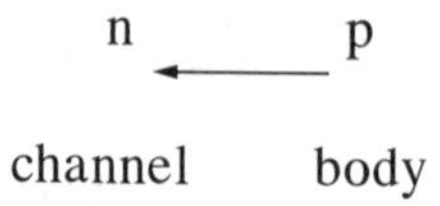

n ⟵ p

channel　body

Fig4.9　(a)中的箭頭方向係由p指向n，因此本元件為 p 本體，n 通道如圖 1 所示。

〔圖 1〕

D 極、S 極的判定方法如下：

D 極靠近高電壓，S 極靠近低電位，電流係由 D 極流向 S 極。

Fig4.9(b)中的箭頭方向即為電流方向，亦即電流由 D 極流向 S 極，故為 n 通道元件。

Fig4.9　(b) 與 npn BJT 頗為類似，亦即 D 極相當於 C 極，G 極相當於 B 極，S 極相當於 E 極。

4-3-2 $i_D - u_{DS}$特性曲線

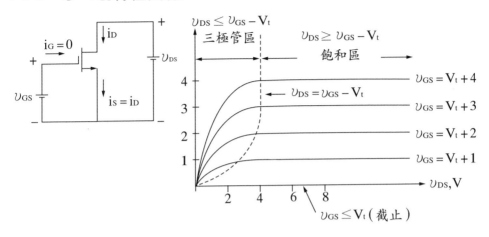

〔Fig4.10〕 $V_t = 1V$，$k_n'\dfrac{W}{L} = 0.5mA/V^2$

Fig4.10顯示 n 通道增強型 MOSFET 特性，其可分為截止、三極管、飽和三個區域。

$v_{GS} < V_t \Rightarrow$ 截止

$v_{GS} \geq V_t$(感應的通道，三極管或飽和) ——————————— (5)

$v_{GD} > V_t$(連續的通道，三極管) ——————————— (6)

由(6)可得 $v_{GS} - v_{DS} > V_t$ 因此可得

$v_{DS} < v_{GS} - V_t$(連續的通道，三極管) ——————————— (7)

在三極管區

$$\overline{iD} = k_n'\frac{W}{L}[(v_{GS} - V_t)v_{DS} - \frac{1}{2}v_{DS}^2]$$ ——————————— (8)

忽略v_{DS}

$$\overline{iD} \propto k_n'\frac{W}{L}(v_{GS} - V_t)v_{DS}$$ ——————————— (9)

因此可得

$$\gamma_{DS} = \frac{v_{DS}}{i_D} = [k_n'\frac{W}{L}(v_{GS} - V_t)]^{-1}$$ ——————————— (10)

亦即線性電阻γ_{DS}之值係由v_{GS}所控制

將(6)、(7)之不等號反轉可得夾止通通(亦即飽和區)的條件為

$$\upsilon_{GP} \leq V_t (亦即 \upsilon_{DS} \geq \upsilon_{GS} - V_t) \text{ ——————————— (11)}$$

三極管與飽和區的邊界

$$\upsilon_{DS} = \upsilon_{GS} - V_t (邊界) \text{ ——————————— (12)}$$

(12)即為 Fig4.10(b)中的虛線

將(12)代入(8)(消去 υ_{GS}、V_t，保留 υ_{DS})可得

$$i_D = \frac{1}{2} k_n' \frac{W}{L} \upsilon_{DS}^2 \text{ ——————————— (13)}$$

(13)此一拋物線關係式即為 Fig4.10(b)中的虛線

在飽和狀態時

$$i_D = \frac{1}{2} k_n' \frac{W}{L} (\upsilon_{GS} - V_t)^2 \text{ ——————————— (14)}$$

Fig4.11　$V_t = 1V$，$k_n' \frac{W}{L} = 0.5mA/V^2$

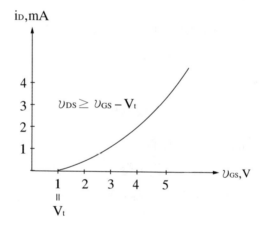

(14)此一平方律關係式可表示於 Fig4.11 中。

〔Fig4.12〕　$\upsilon_{GS} \geq V_t$，$\upsilon_{DS} \geq \upsilon_{GS} - V_t$

Fig4.12 顯示 n 通道 MOSFET 操作在飽和區。

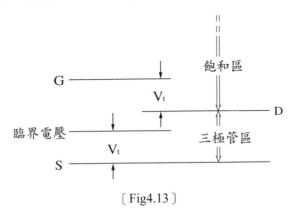

〔Fig4.13〕

Fig4.13 顯示端電壓的相對準位。

4-3-3　飽和區的有限輸出電阻

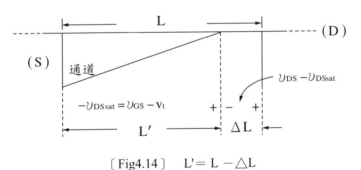

〔Fig4.14〕　$L' = L - \triangle L$

Fig4.14 顯示通道長度調變效應，亦即將V_{DS}增加到超過$V_{DS,sat}$時，會使通道夾止點稍微移開汲極，因此會縮短等效通道長度(縮減值$\triangle L$)。

$\therefore \upsilon_{DS}$ Fig4.12

$\uparrow L' \downarrow i_D \uparrow$

$i_D = \dfrac{1}{2} k_n' \dfrac{W}{L'} (\upsilon_{GS} - V_t)^2$

$= \dfrac{1}{2} k_n' \dfrac{W}{L} (\upsilon_{GS} - V_t)^2 (1 + \lambda \upsilon_{DS})$ ———————— (15)

其中λ為正值。$V_A = \dfrac{1}{\lambda}$ 且V_A稱為爾利電壓，通常λ＝ $0.005 \sim 0.03 V^{-1}$，亦即$V_A = 30 \sim 200V$

$V_A \propto L$ 亦即 $\dfrac{V_{A1}}{V_{A2}} = \dfrac{L_1}{L_2}$

∴較短通道元件有較嚴重的通道長度效應

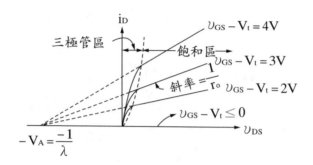

〔Fig4.15〕

我們定義輸電阻為

$$\gamma_0 = \left(\frac{\partial i_D}{\partial \upsilon_{DS}}\right)_{\upsilon_{GS}=V_{GS}}^{-1} = \left[\lambda \frac{k_n'}{2} \frac{W}{L}(V_{GS}-V_t)^2\right]^{-1}$$

$$\approx (\lambda I_D)^{-1} = \frac{V_A}{I_D} \quad\quad\quad\quad\quad\quad\quad\quad (16)$$

Fig4.16　含輸出電阻γ_0的等效電路

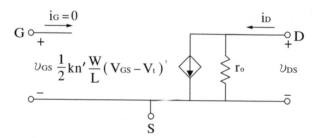

Fig4.16顯示含有輸出電阻γ_0的等效電路。

註：以下有關MOSFET的例題均假設$\lambda = 0$。

【範例練習 2】

右圖中$I_D = 0.4mA$，$V_D = 1V$，試求R_S，R_D之值。NMOS電晶體參數如下：$V_t = 2V$，$\mu_n C_{ox} = 20\mu A/V^2$，$L = 10\mu m$，$W = 400\mu m$。

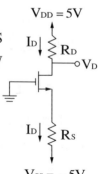

【解析】

飽和的條件為$V_{DS} > V_{GS} - V_t$，亦即

$$V_{DS} - V_{GS} > -V_t，亦即V_{DG} > -V_t \text{───────────}(1)$$

本例中$V_{DG} = V_D - V_G = 1 - 0 = 1 > -2 = -V_t$

$\therefore$電晶體為飽和

$\therefore I_D = \dfrac{1}{2}\mu_n C_{ox}\dfrac{W}{L}(V_{GS} - V_t)^2$

$\mu_n C_{ox} = 20\mu A/V^2 = 0.02mA/V^2$

$\therefore 0.4 = \dfrac{1}{2}\times 0.02 \times \dfrac{400}{10}(V_{GS} - 2)^2$

$\therefore V_{GS} - 2 = \pm\sqrt{\dfrac{0.4 \times 2 \times 10}{0.02 \times 400}} = \pm 1$

$\because V_{GS} > V_t \therefore V_{GS} - 2 > 0 \therefore$負不合$\therefore V_{GS} = 2 + 1 = 3V$

由 KVL 可得$V_{GS} + R_S I_D = 0 - V_{SS}$

$\therefore R_S = \dfrac{-V_{GS} - V_{SS}}{I_D} = \dfrac{-3 - (-5)}{0.4} = 5k\Omega$

$R_D = \dfrac{V_{DD} - V_D}{I_D} = \dfrac{5 - 2}{0.4} = 10k\Omega$

【範例練習3】

右圖中，$I_D = 0.4mA$，試求R，V_D之值。NMOS電晶體參數
如下：
$V_t = 2V$，$\mu_n C_{ox} = 20\mu A/V^2$，$L = 10\mu m$，$W = 100\mu m$。

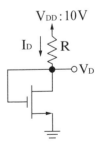

【解析】$V_{DG} = 0 > -2 = -V_t$　$\therefore$電晶體為飽和

$\therefore I_D = \dfrac{1}{2}\mu_m C_{ox}\dfrac{W}{L}(V_{GS} - V_t)^2$

$\mu_n C_{ox} = 20\mu A/V^2 = 0.02mA/V^2$

$\therefore 0.4 = \dfrac{1}{2}\times 0.02 \times \dfrac{100}{10}(V_{GS} - 2)^2$

$$\therefore V_{GS} - 2 = \sqrt{\frac{0.4 \times 2 \times 10}{0.02 \times 100}} = 2$$

$$\therefore V_{GS} = 4 \quad \therefore V_D = V_{GS} = 4V$$

$$R = \frac{V_{DD} - V_D}{I_D} = \frac{10 - 4}{0.4} = 15k\Omega$$

【範例練習 4】

考慮右圖，試求在操作點的有效電阻γ_{DS}。假設 $V_t = 1V$，$k_n' \frac{W}{L} = 1mA/V^2$。

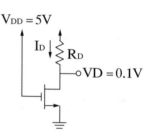

【解析】將範例練習 2 (1)中不等號反轉可得三極管的條件為

$$V_{DG} < - V_T \rule{6cm}{0.4pt} (2)$$

本例中

$$V_{DG} = V_D - V_G = 0.1 - 5 = -4.9 < -1 = -V_t$$

$\therefore$ 電晶體為三極管

$$\therefore I_D = k_n' \frac{W}{L} [(V_{GS} - V_t)V_{DS} - \frac{1}{2}V_{DS}^2]$$

$$\because V_{GS} = V_{DD} = 5，V_{DS} = V_D = 0.1$$

$$\therefore I_D = 1 \times [(5 - 1) \times 0.1 - \frac{1}{2} \times (0.1)^2] = 0.395mA$$

$$\therefore R_D = \frac{V_{DD} - V_D}{I_D} = \frac{5 - 0.1}{0.395} = 12.4k\Omega$$

$$\gamma_{DS} = \frac{V_{DS}}{I_D} = \frac{V_D}{I_D} = \frac{0.1}{0.395} = 0.253k\Omega = 253\Omega$$

【範例練習 5】

右圖中$R_{G1} = R_{G2} = 10M\Omega$，$V_{DD} = 10V$，$R_D = R_S = 6k\Omega$，試求所有的節點電壓與分支電流。假設$V_t = 1V$，$k_n'\frac{W}{L} = 1mA/V^2$

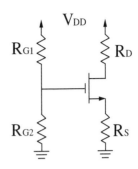

【解析】左圖中$I_G = 0$

$\therefore I_1 = \dfrac{10}{10 + 10} = 0.5\mu A$

$V_G = 10I_1 = 5V$

我們假設V_{GS}，I_D這兩個未知數，因此必須列出兩個方程式加以求解。

使用 KVL 於電路圖可得

$V_G = V_{GS} + 6I_D$，亦即 $5 = V_{GS} + 6I_D$ ————————————— (3)

我們假設電晶體為飽和，因此可得

$I_D = \dfrac{1}{2}k_n'\dfrac{W}{L}(V_{GS} - V_t)^2 = \dfrac{1}{2}\times 1\times(V_{GS} - 1)^2$

亦即　$2I_D = (V_{GS} - 1)^2$ ————————————— (4)

為了方便起見，我們令 $x = \upsilon_{GS}$。由(3)可得$I_D = \dfrac{1}{6}(5 - x)$，然後代入(4)可得

$\dfrac{1}{3}(5 - x) = (x - 1)^2$

$\therefore 3(x^2 - 2x + 1) = 5 - x$　$\therefore 3x^2 - 5x - 2 = 0$

$(3x + 1)(x - 2) = 0$　$\therefore x = 2$ 或 $-\dfrac{1}{3}$

$\therefore x = V_{GS} > V_t = 1$　$\therefore x = -\dfrac{1}{3}$不合　$\therefore x = 2$ 亦即$V_{GS} = 2V$，然後代入(3)可

得$I_D = \dfrac{1}{6}(5 - 2) = 0.5mA$

$\therefore V_S = 6I_D = 3V$，$V_D = 10 - 6I_D = 7V$

$V_{DG} = V_D - V_G = 7 - 5 = 2 > -1 = -V_t$

$\therefore$電晶體確實為飽和

4-3-4　p 通道 MOSFET 的特性

Fig4.17　(a) p 通道增強型 MOSFET

　　　　　(b) n 通道增強型 MOSFET(B)和(C)相連的簡化符號

　　　　　(c) MOSFET 的使用

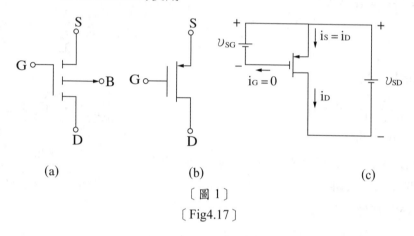

(a)　　　　　　　　　(b)　　　　　　　　　(c)

〔圖 1〕

〔Fig4.17〕

　　P → n　　　Fig4.17(a)中的箭頭方向係由 p 指向 n，因此本元件為
通道 基體　　p 通道，n 基體，如圖 1 所示。

汲極(D)，源極(S)的判定方法如下：

源極靠近高電位，汲極靠近低電位，電流係由源極流向汲極。

　　Fig4.17(b)中的箭頭方向即為電流方向，亦即電流由源極流由源極流向
汲極，故為 p 通道元件。

　　Fig4.17(b)與 pnp BJT 頗為類似。

　　p 通道元件之熱電壓V_t為負值。

　　感應通道之條件為$\upsilon_{SG} \geq |V_t|$ ————————————————— (17)

　　操作在三極管(亦即三極管區)之條件為

$\upsilon_{SD} \leq \upsilon_{SG} - |V_t|$，亦即$\upsilon_{DG} \geq |V_t|$ ————————————— (18)

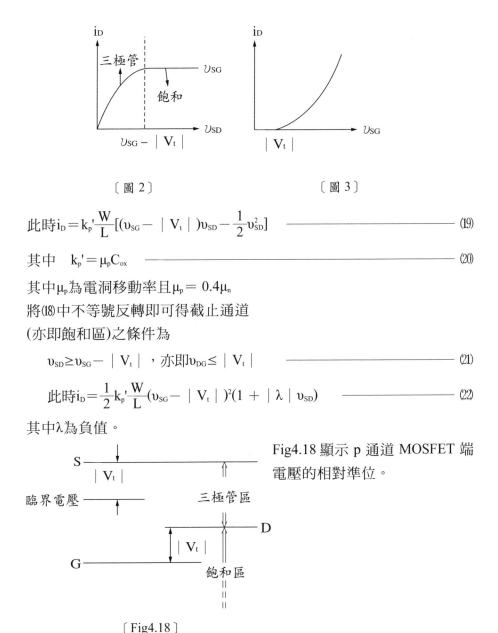

〔圖 2〕　　　　　　　　　　　　　　　〔圖 3〕

此時$i_D = k_p' \dfrac{W}{L}[(\upsilon_{SG} - |V_t|)\upsilon_{SD} - \dfrac{1}{2}\upsilon_{SD}^2]$ —————————— (19)

其中　$k_p' = \mu_p C_{ox}$ ————————————————————— (20)

其中μ_p為電洞移動率且$\mu_p = 0.4\mu_n$

將(18)中不等號反轉即可得截止通道

(亦即飽和區)之條件為

$\quad \upsilon_{SD} \geq \upsilon_{SG} - |V_t|$ ，亦即$\upsilon_{DG} \leq |V_t|$ —————————— (21)

$\quad$此時$i_D = \dfrac{1}{2}k_p' \dfrac{W}{L}(\upsilon_{SG} - |V_t|)^2(1 + |\lambda|\upsilon_{SD})$ ————— (22)

其中λ為負值。

Fig4.18 顯示 p 通道 MOSFET 端電壓的相對準位。

〔Fig4.18〕

【範例練習 6】

考慮右圖，試求R_{G1}，R_{G2}，R_D之值。電晶體維持在飽和區操作時之R_D最大值為何？ PMOS 電晶體參數如下：

$$V_t = -1V, k_p'\frac{W}{L} = 1mA/V^2, \lambda = 0$$

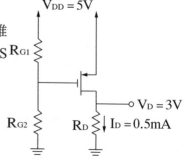

【解析】∵電晶體為飽和區

$$\therefore I_D = \frac{1}{2}k_p'\frac{W}{L}(V_{SG} - |V_t|)^2 \quad \therefore 0.5 = \frac{1}{2}\times 1\times(V_{SG}-1)^2$$

$$\therefore V_{SG} = 1 + \sqrt{2\times 0.5} = 2V \quad \frac{R_{G1}}{R_{G2}} = \frac{V_{SG}}{V_{DD}-V_{SG}} = \frac{2}{5-2} = \frac{2}{3}$$

因此可選擇$R_{G1} = 2M\Omega$，$R_{G2} = 3M\Omega$ $\quad R_D = \frac{V_D}{I_D} = \frac{3}{0.5} = 6k\Omega$

$$V_G = V_{DD} - V_{SG} = 5 - 2 = 3V$$

由(21)可知飽和的條件為$V_{DG} \leq 1$ $\quad \therefore V_D - V_G \leq 1$ $\quad \therefore R_D I_D - V_G \leq 1$

$$\therefore 0.5R_D \leq 3 + 1 = 4 \quad \therefore R_D \leq \frac{4}{0.5} = 8k\Omega \quad \therefore R_{Dmax} = 8k\Omega$$

4-3-5　基板的角色－本體效應

以防止任何 pn 接面導通。

若$V_{SB} > 0$，則源極與基板之間的逆向偏壓將使空乏區變寬，因而降低通道厚度。如欲回復原先的通道厚度，v_{GS}勢必增加，這相當於臨界電壓V_t之值變大。其關係式如下

$$V_t = V_{t0} + \gamma(\sqrt{2\phi_f + V_{SB}} - \sqrt{2\phi_f})\quad\text{————— (23)}$$

其中$V_{t0} = V_t|_{V_{sB}=0}$，$2\phi_f = 0.6V$，$\gamma = 0.5V^{\frac{1}{2}}$

由(23)可得$V_{SB} \uparrow V_t \uparrow$

4-3-6　崩潰

當v_{DS}增加至 50～100V 時，汲極與基板之間的 pn 接面會發生雪崩式崩潰，導致電流迅速上升，如圖 1 所示。

另一種崩潰發生在較低的電壓(約 20V)，稱之為擊穿。在短通道元件

中，我們提高v_{DS}致使汲極空乏區經由通道延伸至源極，此亦導致電流迅速

上升($\because i_D \propto \dfrac{W}{L'}$且 $L' = 0$)。

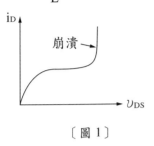

〔圖 1〕

另一種型態的崩潰則為氧化層崩潰，其發生於V_{GS}超過 50V 時。

4-4 空乏型 MOSFET

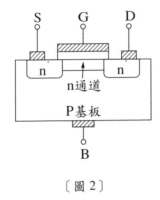

〔圖 2〕

(a) n 通道空乏型 MOSFET

(b) n 通道空乏型 MOSFET(B)和(S)相連的簡化符號

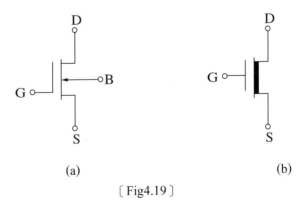

(a)   (b)

〔Fig4.19〕

圖 2 顯示空乏型 MOSFET 之結構圖，其中 n 通道是原先就有的。即使

$\upsilon_{GS}= 0$，只要外加電壓υ_{DS}就會產生電流i_D。

加上負υ_{GS}將電子排出通道，使通道窄小，導電度下降，這種方式被稱為空乏型操作。

由於空乏型 MOSFET 原先即有 n 通道，因此 Fig4.19(a)以實線表示且 Fig4.19(b)中加以塗黑，以示與增強型 MOSFET 有所區別。

Fig4.20 顯示n通道空乏型MOSFET的特性，其與n通道增強型MOSFET唯一的差別在於前者V_t為負值，後者V_t為正值。

$$i_D = \frac{1}{2}k_n'\frac{W}{L}(\upsilon_{GS}- V_t)^2$$

$$\therefore I_{DSS} = i_D \mid_{\upsilon_{GS}=0} = \frac{1}{2}k_n'\frac{W}{L}V_t^2 \hspace{3cm} (24)$$

Fig4.20　$V_t = - 4V$，$k_n'\frac{W}{L} = 2mA/V^2$

(a)n 通道空乏型 MOSFET

(b)$i_D - \upsilon_{GS}$特性曲線

(c)$i_D - \upsilon_{GS}$飽和特性曲線

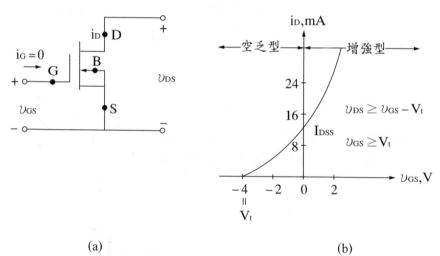

(a)　　　　　　　　　　　　　　　(b)

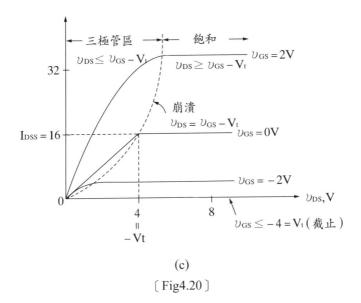

(c)

〔Fig4.20〕

【範例練習7】

左圖中$I_D = 100\mu A$。若電晶體之$\lambda = 0$，$k_n' = 20\mu A/V^2$，$V_t = -1V$，試求$\dfrac{W}{L}$之值。並求出R_D的範圍。

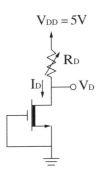

【解析】

$I_D = \dfrac{1}{2}k_n'\dfrac{W}{L}(V_{GS} - V_t)^2$

$\because V_{GS} = 0$　$\therefore I_D = \dfrac{1}{2}k_n'\dfrac{W}{L}V_t^2$

$\therefore 100 = \dfrac{1}{2}\times 20\times\dfrac{W}{L}\times(-1)^2$　$\therefore \dfrac{W}{L} = 10$

$\because$電晶體為飽和　$\therefore V_{DS} \geq V_{GS} - V_t$

$\therefore V_D \geq 1$　又$I_D = 100\mu A = 0.1mA$

$\therefore 5 - 0.1R_D \geq 1$　$\therefore 0.1R_D \leq 4$

$\therefore R_D \leq 40k\Omega$　$\therefore 0 \leq R_D \leq 40k\Omega$

【範例練習 8】

左圖中電晶體之$V_t = -1V$，$k_n'\dfrac{W}{L} = 1mA/V^2$，試求$R_D$之值，並求出源極和汲極間的等效電阻。

【解析】$V_{DS} = 10 - 9.9 = 0.1V$

$V_{GS} - V_t = 0 - (-1) = 1V$

$V_{DS} < V_{GS} - V_t$ ∴電晶體為三極管區

$\therefore I_D = k_n'\dfrac{W}{L}[(V_{GS} - V_t)V_{DS} - \dfrac{1}{2}V_{DS}^2]$

$= 1 \times [(0 - (-1)) \times 0.1 - \dfrac{1}{2} \times (0.1)^2] = 0.1mA$

$\therefore R_D = \dfrac{9.9}{I_D} = \dfrac{9.9}{0.1} = 99k\Omega$

$\gamma_{DS} = \dfrac{V_{DS}}{I_D} = \dfrac{0.1}{0.1} = 1k\Omega$

4-5 MOSFET 當作放大器使用

4-5-1 直流偏壓器的計算

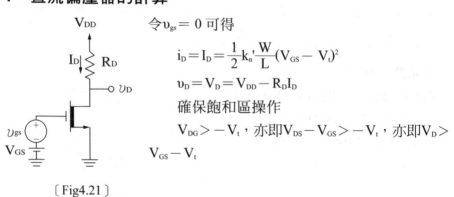

令$\upsilon_{gs} = 0$可得

$i_D = I_D = \dfrac{1}{2}k_n'\dfrac{W}{L}(V_{GS} - V_t)^2$

$\upsilon_D = V_D = V_{DD} - R_D I_D$

確保飽和區操作

$V_{DG} > -V_t$，亦即$V_{DS} - V_{GS} > -V_t$，亦即$V_D > V_{GS} - V_t$

〔Fig4.21〕

4-5-2　汲極端點的信號電流

若 $\upsilon_{gs} \neq 0$，則 $\upsilon_{GS} = V_{GS} + \upsilon_{gs}$

$$\therefore i_D = \frac{1}{2}k_n'\frac{W}{L}(\upsilon_{GS} - V_t)^2 = \frac{1}{2}k_n'\frac{W}{L}(V_{GS} + \upsilon_{gs} - V_t)^2$$

$$= \frac{1}{2}k_n'\frac{W}{L}[(V_{GS} - V_t) + \upsilon_{gs}]^2$$

$$= \frac{1}{2}k_n'\frac{W}{L}(V_{GS} - V_t)^2 + k_n'\frac{W}{L}(V_{GS} - V_t)\upsilon_{gs} + \frac{1}{2}k_n'\frac{W}{L}V_{gs}^2$$

⑳最後一項代表非線性失真

因其為 υ_{gs} 平方項。因此必須

$$\frac{1}{2}k_n'\frac{W}{L}\upsilon_{gs}^2 \ll k_n'\frac{W}{L}(V_{GS} - V_t)\upsilon_{gs}$$

亦即　$\upsilon_{gs} \ll 2(V_{GS} - V_t)$ ————————————————— ⑳

因此⑳稱為小信號條件

因此⑳可表為

$$i_D \approx I_D + i_d$$ ————————————————————————— ⑳

其中主流偏壓電流 I_D 如(5-32)所示，信號電流 i_d 為

$$i_d = k_n'\frac{W}{L}(V_{GS} - V_t)\upsilon_{gs}$$

$\because i_d \propto \upsilon_{gs}$　$\therefore$ 我們可定義比例常數為 MOSFET

　互導 g_m，如下所示

$$g_m = \frac{i_d}{\upsilon_{gs}} = k_n'\frac{W}{L}(V_{GS} - V_t)$$ ————————————— ⑳

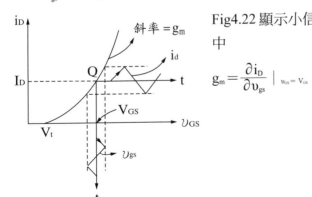

〔Fig4.22〕

Fig4.22 顯示小信號操作的圖解說明，其中

$$g_m = \frac{\partial i_D}{\partial \upsilon_{gs}}\Big|_{\upsilon_{GS} = V_{GS}}$$ ————————————— ⑳

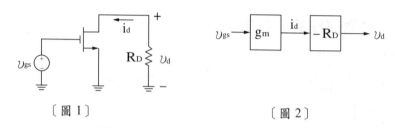

〔圖1〕　　　　　　　　　　〔圖2〕

Fig4.21的小信號電路如圖1所示(將V_{GS}短路,將V_{DD}接地),其等效方塊圖如圖2所示,因此可得電壓增益為

$$\frac{\upsilon_d}{\upsilon_{gs}}=-g_mR_D \tag{33}$$

電壓增益為負代表輸出信號υ_d與輸入信號υ_{gs}為相位反轉。

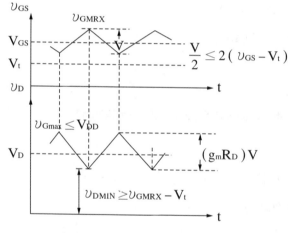

〔Fig4.23　總瞬時電壓υ_{GS}和υ_D〕

4-5-3　小信號等效電路模型

(a) 忽略輸出電阻γ_0(b)考慮輸出電阻γ_0

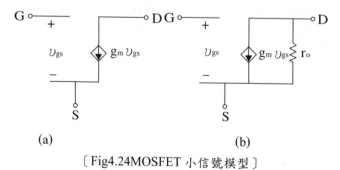

〔Fig4.24MOSFET 小信號模型〕

Fig4.24(b)中，$\gamma_0 = \dfrac{V_A}{I_D} = \dfrac{1}{\lambda I_D}$ ────────── (34)

通常 $10k\Omega \le \gamma_0 \le 1000k\Omega$

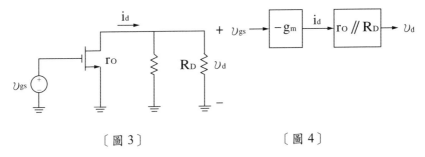

〔圖 3〕　　　　　　　　　〔圖 4〕

　若考慮輸出電阻γ_0，則 Fig4.21 的小信號電路如圖 3 所示，其等效方塊圖如圖 4 所示，因此可得電壓增益為

$$\frac{\upsilon_d}{\upsilon_{gs}} = -g_m(\gamma_0 /\!/ R_D)$$ ────────── (35)

比較(33)與(35)可知輸出電阻γ_0導致 $\left|\dfrac{\upsilon_d}{\upsilon_{gs}}\right|$ 降低。

Fig4.24 亦適用於 PMOS 元件(k_n'改為k_p')且亦適用於空乏型 MOSFET。

4-5-4　互導 g_m

　我們將(31)之互導g_m重寫如下所示：

$$g_m = k_n' \frac{W}{L}(V_{GS} - V_t)$$ ────────── (36)

其中我們定義過量有效電壓為$V_{eff} = V_{GS} - V_t$

由(36)可知$g_m \propto k_n'$，$g_m \propto \dfrac{W}{L}$，$g_m \propto V_{eff}$

(V_{eff}固定) （V_{eff}固定）

由(35)可得$V_{GS} - V_t = \sqrt{\dfrac{2I_D}{k_n'\dfrac{W}{L}}}$，然後代入(36)

可得$g_m = \sqrt{2k_n'}\sqrt{\dfrac{W}{L}}\sqrt{I_D}$ ────────── (37)

(37)顯示：

1. 對一給定之 MOSFET，$g_m \propto \sqrt{I_D}$。

2. 若偏壓電流I_D固定，則$g_m \propto \sqrt{\dfrac{W}{L}}$。

就 BJT 而言，$g_m = \dfrac{I_C}{V_T}$ ———————————————————————— (1)

$\therefore g_m \propto I_C$ 且 g_m 與 BJT 的大小無關

由(35)可得

$k_n' \dfrac{W}{L} = \dfrac{2I_D}{(V_{GS} - V_t)^2}$，然後代入 ———————————— (36)

可得

$g_m = \dfrac{2I_D}{V_{GS} - V_t} = \dfrac{I_D}{\dfrac{V_{GS} - V_t}{2}}$ ———————————————————— (38)

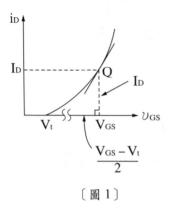

〔圖 1〕

(38)的幾何意義可由圖 1 看出。比較(1)與(38)，通常

$$\dfrac{V_{GS} - V_t}{2} \gg V_T = 25mV$$

因此若 $I_C = I_D$，則

$g_m(BJT) \gg g_m(MOSFET)$

【範例練習 9】

考慮右圖，試求小信號電壓增益 $\dfrac{v_0}{v_i}$ 與輸入電阻 R_{in}。電晶體參數如下：$V_t = 1.5V$，$k_n' \dfrac{W}{L} = 0.25mA/V^2$，$V_A = 50V$。

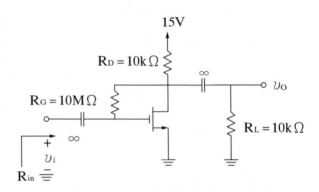

【解析】

(一)直流偏壓分析：

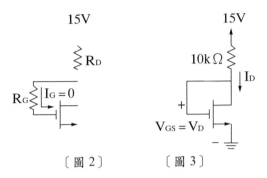

〔圖2〕　　〔圖3〕

將題目中的兩個電容開路可得直流偏壓電路，如圖2所示，其中$R_G I_G = 0$；因此可得圖3，其中$V_{GS} = V_D$。由 MOSFET 元件特性可得

$$I_D = \frac{1}{2} \times 0.25 \times (V_{GS} - 1.5)^2 \tag{39}$$

亦即

$$I_D = 0.125(V_P - 1.5)^2 \tag{40}$$

使用 KVL 於圖3可得

$$V_D = 15 - 10I_D \tag{41}$$

求解(40)、(41)所構成的聯立方程式可得

$V_D = 4.4V$，$I_D = 1.06mA(\because V_D > V_t = 1.5V$

　　$\therefore$我們捨去$V_D < 1.5V$ 的解)

$\therefore g_m = k_n' \frac{W}{L}(V_{GS} - V_t)$

　$= 0.25 \times (4.4 - 1.5) = 0.725m\Omega$

$\gamma_0 = \frac{V_A}{I_D} = \frac{50}{1.06} = 47k\Omega$

(二)交流小信號分析：

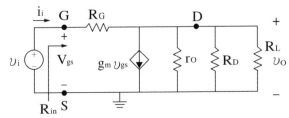

將題目中的15V電壓源接地，將兩個電容短路，並將MOSFET將Fig4.24(b)
取代即可得小信號等效電路，如上圖所示，其中$v_i = v_{gs}$。

在計算電壓增益$\dfrac{v_0}{v_i}$時，我們將電阻R_G近似為開路($\because R_G = 10M\Omega$之值甚大)，
因此可得

$$v_0 = -(g_m v_{gs})(\gamma_0 // R_D // R_L)$$

$\because v_{gs} = v_i$ 　 $\therefore$電壓增益為

$$\dfrac{v_0}{v_i} = -g_m\,(\gamma_0 // R_D // R_L) = -0.725(\dfrac{1}{47} + \dfrac{1}{10} + \dfrac{1}{10})^{-1} = -3.3$$

在計算輸入電阻R_{in}時，則必須考慮R_G。

令$A = \dfrac{v_0}{v_i} = -3.3$

分析上圖可得$i_i = \dfrac{v_i - v_0}{R_G} = \dfrac{v_i - Av_i}{R_G} = \dfrac{v_i}{R_G}(1 - A)$

$$\therefore R_{in} = \dfrac{v_i}{i_i} = \dfrac{R_G}{1 - A} = \dfrac{10}{1 - (-3.3)} = 2.33M\Omega$$

4-5-5　T型等效電路模型

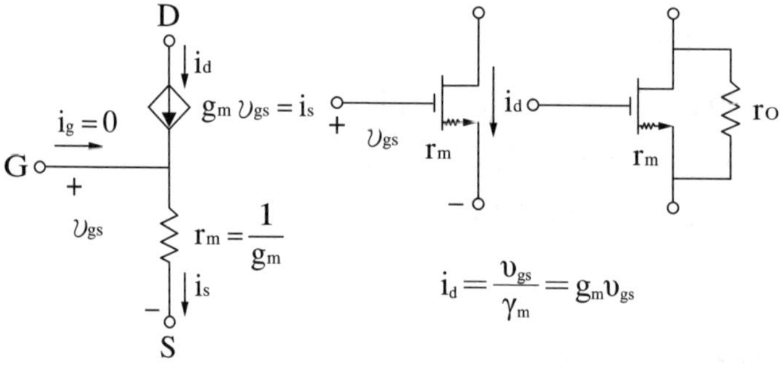

〔圖1〕　　　　　〔Fig4.25〕　　　　　〔圖2〕

Fig4.24(a)中$i_d = g_m v_{gs} = \dfrac{v_{gs}}{\gamma_m}$(令$\gamma_m = \dfrac{1}{g_m}$)且$i_g = 0$

$$\therefore i_s = i_g + i_d = i_d = \dfrac{v_{gs}}{\gamma_m}$$

因此可得 Fig4.25(d)之 T 等效模型電路，其可簡單表示為圖1。若考慮
輸出電阻γ_0，則可表示為圖2。

4-5-6　基體效應

本體與源極不相連狀況下的 MOSFET 小信號等效電路

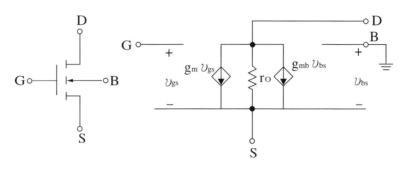

〔Fig4.26〕

　　我們在第⑵本體效應提及本體效應，我們現在要討論本體效應對小信號模型的影響。

　　我們定義本體互導為

$$g_{mb} = \frac{\partial i_D}{\partial \upsilon_{BS}} \Big|_{\substack{\upsilon_{GS} = V_{GS} \\ \upsilon_{BS} = V_{BS}}} \text{\hspace{3cm}} (42)$$

　　亦即 $\triangle i_D = g_{mb} \triangle \upsilon_{BS}$，因此可得 Fig4.26 所示之 $g_{mb}\upsilon_{bs}$ 受控電流源。我們接著推導 g_{mb}。

　　我們將⑵重寫如下：

$$V_t = V_{t0} + \gamma \left(\sqrt{2\varnothing_f + \upsilon_{SB}} - \sqrt{2\varnothing_f} \right) \text{\hspace{2cm}} (1)$$

另外　$i_D = \frac{1}{2} k_n' \frac{W}{L} (\upsilon_{GS} - V_t)^2$ 　(2)

　　$\because \upsilon_{BS} = -\upsilon_{SB}$

　　$\therefore g_{mb} = -\frac{\partial i_D}{\partial \upsilon_{SB}} = -\frac{\partial i_D}{\partial V_t} \frac{\partial V_t}{\partial \upsilon_{SB}}$

$$= k_n' \frac{W}{L} (V_{GS} - V_t) \frac{\partial V_t}{\partial \upsilon_{SB}} = g_m x \text{\hspace{2cm}} (43)$$

其中 $g_m = k_n' \frac{W}{L} (V_{GS} - V_t)$ 即為我們所熟知的互導

$$x = \frac{\partial V_t}{\partial \upsilon_{SB}} \Big|_{\upsilon_{SB} = V_{SB}} = \frac{\gamma}{2\sqrt{2\varnothing_f + V_{SB}}} \text{\hspace{2cm}} (44)$$

通常 x 之值為 0.1～0.3。

4-6　MOS 放大器電路之偏壓

偏壓設計的首要目標係建立穩定的汲極電流I_D。

分離 BJT 放大器的偏壓設計亦可用於分離 MOS 放大器。

4-6-1　MOSFET 放大器的偏壓

Fig4.27　分離式 MOSFET 放大器的偏壓

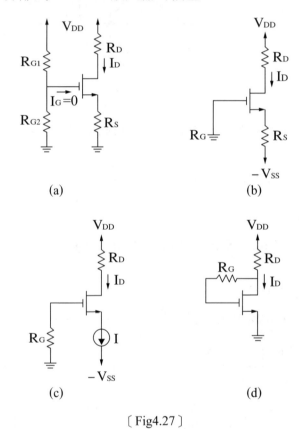

(a)　　　　　　　　　　(b)

(c)　　　　　　　　　　(d)

〔Fig4.27〕

Fig4.27 中$I_G = 0$，因此可簡化分析與設計。

亦即直流偏壓分析時，Fig4.27(b)、(c)、(d)中的電阻R_G皆等效為短路。

Fig4.27(c)中，$I_D = I$

4-6-2　MOS 積體電路放大器偏壓

Fig4.27 並不適用於 IC 中，因其大量使用電阻。

IC 中的電阻很佔面積且電阻值不易精確控制。

相反地，IC 中的 MOSFET 佔用面積較小且參數值易於控制。因此 IC 設計的基本觀念為減少電阻的使用且儘量使用電晶體。

4-6-3 MOSFET 組成的基本電流源

基本 MOSFET 電流源

Fig4.28 MOS 定電流源

$V_{DG1} = C > -V_t$

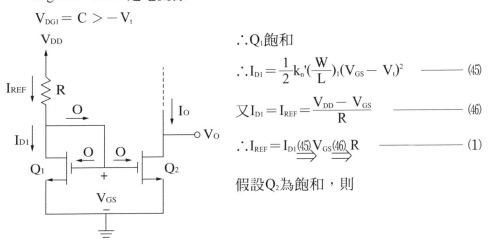

∴ Q_1 飽和

$$\therefore I_{D1} = \frac{1}{2}k_n'(\frac{W}{L})_1(V_{GS} - V_t)^2 \text{ ——— (45)}$$

$$\text{又 } I_{D1} = I_{REF} = \frac{V_{DD} - V_{GS}}{R} \text{ ——— (46)}$$

$$\therefore I_{REF} = I_{D1}\underset{\Longrightarrow}{(45)}V_{GS}\underset{\Longrightarrow}{(46)}R \text{ ——— (1)}$$

假設 Q_2 為飽和，則

〔Fig4.28〕

$$I_0 = I_{D2} = \frac{1}{2}k_n'(\frac{W}{L})_2(V_{GS} - V_t)^2 \text{ ——————————————————— (47)}$$

註：Q_1、Q_2 有相同的 V_t 值以及相同的 k_n' 值。

$$\text{由 } \frac{(47)}{(45)} \text{ 並引用 } I_{D1} = I_{REF} \text{ 可得 } \frac{I_0}{I_{REF}} = \frac{(W/L)_2}{(W/L)_1} \text{ ——————————— (48)}$$

(48)稱為電流增益或電流轉移比值，因此 Q_1、Q_2 構成電流鏡。

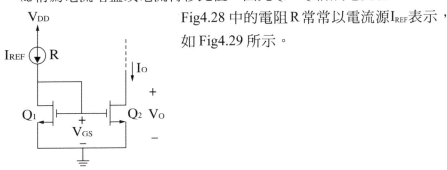

Fig4.28 中的電阻 R 常常以電流源 I_{REF} 表示，如 Fig4.29 所示。

〔Fig4.29 基本 MOSFET 電流鏡〕

4-6-4　V_0對於I_0的影響

Q_2與Q_1完全匹配，亦即$(\frac{W}{L})_2 = (\frac{W}{L})_1$

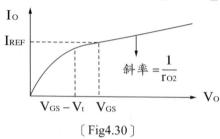

〔Fig4.30〕

Fig4.29中$V_0 = V_{DS2}$，$I_0 = I_{D2}$，因此Q_2的輸出特性曲線如Fig4.30所示，其中我們顯示了通道長度調變效應。I_0為電流源，因此Q_2必須操作於飽和區，

亦即$V_0 \geq V_{GS} - V_t$ ————————————————————— (49)

因此電流鏡在Fig4.29具有輸出電阻R_0如下所示：

$$R_0 = \frac{\triangle V_0}{\triangle I_0} = \gamma_{02} = \frac{V_{A2}}{I_0}$$ ————————————————— (50)

$\because V_{A2} \propto L_2$　$\therefore R_0 \uparrow$ 必須$V_{A2} \uparrow$，因而必須$L_2 \uparrow$

考慮Fig4.28，其中$V_{DD} = 5V$，$I_{REF} = 100\mu A$，$I_0 = 100\mu A$。Q_1、Q_2匹配且具有$10\mu m$之通道長度與$100\mu m$之通道寬度，$V_t = 1V$且$k_n' = 20\mu A/V^2$。試求電阻R之值。V_0最低可能的值為何？假設$V_A = 10L$，其中 L in μm 且V_A in V，試求本電流源的輸出電阻。若V_0增加3V，試求I_0增加多少？

【解析】我們引用 4-6-3 (1)求出電阻 R 之值。

$$I_{REF} = 100 = \frac{1}{2} \times 20 \times \frac{100}{10} \times (V_{GS} - 1)^2$$

$$\therefore V_{GS} - 1 = \sqrt{\frac{100 \times 2 \times 10}{20 \times 100}} = 1　\therefore V_{GS} = 2V$$

$$R = \frac{V_{DD} - V_{GS}}{I_{REF}} = \frac{5 - 2}{100} = 0.03M\Omega = 30K\Omega$$

由(49)可知$V_{0min} = V_{GS} - V_t = 2 - 1 = 1V$

$\because L_2 = 10\mu m$　$\therefore V_{A2} = 10 \times 10 = 100V$

$\therefore$輸出電阻為$R_0 = \gamma_{02} = \frac{V_{A2}}{I_0} = \frac{100}{100} = 1M\Omega$

$\triangle V_0 = 3V$，由(50)可知

$$\triangle I_0 = \frac{\triangle V_0}{R_0} = \frac{3}{1} = 3\mu A$$

4-6-5　電流導引電路

產生一定電流,可將之複製到 IC 各處,以提供 dc 偏壓電流給各個放大級電流鏡可用來組成這項電流導引的功能。

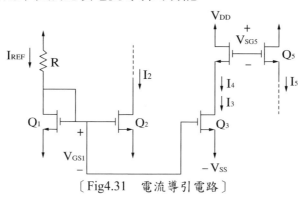

〔Fig4.31　電流導引電路〕

Fig4.31 中,Q_1、Q_2、Q_3為 n 通道元件,其臨限電壓皆為V_{tn}(註:$V_{tn} > 0$),Q_4、Q_5為 p 通道元件,其臨限電壓皆為V_{tp}(註:$V_{tp} < 0$)。

觀察 Fig4.31 可得

$$\frac{I_2}{I_{REF}} = \frac{(W/L)_2}{(W/L)_1} \ , \ \frac{I_3}{I_{REF}} = \frac{(W/L)_3}{(W/L)_1}$$

$$I_4 = I_3 \ , \ \frac{I_5}{I_4} = \frac{(W/L)_5}{(W/L)_4}$$

因此由I_{REF}之值即可求出其它各個電流值。

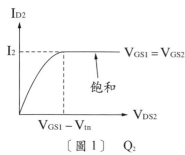

〔圖 1〕　Q_2

Q_2必須飽和,因此

$V_{DS2} > V_{GS1} - V_{tn}$

$\therefore V_{D2} - (-V_{SS}) > V_{GS1} - V_{tn}$

$\therefore V_{D2} > -V_{SS} + V_{GS1} - V_{tn}$

同理$V_{D3} > -V_{SS} + V_{GS1} - V_{tn}$

Q_5必須飽和,因此

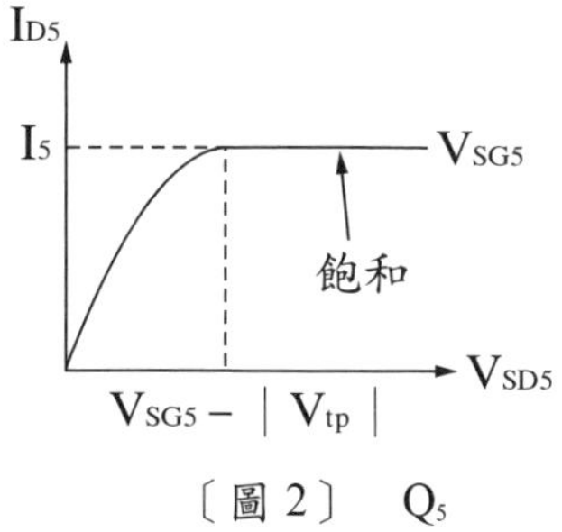

$V_{SD5} > V_{SG5} - |V_{tp}|$

$\therefore (V_{DD} - V_{D5}) > V_{SG5} - |V_{tp}|$

$\therefore V_{D5} < -V_{DD} - V_{SG5} + |V_{tp}|$

Q_2由負載抽取其輸出電流I_2　$\therefore Q_2$稱為電流槽

Q_5把它的輸出電流推入負載　$\therefore Q_2$稱為電流源。但電流槽又常常稱為電流源

〔圖 2〕　Q_5

4-7 單級 IC MOS 放大器的基本組態

(a) 共源極 CS　(b) 共閘極 CG

(c) 共汲極 CD 或稱源極隨耦器

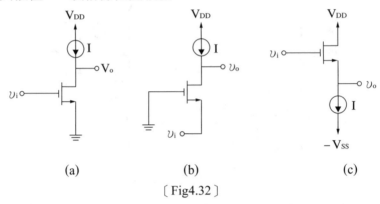

〔Fig4.32〕

Fig4.32 中我們使用電流源取代負載電阻，因此放大器稱為主動負載，以有別於以往的被動負載。此外，電流源也用來偏壓 MOSFET。

4-7-1 CMOS 共源極放大器

CMOS 共源極放大器

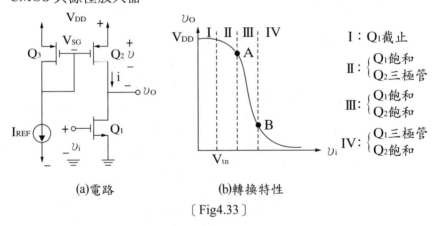

〔Fig4.33〕

Fig4.33(a)中，Q_2、Q_3匹配且兩者皆為 p 通道元件。

而Q_1則為 n 通道元件，故整個電路為 CMOS 放大器。

Fig4.33(c)　Q_2為非線性電阻

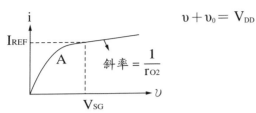

$$\upsilon + \upsilon_0 = V_{DD}$$

考慮Fig4.33(b)。當$\upsilon_i < V_{tn}$時(區Ⅰ)，Q_1截止，$i = 0$，$\upsilon = 0$(相當於Fig4.33(b)中的原點) $\therefore \upsilon_0 = V_{DD}$

當$\upsilon_i > V_{tn}$，進入region Ⅱ，Q_1開始導通，i略高於0，υ略高於0，υ_0略低於V_{DD}，因此Q_1飽和，Q_2三極管。

υ_i持續增加直到A點，此時Q_2進入飽和，Q_1仍為飽和，此即為區Ⅲ，此時$\upsilon_i \uparrow \upsilon \uparrow \upsilon_0 \downarrow$。

當υ_i增加至B點時，υ_0甚低，因此Q_1進入三極管，Q_2仍為飽和，此即為區Ⅳ。

本電路的工作點必須位於區Ⅲ，此時$\dfrac{\triangle \upsilon_0}{\triangle \upsilon_i} = \overline{AB}$斜率

(註：$\dfrac{\triangle \upsilon_0}{\triangle \upsilon_i} < 0$)，亦即電壓增益絕對值$\left| \dfrac{\triangle \upsilon_0}{\upsilon_i} \right|$為最大。

Fig4.33(a)的小信號等效電路如

Fig4.34 所示，其中$\upsilon_i = \upsilon_{gs1}$且電壓增益為

$$A_V = \frac{\upsilon_0}{\upsilon_i} = - g_{m1} (\gamma_{01} // \gamma_{02}) \tag{51}$$

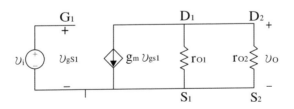

〔Fig4.34〕

(51)中

$$g_{m1} = \sqrt{2k_n'(\frac{W}{L})_1 I_{REF}} \ , \ \gamma_{01} = \frac{|V_{A1}|}{I_{REF}} \ , \ \gamma_{02} = \frac{|V_{A2}|}{I_{REF}} \tag{52}$$

因此

$$\gamma_{01} // \gamma_{02} = (\frac{1}{\gamma_{01}} + \frac{1}{\gamma_{02}})^{-1} = \frac{1}{I_{REF}} (\frac{1}{|V_{A1}|} + \frac{1}{|V_{A2}|})^{-1} \tag{53}$$

$$\therefore A_V = - \frac{\sqrt{2k_n'(\frac{W}{L})_1}}{\frac{1}{|V_{A1}|}+\frac{1}{|V_{A2}|}}\frac{1}{\sqrt{I_{REF}}} \quad\text{——————(54)}$$

通常 $|V_{A1}| \approx |V_{A2}| = V_A$

$$\therefore A_V = - \sqrt{\frac{1}{2}k_n'(\frac{W}{L})_1}\frac{V_A}{\sqrt{I_{REF}}} \quad\text{——————(55)}$$

通常 $|A_V|$ 之值為 $20\sim100$

本電路具有極高之輸入電阻$(R_i = \infty)$。

本電路之輸出電阻亦甚高$(R_0 = \gamma_{01}//\gamma_{02})$。

4-7-2 CMOS 共閘極放大器

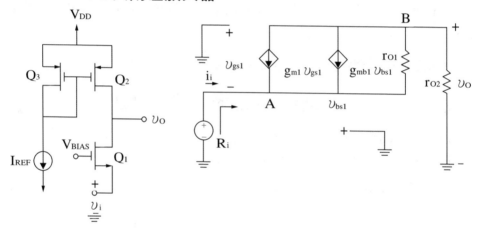

Fig4.35　共閘極放大器

(a)電路　　　　　　　　　　(b)小信號等效電路

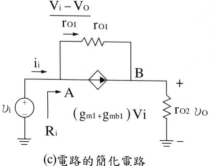

(c)電路的簡化電路

CG 電路之源極並非接地,因此必須考慮本體效應,因此 Fig4.35(b)中含有受控電流源$g_{mb1}\upsilon_{bs1}$。

觀察 Fig5.47≈D 可得$\upsilon_{gs1}=-\upsilon_i$,$\upsilon_{bs1}=-\upsilon_i$,因此 Fig4.35(b)可等效為 Fig4.35

(c)(讀者請分別注意節點 A，B 的對應關係)。

使用 KCL 於 Fig4.35(c)中的節點 B 可得

$$\frac{\upsilon_i - \upsilon_0}{\gamma_{01}} + (g_{m1} + g_{mb1})\upsilon_i = \frac{\upsilon_0}{\gamma_{02}} \qquad (56)$$

移項整理可得電壓增益為

$$A_v = \frac{\upsilon_0}{\upsilon_i} = (g_{m1} + g_{mb1} + \frac{1}{\gamma_{01}})(\gamma_{01} // \gamma_{02}) \qquad (57)$$

通常 $g_{m1} \gg \dfrac{1}{\gamma_{01}}$ $\therefore A_v \approx (g_{m1} + g_{mb1})(\gamma_{01} // \gamma_{02}) \qquad (58)$

比較(58)與(51)可知 CG 放大器為非反相，且A_v多出g_{mb1}本體效應這一項。$g_{mb} = xg_m$且 x = 0.1~0.3。

我們接著推導輸入電阻R_i。使用 KCL 於 Fig4.35(c)中的節點 A 可得

$$i_i = (g_{m1} + g_{mb1})\upsilon_i + \frac{\upsilon_i - \upsilon_0}{\gamma_{01}} \qquad (59)$$

由(56)、(59)可得 $i_i = \dfrac{\upsilon_0}{\gamma_{02}} = \dfrac{\upsilon_i(g_{m1} + g_{mb1})(\gamma_{01} // \gamma_{02})}{\gamma_{02}}$[由(58)] $\qquad (60)$

$\therefore$ 輸入電阻為

$$R_i = \frac{\upsilon_i}{i_i} = \frac{1}{g_{m1} + g_{mb1}}(1 + \frac{\gamma_{02}}{\gamma_{01}}) \qquad (61)$$

若$\gamma_{01} \approx \gamma_{02}$，則$R_i \approx \dfrac{2}{g_{m1} + g_{mb1}} \qquad (62)$

CG 電路之輸入電阻R_i甚低。

4-7-3　共汲極或源極隨耦器組態

源極隨耦器與射極隨耦器功能類似，係做為緩衝放大器之用，其電壓增益略小於 1。

Fig4.36　源極隨耦器

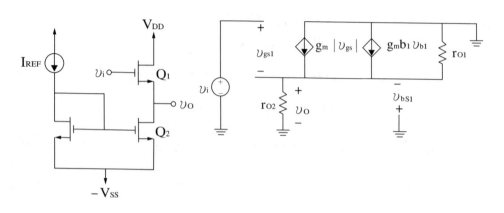

(a)電路　　　　　　　　　　(b)小信號等級電路

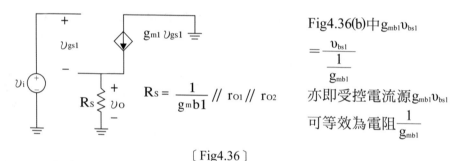

Fig4.36(b)中$g_{mb1}v_{bs1}$

$= \dfrac{v_{bs1}}{\dfrac{1}{g_{mb1}}}$

亦即受控電流源$g_{mb1}v_{bs1}$

可等效為電阻$\dfrac{1}{g_{mb1}}$

〔Fig4.36〕

因此可得 Fig4.36(c)，其中

$$v_0 = g_{m1}v_{gs1}R_S = g_{m1}R_S v_{gs1} \tag{63}$$

$$v_i = v_{gs1} + v_0 = v_{gs1} + g_{m1}R_S v_{gs1} = (1 + g_{m1}R_S)v_{gs1} \tag{64}$$

$\dfrac{(63)}{(64)}$ 可得電壓增益為

$$A_V = \frac{v_0}{v_i} = \frac{g_{m1}R_S}{1 + g_{m1}R_S} \tag{65}$$

由 Fig4.36(c)中R_S的定義可得

$$\frac{1}{R_S} = g_{mb1} + \frac{1}{\gamma_{01}} + \frac{1}{\gamma_{02}} \tag{66}$$

由(65)、(66)可得

$$A_V = \frac{g_{m1}}{g_{m1} + \dfrac{1}{R_S}} = \frac{g_{m1}}{g_{m1} + g_{mb1} + \dfrac{1}{\gamma_{01}} + \dfrac{1}{\gamma_{02}}} \tag{67}$$

通常 $g_{m1} \gg \dfrac{1}{\gamma_0 1}$ ， $\dfrac{1}{\gamma_{02}}$

$$\therefore A_V \approx \frac{g_{m1}}{g_{m1} + g_{mb1}} (68) = \frac{g_{m1}}{g_{m1} + xg_{m1}} = \frac{1}{1 + x} \tag{69}$$

其中 $x = 0.1 \sim 0.3$

我們接著計算輸出電阻 R_0

Fig4.37(a)將 Fig4.36(b)中 υ_i 短路並外加測試電壓源 υ_x (b)(a)電路的簡化電路。

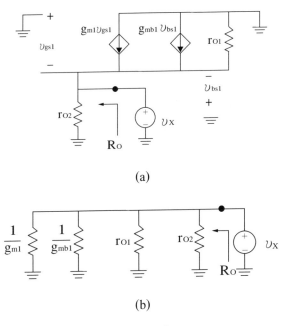

(a)

(b)

〔Fig4.37〕

Fig4.37(a)中 $\upsilon_{gs1} = \upsilon_{bs1}$ 且 $g_{m1}\upsilon_{gs1} = \dfrac{\upsilon_{gs1}}{\dfrac{1}{g_{m1}}}$ ， $g_{mb1}\upsilon_{bs1} = \dfrac{\upsilon_{bs1}}{\dfrac{1}{g_{mb1}}}$

亦即受控電流源 $g_{m1}\upsilon_{gs1}$ ， $g_{mb1}\upsilon_{bs1}$ 可分別等效為電阻 $\dfrac{1}{g_{m1}}$ ， $\dfrac{1}{g_{mb1}}$ ，因此可得 Fig4.37(b)，其中

$$R_0 = \frac{1}{g_{m1}} // \frac{1}{g_{mb1}} // \gamma_{01} // \gamma_{02} \tag{70}$$

通常 $\dfrac{1}{g_m} \ll \gamma_{01}$ ， γ_{02}

$$\therefore R_0 \approx \frac{1}{g_m} // \frac{1}{g_{mb1}} = \frac{1}{g_m + g_{mb1}} = \frac{1}{g_{m1}(1 + x)} \tag{71}$$

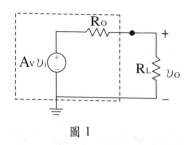

(67)至(69)所得到的電壓增益A_V相當於$R_L = \infty$的情況。因此圖 1 虛線部份即為輸出端的戴維寧等效電路。接上負載電阻R_L之後可得

圖 1

$$\frac{v_0}{A_V v_i} = \frac{R_L}{R_0 + R_L}$$

$$\therefore A_V \mid_{R_L} = \frac{v_0}{v_i} = \frac{A_V R_L}{R_0 + R_L} \qquad\qquad (72)$$

4-8　CMOS 組成邏輯反相器

CMOS 技術幾乎已完全取代 NMOS 技術。

(a) CMOS 反相器

(b) 簡化電路圖

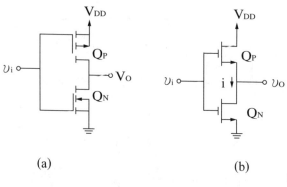

(a)　　　　　　　　(b)

〔Fig4.38〕

〔Fig4.38〕中，Q_P：p 通道，MOSFET
，Q_N：n 通道，MOSFET

4-8-1　電路操

我們考慮兩種極端的情況：①$v_i = V_{DD} = V_{OH}$(亦即 logic-1)　②$v_i = 0V = V_{OL}$(亦即 logic-0)。

Fig4.39 當v_i在電位時(a)$v_i = V_{DD}$；(c)等效電路

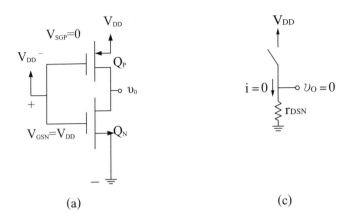

(a)   (c)

當$\upsilon_i = V_{DD}$時，$V_{GSN} = V_{DD} > V_{tn}$，$V_{SGP} = V_{DD} - V_{DD} = 0 < |V_{tp}|$

∴Q_N on，Q_P off(註：參考數據為$V_{DD} = 5V$，$V_{tn} = |V_{tp}| = 1V$)

因此Q_P等效為開路，Q_N等效為電阻γ_{DSN}，如Fig4.39(c)所示，其中$i = 0$，$\upsilon_0 = \gamma_{DSN}i = 0$，亦即$\upsilon_0$為 low。$\gamma_{DSN}$可表為

$$\gamma_{DSN} = \frac{1}{k_n'(\frac{W}{L})_n(V_{DD} - V_{tn})} \tag{73}$$

當υ_i為 high 時，υ_0為 low，故本電路為交相器。

此外，功率散逸為 $P = V_{DD}i = 0$

當υ_i低電位時(a)$\upsilon_i = 0V$ 的電路

(c)等效電路

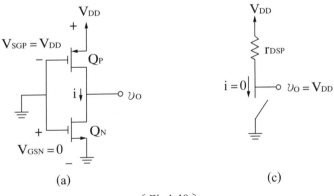

(a)   (c)

〔Fig4.40〕

當$\upsilon_i = 0V$ 時，$V_{GSN} = 0 < V_{tn}$，$V_{SGP} = V_{DD} > |V_{tp}|$

∴Q_N off，Q_P on

因Q_N等效為開路，Q_P等效為電阻γ_{DSP}，如 4.40(c)所示，其中$i = 0$，$v_0 = V_{DD} - \gamma_{DSP}i = V_{DD}$，亦即$v_0$為 high。$\gamma_{DSP}$可表為

$$\gamma_{DSP} = \frac{1}{k_p'(\frac{W}{L})_p(V_{DD} - \mid V_{tp} \mid)} \hspace{3cm} (74)$$

當v_i為 low 時，v_0為 high，故本電路為交相器。

此外，功率散逸為 $P = V_{DD}i = 0$

CMOS 交相器可視為理想的反相器，其特點如下：

1. $V_{OH} = V_{DD}$，$V_{OL} = 0V$ ∴信號振幅達到最大的可能⇒寬度的雜訊邊限。
2. 靜態功率散逸⇒省電。
3. 輸入電阻∞($\because I_G = 0$)

   ∴Fan-out 甚大

4-8-2　電壓轉移特性(VTC)

CMOS 反相器通常被設計成$V_{tn} = \mid V_{tp} \mid = V_t$和$k_n'(\frac{W}{L})_n = k_p'(\frac{W}{L})_p$，此即為$Q_N$，$Q_P$匹配的條件。

因此可得

$$\mu_n C_{ox} \frac{W_n}{L_n} = \mu_p C_{ox} \frac{W_p}{L_p} \hspace{3cm} (75)$$

通常$L_n = L_p$，因此可得$\frac{W_p}{W_n} = \frac{\mu_n}{\mu_p} = 2 \sim 3$ $\hspace{2cm}$ (76)

如此方可得對稱的轉移的特性。

如 Fig4.41 所示，其中v_i由 0 慢慢增加。

Fig4.41 對應至 Fig4.38(b)

當$v_i < V_t$時，Q_N off，電路等效為 Fig4.40(c)，且$v_0 = V_{DD} = V_{OH}$

當$v_i > V_t$時，Q_N on，v_0略低於V_{DD}，此時，電路操作於 AB 區，且Q_N為飽和，Q_P為三極管。

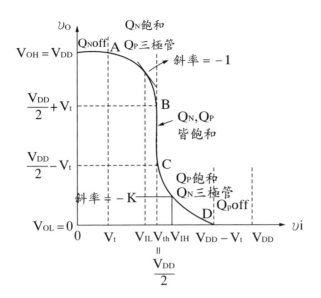

〔Fig4.41　CMOS 反相器的電壓轉換特性〕

當 $\upsilon_i = \dfrac{V_{DD}}{2}$ 時，亦即到達 B 點時，Q_P 由三極管變為飽和，此時 $V_{DD} - \upsilon_0 =$

$(V_{DD} - \upsilon_i) - V_t$　$\therefore \upsilon_0 = \dfrac{V_{DD}}{2} + V_t$　B 點

BC 區為垂直線且 Q_N，Q_P 皆為飽和。

到達 C 點時，Q_N 由飽和變為三極管，此時

$\upsilon_0 = \upsilon_i - V_t$　$\therefore \upsilon_0 = \dfrac{V_{DD}}{2} - V_t$　C 點

CD 區中，Q_P 為飽和且 Q_N 為三極管。

當 $\upsilon_i > V_{DD} - V_t$ 時，$V_{SGP} = V_{DD} - \upsilon_i < V_t$　$\therefore Q_P$ 為 off，電路等效為 Fig4.39(c)，

且 $\upsilon_0 = 0 = V_{OL}$

在 AB 區與 CD 區我們分別求解 $\dfrac{d\upsilon_0}{d\upsilon_i} = -1$

可得

$V_{IL} = \dfrac{1}{8}(3V_{DD} + 2V_t)$　————————————————————— (77)

$V_{IH} = \dfrac{1}{8}(5V_{DD} + 2V_t)$　————————————————————— (78)

$\therefore$ 雜訊邊限可求得如下

$NM_H = V_{OH} - V_{IH} = \dfrac{1}{8}(3V_{DD} + 2V_t)$　———————————— (79)

$$NM_L = V_{IL} - V_{OL} = \frac{1}{8}(3V_{DD} + 2V_t) \qquad\qquad\qquad\qquad (80)$$

由$NM_H = NM_L$亦可得知 VTC 為對稱。

4-8-3   動態操作特性

Fig4.42   電容性負載 CMOS 反相器的動態操作

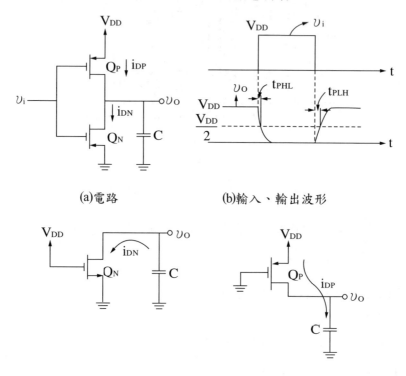

(a)電路   (b)輸入、輸出波形

(c)電容放電以求得t_{PHL} 圖 1   電容充電以求得t_{PLH}

〔Fig4.42〕

我們現在討論傳播延遲的問題。

當υ_i由 0 變為V_{DD}時，$V_{SGP} = V_{DD} - V_{DD} = 0$ $\therefore Q_P$ off

$V_{GSN} = V_{DD}$ $\therefore Q_N$ on，如Fig5.59(d)所示，此時電容電壓υ_0經由Q_N由V_{DD}放電至 0，因此產生 Fig4.42(b)中的t_{PHL}。

當υ_i由V_{DD}變為 0 時，$V_{GSN} = 0$ $\therefore Q_N$ off

$V_{SGP} = V_{DD}$ $\therefore Q_P$ on，如圖 1 所示，此時電容電壓υ_0經由Q_P由 0 充電至V_{DD}，因此產生 Fig4.42(b)中的t_{PLH}。

經由複雜的推導可得若$V_t = 0.2V_{DD}$，則

$$t_{PHL} = \frac{1.6C}{k_n'(\frac{W}{L})_n V_{DD}} (5, 102)，t_{PLH} = \frac{1.6C}{k_n'(\frac{W}{L})_p V_{DD}}$$

傳導延遲為$t_P = \frac{1}{2}(t_{PHL} + t_{PLH})$

通常Q_N，Q_P匹配，亦即$k_n'(\frac{W}{L})_n = k_p'(\frac{W}{L})_p$

$\therefore t_P = t_{PHL} = t_{PLH}$

4-8-4　說明電流流動與功率損耗

Fig4.43

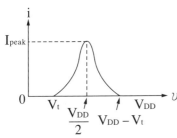

由 Fig4.38(b)與 Fig4.41 可得 Fig4.43，其原因如下：

當 $0 < v_i < V_t$時，Q_N off，$i = 0$

當$V_{DD} - V_t < v_i < V_{DD}$時，$Q_P$ off，$i = 0$

當$V_t < v_i < \frac{V_{DD}}{2}$時，$Q_N$為飽和

$\therefore \frac{1}{2}k_n'(\frac{W}{L})_n(v_i - V_t)^2$

當$\frac{V_{DD}}{2} < v_i < V_{DD} - V_t$時，$Q_P$為飽和　$\therefore \frac{1}{2}k_p'(\frac{W}{L})_p(V_{DD} - v_i - V_t)^2$

當$v_i = \frac{V_{DD}}{2}$時，$i = I_{peak}$且Q_N，Q_P皆為飽和

$\therefore I_{peak} = \frac{1}{2}k_n'(\frac{W}{L})_n(\frac{V_{DD}}{2} - V_t)^2 = \frac{1}{2}k_p'(\frac{W}{L})_p(\frac{V_{DD}}{2} - V_t)^2$

(註：$\because Q_N$，Q_P匹配　$\therefore k_n'(\frac{W}{L})_n = k_p'(\frac{W}{L})_p$)

考慮 Fig4.42(a)，觀察圖 1 的情況。　$\because v_0$由 0 充電至V_{DD}

$\therefore$電源V_{DD}送出的電荷為$\triangle Q = C\triangle V_0 = CV_{DD}$

$\therefore$電源V_{DD}送出的能量為 $E = V_{DD}\triangle Q = CV_{DD}^2$，這是指一個週期 T 當中所送出的能量，因此動態功率損耗為

$$P_D = \frac{E}{T} = fE = fCV_{DD}^2 \qquad\qquad (81)$$

其中 f 為頻率。

我們可定義 DP，延遲功率乘積為

$$DP = P_D t_P$$

DP 之值愈小愈好，亦即好的數位電路為快速省電。

4-9 使用 MOSFET 當作類比開關

4-9-1 何謂類比開關

圖 1

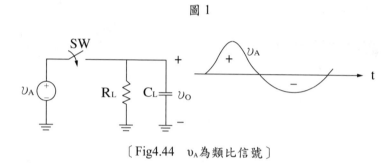

〔Fig4.44　v_A 為類比信號〕

類比信號 v_A 可正可負，如圖 1 所示，因此 SW 必須能夠導通雙向電流，亦即 SW 必須為雙向開關。

4-9-2 NMOS 組成類比開關

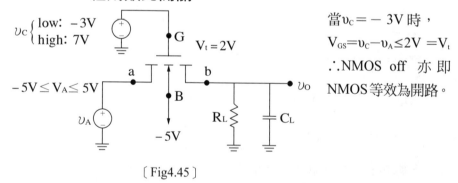

當 $v_C = -3V$ 時，
$V_{GS} = v_C - v_A \leq 2V = V_t$
$\therefore$ NMOS off 亦即
NMOS 等效為開路。

〔Fig4.45〕

當 $v_C = 7V$ 時，$V_{GS} = v_C - v_A \geq 2V = V_t$

$\therefore$ NMOS，亦即類比輸入信號 v_A 可傳遞至輸出電壓 v_0。

我們就 $v_A > 0$(以 $v_A = 4V$ 為例)與 $v_A < 0$(以 $v_A = -4V$ 為例)分別討論，如 Fig4.46 所示。

Fig4.46 $v_C = 7V$　(a)$v_A > 0$(b)$v_A < 0$

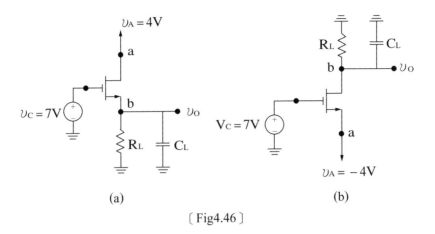

〔Fig4.46〕

Fig4.46(a)中，

$V_{GD} = \upsilon_C - \upsilon_A = 7 - 4 = 3 > 2 = V_t$

$0 < \upsilon_0 < 4$ $\therefore V_{GS} = \upsilon_C - \upsilon_0 > 3 > 2 = V_t$ $\therefore$ 電晶體為三極管

$$\therefore \frac{\upsilon_0}{\upsilon_A} = \frac{R_L}{\gamma_{ab} + R_L} \hspace{4cm} (82)$$

Fig4.46(b)中，

$V_{GS} = \upsilon_C - \upsilon_A = 7 - (-4) = 11 > 2 = V_t$

$-4 < \upsilon_0 < 0$ $\therefore V_{GD} = \upsilon_C - \upsilon_0 > 7 > 2 = V_t$ $\therefore$ 電晶體為三極管

$$\therefore \frac{\upsilon_0}{\upsilon_A} = \frac{R_L}{\gamma_{ba} + R_L} \hspace{4cm} (83)$$

$$\gamma_{DS} = \frac{1}{k_n'(\frac{W}{L})_n(V_{GS} - V_t)} \propto \frac{1}{V_{GS} - V_t} \hspace{2cm} (84)$$

(82)中，$\gamma_{ab} \approx \dfrac{1}{k_n'(\frac{W}{L})_n(7 - 4 - 2)} = \dfrac{1}{k_n'(\frac{W}{L})_n} \hspace{2cm} (85)$

(83)中，$\gamma_{ba} \approx \dfrac{1}{k_n'(\frac{W}{L})_n[7 - (-4) - 2]} = \dfrac{1}{9k_n'(\frac{W}{L})_n} \hspace{1.5cm} (86)$

比較(85)，(86)可知γ_{ab}，γ_{ba}相距甚大，因此由(82)、(83)可知υ_0相對於υ_A有顯著的失真。

此外，本電路另一缺點為控制信號υ_C為$-3V$ 或 7V，此為甚為少見的電壓準位。

4-9-3　CMOS 組成傳輸閘

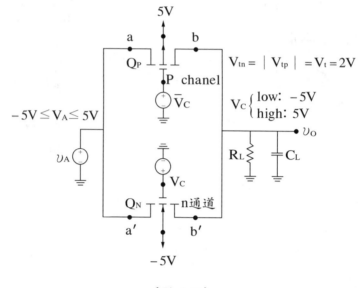

〔Fig4.47〕

由兩個互補信號V_c及$\overline{V}_c$來控制。

當$v_c = -5V$ 時，$V_{GSN} = v_c - v_A \leq 0 < 2 = V_t$　$\therefore Q_N$ off

此時$\overline{v}_c = 5V \therefore V_{SGP} = v_A - \overline{v}_c \leq 0 < 2 = V_t$　$\therefore Q_P$ off

Q_N，Q_P皆 off　$\therefore v_A$與v_0之間為開路。

$v_c = 5V$ 且$\overline{v}_c = -5V$(a)$v_A > 0$(b)$v_A < 0$

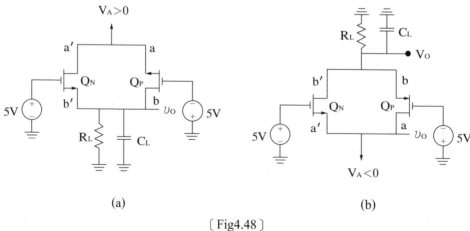

(a)   (b)

〔Fig4.48〕

當$v_c = 5V$ 時(此時$\overline{v}_c = -5V$)，

我們就$v_A > 0$與$v_A < 0$分別討論，如 Fig4.48 所示。

Fig4.48(a)中，Q_N導通的條件為$V_{GDN} > V_t$，亦即$5 - v_A > 2$　$\therefore v_A < 3$。

Fig4.48(b)中，$V_{GSN} = 5 - v_A > 5 > 2 = V_t$　$\therefore Q_N$永遠導通。

綜合上述可得Q_N導通的條件為$-5 < v_A < 3$

Fig4.48(b)中，Q_P導通的條件為$V_{DGP} > V_t$，亦即$v_A - (-5) > 2$　$\therefore v_A > -3$

Fig4.48(a)中，$V_{SGP} = v_A - (-5) > 5 > 2 = V_t$　$\therefore Q_P$永遠導通。

綜合上述可得Q_P導通的條件為$-3 < v_A < 5$

我們可將以上結論以圖 1 表示。

$$\begin{array}{c}
Q_N \text{ on} \qquad\qquad Q_P v \text{ on} \\
\hline
-5 \quad -3 \quad 0 \quad 3 \quad 5 \qquad {}_A, V
\end{array}$$

〔圖 1〕

當$-3 < v_A < 3$時，Q_N，Q_P皆 on

$$\therefore \gamma_{DSN} // \gamma_{DSP} = (\frac{1}{\gamma_{DSN}} + \frac{1}{\gamma_{DSP}})^{-1}$$

$$= [k_n'(\frac{W}{L})_n(V_{GSN} - V_t) + k_p'(\frac{W}{L})_p(V_{SGP} - V_t)]^{-1}$$

$$= [k_n'(\frac{W}{L})_n(5 - v_A - 2 + v_A - (-5) - 2)]^{-1}$$

$$(\because Q_N，Q_P 匹配 \quad \therefore k_n'(\frac{W}{L})_n = k_p'(\frac{W}{L})_p)$$

$$= \frac{1}{6k_n'(\frac{W}{L})_n}$$

亦即並聯電阻與v_A無關，因此v_0無失真。

此外，本電路另一優點為控制信號v_C為$-5V$ 或 $5V$，此為較為常見的電壓準位。

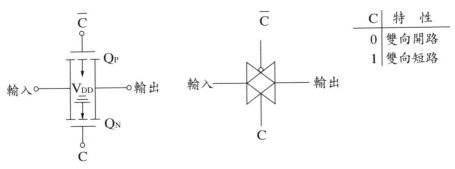

C	特　性
0	雙向開路
1	雙向短路

〔Fig4.49　在數位電路上的 CMOS 傳輸閘〕

4-9-4 MOSFET 與 BJT 組成的類比開關之比較

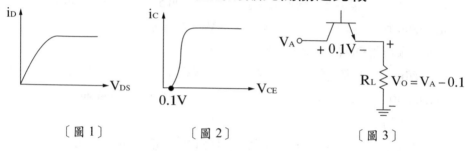

〔圖1〕　　　　　〔圖2〕　　　　　〔圖3〕

圖 1 係 MOSFET 特性曲線，通過原點。

圖 2 係 BJT 特性曲線，並未通過原點且當 $i_C = 0$ 時 $v_{CE} = 1V$，亦即 BJT 開關具有 0.1V 之(偏移電壓)，如圖 3 所示，這會造成 v_0 之失真。

因此做為類比開關而言，MOSFET 遠比 BJT 適當。

———————— ❧ 讀後練習 ❧ ————————

(　) 1. 如圖，N 通道場效電晶體之偏壓線與轉移特性曲線的關係圖為 (Q 為偏壓點)。

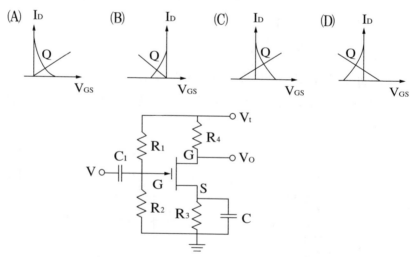

(　) 2. 設通過 P－N 接合之順向平均電流為 I，電子電荷量為 q，通往儀表之有效頻帶寬度為 B，則儀表量得之雜訊電流之均方值為 (A) $2qI^2B$ (B) $4(qIB)^2$ (C) $2qIB$ (D) $4qIB$。

(　) 3. 如圖之$R_3 = 3R_2$，接合場效應電晶體工作於線性區域，設V_s與V_g可看成相等，則輸入電阻R_i，在$R_1 \gg R_3$時，約為　(A)$R_1 + R_2$　(B)$R_1 + R_3$　(C)$4R_2$　(D)$4R_1$。

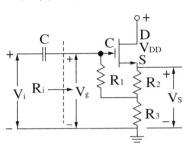

(　) 4. 如圖之稽納二極體之功用是　(A)穩定工作點　(B)傍路過量之靜電荷　(C)負迴授用　(D)以上皆非。

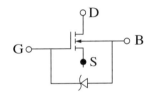

(　) 5. 斷路的閘極積存的電荷可形成夠大的電場而將介質貫穿，破壞MOS裝置，故於閘極與基體間並接一齊納二極體以傍路過量的靜電荷。閘極與源極間電位差為 0 伏特，洩極電流為零的 FET是　(A)JFET　(B)空乏型 MOSFET　(C)增強型 MOSFET　(D)以上皆非。

(　) 6. JFET之夾止電壓之溫度係數是　(A)$-$ 0.2mV/℃　(B) 20mV/℃　(C) 26mV/℃　(D)$-$ 2mV/℃。

(　) 7. 圖中，當$V_{GS} = 4$ 伏特，V_{DS}為　(A) 4.8 伏　(B) 2.4 伏　(C) 8 伏　(D) 7 伏。

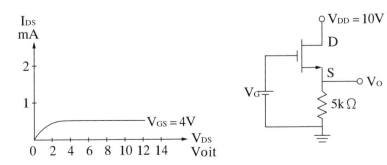

( ) 8. 在圖的 N 通道 MOSFET 電路中，V_{DD} = 15 伏，洩極(Drain)電流 I_D = 10 毫安，則閘極與源極間的電壓V_{GS}為 (A) 3.3 伏 (B) 4 伏 (C) 5 伏 (D) 6 伏。

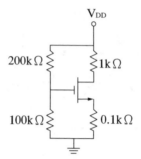

( ) 9. 下列何者不是場效應電晶體的優點 (A) 輸入阻抗高 (B) 雜訊較低 (C) 增益與頻寬乘積甚大 (D) 製作簡單。

( ) 10. 圖中，MOSFET的參數V_t = 1V，K = $0.5\mu_nC_{os}$(W/L) = 0.5mA/V²，γ_0 = ∞，試求V_0約為 (A) 3.74V (B) 4.36V (C) 5.81V (D) 6.73V。

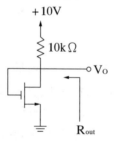

( ) 11. 續上，試求圖中，等效小信號輸出阻抗R_{out}為 (A) 2.8KΩ (B) 5.4KΩ (C) 7.1Ω (D) 10KΩ。

( ) 12. 若n通道JFET在歐姆區內正常工作，則閘極與源極間的電壓V_{GS}負得愈多 (A) 匱乏區愈大，D 極與 S 極間的有效阻抗愈大 (B) 匱乏區愈小，D 極與極間的有效阻抗愈大 (C) 匱乏區愈大，D 極與極間的有效阻抗小 (D) 匱乏區愈小，D 極與極間的有效阻抗愈小。

( ) 13. 圖中，若 D 極的電流為$i_D = K(V_{GS} - V_p)^2$，K = 0.25mA/V²，V_p = 2V，V_{GS}為 G 極與 S 極間的電壓；D 極與 S 極間的有效阻抗γ_d = $100V/I_D$，I_D為操作點的i_D值。若$\gamma_d \ll R_G$，欲使v_o/v_i的小訊號增益為 − 100，設圖中的電容都非常大，則I = (A) 1.04mA (B) 1.14mA (C) 1.23mA (D) 1.30mA。

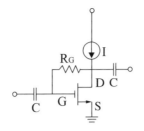

( )　14. 若上題中的R_G＝ 10MΩ，則v_i的輸入阻抗R_{in}為　(A) 80KΩ　(B) 100KΩ　(C) 150KΩ　(D) 200KΩ。

( )　15. 圖(a)電路中的 MOSFET 具有如圖(b)的$i_D - V_{GS}$特性曲線，R_{G1}＝ 120 歐姆，R_{G2}＝ 80 仟歐姆，R_D＝ 0.5 仟歐姆，V_{DD}＝ 20 伏特，試求R_S＝ 0 仟歐姆時，I_D約為　(A) 2.1　(B) 6.7　(C) 8.9　(D) 13.7 毫安培。

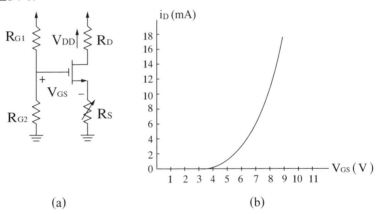

(a) (b)

( )　16. 同上題，試求R_S＝ 1 仟歐姆時，I_D約為　(A) 2.8　(B) 4.9　(C) 7.1 (D) 10.3 毫安培。

( )　17. 圖為金氧半場效電晶體放大電路，其輸入及輸出均用電容器隔離直流成份；若場效型電晶體之參數為：臨界電壓V_t＝ 1.5V，電導常數K＝ 0.125mA/V^2，通道長度調變等效電壓V_A＝ 100V，則此直流操作點之汲極電壓V_D為　(A) 2.2　(B) 4.4　(C) 6.6　(D) 8.8 伏特。

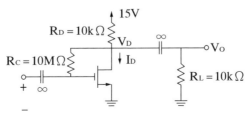

( ) 18. 同上題，試求低頻小信號電壓增益v_o/v_i為　(A)－1.4　(B)－2.4
(C)－3.4　(D)－4.4。

( ) 19. 圖所示之 JFET 放大電路，其工作點的偏壓狀態為　(A) V_{GS}＝－
0.56V　(B) V_{GS}＝－0.32V　(C) V_{GS}＝＋0.26V　(D) V_{GS}＝＋0.44V。

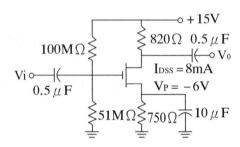

( ) 20. 同上題中的工作點其汲極電流I_{DQ}為　(A) I_{DQ}＝ 7.2mA　(B) I_{DQ}＝
7.8mA　(C) I_{DQ}＝9.8mA　(D) I_{DQ}＝10.2mA。

( ) 21. 某一 JFET 的規格為I_{DSS}＝15mA，V_p＝－6V，Y_{os}＝0.05mμ，則
其互導(當V_{GS}＝0)gm_0為　(A) 5mμ　(B) 2.5mμ　(C) 0.2mμ　(D) 0.4
mμ。

( ) 22. 有一 n 通道 JFET 電路如圖所示，圖中 JFET 的I_{DSS}＝20mA 及V_p
＝－6V，試求其偏壓點V_{GSQ}＝？　(A)－2.75V　(B)－3.45V　(C)
－9.45V　(D)－4.65V。

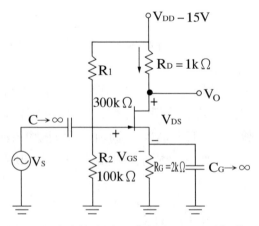

( ) 23. 同上題中，該電路的直流工作點(I_{DQ1}, V_{DSQ})為若干？　(A)(3.60mA，
4.20V)　(B) (1mA，12V)　(C) (4.50mA，1.50V)　(D) (2.25mA，8.25
V)。

( )　24. 圖所示為一n通道JFET電路，JFET此的夾止電壓$V_p = -2.0V$，V_{GS}為零時的汲極電流$I_{DSS} = 2.65mA$。如要$I_D = 1.25mA$，則R_s為 (A) 2.7KΩ　(B) 850Ω　(C) 250Ω　(D) 500Ω。

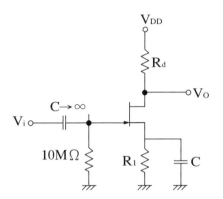

( )　25. 同上題中，在此偏壓狀態下，此 JFET 的轉移電導g_m為　(A) 0.63mA/V　(B) 1.33mA/V　(C) 1.82mA/V　(D) 1.18mA/V。

( )　26. 同上題中，如JFET的低頻小訊號等效電路裡的$\gamma_d = 500KΩ$，而電路中的$R_d = 10KΩ$，則此電路的電壓增益大小為　(A) 17.8　(B) 11.6　(C) 13.0　(D) 6.2。

( )　27. 關於增強型與空乏型 n-channel MOSFET 的敘述何者為非？　(A) 增強型與空乏型均使 p － type 基片　(B) 增強型 MOSFET 結構上在閘極下方，源極與汲極之間，植入一個 n 型通道　(C) 空乏式 MOSFET的V_{GS}的臨界電壓V_{th}為負的　(D)作為放大器使用時，增強型 MOSFET 的V_{GS}加正的偏壓。

( )　28. 圖所示為兩個增強型 NMOS 組成的電流鏡，假設Q_1與Q_2完全相同，其元件參數如下：K(已包含外觀比)＝ 20μA/V²，臨界電壓$V_{th} = 1V$，爾利電壓$V_A = 50V$，如$I_{REF} = 10μA$，則V_{GS}為　(A) 0.29V　(B) 1.50V　(C) 3.0V　(D) 1.71V。

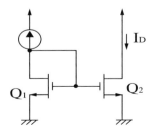

( )　29. 同上題中，自Q_2端看此電路的輸出阻抗為　(A) 170KΩ　(B) 5KΩ
　　　　(C) 5MΩ　(D) 500KΩ。

( )　30. 有關電晶體和場效電晶體的比較，下列何者為非？　(A) BJT 是
　　　　雙載子元件，而 FET 是單載子元件　(B) 在積體電路製作上，BJT
　　　　比 FET 佔較大的空間　(C) BJT 與 FET 都是電壓控制的電流源
　　　　(D) 一般而言，FET 作為放大器產生的雜訊較 BJT 為低。

( )　31. 有一只共汲極組態的增強型 N 通道金氧半場效電晶體(MOSFET)
　　　　電路，其中在一已知的工作點上之電晶體小信號模型的參數值
　　　　為汲極電阻γ_d＝ 20 仟歐姆，互導g_m＝ 11 毫安／伏。若接於此電
　　　　晶體源極的電值R_s＝ 1 仟歐姆，R_s的另一端接地；而加於閘極
　　　　上交流輸入電壓的峰對峰值V_i＝ 5 毫伏，則自源極引出之交流
　　　　輸出電壓，其峰對峰值V_0為　(A) 1.67 毫伏　(B) 3.33 毫伏　(C) 4.4
　　　　毫伏　(D) 15 毫伏。

( )　32. 若圖中，電壓增益v_o/v_i為－ 3.3，試以米勒定理求其輸入電阻值
　　　　為多少？　(A) 100KΩ　(B) 2.33MΩ　(C) 5.3MΩ　(D) 10MΩ。

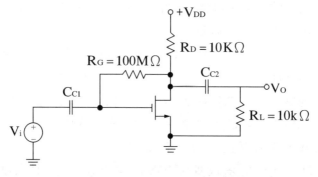

( )　33. 在積體電路設計中，圖為一邏輯反相電路，則Q_1，Q_2應為何種
　　　　型式之 NMOS 電晶體　(A) Q_1：增強型，Q_2：增強型　(B) Q_2：增
　　　　強型，Q_2：空乏型　(C) Q_1：空乏型，Q_2：增強型　(D) Q_1：空乏
　　　　型，Q_2：空乏型。

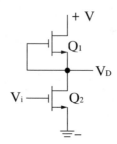

( ) 34. 圖之FET放大電路中，若$R_D = 20K\Omega$，且FET之$\gamma_d = 10K\Omega$，$\mu = 30$，求電壓增益 (A) -20 (B) -10 (C) 10 (D) 20。

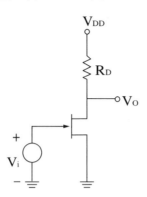

( ) 35. 求上題之電路中，輸出電阻為多少 $K\Omega$ (A) 5 (B) 10 (C) 20 (D) 30。

( ) 36. 一放大器電路如圖所示，其中的接面場效電晶體(JFET)工作於飽和區內，電晶體的夾止電壓$V_p = -4V$，$I_{DSS} = KV_p^2 = 10mA$，假設可忽略電晶體的通道長度調整效應，並且C_1、C_2有很大的電容值，試計算電壓增益$A_p = \dfrac{v_o}{v_i} = ?$ (A) 0.83 (B) 1.67 (C) 3.26 (D) 6.52。

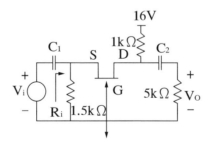

( ) 37. 同上題，圖所示電路的輸入電阻$R_i = ?$ (A) 173Ω (B) 375Ω (C) 612Ω (D) 1.26Ω。

( ) 38. 在圖示的電路中，假設Q_P與Q_N具有相同的$|V_r|$值($|V_r| = 1V$)以相同的 K 值[$K = \dfrac{1}{2}\mu C_{os}\dfrac{W}{L} = 0.1\dfrac{mA}{V^2}$]。若 $0 \leq V_i \leq 5V$，並假設基體效應與通道長度調變效應可忽略，則流經Q_P與Q_N的電流 I 之最大值為 (A) 225μA (B) 2.25mA (C) 1.6mA (D) 400μA。

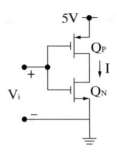

（　）39. 圖示電路的Q_1與Q_2為完全相同的電晶體，各電晶體的$V_T = 1V$，假設可忽略基體效應與通道長度調變效應，試求使Q_1飽和的輸入電壓V_i之最大值＝？　(A) 1V　(B) 2V　(C) 3V　(D) 4V。

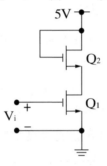

（　）40. 圖示的電路包含五個完全相同的電晶體，各電晶體的$V_T = 1V$，假設可忽略基體效應與通道長度調變效應，試求輸出電壓$V_o＝$？
(A) 1V　(B) 2V　(C) 3V　(D) 4V。

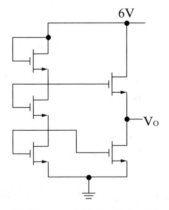

（　）41. 有關金氧半電晶體(MOS)的特性與應用，下列敘述何者為非？
(A)為電壓控制的元件　(B)應用於放大器電路時，其通常工作於三極體區　(C) nMOS 的導電載子為電子　(D) 適用於超大型積體電路的設計與製作。

( ) 42. 圖示為一數位反向器電路,其中M_1為增強型 nMOS,M_2為空乏型 nMOS,其寬度 W 與長度 L 的比值如圖所示。假設M_1之臨界電壓(V_t)為 1V,M_2之$V_t = -2V$。基於此電路之操作,下列敘述何者為非? (A) 其最高輸出電壓值為 5V (B) 當輸入電壓為 5V時,M_1在三極體區工作,M_2在飽和區工作 (C)當輸入電壓為 5V時,此電路有穩態功率消耗 (D) 當M_2的 W 與 L 之比值$(W/L)_{M2}$變大時,其最低輸出電壓值將會變小假設$(W/L)_{M1}$不變。

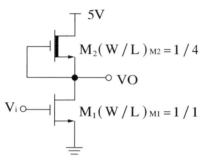

( ) 43. 同上題,假設⑴兩者有相同的移動率μ及單位面積電容值C_{ox},⑵不考慮基體效應與通道長度調變效應。當輸入電壓為 5V時,試求其低電位輸出電壓值=? (A) 0.30V (B) 0.25V (C) 0.20V (D) 0.13V。

( ) 44. 於圖中,已知 nMOS 的$V_i = 1V$,$K = \frac{1}{2}\mu C_{ox}\frac{W}{L} = 0.4\frac{mA}{V^2}$。假設不考慮通道長度調變效應,則nMOS的靜態汲極電流為 (A) 1.4mA (B) 0.6mA (C) 0.8mA (D) 2.0mA。

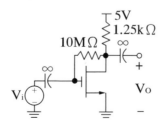

( ) 45. 同上題,求其小訊號電壓增益$\frac{v_o}{v_i}$=? (A) −2 (B) −3 (C) −4 (D) −5。

( ) 46. 圖示為一 JFET 小訊號放大器電路,已知 FET 的參數值I_{DSS}= 8mA,夾止電壓$|V_p|$= 4V,則在直流偏壓時 JFET 的汲極電

流為　(A) 3.6mA　(B) 3.0mA　(C) 2.6mA　(D) 2.0mA。

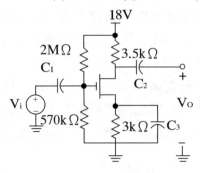

(　)　47. 於圖中，假設兩個參數相同的JFET皆在夾止區工作。已知I_{DSS} = 1mA，$|V_p|$ = 2V 與 $|V_A|$ = 100V。求其小訊號電壓增益$\frac{v_o}{v_i}$ = ?　(A) 0.86　(B) 0.90　(C) 0.94　(D) 0.98。

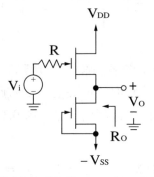

(　)　48. 同上題，求其輸出阻抗R_0 = ?　(A) 1.56KΩ　(B) 1.25KΩ　(C) 0.98KΩ　(D) 0.85KΩ。

(　)　49. 於圖中，已右M_1，M_2與M_3具有相同的參數值；V_f = 2V與K = 20 μA/V^2。假設不考慮通道長度調變效應且M_3須在飽和區工作，則電阻R_D的最大值為　(A) 250Ω　(B) 200KΩ　(C) 150KΩ　(D) 100KΩ。

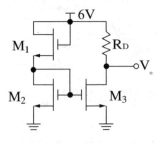

( ) 50. 對JFET而言，假設其操作在夾止區，且其夾止電壓$V_p = -4V$，$I_{DSS} = 8mA$，$V_{GS} = -2V$，求其小信號之傳導g_m　(A) 4mA/V　(B) 3mA/V　(C) 2mA/V　(D) 1mA/V。

( ) 51. 對p型之JFET而言，假設夾止電壓$V_p = 5V$，v_{SD}為下列何者時，此JFET會操作在夾止區？　(A) $-1V$　(B) 1V　(C) $-3V$　(D) 3V。

( ) 52. 如圖，假設$\beta_1 = \beta_2/4$ 臨界電壓$V_{T1} = V_{T2} = 2V$，求V_0。　(A) 3V　(B) 4V　(C) 5V　(D) 6V。

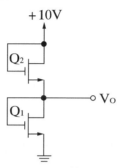

( ) 53. 如圖(42)此增強型MOSFET之$V_T = 1.5V$，$\beta = 0.25mA/V^2$，$\gamma_0 = \dfrac{50}{I_D}$，求其中頻之增益為何？　(A) -1.1　(B) -2.2　(C) -3.33　(D) -4.4。

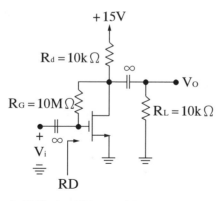

( ) 54. 同上題，求其輸入電阻。　(A) 1.23MΩ　(B) 3.32MΩ　(C) 4.25MΩ　(D) 2.33MΩ。

( ) 55. 圖示之電路中，已知接面場效電晶體的參數為$I_{DSS} = 10mA$，$V_p = -5$，$\gamma_d = 1.25MΩ$，圖中$V_{DD} = 15V$，其他元件值為$R_1 = 1MΩ$，$R_2 = 150KΩ$，$R_L = 15KΩ$，$R_S = 15KΩ$。若$I_D = 0.4mA$，試求$V_{GS} = ?$　(A) $-5V$　(B) $-4V$　(C) $-3V$　(D) $-6V$。

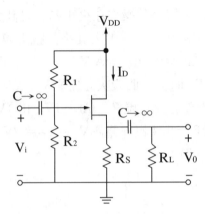

( )　*56.* 承上題，試求圖中接面場效電晶體之互導參數g_m＝？　(A) 0.8mA/V　(B) 0.4mA/V　(C) 2mA/V　(D) 1mA/V。

( )　*57.* 承上題，試求電壓增益 $A = \dfrac{v_o}{v_i} = $？　(A) 0.52　(B) 5　(C) 0.86　(D) 6。

( )　*58.* 金半場效電晶體之特點為可以使其開關頻率達到接近　(A) 10MHz　(B) 5GHz　(C) 500MHz　(D) 100MHz。

( )　*59.* 在 MOSFET 之特性曲線(i_D，V_{DS})中，在不同的V_{DS}情況下，其電導曲線之路徑均會經過下列何者？　(A) ($i_D \neq 0$，$V_{DS} = 0$)　(B) ($i_D = 0$，$V_{DS} \neq 0$)　(C) ($i_D = 0$，$V_{DS} = 0$)　(D) ($i_D < 0$，$V_{DS} > 0$)。

( )　*60.* 有一增強型 MOSFET 電路如圖所示，其相關參數為臨界電壓V_f = 1V 及物理參數 K = 0.5mA/V^2，試求其工作點($I_{DS}V_{GS}$)　(A) (1.096mA，0.48V)　(B) (0.584mA，2.08V)　(C) (0.571mA，2.14V)　(D) (0.571mA，4.29V)。

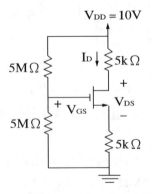

( )　*61.* 承上題，電路中 MOSFET 是工作在那個區域？　(A) 三極管區　(B) 截止區　(C) 飽和區　(D) 歐姆區。

( ) 62. 承上題,試求 MOSFET 在工作上的互導參數g_m為多少? (A) 0.27mA/V (B) 0.28mA/V (C) 0.54mA/V (D) 1.08mA/V。

—— 解答 ——

1. (D) 2. (C)。

3. (D)。因為$V_s = V_g$,∴可知$R_1 = R_2$,$\Rightarrow R_3 = 3R_2 = 3R_1$

$$\therefore R_i = R_1 + R_3 = R_1 + 3R_1 = 4R_1$$

4. (B) 5. (C) 6. (D) 7. (D)。

8. (B)。可將題目中的電路等效為

$$V_{th} = V_s \times \frac{100\ K}{200K + 100K} = 5V$$

$$R_{th} = 200K//100K = 66.67K\Omega$$

$$\therefore V_s = 10mA \times 0.1K = 1V$$

$$\Rightarrow V_{GS} = 5 - 1 = 4V$$

9. (C)。增益是 BJT 較大。

10. (B)。可利用$\dfrac{10 - V_0}{10K} = \dfrac{1}{2} \times (V_{GS} - 1)^2$,$V_0 = V_{GS}$

$$\Rightarrow 10 - V_{GS} = \frac{1}{2} \times V_{GS}^2 - V_{GS} + \frac{1}{2}$$

$$\Rightarrow \frac{1}{2} V_{GS}^2 = 9.5 \quad \Rightarrow V_{GS}^2 = 19 \Rightarrow V_{GS} \doteqdot 4.36V = V_0$$

11. (A) 12. (A) 13. (A) 14. (B)。

15. (C)。$V_G = V_{DD} \times \dfrac{R_{G2}}{R_{G2} + R_{G1}} = 20 \times \dfrac{80K}{120K + 80K} = 8V$

$$\therefore V_{GS} = 8V,可看出圖中以 (C) 選項最接近。$$

16. (A)。可利用將選項中I_D代入以求得與圖(b)是否符合

(A) $I_D = 2.8mA \Rightarrow V_{GS} = 8 - 2.8mA \times 1K \doteqdot 5.3V$（與圖(b)合）

(B) $I_D = 4.9mA \Rightarrow V_{GS} = 8 - 4.9mA \times 1K \doteqdot 2.1V$（與圖(b)不合）

(C),(D) 也與圖(b)不合。

17. (B)。可依圖中電路列出

$$\frac{15 - V_D}{10K} = 0.125 \times (V_D - 1.5)^2 \Rightarrow 1.25V_D^2 - 1.5V_D - 12.75 = 0$$

$$\Rightarrow V_D 可求得 \doteqdot 4.4V$$

18. (C)　19. (B)　20. (A)　21. (A)　22. (B)　23. (A)　24. (D)　25. (C)　26. (A)　27. (B)

28. (D)。可利用 $I_D = I_{REF} = 10\mu A = 20 \times (V_{Gs} - 1)^2$

$$\Rightarrow V_{Gs} = 1.71V$$

29. (C)。$R_{out} = r_{O2} = \dfrac{V_A}{I_D} = \dfrac{50}{10\mu A} = 5M\Omega$

30. (C)　31. (C)。

32. (B)。可利用 $\dfrac{1}{R_M} = \dfrac{1}{R}(1 + 3.3) \Rightarrow \dfrac{1}{R_M} = 4.3 \times 10^{-6}$

$$\therefore R_M \doteqdot 2.33M\Omega$$

33. (C)　34. (A)　35. (B)　36. (B)　37. (B)。

38. (A)。此為COMS反相器，故只有在 $V_i = \dfrac{1}{2}V_{DD} = 2.5V$ 時，I值為最大

$$\therefore I = K(V_{Gs} - V_t)^2 = 0.1 \times (2.5 - 1)^2 = 225\mu A$$

39. (C)。$6V = 3V_{Gs}$　$\therefore V_{Gs} = 2V$

$$V_0 = 6 - 2V_{Gs} = 6 - 4 = 2V$$

40. (B)　41. (B)　42. (D)　43. (D)　44. (B)　45. (A)　46. (D)　47. (D)　48. (C)　49. (A)

50. (C)　51. (D)　52. (D)。

53. (C)。可將 I_G 視為 $0 \Rightarrow V_D = V_{Gs}$

故可利用 $I_D = \dfrac{15 - V_D}{10K}$ ……①

$$I_D = \dfrac{1}{2} \times 0.25 \times (V_D - 1.5)^2 ……②$$

解聯立方程式可得 $V_D = 4.4V$，$I_D = 1.06mA$

畫出小訊號模型為

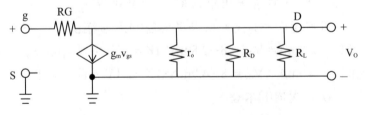

由於 $R_G = 10K\Omega$，阻抗很大可視為開路

$$g_m = 0.25 \times (4.4 - 1.5) = 0.725m\Omega$$

$$r_0 = \frac{50}{1.06} \doteqdot 47K\Omega$$

$$\therefore \frac{V_0}{V_i} = -g_m(r_0//R_D//R_L)$$

$$= -0.725 \times (\frac{1}{47K} + \frac{1}{10K} + \frac{1}{10K})^{-1} \doteqdot -3.33$$

54. (D)。小訊號模型如上題，故可利用密勒定理得

$$\frac{1}{R_{in}} = \frac{1}{R_G} \times (1 + 3.33) = 4.33 \times 10^{-7}$$

$$\Rightarrow R_{in} = \frac{1}{4.33 \times 10^{-7}} \doteqdot 2.33m\Omega$$

55. (B)　56. (A)　57. (C)　58. (B)　59. (C)。

60. (B)。依題意可求出 $V_G = 10 \times \frac{5}{5+5} = 5V$

所以列出 $\frac{5-V_{GS}}{5K} = I_D \cdots\cdots ①$

$$I_D = 0.5(V_{GS} - 1)^2 = I_D \cdots\cdots ②$$

解聯立方程式①，②可得 $I_D = 0.584mA$，$V_{GS} = 2.08V$

61. (C)。此 MOSFET 工作於飽和區，因為 $V_{GD} < 0$，$V_{GS} > 0$。

62. (D)。 $g_m = 2K(V_{GS} - V_t)$

$$= 2 \times 0.5 \times (2.08 - 1)$$

$$= 1.08mA/V^2$$

第五章　接面場效電晶體(JFET)

5-1　元件結構

(a) n 通道 JFET 的基本結構

(b) n 通道 JFET 的電路符號

(c) p 通道 JFET 的電路符號

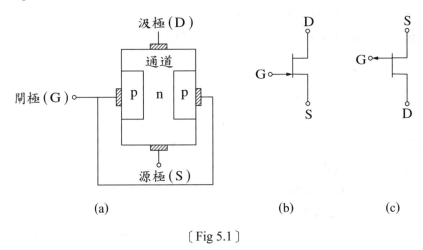

〔Fig 5.1〕

JFET 有 n 通道與 p 通道兩種，其元件符號如 Fig 5.1(b)，(c)所示。

n 通道 JFET 中，汲極靠近高電位，源極靠近低電位。

p 通道 JFET 中，源極靠近高電位，汲極靠近低電位。

Fig 5.1(a)中，pn 接面為逆向偏壓，亦即$V_{GS} < 0$，$V_{GD} < 0$，因此$i_G = 0$

Fig 5.1(b)，(c)中的箭頭方向係由 p 指向 n，

因此 Fig 5.1(b)為 p 型閘，n 通道

　　　Fig 5.1(c)為 p 通道，n 型閘

5-2　物理操作和電流－電壓特性

Fig 5-2(a)當v_{DS}小，通道如同電阻，其值大小由v_{GS}控制

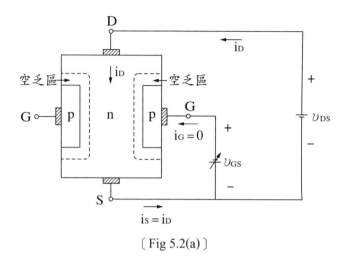

〔Fig 5.2(a)〕

$v_{GS} \leq 0$　v_{GS}變負的⇒空乏區變寬⇒通道變窄⇒通道電阻增加⇒i_D變小

v_{QS}變負的直到$v_{GS} = V_P$時(註：V_P為負值)，空乏區佔滿整個通道，亦即通道消失，因此通道電阻變為無限大，i_D變為 0。V_P稱為夾止電壓。若$V_{GS} \leq V_P$，則$i_D = 0$，電晶體稱為截止。如欲$i_D \geq 0$，則必須$V_P \leq v_{GS} \leq 0$。

Fig 5.2(b)增加V_{DS}導致汲極端的通道發生夾止。

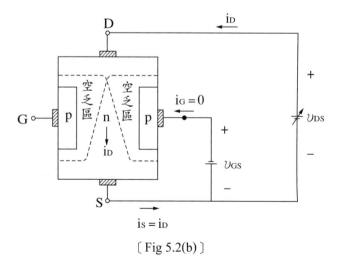

〔Fig 5.2(b)〕

$$v_{DG} = v_{DS} + v_{SG} \quad \because v_{DS} > 0 \quad \therefore v_{DS} > v_{SG}$$

亦即汲極端相對於源極端，逆向偏壓較大，空乏區較寬，通道較窄。

當$v_{DG} = |V_P| = -V_P$時，汲極端的通道，發生夾止，如 Fig 5.2(b)所示；此時$v_{DS} - v_{GS} = -V_P$，亦即$v_{DS} = v_{GS} - V_P$

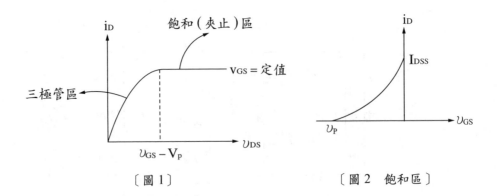

〔圖 1〕　　　　　　　　　〔圖 2　飽和區〕

$I_{DSS} = i_D \mid V_{GS} = 0$(飽和區)：

因此 n 通道 JFET 特性可整理如下：

截止區：$v_{GS} \leq V_P$，$i_D = 0$

三極管區：$V_P \leq v_{GS} \leq 0$，$V_{DS} \leq V_{GS} - V_P$

$$i_D = I_{DSS}[2(1 - \frac{V_{GS}}{V_P})(\frac{v_{DS}}{-V_P}) - (\frac{v_{DS}}{V_P})^2] \ \text{——————————— (1)}$$

飽和(夾止)區：$V_P \leq v_{GS} \geq 0$，$V_{DS} \geq -V_{DS} - V_P$

$$i_D = I_{DSS}(1 - \frac{V_{GS}}{V_P})^2(1 + \lambda v_{DS}) \ \text{——————————— (2)}$$

其中$\lambda = \frac{1}{V_A}$且λ，V_A皆為正值。

5-3 JFET 的小信號模型

圖 3

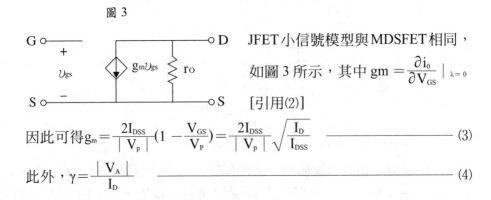

JFET 小信號模型與 MDSFET 相同，如圖 3 所示，其中 $gm = \frac{\partial i_0}{\partial V_{GS}} \mid_{\lambda = 0}$ [引用(2)]

因此可得$$g_m = \frac{2I_{DSS}}{|V_P|}(1 - \frac{V_{GS}}{V_P}) = \frac{2I_{DSS}}{|V_p|}\sqrt{\frac{I_D}{I_{DSS}}} \ \text{——————— (3)}$$

此外，$$\gamma = \frac{|V_A|}{I_D} \ \text{————————————— (4)}$$

【範例練習1】

右圖中$V_P = -3V$，$I_{DSS} = 9mA$，$\lambda = 0$，$V_G = 5V$，
$I_D = 4mA$，$V_D = 11V$，分壓器電流為 0.05mA，試
求R_{G1}，R_{G2}，R_S，R_D之值。

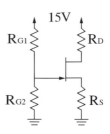

【解析】$R_{G1} + R_{G2} = \dfrac{15}{0.05} = 300K\Omega$

$\dfrac{R_{G2}}{R_{G1} + R_{G2}} = \dfrac{5}{15} = \dfrac{1}{3}$

$\therefore \dfrac{R_{G2}}{300} = \dfrac{1}{3}$　$\therefore R_{G2} = 100K\Omega$，$R_{G1} = 300 - 100 = 200K\Omega$

由(2)(其中$\lambda = 0$)可得

$4 = 9(1 - \dfrac{V_{GS}}{-3})^2$　$\therefore 1 + \dfrac{V_{GS}}{3} = \sqrt{\dfrac{4}{9}} = \dfrac{2}{3}$

$\therefore V_{GS} = -1V$　由$V_G = V_{GS} + R_S I_D$可得

$5 = -1 + 4R_S$　$\therefore R_S = 1.5K\Omega$

由$15 - V_D = R_D I_D$可得$15 - 11 = 4R_D$　$\therefore R_D = 1K\Omega$

【範例練習2】

右圖中的電路係使用上題中的參
數，試求g_m，r_0(假定$V_A = 100V$)
之值，並求出R_i，$A_v = \dfrac{V_0}{V_i}$，R_0之
值。

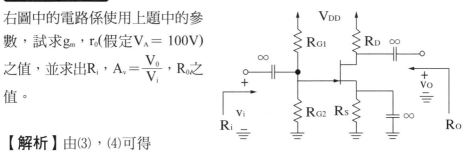

【解析】由(3)，(4)可得

$g_m = \dfrac{2 \times 9}{3}\sqrt{\dfrac{4}{9}} = 4mV$，$r_0 = \dfrac{100}{4} = 25K\Omega$

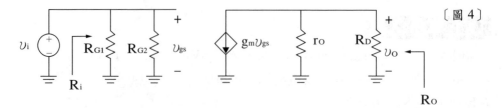

〔圖 4〕

上圖 4 為小信號等效電路,其中

$$R_i = R_{G1}//R_{G2} = \frac{200 \times 100}{200 + 100} = 66.7K\Omega$$

$$R_0 = r_0//R_D = \frac{25 \times 1}{25 + 1} = 0.962K\Omega = 962\Omega$$

$$v_{gs} = v_i \text{ , } v_0 = -(g_m V_{gs})(r_0//R_D)$$

$$\therefore A_v = \frac{v_0}{v_i} = -g_m(r_0//R_D) = -4 \times 0.962 = -3.8$$

❧ 讀後練習 ❧

( )　1. 有一 n 通道 JEFT 電路如圖所示,圖中 JEFT 的 $I_{DSS} = 20mA$ 及 $V_P = -6V$,試求其偏壓點 $V_{DSQ} = ?$　(A) $-2.75V$　(B) $-3.45V$ (C) $-9.45V$　(D) $-4.65V$。

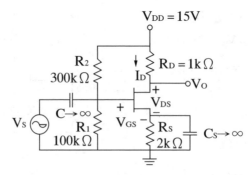

( )　2. 上題中,該電路的直流工作點 (i_{DQ} , V_{DSQ}) 為若干?　(A) (3.60mA, 4.20V)　(B) (1mA, 12V)　(C) (4.50mA, 1.50V)　(D) (2.25mA, 8.25 V)。

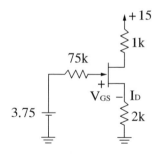

( ) 3. 如圖所示之JFET放大電器，其工作點的偏壓狀態為 (A) $V_{GS} = -0.56V$ (B) $V_{GS} = -0.32V$ (C) $V_{GS} = +0.26V$ (D) $V_{GS} = +0.44V$。

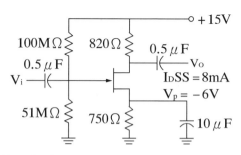

( ) 4. 同上題的工作點其洩極電流I_{DQ}為 (A) $I_{DQ} = 7.2mA$ (B) $I_{DQ} = 7.8mA$ (C) $I_{DQ} = 9.8mA$ (D) $I_{DQ} = 10.2mA$。

( ) 5. 如圖所示，N 通道場效電晶體之偏壓線與轉移特性曲線的關係圖為(Q 為偏壓點)。

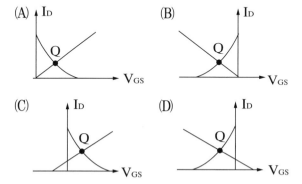

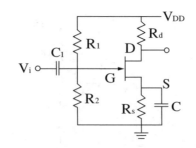

(　) 6. JFET之夾止電壓之溫度係數是　(A)－0.2V/℃　(B)20mV/℃　(C) 26mV/℃　(D)－2mV/℃。

(　) 7. 下列何者不是場效電晶體的優點　(A)輸入阻抗高　(B)雜訊低 (C)增益與頻寬高乘積甚大　(D)製作簡單。

(　) 8. 對接面 FET 進行測試，可以得到下面的數據。在－1V 的固定 閘極電壓下，汲極電壓由 8 升到 10V，使得汲極電流從 2.8 升到 3mA。然後把汲極電壓保持固定，若閘極電壓由－1 改變到－ 0.5V 時，汲極電流則從 3mA 改變到 4.8mA。試計算此 JFET 之 互導g_m的參數值為　(A)1　(B)1.8　(C)3.6　(D)10mv。

(　) 9. 同上題，此 FET 的汲極電阻r_d的參數值為　(A)1　(B)1.8　(C)3.6 (D)10KΩ。

(　) 10. 一放大器電路如圖所示，其中的接面場效電晶體(JFET)工作於 飽和區內，電晶體的夾止電壓$V_P=-4V$，$I_{DSS}=KV_P^2=10mA$， 假設可勿略電晶體的通道長度調變效應，並且C_1、C_2有很大的 電容值，試計算電壓增益$A_P=\dfrac{V_0}{V_i}=?$　(A)0.83　(B)1.67　(C)3.26 (D)6.52。

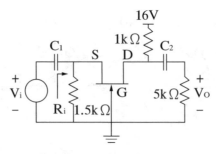

(　) 11. 同上題圖示電路的輸入電阻$R_i=?$　(A)173Ω　(B)375Ω　(C)612Ω (D)1.26Ω。

( )｜12. 試求圖假設兩個參數相同的 JFET 皆在夾止區工作。已知I_{DSS}＝
1mA，$|V_P|$＝2V與$|V_A|$(爾利電壓)＝100V。求其小訊號電
壓增益$\dfrac{V_0}{V_i}$＝？　(A) 0.86　(B) 0.90　(C) 0.94　(D) 0.98。

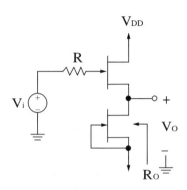

( )｜13. 對 P 型之 JFET 而言，假設夾止電壓V_P＝5V，V_{SG}＝－3V，則當
V_{SG}為下列何者時，此 JFET 會操作在夾止區？　(A)－1V　(B) 1V
(C)－3V　(D) 3V。

( )｜14. JFET 之夾止電壓之溫度係數是：　(A)－0.2mV/℃　(B) 20mV/℃
(C) 26mV/℃　(D)－2mV/℃。

( )｜15. 下列何者不是場效電晶體的優點：　(A)輸入阻抗高　(B)雜訊較
低　(C)增益與頻寬乘積甚大　(D)製作簡單。

( )｜16. 若 n 通道 JFET 在歐姆區內正常工作，則閘極與源極間的電壓V_{GS}
負得愈多：　(A)空乏區愈大，D 極與 S 極間的有效阻抗愈大
(B)空乏區愈小，D 極與 S 極間有效阻抗愈大　(C)空乏區愈大，
D 極與 S 極間的有效阻抗愈小　(D)空乏區愈小，D 極與 S 極間
的有效阻抗愈小。

( )｜17. 某一 JFET 的規格為I_{DSS}＝15mA，V_P＝－6V，Y_{OS}＝0.05m℧，則
其互導(當V_{GS}＝0)g_{m0}為：　(A) 5m℧　(B) 2.5m℧　(C) 0.2m℧　(D)
0.4m℧。

( )｜18. 有關電晶體和場效電晶體的比較，下列何者為非？　(A) BJT 是
雙載子元件，而 FET 為單載子元件。　(B) 在積電路製作上，B
JT 比 FET 佔較大的空間。　(C) BJT 與 FET 都是電壓控制的電流
源。　(D)一般而言，FET 作為放大器產生的雜訊較 BJT 為低。

( ) 19. 有一 n 通道 JFET 電路如圖所示，圖中 JFET 的$I_{DSS}=20mA$及$V_P=-6V$，試求其偏壓點$V_{GSQ}=$ (A)$-2.75V$ (B)$-3.45V$ (C)$-9.45V$ (D)$-4.45V$。

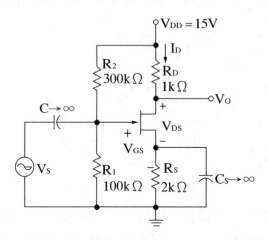

( ) 20. 上題中，該電路的直流工作點$(I_{DQ}，V_{DSQ})$為若干？ (A)(3.60mA，4.20V) (B)(1mA，12V) (C)(4.50mA，1.50V) (D)(2.25mA，8.25V)。

( ) 21. 圖中所示之 JFET 放大電器，其工作點的偏壓狀態為： (A)$V_{GS}=-0.56V$ (B)$V_{GS}=-0.32V$ (C)$V_{GS}=+0.26V$ (D)$V_{GS}=+0.44V$。

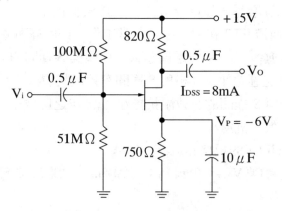

( ) 22. 上題中的工作點洩極電流I_{DQ}為： (A)$I_{DQ}=7.2mA$ (B)$I_{DQ}=7.8mA$ (C)$I_{DQ}=9.8mA$ (D)$I_{DQ}=10.2mA$。

( ) 23. 圖中$R_3=3R_2$，接面場效電晶體(JFET)工作於線性區域，設V_s與V_g可看成相等，則輸入電阻R_i，在$R_1 \gg R_3$時，約為： (A)R_1+R_2 (B)R_1+R_3 (C)$4R_2$ (D)$4R_1$。

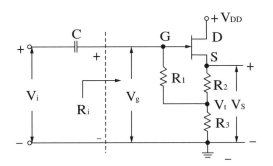

(　) 24. 對接面 FET 進行測試，可以得到下面的數據。在－1V 的固體閘極電壓下，汲極電壓由 8V 升到 10V，使得汲極電流從 2.8 升到 3mA。然後把汲極電壓保持固定，若閘極電壓由－1 改變到－0.5v 時，汲極電流則從 3mA 改變到 4.8mA。試計算此 FET 之互導g_m的參數為　(A) 1　(B) 1.8　(C) 3.6　(D) 10m℧。

(　) 25. 同上題，此 FET 的汲極電阻r_d的參數值為　(A) 1　(B) 1.8　(C) 3.6　(D) 10KΩ。

(　) 26. 附圖中所示為－n 通道 JFET 電路，此 JFET 的夾止電壓V_P＝－2.0V＝－2.0V，V_{GS}為零時的汲極電流I_{DSS}＝21.65mA，如要I_D＝1.25mA，則R_S為：　(A) 2.7KΩ　(B) 850Ω　(C) 250Ω　(D) 500Ω。

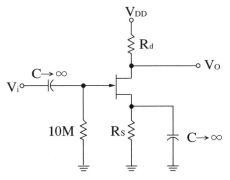

(　) 27. 上題中，在此偏壓狀態下，此 JFET 的轉移電導g_m為：　(A) 0.63 mA/V　(B) 1.33mA/V　(C) 1.82mA/V　(D) 1.18mA/V。

(　) 28. 上題中，如 JFET 的低頻小訊號等效電路裡的r_d＝500KΩ，而電路中的R_d＝10KΩ，則此電路電壓增益大小為：　(A) 17.8　(B) 11.6　(C) 13.0　(D) 6.2。

( )｜29. 一放大器電路如圖所示，其中的接面場電晶體(JFET)工作於飽和區內，電晶體的夾止電壓$V_P = -4V$，$I_{DSS} = KV_P^2 = 10mA$，假設可忽略電晶體的通道長度調變效應，並且C_1、C_2有很大的電容值，試計算電壓增益$A_v = \dfrac{V_0}{V_i} = ?$：　(A) 0.83　(B) 1.67　(C) 3.26　(D) 6.52。

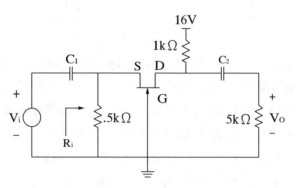

( )｜30. 同上題圖所示電路的輸入電阻$R_i = ?$　(A) 173Ω　(B) 375Ω　(C) 612Ω　(D) 1026KΩ。

( )｜31. 若FET的$g_m = 1400\mu S$圖中放大器的電壓增益為　(A) 1　(B) 2　(C) 10　(D) 100。

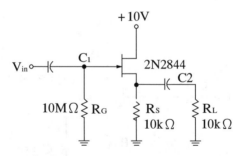

( )｜32. 圖中之FET放大電器，若$R_D = 20K\Omega$且FET之$r_d = 10K\Omega$，$\mu = 30$求電壓增益：　(A) -20　(B) -10　(C) 10　(D) 20。

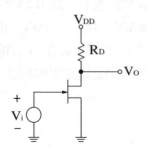

( )　33. 求上題之電路中，輸出電阻為多少KΩ　(A) 5　(B) 10　(C) 20　(D) 30。

( )　34. 若n通道JFET在歐姆區內正常工作，則閘極與源極間的電壓V_{GS}負得愈多　(A)匱乏區愈大，D極與S極的有效阻抗愈大　(B)匱乏區愈小，D極與S極間的有效阻抗愈大　(C)匱乏區愈大，D極與S極間之有效阻抗小　(D)匱乏區愈小，D極與S極間的效阻抗愈小。

( )　35. 有一 n 通道 JFET 電路如圖所示，圖中 JFET 的$I_{DSS}=20$mA及$V_P=-6$V，試求其偏壓點$V_{GSQ}=$？　(A) -2.75V　(B) -3.45V　(C) -9.45V　(D) -4.65V。

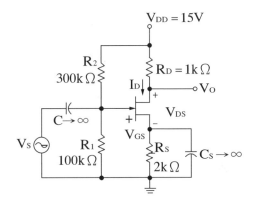

--- 解答 ---

1. (B)。$V_G=15\times\dfrac{100K}{100K+300K}=3.75$V

　　可利用$I_D=I_{DSS}(1-\dfrac{V_{GS}}{V_P})^2=20\times(1-\dfrac{V_{GS}}{(-6)})^2$……①

　　$\dfrac{V_G-V_{GS}}{R_S}=I_D\Rightarrow I_D=\dfrac{3.75-V_{GS}}{2K}$……②

　　解聯立方程式可得$I_D=3.6$mA，$V_{GS}=-3.45$V

2. (A)。$V_{DD}=I_D\times(R_D+R_S)+V_{DS}$

　　$\Rightarrow 15=3.6\times(1K+2K)+V_{DS}$

　　$\Rightarrow V_{DS}=4.2$V

3. (B)。利用分壓定理

　　$V_G=15\times\dfrac{51M}{51M+100M}\doteqdot5.07$V

可利用 $I_D = I_{DSS}(1-\dfrac{V_{GS}}{V_P})^2 = 8\times(1-\dfrac{V_{GS}}{-6})^2 \cdots\cdots$①

$I_D = \dfrac{V_G-V_{GS}}{R_S} = \dfrac{5.07-V_{GS}}{0.75K} \cdots\cdots$②

解聯立方程式可得 $I_D = 7.2mA$，$V_{GS} = -0.32V$

4. (A)。承上題詳解，$I_D = 7.2mA$

5. (D) 6. (D) 7. (C) 8. (C) 9. (D) 10. (D) 11. (B)。

12. (D)。可畫出小訊號模型如圖

$I_D = I_{DSS}(1-\dfrac{V_{GS}}{V_P})^2 = 1\times(1-0)^2 = 1mA$

$g_m = \dfrac{2I_{DSS}}{|V_P|}\sqrt{\dfrac{I_D}{I_{DSS}}} = \dfrac{2\times1}{2}\sqrt{\dfrac{1}{2}} = 1mA/V$

$r_0 = \dfrac{V_A}{I_D} = \dfrac{100}{1mA} = 100K$

$\therefore \dfrac{V_0}{V_I} = \dfrac{g_m r_0}{1+g_m r_0} = \dfrac{100}{1+100} \doteqdot 0.99$，故選 (D)

13. (D) 14. (D) 15. (C) 16. (A)。

17. (A)。可利用 $g_m = \dfrac{2I_{DSS}}{|V_P|}(1-\dfrac{I_{GS}}{V_P})$

$= \dfrac{2\times15}{6}(1-\dfrac{0}{(-6)})$

$= 5m\upsilon$

18. (A) 19. (B) 20. (A) 21. (B) 22. (A) 23. (D) 24. (C) 25. (D) 26. (D) 27. (C)

28. (A) 29. (B) 30. (B) 31. (A) 32. (A) 33. (B) 34. (A) 35. (B)。

第六章　用 MOS 所組成的數位電路

6-1　簡介

　　MOSFET 的體積小，製造容易，以及功率消耗低，所以很容易製成邏輯和記憶體電路。

6-2　略觀數位邏輯電路家族

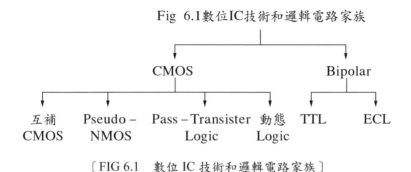

〔FIG 6.1　數位 IC 技術和邏輯電路家族〕

6-2-1　使用 CMOS 的邏輯電路

　　CMOS 在數位應用方取面取代 Bipolar 的原因如下：

1. CMOS 消耗功率遠低於 Bipolar，因此在一個晶片當中，CMOS 電路數目遠多於 Bipolar。
2. MOSFET的高輸入阻抗使得設計者可使用電荷儲存做為暫時儲存資訊的方法。此一技術則不能用於 Bipolar 電路。
3. 近年來MOSFET的元件大小急速下降，甚至可達 0.15μm。可以提高電路密度和整合的程度。

6-3 設計 CMOS 反相器以及其功能分析

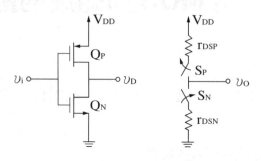

〔Fig 6.2 CMOS 反相器 等效電路〕

$$r_{DSN} = \frac{1}{k'_n(\frac{W}{L})_n(V_{DD}-V_t)} \tag{1}$$

$$r_{DSP} = \frac{1}{k'_P(\frac{W}{L})_P(V_{DD}-V_t)} \tag{2}$$

其中 $V_{tn} = |V_{tP}| = V_t$

Q_N，Q_P 匹配 $\Rightarrow k'_n(\frac{W}{L})_n = k'_P(\frac{W}{L})_P$ $\tag{3}$

$\therefore r_{DSN} = r_{DSP}$

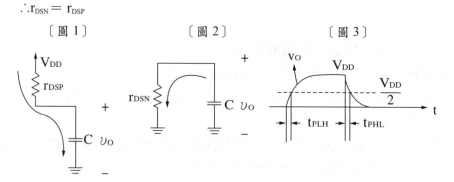

圖 1 中，v_0 以 $r_{DSN}C$ 的時間常數充電(拉升)，因而導致圖 3 中的 t_{PLH}。

圖 2 中，v_0 以 $r_{DSN}C$ 的時間常數放電(拉降)，因而導致圖 3 中的 t_{PHL}。

$\because R_{DSP} = r_{DSN}$ $\quad \therefore t_{PLH} = t_{PHL}$

有關匹配的問題，由(2)與 $\frac{k'_n}{k'_P} = \frac{\mu n}{\mu p}$ 可得

$$(\frac{N}{L})_P = \frac{\mu n}{\mu p}(\frac{W}{L})_n \tag{4}$$

舉例在 1.2μm 的製程中，$\frac{\mu n}{\mu P} = 3$，$L = 1.2\mu m$，$(\frac{W}{L})_n = \frac{1.8}{1.2}$，then$(\frac{W}{L})_P$
$= 3 \times \frac{1.8}{1.2} = \frac{5.4}{1.2}$

令 n $= (\frac{W}{L})_N$，P $= (\frac{W}{L})_P$，$L_n = L_P = L$

∴反相器面積為 $W_n L_n + W_P L_P = (W_n + W_P)L = (NL + PL)L = (n + P)L^2$

例如，n $= \frac{1.8}{1.2} = 1.5$，P $= \frac{5.4}{1.2} = 4.5$

∴面積因子為 n + P = 6

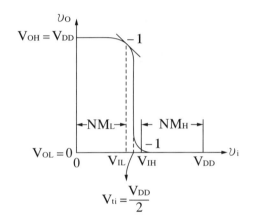

〔Fig 6.2 當 QN 和 QP 匹配，CMOS 的電壓轉換特性〕

$$NM_H = NM_L = \frac{3}{8}(V_{DD} + \frac{2}{3}V_t) \tag{5}$$

通常$V_t = 0.1V_{DD} \sim 0.2V_{DD}$ ∴$NM_H = NM_L \approx 0.4V_{DD}$
因此雜訊幅度相當高。

6-3-1 動態操作

傳播延遲一般來說是反相器驅動另一個反相器時所決定的。
(如圖 1 所示)。

〔圖 1〕　　　　　　　〔圖 2〕

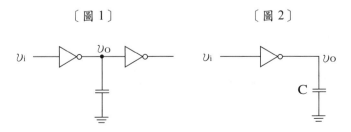

　　我們可以用一個信號電容 C 接任輸出端和接地之間來替代圖 1 接在輸出端的電容(如圖 2 所示)。

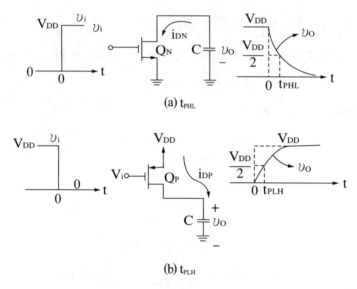

(a) t_{PHL}

(b) t_{PLH}

Fig 6.3　決定傳播延遲的等效電路

[圖 3]

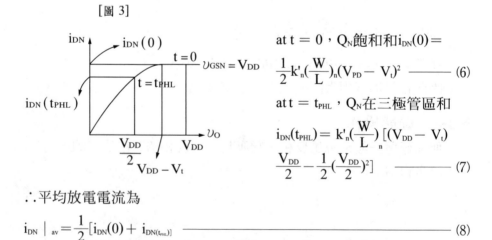

at t = 0，Q_N 飽和和 $i_{DN}(0)=$

$$\frac{1}{2}k'_n(\frac{W}{L})_n(V_{PD}-V_t)^2 \quad\text{——— (6)}$$

at t = t_{PHL}，Q_N 在三極管區和

$$i_{DN}(t_{PHL})=k'_n(\frac{W}{L})_n[(V_{DD}-V_t)$$
$$\frac{V_{DD}}{2}-\frac{1}{2}(\frac{V_{DD}}{2})^2] \quad\text{——— (7)}$$

∴平均放電電流為

$$i_{DN}\mid_{av}=\frac{1}{2}[i_{DN}(0)+i_{DN(t_{PHL})}] \quad\text{————————— (8)}$$

由 $\triangle Q = I\triangle t = C\triangle V$　可得 $\triangle t = \frac{C\triangle V}{I}$

$$\therefore t_{PHL} = \frac{C(V_{DD} - \frac{V_{DD}}{2})}{i_{DN} \mid_{av}} = \frac{\frac{1}{2}CV_{DD}}{I_{DN} \mid_{av}} \quad\text{———————————— (9)}$$

將 $V_t = 0.2V_{DD}$ 用於(6)～(9)可得

$$t_{PHL} = \frac{1.7C}{k'_n(\frac{W}{L})_n V_{DD}} \quad\text{————————————————— (10)}$$

同理可得 $t_{PLH} = \frac{1.7C}{k'_P(\frac{W}{L})_P V_{DD}} \quad\text{———————————— (11)}$

$\therefore$ 傳播延遲為 $t_p = \frac{1}{2}(t_{PHL} + t_{PLH}) \quad\text{———————————— (1)}$

通常 Q_N，Q_P 匹配，亦即 $k'_n(\frac{W}{L})_n = kp'(\frac{W}{L})_P$，因此可得 $t_p = t_{PHL} = t_{PLH}$

CMOS 上微小的靜態功率損失

⇒ 省電高省電 VLSI 電路

　動態功率損失 $P_D = fCV_{DD}^2 \quad\text{———————————————— (2)}$

f 為開關頻率

降低 C 與降低 V_{DD} 均可達到降低 P_D 的目的。

13.3　CMOS logic-gete cirucits

In conbinetional wruits, the output at any time is a funtion only of the values of inport signals at that time.

◎Basic structure

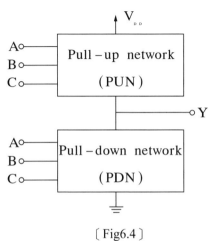

Fig 6.4　代表 3-input CMOS logic gate，其中 PUN(拉升網路)係由 PMOS 電晶體所構成，PDN(拉降網路)係由 NMOS 電晶體所構成。

〔Fig6.4〕

6-4 CMOS 邏輯閘電路

在組合電路上,電路本身沒有記憶功能,所以電話輸出就是輸入信號值。

6-4-1 基本構造

PDN 和 PUN 的操作是由輸入變數的互補方式

$Y = 0$ 時,PDN on 且 PUN off

$Y = 1$ 時,PUN on 且 PDN off

PDN 的設計法則為將邏輯函數表為$\overline{Y} = f(A,B,C)$,其中 OR 代表並聯,AND 代表串聯。

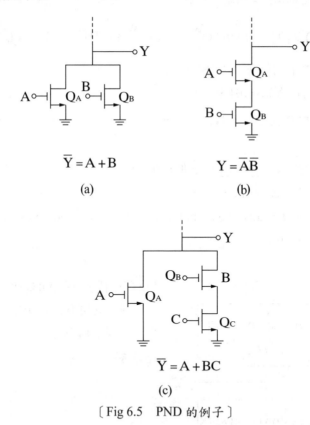

$\overline{Y} = A + B$

(a)

$Y = \overline{A}\overline{B}$

(b)

$\overline{Y} = A + BC$

(c)

〔Fig 6.5 PND 的例子〕

以 Fig 6.5(a)為例,A,B 有一為 high$\Rightarrow Q_A$或$Q_B$on

$\Rightarrow$PDN on$\Rightarrow Y = 0 \Rightarrow \overline{Y} = 1$

因此可得$\overline{Y} = A + B$,亦即$Y = \overline{A + B}$,故為 NOR gate。

以原 13.9(b)為例,A,B 皆為 high$\Rightarrow Q_A$on 且Q_B on

$\Rightarrow$PDN on$\Rightarrow$Y = 0$\Rightarrow\overline{Y}$ = 1

因此可得$\overline{Y}$ = AB，亦即Y = $\overline{AB}$，故為 NAND gate。

Fig 6.5(c)中，A + BC 代表Q_B，Q_C先行串聯($\because$AND)，然後再與Q_A並聯($\because$OR)。

PUN的設計法則為將邏輯函數表為Y = g($\overline{A}$,$\overline{B}$,$\overline{C}$)，其中OR代表並聯，AND 代表串聯。

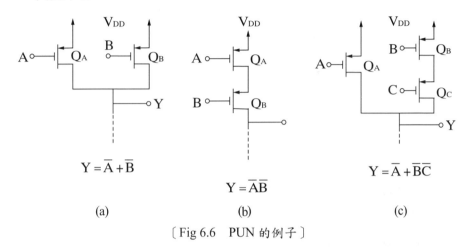

〔Fig 6.6　PUN 的例子〕

Fig 6.6(a)為例，A，B 有一為 low(亦即$\overline{A}$，$\overline{B}$有一為 high)$\Rightarrow Q_A$或Q_B on$\Rightarrow$PUN on$\Rightarrow$Y = 1

因此可得Y = $\overline{A}$ + $\overline{B}$，亦即Y = $\overline{AB}$，故為 NAND gate。

以 Fig 6.6(b)為例，A，B 皆為 low(亦即$\overline{A}$，$\overline{B}$皆為 high)

$\Rightarrow Q_A$ on 且Q_B on$\Rightarrow$PUN on$\Rightarrow$Y = 1

因此可得Y = $\overline{A}\,\overline{B}$，亦即Y = $\overline{A + B}$，故為 NOR gate

Fig 6.6(c)中，$\overline{A}$ + $\overline{B}\overline{C}$代表Q_B，Q_C先行串聯($\because$AND)，然後再與Q_A並聯1$\because$OR)。

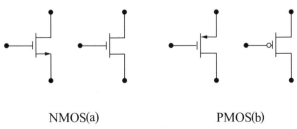

NMOS(a)　　　　　　　　PMOS(b)

〔Fig 6.7　MOSFETS 符號電路〕

PMOS 電晶體的閘極在 low 輸入才會動作

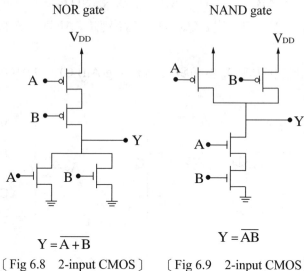

NOR gate   NAND gate

$$Y = \overline{A + B}$$ $$Y = \overline{AB}$$

〔Fig 6.8 2-input CMOS〕 〔Fig 6.9 2-input CMOS〕

將 Fig 6.5(a) 與 Fig 6.6(b) 合併可得完整的 CMOS NOR gate,如 Fig 6.8 所示。

將 Fig 6.5(b) 與 Fig 6.6(a) 合併可得完整的 CMOS NAND gate,如 Fig 6.9 所示。

6-4-2 比較複雜的邏輯閘

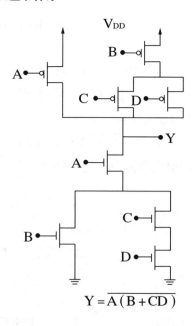

$$Y = \overline{A\,(B + CD)}$$

〔Fig 6.10 複雜閘的 CMOS 製法〕

參考複雜閘函數Y = $\overline{A(B + CD)}$ ──────────────── ⑬

因此可得$\overline{Y}$ = A(B + CD)，因此可得 Fig 13.14 中的 PDN。

$$\underset{\text{串　並　串}}{\uparrow \quad \uparrow \quad \uparrow}$$

由迪摩根定理可得

Y = $\overline{A(B+CD)}$ = $\overline{A}$ + $\overline{B + CD}$

　= $\overline{A}$ + $\overline{B}\,\overline{CD}$ = $\overline{A}$ + $\overline{B}(\overline{C} + \overline{D})$ ──────── ⑭

$$\underset{\text{並　串　並}}{\uparrow \quad \uparrow \quad \uparrow}$$

因此可得 Fig 6.10 中的 PUN。

事實上，PUN 與 PDN 互為對偶網路，亦即串聯對應至並聯，並聯對應至串聯。

因此我們可先畫出 PDN，然後經由對偶網路的法則(串聯改為並聯，並聯改為串聯)畫出 PUN。

讀者可嘗試使用此法於 Fig 6.10。

6-4-3　電晶體的大小

基本反相器設計，$(\frac{W}{L})_n = n$，$(\frac{W}{L})_P = P$，且$P = \frac{\mu n}{\mu p}n = 2.5n$(匹配條件)。通常 n = 1.5～2 這可保證最差狀況的開延遲時間會等於基本反相器延遲 3 個 MOSFETS 的長寬比$(\frac{W}{L})_1$，$(\frac{W}{L})_2$，and$(\frac{W}{L})_3$ 然後串聯，則等效串聯電組為

$R_{series} = r_{DS1} + r_{DS2} + r_{DS3}$

$= \frac{constant}{(W/L)_1} + \frac{constant}{(W/L)_2} + \frac{constant}{(W/L)_3}$

$= \frac{constant}{(W/L)_{eg}}$

其中$\frac{1}{(W/L)_{eq}} = \frac{1}{(W/L)_1} + \frac{1}{(W/L)_2} + \frac{1}{(W/L)_3}$ ──────── ⑮

舉例而言，若$r = \frac{W}{L}_a = (\frac{W}{L})_2 = (\frac{W}{L})_3$，則$(\frac{W}{L})_{eq} = \frac{r}{3}$ ──── ⑯

Fig 6.11　三輸入 NDR 閘的適當電晶體大小注意 n 和 P 在表示基本反相器Q_N和Q_P的(W/L)長寬比值

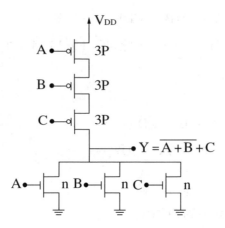

$$Y = \overline{A + B} + C$$

PDN 應該提供電容釋放電流等效Q_N

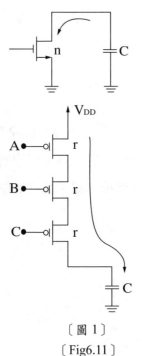

在最壞的情況下 3 個 NMOS 電晶體僅有一個導通，如圖 1 所示，此與基本反相器，放電時完全相同。

PUN 應該提供釋放電流等效Q_P

此時 3 個 PMOS 電晶體皆必須導通，如圖 2 所示，其中r表每個電晶體的$\dfrac{W}{L}$寬長比。由⑯可得串聯等效之$(\dfrac{W}{L})_{EQ} = \dfrac{r}{3} = P$　$\therefore r = 3P$，

如 Fig 6.11 之 PUN 所示。

Fig 6.12　三輸入 NAND 閘適電晶體大小

〔圖 1〕
〔Fig6.11〕

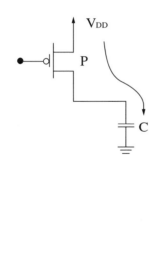

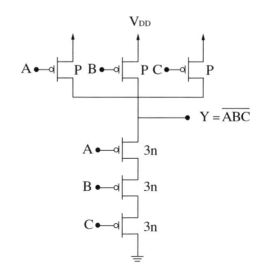

$$Y = \overline{ABC}$$

〔圖 3〕

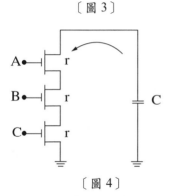

〔圖 4〕
〔Fig6.12〕

考慮 Fig 6.12 之 PUN，在最壞的情況下，3 個 PMOS 電晶體有一個導通，如圖 3 所示，此與基本反相器充電時完全相同。考慮 Fig 6.12 之 PDN，其中 3 個 NMOS 電晶體皆必須導通方可放電，如圖 4 所示。

因此可得 $(\dfrac{W}{L})_{eq} = \dfrac{r}{3} = n$ ∴r = 3n，如 Fig 6.12 之 PDN 所示。

比較 NOR gate 與 NAND gate 所佔面積可得

(NOR gate 面積)－(NAND gate 面積)

＝(3×3P + 3n)－(3P + 3×3n)

＝6(P － n)＞0 (∵P = 2.5n ∴P ＞ n)

∴(NOR gate 面積)＞(NAND gate 面積)

∴CMOS 中，NAND gate 比 NOR gate 常用。

【範例練習 1】

假定通道長度為 $2\mu m$ 且基本反相器之 n $= 2$，$P = 5$，試求右圖中每個電晶體的 $\dfrac{W}{L}$。

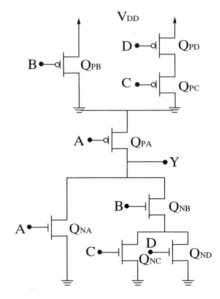

【解析】我們首先考慮 PDN。

Q_{NA}：$\dfrac{W}{L} = n = 2 = \dfrac{4\mu m}{2\mu m}$（$Q_{NB}$，$Q_{NC}$）與（$Q_{NB}$，$Q_{ND}$）皆為兩個電晶體所構成的串聯路徑，因此 Q_{NB}，Q_{NC}，Q_{ND} 之 $\dfrac{W}{L}$ 皆為 $\dfrac{W}{L} = 2n = 4 = \dfrac{8\mu m}{2\mu m}$

接著考慮 PUN。（Q_{PD}，Q_{PC}，Q_{PA}）為三個電晶體所構成的串聯路徑，因此 Q_{PA}，Q_{PC}，Q_{PD} 之 $\dfrac{W}{L}$ 皆為

$$\dfrac{W}{L} = 3P = 15 = \dfrac{30\mu m}{2\mu m}$$

（Q_{PB}，Q_{PA}）亦構成串聯路徑，我們並假設 Q_{PB} 之 $\dfrac{W}{L}$ retio 為 r，由⑮可得

$$\dfrac{1}{P} = \dfrac{1}{r} + \dfrac{1}{3P} \quad \therefore r = 1.5P$$

因此可得 Q_{PB}：$\dfrac{W}{L} = 1.5P = 7.5 = \dfrac{15\mu m}{2\mu m}$

讀後練習

( ) 1. 如圖示電路為何種邏輯閘？ (A) AND 閘 (B) OR 閘 (C) NAND 閘 (D) NOR 閘。

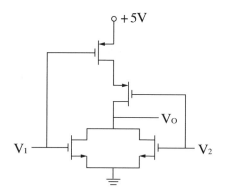

( ) 2. 在反相器，電晶體只工作於 (A)飽和區 (B)飽和或截止區 (C) 主動區 (D)截止區。

( ) 3. 試求圖示電路的輸出數位邏輯 Y＝？ (A) $\overline{AB + AC}$ (B) $\overline{A + BC}$ (C) A＋BC (D) AB＋AC。

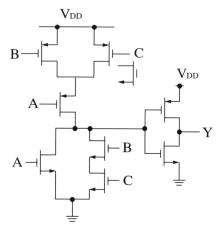

( ) 4. 試求圖(4)電路所示的數位邏輯輸出 Z＝？ (A) A⊕B (B) $\overline{A⊕B}$ (C) A＋B (D) A・B。

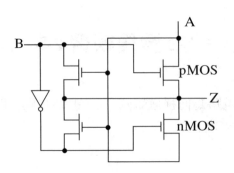

( ) 5. 圖示為邏輯反相器的邏輯帶圖，其中$V_{0H} = 2.4V$，$V_{IH} = 2V$，$V_{IL} = 0.8V$，$V_{0L} = 0.4V$，請問此反相器的雜訊邊限為 (A) 0.4V (B) 1.2V (C) 1.6V (D) 2V。

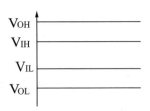

( ) 6. 有一數位邏輯電路如圖，試開其輸出 Z 為 (A) $\overline{X}$ (B) $\overline{X} + \overline{Y}$ (C) 1 (D) 0。

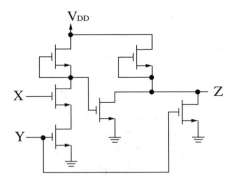

( ) 7. 圖示為互補金氧半場效電晶體組成之邏輯閘電路，邏輯定義使用正邏輯，則此電路為 (A) 及(AND)閘 (B) 反及(NAND)閘 (C) 或(OR)閘 (D) 反或(NOR)閘。

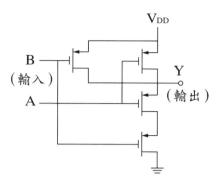

( ) 8. 圖示為利用 CMOS 傳輸閘所組成的邏輯電路，則輸出數信號 F
＝？ (A) A⊕B (B) AB (C) $\overline{A⊕B}$ (D) A ＋ B。

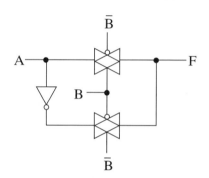

( ) 9. 下列何者具有最小的延遲耗能乘積？ (A) 74XX 系列 (B) 74SXX
系列 (C) 74ALSXX 系列 (D) 74LSXX 系列。

( ) 10. 下列代表體積電路的英文縮寫中，何者所含的邏輯閘數目最少？
(A) SSI (B) MSI (C) LSI (D) VLSI。

( ) 11. 試求電路所示之數位邏輯輸出 Z ＝？ (A) A · B (B) A ＋ B
(C) A⊕B (D) $\overline{A⊕B}$。

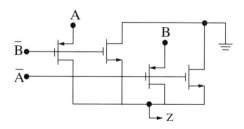

( ) 12. 正邏輯系統中的及閘(AND gate)相當於負邏輯系統中的 (A) 反
及閘(NAND gate) (B)反或閘(NOR gate) (C)及閘(AND gate) (D)
或閘(OR gate)。

( )│13. 下列何種唯讀記憶體的 MOSFET 臨界電壓可被規劃改變？

(A) 光罩可規劃唯讀記憶體(mask-programmable ROM)

(B) 場可規劃唯讀記憶體(field-programmable ROM)

(C) 可抹除可規劃唯讀記憶體(erasable programmable ROM)

(D) 動態隨機存取記憶體((D)R(A)M)。

( )│14. 試問互補式金氧半電晶體(CMOS)邏輯電路之動態功率消耗與下列何者無關？　(A) 工作頻率 f　(B) 負載電容C_L　(C) 電源電壓V_{DD}　(D) 漏電電。

( )│15. 於圖中，(A)、(B)、(C)皆為邏輯輸入，試求輸出 Y 之表示式為何？

(A) $\overline{A}BC + A\overline{BC}$　(B) $ABC + \overline{AC} + \overline{BC}$　(C) $ABC + \overline{ABC}$　(D) $\overline{A}BC + AB\overline{C}$。

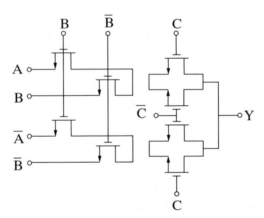

───── 解答 ─────

1. (D)。可利用下半部電路判定，並聯為 OR，串聯為 AND 輸出端再加反相即可，故 $V_0 = \overline{V_1 + V_2}$，為 NOR 閘。

2. (B)。MOSFET 當數位電路時，只工作於飽和區（ON）或截止區(OFF)。

3. (C)。前半部為 $\overline{A + BC}$，後半部為反相器，故 $Y = A + BC$。

4. (A)。如圖可知 $Z = A\overline{B} + \overline{A}B = A \oplus B$

5. (A)。可利用 $NM_H = V_{OH} - V_{IH} = 2.4 - 2 = 0.4V$

$NM_L = V_{IL} - V_{OL} = 0.8 - 0.4 = 0.4V$

6. (D)。如圖

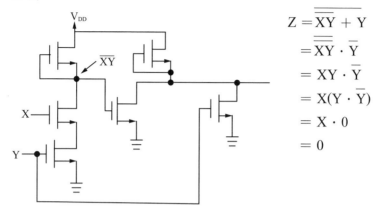

$$Z = \overline{\overline{XY} + Y}$$
$$= \overline{\overline{\overline{XY}}} \cdot \overline{Y}$$
$$= XY \cdot \overline{Y}$$
$$= X(Y \cdot \overline{Y})$$
$$= X \cdot 0$$
$$= 0$$

7. (B)。如圖可知 $Y = \overline{AB}$，故為 NAND 閘。

8. (C)。由圖可知 $F = AB + \overline{A}\,\overline{B} = \overline{A \oplus B}$。

9. (C)。(A) 標準型 TTL，消耗功率 10mW，延遲時間為 9ns，故 $9 \times 10 = 90$

(B) 蕭特基型 TTL，消耗功率 23mW，延遲時間為 3ns，故 $23 \times 3 = 69$

(C) 效能比 74LSXX 更好

(D) 低功能蕭特基型 TTL，消耗功率 2mW，延遲時間為 9.5ns

故 $2 \times 9.5 = 19$

因此選擇比 74LSXX 更好的 (C) 選項 74ALSXX。

10. (A)。(A) SSI，Logic gate 在 12 個以下

(B) MSI，Logic gate 在 12～100 個之間

(C) LSI，Logic gate 在 100～1000 個之間

(D) VLSI，Logic gate 在 1000～10000 個之間。

11. (A)。由圖中電路可知 $Z = AB$，為 AND 閘。

12. (D)。正邏輯 AND 閘二負邏輯 OR 閘。

13. (B)。

14. (D)。$P_D = fC_L V_{DD}^2$

15. (B)。

第七章　差動與多級放大器

BJT 差動放大器已於 ECL 中使用過。

7-1　BJT 差動對

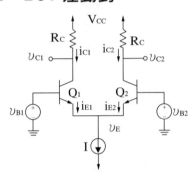

〔Fig 7.1　基本的 BJT 差動對組〕

Q_1，Q_2匹配特性完全相同，υ_{CM}稱為共模電壓。若$\upsilon_{B1}\neq\upsilon_{B2}$，則稱為差模或差動信號。

〔Fig 7.2〕

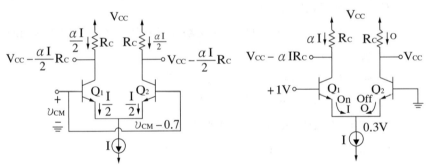

(a)共模輸入計號V_{CM}之差動對

(b)大的差動訊號之差動對

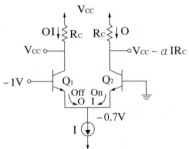

(c)大的差動訊號與 b 圖相反極性之差動對

Fig 7.2　(d)為小信號操作，其為線性，亦即$V_0 \propto \triangle I \propto V_i$

7-1-1　BJT 差動對的操作

分析 Fig 7.1 可得

$$i_{E1} = \frac{I_S}{\alpha} e^{\frac{v_{BE1}}{v_T}} = \frac{I_S}{\alpha} e^{\frac{v_{B1} - v_E}{v_T}} \tag{1}$$

$$i_{E2} = \frac{I_S}{\alpha} e^{\frac{v_{BE2}}{v_T}} = \frac{I_S}{\alpha} e^{\frac{v_{B2} - v_E}{v_T}} \tag{2}$$

$\frac{(1)}{(2)}$ 可得 $\frac{i_{E1}}{i_{E2}} = e^x$，其中 $X = \frac{v_{B1} - v_{B2}}{V_T} = \frac{v_d}{V_T}$ $\tag{3}$

又 $i_{E1} + i_{E2} = I$ $\tag{4}$

$$\therefore i_{E1} = \frac{e^x}{1 + e^x} I = \frac{I}{1 + e^{-x}} = \frac{I}{1 + e^{(v_{B2} - v_{B1}/v_T)}} \tag{5}$$

$$i_{E2} = \frac{1}{1 + e^x} I = \frac{I}{1 + e^{(v_{B1} - v_{B2}/v_T)}} \tag{6}$$

$i_{C1} = \alpha i_{E1}$，$i_{C2} = \alpha i_{E2}$，其中 $\alpha \approx 1$ $\tag{7}$

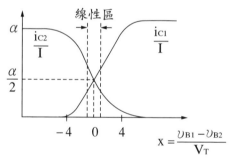

〔Fig 7.3　圖 7.1 的 BJT 差動對之轉移特性〕

若 $v_{B1} = v_{B2} = v_{cm}$，則 $i_{E1} = i_{E2} = \frac{I}{2}$　$\therefore \frac{i_{C1}}{I} = \frac{i_{C2}}{I} = \frac{\alpha}{2}$(亦即 $x = 0$)

大約是 $4V_T (\approx 100mv)$ 差動電壓使足夠啟動對任一邊的導通電流差動放大器的輸入電壓限制在小於 $\frac{1}{2} V_T$ 的範圍，可在線性區域操作。

7-2　BJT 差動放大器的小訊號工作

差動放大器加上小的差動電壓訊號 V_d 時的電壓和電流。

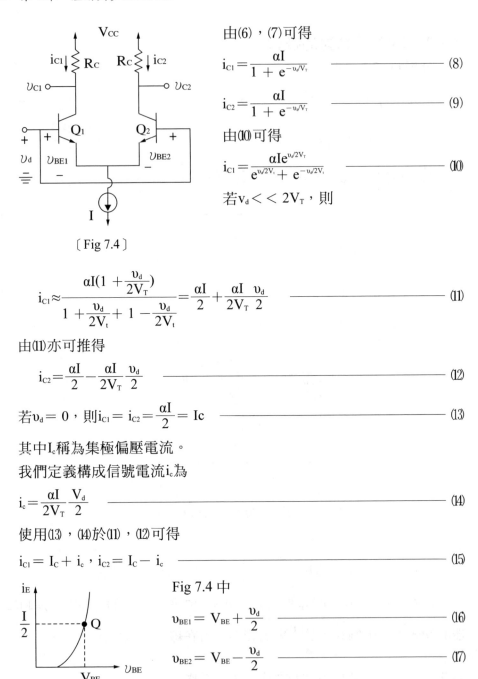

〔Fig 7.4〕

由(6)，(7)可得

$$i_{C1} = \frac{\alpha I}{1 + e^{-v_d/V_T}} \qquad (8)$$

$$i_{C2} = \frac{\alpha I}{1 + e^{v_d/V_T}} \qquad (9)$$

由(10)可得

$$i_{C1} = \frac{\alpha I e^{v_d/2V_T}}{e^{v_d/2V_t} + e^{-v_d/2V_t}} \qquad (10)$$

若 $v_d << 2V_T$，則

$$i_{C1} \approx \frac{\alpha I(1 + \frac{v_d}{2V_T})}{1 + \frac{v_d}{2V_t} + 1 - \frac{v_d}{2V_t}} = \frac{\alpha I}{2} + \frac{\alpha I}{2V_T}\frac{v_d}{2} \qquad (11)$$

由(11)亦可推得

$$i_{C2} = \frac{\alpha I}{2} - \frac{\alpha I}{2V_T}\frac{v_d}{2} \qquad (12)$$

若 $v_d = 0$，則 $i_{C1} = i_{C2} = \frac{\alpha I}{2} = Ic$ $\qquad (13)$

其中 I_c 稱為集極偏壓電流。

我們定義構成信號電流 i_c 為

$$i_c = \frac{\alpha I}{2V_T}\frac{V_d}{2} \qquad (14)$$

使用(13)，(14)於(11)，(12)可得

$$i_{C1} = I_C + i_c , i_{C2} = I_C - i_c \qquad (15)$$

Fig 7.4 中

$$v_{BE1} = V_{BE} + \frac{v_d}{2} \qquad (16)$$

$$v_{BE2} = V_{BE} - \frac{v_d}{2} \qquad (17)$$

〔圖 1〕

其中 V_{BE} 如圖 1 所示。

Q_1，Q_2 之互導為[引用(13)]

$$g_m = \frac{I_C}{V_T} = \frac{\alpha I}{2V_T} \hspace{3cm} (18)$$

將(18)用於(14)可得 $i_c = g_m \dfrac{\upsilon_d}{2}$ \hspace{2cm} (19)

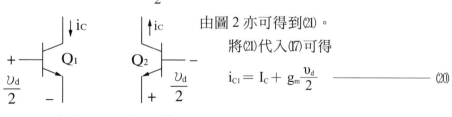

〔圖2 小信號模型〕

由圖2亦可得到(21)。

將(21)代入(17)可得

$$i_{C1} = I_C + g_m \frac{\upsilon_d}{2} \hspace{3cm} (20)$$

$$i_{C2} = I_C + g_m \frac{v_d}{2} \hspace{4cm} (21)$$

∴中,

$$\upsilon_{C1} = V_{CC} - R_C i_{C1} = (V_{CC} - I_C R_C) - g_m R_C \frac{\upsilon_d}{2} \hspace{1.5cm} (22)$$

$$\upsilon_{C2} = V_{CC} - R_C i_{C2} = (V_{CC} - I_C R_C) - g_m R_C \frac{\upsilon_d}{2} \hspace{1.5cm} (23)$$

其中 $V_{CC} - I_C R_C$ 為集極偏壓。

7-2-1 其他觀點

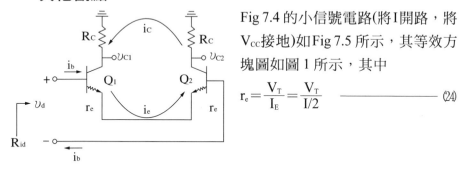

Fig 7.4 的小信號電路(將 I 開路,將 V_{CC} 接地)如 Fig 7.5 所示,其等效方塊圖如圖1所示,其中

$$r_e = \frac{V_T}{I_E} = \frac{V_T}{I/2} \hspace{2cm} (24)$$

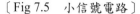

〔Fig 7.5 小信號電路〕

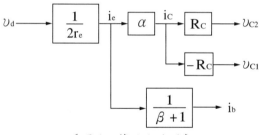

〔圖1 等效方塊圖〕

由圖 1 可得 $i_C = \dfrac{\alpha \upsilon_d}{2r_e} = g_m \dfrac{\upsilon_d}{2}$ —————————————————— (25)

此與(21)吻合。

由圖 1 可得 $i_b = \dfrac{v_d}{2r_e(\beta + 1)}$ (26)，因此可得

輸入差動電阻為

$$R_{id} = \frac{\upsilon_d}{i_b} = 2r_e(\beta + 1) = 2r_\pi$$ —————————————————— (27)

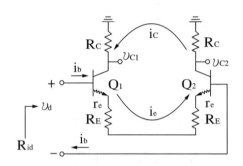

〔Fig 7.6　差動放大器的射極電阻〕

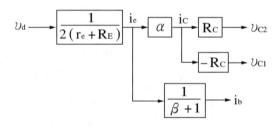

〔圖 2　等效方塊圖〕

由圖 2 可得 $i_b = \dfrac{\upsilon_d}{2(r_e + R_e)(\beta + 1)}$ —————————————————— (28)

因此可得輸入差動電阻為

$$R_{id} = \frac{\upsilon_d}{i_b} = 2(r_e + R_E)(\beta + 1)$$ —————————————————— (29)

7-2-2　差動放大器的電增益

差動放大器的輸出電壓可取任一差動輸出式單端輸出。

(單端輸出)

考慮 Fig 6.5，其中 $\upsilon_{C2} = R_C i_C = \dfrac{1}{2} g_m R_C \upsilon_d$　[引用圖 1 與 (25)]

$$\upsilon_{C1} = - R_C i_C = -\dfrac{1}{2} g_m R_C \upsilon_d$$

差動輸出的差動增益

$$A_d = \dfrac{\upsilon_{C1} - \upsilon_{C2}}{v_d} = - g_m R_C \rule{3cm}{0.4pt} (30)$$

單端輸出的差動增益

$$A_d = \dfrac{\upsilon_{C1}}{v_d} = -\dfrac{1}{2} g_m R_C \rule{3cm}{0.4pt} (31)$$

考慮 Fig 7.6，由圖 2 可得 $\dfrac{\upsilon_{C1}}{\upsilon_d} = \dfrac{-\alpha R_C}{2(r_e + R_E)} \rule{2cm}{0.4pt} (32)$

$$\upsilon_{C2} = R_C i_C = -(- R_C i_C) = -\upsilon_{C1} \rule{2.5cm}{0.4pt} (33)$$

$$A_d = \dfrac{\upsilon_{C1} - \upsilon_{C2}}{v_d} = \dfrac{2\upsilon_{C1}}{v_d} = \dfrac{-\alpha R_C}{r_e + R_E} \approx \dfrac{- R_C}{r_e + R_E} \rule{1.5cm}{0.4pt} (34)$$

7-2-3　差動放大器和共射極放大器的等效

Fig7.7(a)表示一個以互補(推挽式平衡)方式加上差動信號V_d的差動放大器。

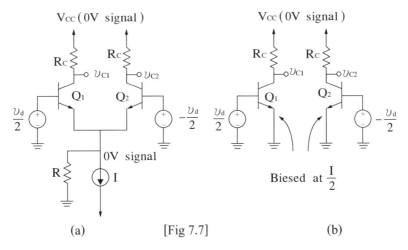

(a)　　　　[Fig 7.7]　　　　(b)

由對稱性可知，共同射極的信號電壓是零

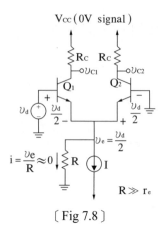

〔Fig 7.8〕

因此可得 Fig 7.7(b)

Fig 7.8 在 R≫r_e使用單端輸出的方法

因此 Fig 7.7(b)亦適用於 Fig 7.8，且$v_{C2} = - v_{C1}$。

Fig 7.7(b)中的一個電路稱為差動半電路。

Fig 7.9

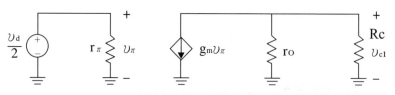

〔Fig 7.9 差動半電路的等效電路〕

因此可得$v_{C1} = - (g_m v_\pi)(R_C//r_0)$，其中$v_\pi = \dfrac{v_d}{2}$

因此可得差動增益為

$$A_d = \frac{v_{C1}}{v_d/2} = - g_m(R_C//r_0) \tag{35}$$

Fig 7.7(a)(和 Fig 7.8)的輸入差動電阻是$2r_\pi$

7-2-4　共模增益

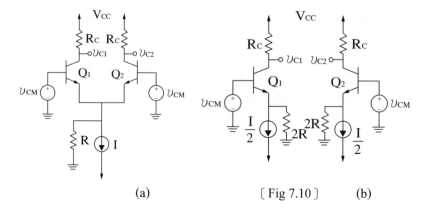

(a)　　　　　〔Fig 7.10〕　　　　(b)

Fig 7.10(a)差動放大器加上共模信號V_{cm}

Fig 7.10(a)對稱電路等效 Fig 7.10(b)

$$I = \frac{I}{2} + \frac{I}{2} \quad and \quad R = 2R//2R$$

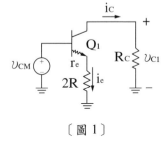

〔圖 1〕

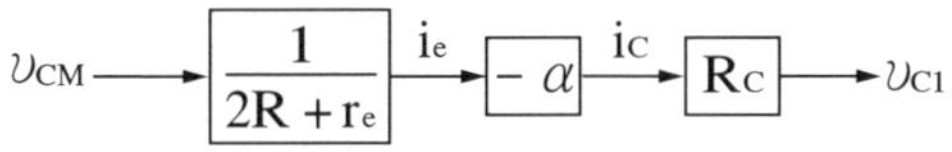

$$\upsilon_{CM} \longrightarrow \boxed{\frac{1}{2R + r_e}} \xrightarrow{i_e} \boxed{-\alpha} \xrightarrow{i_c} \boxed{R_c} \longrightarrow \upsilon_{C1}$$

〔圖 2〕

Fig 7.10(b)中的一個電路稱為共模半電路，其中$v_{C1} = v_{C2}$。

Fig 7.10(b)的小信號電路如圖 1 所示，其等效方塊圖如圖 2 所示，因此可得共模增益A_{cm}為

$$A_{cm} = \frac{\upsilon_{C1}}{\upsilon_{cm}} = \frac{-\alpha R_c}{2R + r_e} \approx -\frac{\alpha R_c}{2R}(\because r_e \ll 2R) \qquad\qquad (36)$$

由(33)可得差動增益為

$$A_d = \frac{\upsilon_{c1}}{\upsilon_d} = -\frac{1}{2}g_m R_c \qquad\qquad (37)$$

我們定義共模拒斥比為

$$CMRR = \left| \frac{A_d}{A_{cm}} \right| \approx g_m R(\because \alpha \approx 1) \qquad\qquad (38)$$

CMRR 轉成 dB 式子

$$CMRR = 20\log \left| \frac{A_d}{A_{cm}} \right| \qquad\qquad (39)$$

分析時假定電路對稱

$(R_{C1} = R_{C2} = R_C)$

讓$R_{C1} = R_c$，$R_{C2} = R_c + \triangle R_c$，然後

$$\upsilon_{C1} = -\upsilon_{cm}\frac{\alpha R_c}{2R + r_e}，\upsilon_{C2} = -\upsilon_{cm}\frac{\alpha(R_c + \triangle R_c)}{2R + r_e}，$$

$$\upsilon_0 = \upsilon_{C1} - \upsilon_{C2} = \upsilon_{cm}\frac{\alpha\triangle R_C}{2R + r_e}$$

共模增益

$$A_{cm} = \frac{\upsilon_0}{\upsilon_{cm}} = \frac{\alpha\triangle R_C}{2R + r_e} \approx \frac{\triangle R_C}{2R} = \frac{R_C}{2R} = \frac{\triangle R_C}{R_C} \tag{40}$$

其中 $\frac{R_C}{2R}$ 為單端輸出之共模增益[見(38)]

因此差動輸出有較低的 A_{cm} 與較高的 CMRR。

共模電壓

$$\upsilon_{CM} = \frac{\upsilon_1 + \upsilon_2}{2} \tag{41}$$ 　差動組成 v_d，

$$\upsilon_d = \upsilon_1 - \upsilon_2 \tag{42}$$ 　輸出信號

$$\upsilon_0 = A_d(\upsilon_1 - \upsilon_2) + A_{cm}(\frac{\upsilon_1 + \upsilon_2}{2}) \tag{43}$$

7-3　BJT 在積體電路的偏壓

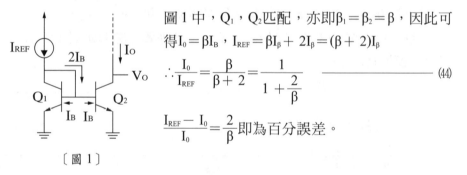

〔圖 1〕

圖 1 中，Q_1，Q_2匹配，亦即$\beta_1 = \beta_2 = \beta$，因此可得$I_0 = \beta I_B$，$I_{REF} = \beta I_\beta + 2I_\beta = (\beta + 2)I_\beta$

$$\therefore \frac{I_0}{I_{REF}} = \frac{\beta}{\beta + 2} = \frac{1}{1 + \frac{2}{\beta}} \tag{44}$$

$$\frac{I_{REF} - I_0}{I_0} = \frac{2}{\beta} 即為百分誤差。$$

若$\beta = 100$，則有 2%的誤差，因此必須加以改進。

7-3-1　改良電流源電路

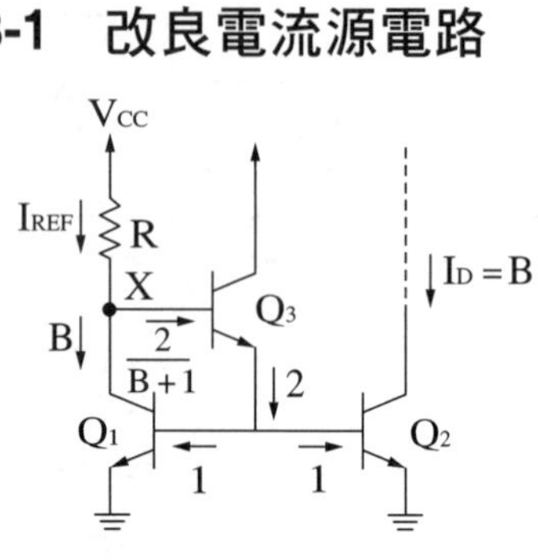

Fig 7.11 中Q_1，Q_2，Q_3匹配。使用 KCL 於

X 點可得$I_{REF} = \beta + \frac{2}{\beta + 1} = \frac{\beta^2 + \beta + 2}{\beta + 1}$

使用 KVL 可得$I_{REF} = \frac{V_{CC} - V_{BE1} - V_{BE3}}{R} \tag{45}$

〔Fig 7.11　具有基極補償的電流鏡〕

$$\frac{I_0}{I_{REF}} = \frac{\beta(\beta + 1)}{\beta^2 + \beta + 2} = \frac{\beta^2 + \beta}{\beta^2 + \beta + 2} = \frac{1}{1 + \frac{2}{\beta^2 + \beta}} \approx \frac{1}{1 + \frac{2}{\beta^2}} \qquad (46)$$

$\frac{I_{REF} - I_0}{I_0} = \frac{2}{\beta^2}$ 即為百分誤差。這相對於圖 1 有大幅度的改進。

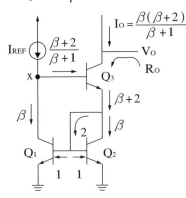

Fig 7.12 中 Q_1，Q_2，Q_3 匹配。使用 KCL

於 X 點可得 $I_{REF} = \beta + \frac{\beta + 2}{\beta + 1} = \frac{\beta^2 + 2\beta + 2}{\beta + 1}$

$\therefore \frac{I_0}{I_{REF}} = \frac{\beta^2 + 2\beta}{\beta^2 + 2\beta + 2} = \frac{1}{1 + \frac{2}{\beta^2 + 2\beta}}$

$\approx \frac{1}{1 + \frac{2}{\beta^2}}$ 此式與(46)相同。

〔Fig 7.12 威爾森電流鏡〕

輸出電阻為 $R_0 = \frac{\beta r_0}{2}$(證明省略)

$R_0 \gg r_0$，此為一大優點。

$V_0 > V_{BE1} + V_{CESAT} \mid_3 = 0.7 + 0.2 = 0.9 \approx 1V$

此為缺點，因為圖 1 中 $V_0 > 0.2V$

亦即 Fig 7.12 具有減少輸出電壓搖動。

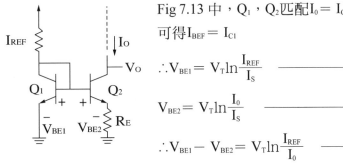

Fig 7.13 中，Q_1，Q_2 匹配 $I_0 = I_{C2}$，忽略基極電流

可得 $I_{BEF} = I_{C1}$

$\therefore V_{BE1} = V_T \ln \frac{I_{REF}}{I_S} \qquad (47)$

$V_{BE2} = V_T \ln \frac{I_0}{I_S} \qquad (48)$

$\therefore V_{BE1} - V_{BE2} = V_T \ln \frac{I_{REF}}{I_0} \qquad (49)$

〔Fig 7.13 威德勒電流鏡〕

(註：$\ln x - \ln y = \ln \frac{x}{y}$)

由 KVL 可得 $V_{BE1} = V_{BE2} + I_0 R_E \qquad (50)$

由(49)，(50)可得 $I_0 R_E = V_T \ln \dfrac{I_{REF}}{I_0}$ ——————————————————(51)

$\therefore V_{BE1} > V_{BE2}$

$\therefore I_{BEF} > I_0$

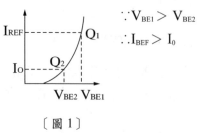

〔圖 1〕

【範例練習 1】

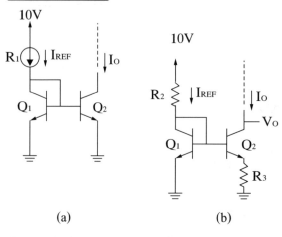

(a)　　　　　　　　(b)

左圖所示是兩個產生定電流 $I_0 = 10\mu A$ 的電路，設 V_{BE} 在 0.1mA 時是 0.7V，忽略 β 值，求所需電阻值(註：Q_1 和 Q_2 匹配)

【解析】題目圖(a)中，$I_{REF} = I_0 = 10\mu A = 0.01 MA$

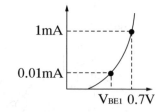

$0.7 - V_{BE1} = V_T \ln \dfrac{1mA}{0.01mA}$

$\because V_T = 0.025V$　$\therefore V_{BE1} = 0.58V$

$\therefore R_1 = \dfrac{10 - 0.58}{0.01} = 942k\Omega$

題目圖(b)中，我們選取 $I_{REF} = 1mA$，因此可得 $V_{BE1} = 0.7V$

$\therefore R_2 = \dfrac{10 - 0.7}{1} = 9.3K\Omega$

由(51)可得

$0.01 \times R_3 = 0.025 \ln \dfrac{1mA}{0.01mA}$　$\therefore R_3 = 11.5K\Omega$

考慮 Fig 7.13 之小信號模型，其中 Q_1 等效為 r_e，其值甚小，因此我們將

Q_2基極視為信號接地。

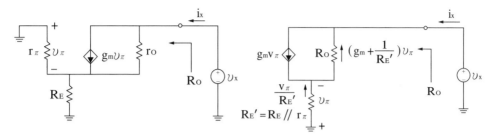

〔Fig 7.14 測定 Fig 6.21 的輸出電阻〕

使用 KVL 於 Fig 7.14(b)可得

$$v_x = -v_\pi - (g_m + \frac{1}{R_E{}'}) v_\pi \gamma_0 \quad\text{————————————— (52)}$$

使用 KCL 於 Fig 7.14(b)可得

$$i_x = g_m v_\pi - (g_m + \frac{1}{R'_E}) v_\pi = -\frac{v_\pi}{R'_E} \quad\text{————————— (53)}$$

$$可得 R_0 = \frac{v_x}{i_x} = \frac{1 + (g_m + \frac{1}{R'_E} \gamma_0)}{\frac{1}{R'_E}} = R'_E + (1 + g_m R'_E) r_0 \quad\text{————— (54)}$$

$$\approx (1 + g_m R'_E) r_0 = [1 + g_m (R_E // r_\pi)] r_0 \quad\text{———————————— (55)}$$

【範例練習 2】

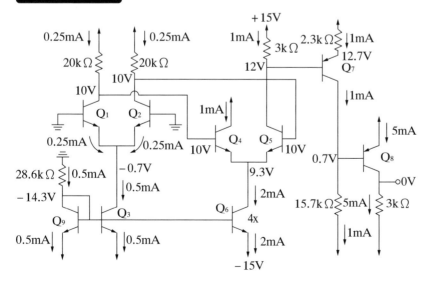

上圖為運算放大器的簡化電路

(a) 計算各節點的述流電壓電流(假設β≫1，且∣v_{BE}∣≈0.7V。Q_6的面積是Q_3與Q_9的 4 倍。

(b) 計算出電路靜態功率消耗。

(c) 假設電晶體Q_1與Q_2的β＝100，計算此運算放大器的輸入偏壓電流。

(d) 求此運算放大器的共模範圍。

【解析】(a)∵β≫1　∴$I_B = \dfrac{I_C}{\beta} \approx 0$亦即忽略基極電流

流經Q_9的電流為

$$\frac{0 - (-15) - 0.7}{28.6} = \frac{14.3}{28.6} = 0.5\text{mA}$$

由左而右即可求得各點電壓，電流，如圖所示。

(b)＋15V 電源提供的電流為

$I^+ = 0.25 + 0.25 + 1 + 1 + 1 + 5 = 8.5\text{mA}$

提供的功率則為$P^+ = 15I^+ = 15 \times 8.5 = 127.5\text{mW}$

－15V 電源提供的電流為$I^- = 0.5 + 0.5 + 2 + 1 + 5 = 9\text{mA}$

提供的功率則為$P^- = 15I^- = 15 \times 9 = 135\text{mW}$

∴總功率損耗為$P_D = P^+ + P^- = 262.5\text{mW}$

(c)輸入基極電流為

$$I_B = \frac{I_{E1}}{\beta + 1} \approx \frac{I_{E1}}{\beta} = \frac{0.25\text{mA}}{100} = 2.5\mu\text{A}$$

(d)欲使Q_1為主動區，Q_1之 CBJ 必須為逆向偏壓

∴$v_{CM} \leq 10\text{V}$

欲使Q_3為主動區，Q_3之 CBJ 必須為逆向偏壓

∴$v_{CM} - 0.72 \geq 14.3$∴$v_{CM} \geq -13.6\text{V}$

∴共模範圍為$-13.6\text{V} \leq v_{CM} \leq 10\text{V}$

7-4　有主動負載的 **BJT** 的放大器

放大器利用主動負載可以達到較高的電壓增益

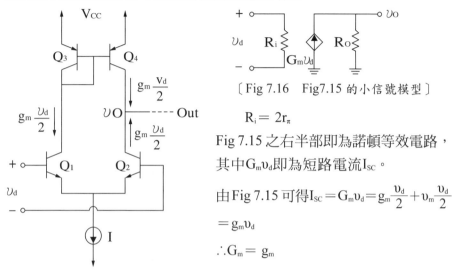

〔Fig 7.16　Fig7.15 的小信號模型〕

$$R_i = 2r_\pi$$

Fig 7.15 之右半部即為諾頓等效電路，其中$G_m \upsilon_d$即為短路電流I_{SC}。

由 Fig 7.15 可得$I_{SC} = G_m \upsilon_d = g_m \dfrac{\upsilon_d}{2} + \upsilon_m \dfrac{\upsilon_d}{2}$

$$= g_m \upsilon_d$$

$$\therefore G_m = g_m$$

〔Fig 7.15　差動放大器的主動負載〕

Fig 7.16 中的R_0即為輸出電阻

$$\therefore R_0 = r_{02} /\!/ R_{04} = \frac{r_0}{2} (\because r_{02} = r_{04} = r_0) \quad\text{————————(56)}$$

分析 Fig 7.16 可得電壓增益為

$$\frac{\upsilon_0}{\upsilon_d} = \frac{G_m R_0 \upsilon_d}{\upsilon_d} = G_m R_0 = \frac{g_m r_0}{2} \quad\text{————————(57)}$$

$$\because g_m = \frac{I_C}{V_T}, \ r_0 = \frac{V_A}{I_C} (\text{其中} I_C = \frac{I}{2})$$

$$\therefore g_m r_0 = \frac{V_A}{V_T} \quad\text{————————(58)}$$

$V_T = 0.025V$，若$V_A = 100V$，則$g_m r_0 = 4000$

因此可得電壓增益為$\dfrac{\upsilon_0}{\upsilon_d} = \dfrac{g_m r_0}{2} = 2000$

7-4-1 疊接組態

疊接：CE + CB

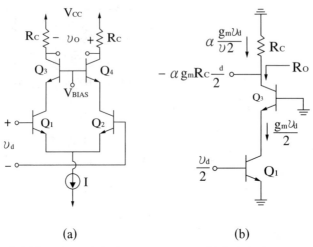

(a)   (b)

〔Fig 7.17〕(a)疊接式的差動放大器   (b)半差動放大器

考慮R_0，因此可得$R'_E = r_{\pi3}//r_{01} \approx r_{\pi3}$

$\therefore R_0 = r_{03}(1 + g_{m3}r_{\pi3}) = r_{03}(1 + \beta_3) \approx \beta_3 r_{03}$

由於小信號參數皆相等，因此可得$R_0 = \beta r_0$ ———————————— (59)

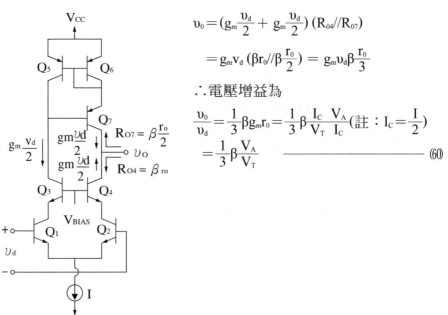

$$v_0 = (g_m \frac{v_d}{2} + g_m \frac{v_d}{2})(R_{04}//R_{07})$$

$$= g_m v_d (\beta r_0 // \beta \frac{r_0}{2}) = g_m v_d \beta \frac{r_0}{3}$$

$\therefore$電壓增益為

$$\frac{v_0}{v_d} = \frac{1}{3}\beta g_m r_0 = \frac{1}{3}\beta \frac{I_C}{V_T}\frac{V_A}{I_C}(註：I_C = \frac{I}{2})$$

$$= \frac{1}{3}\beta \frac{V_A}{V_T}$$ ———————————— (60)

〔Fig 7.18 威爾遜電流鏡為主動負載的疊接放大器〕

7-5　MOS 差動放大器

7-5-1　MOS 差動對

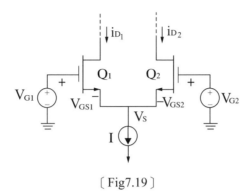

〔Fig7.19〕

$v_{GS1} - v_{GS2} = (v_{G1} - v_S) - (v_{G2} - v_S) = v_{G1} - v_{G2} = v_{id}$（差動輸入電壓）

Q_1，Q_2匹配且令$k_n = k'_n \dfrac{W}{L}$，因此可得

$$i_{D1} = \frac{1}{2}k_n(v_{GS1} - V_t)^2 \text{\hspace{3cm}} (61)$$

$$i_{D2} = \frac{1}{2}k_n(v_{GS2} - V_t)^2 \text{\hspace{3cm}} (62)$$

開根號可得

$$\sqrt{i_{D1}} = \sqrt{\frac{k_n}{2}}(v_{GS1} - V_t) \text{\hspace{3cm}} (63)$$

$$\sqrt{i_{D2}} = \sqrt{\frac{k_n}{2}}(v_{GS2} - V_t) \text{\hspace{3cm}} (64)$$

$$\sqrt{i_{D1}} - \sqrt{i_{D2}} = \sqrt{\frac{k_n}{2}}(v_{GS1} - v_{GS2}) = \sqrt{\frac{k_n}{2}}v_{id} \text{\hspace{1cm}} (65)$$

使用 KCL 可得$i_{D1} + i_{D2} = I$ \text{\hspace{2cm}} (66)

由(65)，(66)可解出i_{D1}，i_{D2}

在基點上，$v_{id} = 0$

$\therefore i_{D1} = i_{D2} = \dfrac{i}{2}$，$v_{GS1} = v_{GS2} = v_{GS}$，

$$\frac{I}{2} = \frac{1}{2}k_n(v_{GS} - V_t)^2$$

因此可得

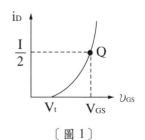

〔圖 1〕

$$i_{D1} = \frac{I}{2} + f(v_{id}) = \frac{I}{2} + \frac{I}{V_{GS} - V_t} \frac{v_{id}}{2} \sqrt{1 - \left(\frac{v_{id}/2}{V_{GS} - V_t}\right)^2} \quad\text{------ (67)}$$

$$i_{D2} = \frac{I}{2} - f(v_{id}) \quad\text{------ (68)}$$

$$\frac{v_{id}}{2} \ll V_{GS} - V_t (小信號近似)$$

$$i_{D1} \approx \frac{I}{2} + i_d = \frac{I}{2} + \frac{I}{V_{GS} - V_t} \frac{v_{id}}{2} \quad\text{------ (69)}$$

$$i_{D2} \approx \frac{I}{2} - i_d \quad\text{------ (70)}$$

$$g_m = \frac{2I_D}{V_{GS} - V_t} = \frac{2 \times \frac{I}{2}}{V_{GS} - V_t} = \frac{I}{V_{GS} - V_t} \quad\text{------ (71)}$$

$$\therefore i_d = g_m \frac{v_{id}}{2} \quad\text{------ (72)}$$

$(i_{D1} = I，i_{D2} = 0)$

$V_{GS1} - V_{GS2} = \sqrt{2}(V_{GS} - V_t)$

亦即 $V_{id} = \sqrt{2}(V_{GS} - V_t)$

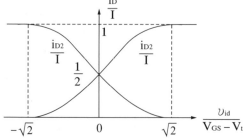

〔Fig 7.20　標準圖形〕

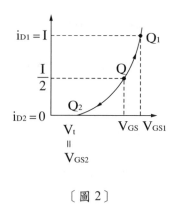

〔圖 2〕

7-5-2　MOS 電流鏡

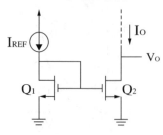

〔Fig 7.21　基本電路〕

由於有限的 β 值，致使電流轉換比不精確，但在 LMOS 電流鏡中卻可得到極佳的改善，所以唯一要了解的特性參數是輸出電阻與最大輸出信號擺幅。

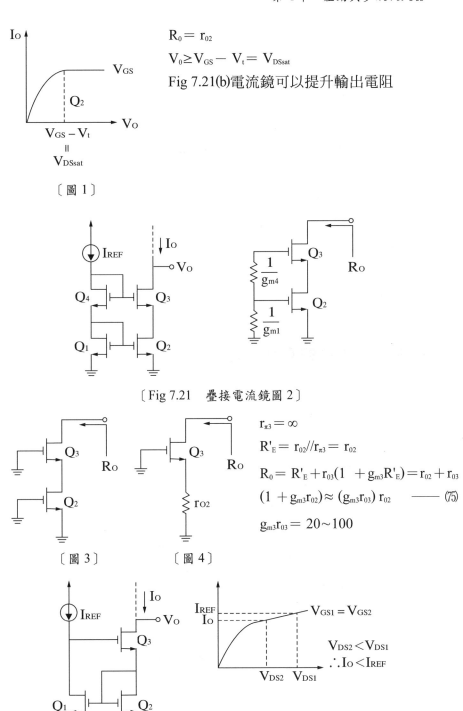

$R_0 = r_{02}$

$V_0 \geq V_{GS} - V_t = V_{DSsat}$

Fig 7.21(b)電流鏡可以提升輸出電阻

〔圖 1〕

〔Fig 7.21　疊接電流鏡圖 2〕

$r_{\pi 3} = \infty$

$R'_E = r_{02} // r_{\pi 3} = r_{02}$

$R_0 = R'_E + r_{03}(1 + g_{m3}R'_E) = r_{02} + r_{03}$

$(1 + g_{m3}r_{02}) \approx (g_{m3}r_{03})r_{02}$　　——⑺

$g_{m3}r_{03} = 20 \sim 100$

〔圖 3〕　　〔圖 4〕

$V_{GS1} = V_{GS2}$

$V_{DS2} < V_{DS1}$

$\therefore I_O < I_{REF}$

〔Fig 7.21　威爾森電流鏡〕　　〔圖 5〕

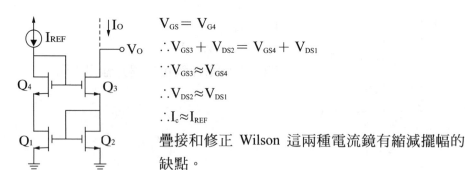

$V_{GS} = V_{G4}$

$\therefore V_{GS3} + V_{DS2} = V_{GS4} + V_{DS1}$

$\because V_{GS3} \approx V_{GS4}$

$\therefore V_{DS2} \approx V_{DS1}$

$\therefore I_c \approx I_{REF}$

疊接和修正 Wilson 這兩種電流鏡有縮減擺幅的缺點。

〔Fig 7.21(d)Wilson 修正〕

$V_{G3} = V_{G4}$，$V_{GS3} + V_{DS2} = V_{GS4} + V_{GS1}$

$\because V_{GS3} = V_{GS4} = V_{GS1} = V_{GS}$　$\therefore V_{DS2} = V_{GS}$

Q_3飽和$\Rightarrow V_{DS3} > V_{GS} - V_t$

$\therefore V_0 - V_{DS2} > V_{GS} - V_t$　$\because V_{DS2} = V_{GS}$　$\therefore V_0 > 2V_{GS} - V_t$

亦即$V_0 > V_{GS} + (V_{GS} - V_t)$

7-5-3　有主動負載的 CMOS 放大器

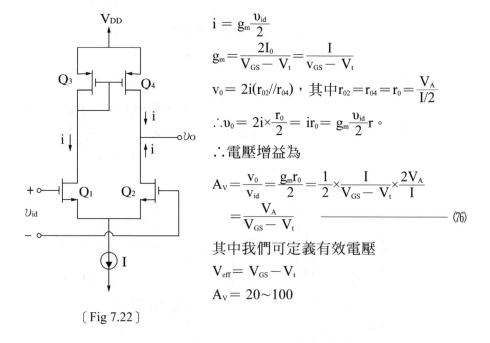

$i = g_m \dfrac{v_{id}}{2}$

$g_m = \dfrac{2I_0}{V_{GS} - V_t} = \dfrac{I}{V_{GS} - V_t}$

$v_0 = 2i(r_{02}//r_{04})$，其中$r_{02} = r_{04} = r_0 = \dfrac{V_A}{I/2}$

$\therefore v_0 = 2i \times \dfrac{r_0}{2} = ir_0 = g_m \dfrac{v_{id}}{2}r$。

$\therefore$電壓增益為

$A_v = \dfrac{v_0}{v_{id}} = \dfrac{g_m r_0}{2} = \dfrac{1}{2} \times \dfrac{I}{V_{GS} - V_t} \times \dfrac{2V_A}{I}$

$\qquad = \dfrac{V_A}{V_{GS} - V_t}$ ────────── (76)

其中我們可定義有效電壓

$V_{eff} = V_{GS} - V_t$

$A_v = 20\sim100$

〔Fig 7.22〕

7-6　多級放大器

7-6-1　用電流增益來分析

我們分析範例練習 2 電路圖之電壓增益

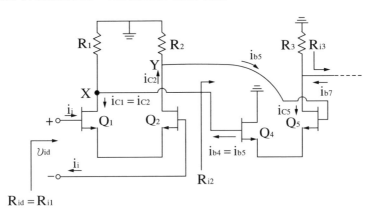

[Fig 7.23　小信號電路]

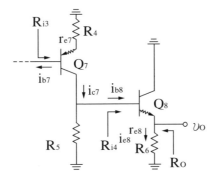

$R_{id} = R_{i1} = r_{\pi 1} + r_{\pi 2} = 2r_{\pi 1}$

$R_{i2} = r_{\pi 4} + r_{\pi 5} = 2r_{\pi 4}$

$R_{i3} = (\beta_7 + 1)(R_4 + r_{e7})$

$R_{i4} = (\beta_8 + 1)(R_{e8} + r_6)$

$R_0 = R_6 // (r_{e8} + \dfrac{R_5}{\beta 8 + 1})$

$\dfrac{i_{b5}}{i_{c2}} = \dfrac{R_1 + R_2}{(R_1 + R_2) + R_{i2}}$

〔圖 1〕

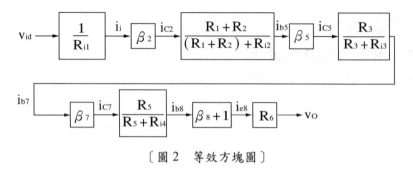

〔圖 2　等效方塊圖〕

將各個方塊相乘即可電壓增益$\frac{V_0}{V_{id}}$

❧ 讀後練習 ❧

( )　1. 如圖所示，假設$A_d = \frac{V_{O1}}{V_s}$，且電晶體之$h_{ie} \gg R_3$，則A_d之值應為

(A) $\frac{1}{2}g_m R_C$　(B) $g_m R_C$　(C) $2g_m R_C$　(D) $\frac{1}{4}g_m R_C$　(E) $\frac{1}{8}g_m R_C$。

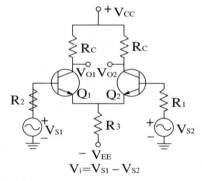

$V_i = V_{S1} - V_{S2}$

( )　2. 繼上題，差訊放大器最佳線性範圍的差訊輸入電壓值約為　(A) ±100mV　(B) ±26mV　(C) ±250V　(D) ±1V。

( )　3. (a)為差動放大電路，$R_1 = R_2 = 20K\Omega$，$R_3 = 5K\Omega$，Q_1及Q_2具有相同的參數，且其低頻小信號等效電路圖(b)所示，試求小信號電壓增益V_0/V_1約為　(A) 225　(B) 37　(C) 45　(D) 73。

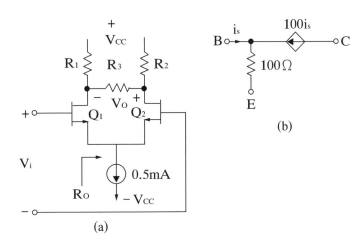

(a)

(b)

( ) 4. 續上題,試求圖(a)中,等效小信號輸入阻抗 R_{in} 為 (A) 20.2KΩ (B) 42.7KΩ (C) 15KΩ (D) 35KΩ。

( ) 5. 已知一 MOSFET 差動放大器的元件參數如下:g_m = 5mS(S = $Ω^{-1}$),r_d = 100KΩ,汲極負荷 R_d = 5KΩ,源極電流源內阻 R_s = 50KΩ,則 CMRR 值約等於 (A) 2000 (B) 1500 (C) 1000 (D) 500。

( ) 6. 見圖 $R_E → ∞$ $|V_{B1} - V_{B2}| → 0+$,則 $|V_{C1} - V_{C2}| / |V_{B1} - V_{B2}|$ = (A) 26 (B) 190 (C) 48 (D) 96。

( ) 7. 見圖 R_E = 50KΩ,$V_{B1} = V_{B2} ≜ V_{CM}$,$|△V_{C1}/△V_{CM}|$ = (A) 0.05 (B) 0.04 (C) 0.01 (D) 0.02。

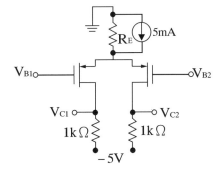

( ) 8. 有一差動式放大器如圖所示,圖中所有電晶體的共射極特性均相同,即 h_{fe} = 100,h_{ie} = 1KΩ,h_{re} = 0,h_{pe} = 0,V_T = 25mV,試求 I_{E3} = ? (A) 2mA (B) 7.21mA (C) 1mA (D) 8.43mA。

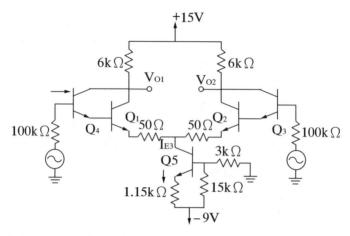

( ) 9. 圖示是威爾森電流鏡,假設所有雙極性電晶體彼此完全匹配且有相同之共射極電流增增β,則$\dfrac{I_0}{I_{REF}}$近似於 (A) 1 (B)$\dfrac{1}{1+\beta}$ (C) $\dfrac{1}{1+2/\beta^2}$ (D)$\dfrac{1}{1+2\beta^2}$。

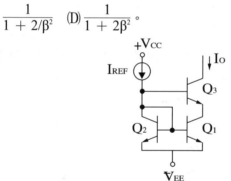

( ) 10. 圖示為一差動放大電路,所有電晶體完全一樣,當$V_1 - V_2 = 0$,$I_{EQ1} = I_{EQ2} = 1mA$,若$V_d = V_1 - V_2$為兩輸入信號之差額電壓,請計算V_d之最大範圍值。 (A)±17mV (B)±35mV (C)±70mV (D)±140mV。

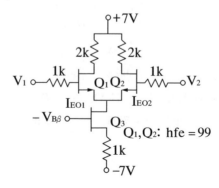

( )　*11.* 同上題，請繼續計算電晶體Q_3上之V_{BB}電壓值。　(A) 1.4V　(B) 3.6V　(C) 2.5V　(D) 4.3V。

( )　*12.* 圖示之差動放大器，其輸出電壓將與下列何種信號成正比　(A) V_1　(B) V_2　(C) $V_1 + V_2$　(D) $V_1 - V_2$。

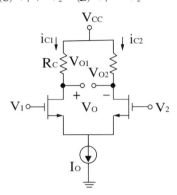

( )　*13.* 圖示為一 CMOS 運算放大器，若增加場效電晶體Q_1及Q_2之寬長比為原有之四倍，則Q_1及Q_2之g_m值成為原有之　(A) 四倍　(B) 三倍　(C) 二倍　(D) 八倍。

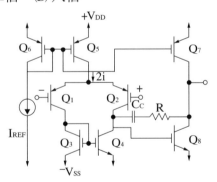

( )　*14.* 同上題中，運算放大器整體電壓增益成為原有之　(A) 四倍　(B) 三倍　(C) 二倍　(D) 八倍。

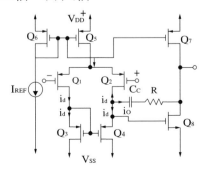

(　　) 15. 圖示為一差動放大器，假設Q_1與Q_2為完全匹配的電晶體且均工
作在作用區，則下列敘述何者為非？

(A) 當R_{RE}的值變大時時，CMRR 值增大

(B) 當I_{RE}的值變大時，差動電壓增益值｜A_{DM}｜增大

(C) R_C的值變大則｜A_{DM}｜越大

(D) R_C的值越大則共模電壓增益值｜A_{CM}｜越小。

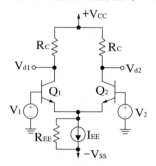

(　　) 16. 圖示，電晶體之$\beta = 200$、$V_{BE} = 0.7V$，$V_1 = V_2 = 0$時，試求其
CMRR 值。　(A) 680　(B) 570　(C) 200　(D) 140。

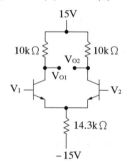

(　　) 17. 如圖所示，已知$I_{ref} = 1mA$及$\beta = 20$，試求I_0值。　(A) 0.95mA　(B)
0.83mA　(C) 0.77mA　(D) 1mA。

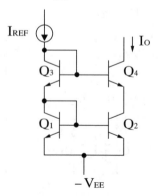

(　) 18. 如圖所示，兩電晶體完全相同，其β＝200、V_{BE}＝0.7V，試求V_0 之電壓值。　(A) 5V　(B) 6V　(C) 7V　(D) 8V。

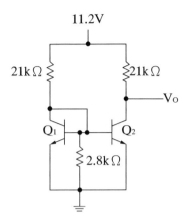

(　) 19. 如圖示，增強型MOS差動放大器，假定比兩個元件相匹配因此 有相同的β與V_rβ＝0.5mA/(V^2，V_r＝2V)，且I＝4mA。求當Q_2恰 好截止時，V_{id}＝V_{G1}－V_{G2}＝？　(A) 1V　(B) 2V　(C) 3V　(D) 4V。

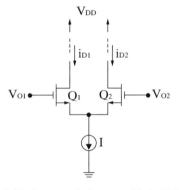

(　) 20. 同上題之差動放大器，求每一元件之傳導g_m。　(A) 1.414mA/V (B) 1.732mA/V　(C) 0.707mA/V　(D) 2mA/V。

(　) 21. 如圖，已知當電晶體之集極電流為 1mA 時，其V_{BE}＝0.7V。假 設我們忽略β為有限值之效應，當I_0＝20μA時，求電阻R_1值(熱 電壓V_T＝25mV，ln 5＝1.609，ln 2＝0.0693)。　(A) 450KΩ (B) 460KΩ　(C) 470KΩ　(D) 480KΩ。

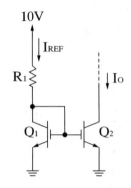

( )　22. 圖示為差動放大器，已知Q_1及Q_2均工作於主動區，且Q_1及Q_2具
有相同之特性。假設兩電晶體之β值極高，故可忽略其基極電
流，則直流輸出電壓V_0為　(A) 0V　(B) 11V　(C) 13V　(D) 15V。

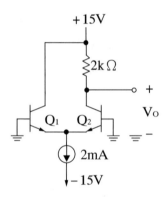

( )　23. 如圖示，其中電晶體的參數β＝ 100，且熱電壓V_r＝ 25mV。求小
信號增益V_0/V_i　(A) 10　(B) 20　(C) 30　(D) 40。

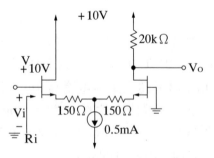

( )　24. 續上題，求小信號輸入電阻R_i：　(A) 40KΩ　(B) 50KΩ　(C) 60KΩ
(D) 70KΩ。

( )　25. 圖中 MOS 電晶體之K_n＝ 400μA/V^2，g_m＝ 0.293mS且V_{TN}＝ 1V，

試求該電路之差模增益A_d　(A) － 18.2　(B) － 35.7　(C) － 70.5
(D) － 88.9。

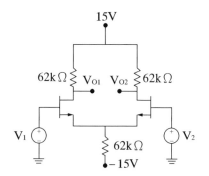

(　) 26. 續上題，試求該電路之共模增益A_c　(A) － 0.865　(B) － 0.487
(C) － 0.234　(D) － 0.098。

(　) 27. 圖所示之電流源電路，若V_r代表所謂的熱電壓，則下列關係式
何 者 為 真？　(A) $I_0 = \ell n(\frac{I_{REF}}{I}_0)$　(B) $I_0 R_E = \ell n(\frac{I_{REF}}{I-0})$　(C) $I_0 = V_T \ell$
$n(\frac{I_{REF}}{I_0})$　(D) $I_0 R_E = V_T \ell n(\frac{I_{REF}}{O_0})$。

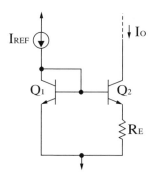

(　) 28. 一差動放大器之共模拒斥比CMRR = 100，差動增益 = 100，兩
個輸入信號分號為 150μV 及 50μV，則輸出為　(A) 1.01mV　(B)
10.01mV　(C) 100.1mV　(D) 101mV。

(　) 29. 在圖所示之電路中，設電晶體的$\beta = \infty$，電晶體導通時的
$V_{BE} = 0.7V$，則$V_E = ?$　(A) － 0.7V　(B) 5V　(C) 1.2V　(D) 0.7V。

(　) 30. 同上題，$V_{C1} = ?$　(A) － 10V　(B) － 7.35V　(C) － 6.35V　(D) －
5.35V。

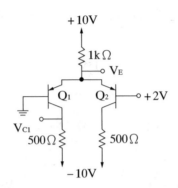

( ) 31. 如圖所示電路，假設所有電晶體之特性皆相同，β＝ 100，$V_A ＝ 50V$，$V_r ＝ 26mV$，試求其差動電壓增益$V_0/V_d ＝ V_0/(V_{m1} － V_{m2})$值約為何？ (A)－ 20　(B)－ 28　(C)－ 36　(D)－ 44。

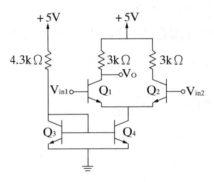

( ) 32. 承上題，試求其共模電壓增益V_0/V_{cm}值約為何？ (A)－ 0.01　(B)－ 0.03　(C)－ 0.06　(D)－ 0.1。

( ) 33. 如圖所示電路，假設$I_{REF} ＝ 10\mu A$，$Q_1 \sim Q_4$電晶體特性完全相同，且$\mu_n C_{ax} ＝ 20\mu A/V^2$，$L ＝ 10\mu m$，$W ＝ 40\mu m$，$V_A ＝ 20V$，$V_1 ＝ 1V$，忽略本體效應，試求其輸出電阻為何？ (A) 4MΩ　(B) 40MΩ　(C) 80MΩ　(D) 160MΩ。

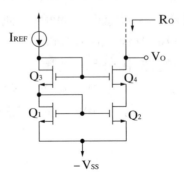

—— 解答 ——

1. (A)。此題為單端輸出，可畫出小訊號

    $\therefore \dfrac{V_0}{V_S} = \dfrac{1}{2} g_m R_C$，故選 (A)

2. (B)。最佳線性範圍的輸入電壓為 $\dfrac{1}{2} V_T$，故

    $$V_{max} = \dfrac{1}{2} V_T - (\dfrac{1}{2} V_T) = 13mV + 13mV = 26mV$$

    $$V_{min} = -\dfrac{1}{2} V_T - \dfrac{1}{2} V_T = -13mV - 13mV = -26mV，故選 (B)。$$

3. (A)。可畫出小訊號如下

    $$g_m = \dfrac{I_C}{V_T} = \dfrac{0.25mA}{25mV} = 0.01$$

    $$\therefore \dfrac{V_0}{V_i} = -g_m(20K + 2.5K)$$

    $$= -0.01 \times 22.5K$$

    $$\doteqdot -225$$

    故選 (A)。

4. (A)。$Rin = 2r_e(\beta + 1) = 2 \times 100 \times (100 + 1) = 20.2K\Omega$

5. (D)。$CMRR = \left| \dfrac{A_d}{A_c m} \right| \simeq g_m r_d = 5ms \times 100K\Omega = 500$

6. (D)   7. (C)   8. (A)。

9. (C)。

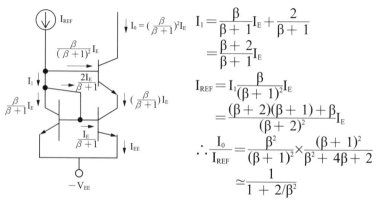

$$I_1 = \dfrac{\beta}{\beta + 1} I_E + \dfrac{2}{\beta + 1}$$

$$= \dfrac{\beta + 2}{\beta + 1} I_E$$

$$I_{REF} = I_1 \dfrac{\beta}{(\beta + 1)^2} I_E$$

$$= \dfrac{(\beta + 2)(\beta + 1) + \beta}{(\beta + 2)^2} I_E$$

$$\therefore \dfrac{I_0}{I_{REF}} = \dfrac{\beta^2}{(\beta + 1)^2} \times \dfrac{(\beta + 1)^2}{\beta^2 + 4\beta + 2}$$

$$\simeq \dfrac{1}{1 + 2/\beta^2}$$

10. (B)　*11.* (C)　*12.* (C)　*13.* (D)　*14.* (D)　*15.* (C)　*16.* (C)。

17. (D)。此題不需計算，由題目中圖可知為對稱，故$I_0 = i_{REF} = 1mA$。

18. (B)。假設電流如圖

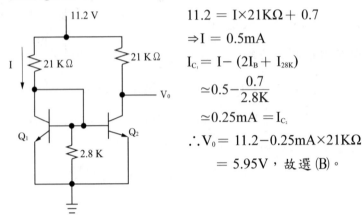

$11.2 = I \times 21K\Omega + 0.7$

$\Rightarrow I = 0.5mA$

$I_{C_1} = I - (2I_B + I_{28K})$

$\simeq 0.5 - \dfrac{0.7}{2.8K}$

$\simeq 0.25mA = I_{C_2}$

$\therefore V_0 = 11.2 - 0.25mA \times 21K\Omega$

$= 5.95V$，故選 (B)。

19. (B)　*20.* (B)。

21. (C)。可利用 $\dfrac{V_B E}{V_T}$

$I_C = I_{SE}$

$\Rightarrow \dfrac{I_C}{I_0} = e^{\frac{V_{BE} - V_{BED}}{V_T}}$

$\Rightarrow \ell n \dfrac{1}{0.02} = \dfrac{0.7 - V_{BED}}{0.025} \Rightarrow \ell n 50 = \dfrac{0.7 - V_{BED}}{0.025}$

$\Rightarrow \ell n5 + \ell n5 + \ell n2 = \dfrac{0.7 - V_{BED}}{0.025}$

$\Rightarrow 13.28731 \times 0.025 = 0.7 - V_{BED}$

$\therefore V_{BED} = 0.62$

$10 = 0.02 \times R_1 + 0.62 \Rightarrow R_1 \simeq 470K\Omega$

22. (A)　*23.* (C)　*24.* (C)　*25.* (D)　*26.* (B)　*27.* (A)　*28.* (B)　*29.* (D)　*30.* (B)　*31.* (D)

32. (D)　*33.* (B)。

第八章　頻率響應

8-1　放大器的頻率響應

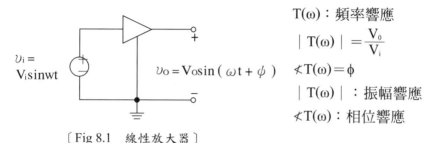

$T(\omega)$：頻率響應

$|T(\omega)| = \dfrac{V_0}{V_i}$

$\angle T(\omega) = \phi$

$|T(\omega)|$：振幅響應

$\angle T(\omega)$：相位響應

$v_i = V_i\sin wt$

$v_0 = V_0\sin(\omega t + \phi)$

〔Fig 8.1　線性放大器〕

計算頻率響應 $T(\omega)$ 時，電感 L 之阻抗為 $j\omega L$，電容 C 之阻抗為 $\dfrac{1}{j\omega C}$，因此可得 $T(\omega) = \dfrac{V_0(\omega)}{V_i(\omega)}$ ————————————————————————————(1)

計算轉移函數 $T(S)$ 時，電感 L 之阻抗為 SL，電容 C 之阻抗為 $\dfrac{1}{SC}$，因此可得 $T(S) = \dfrac{V_0(S)}{V_i(S)}$ ————————————————————————————(2)

令 $S = j\omega$ 於 $T(S)$ 中可得 $T(j\omega)$ 即為(1)之頻率響應 $T(\omega)$。

8-1-1　單一時間常數網路

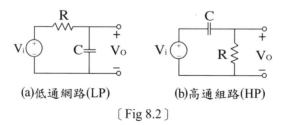

(a)低通網路(LP)　　　(b)高通組路(HP)

〔Fig 8.2〕

STC 網路可分為(LP，低通)與(HP，高通)兩類，如 Fig 8.2 所示。

分析 Fig 8.2(a)可得轉移函數為

$T(S) = \dfrac{V_0}{V_i} = \dfrac{\dfrac{1}{CS}}{R + \dfrac{1}{CS}} = \dfrac{1}{1 + RCS} = \dfrac{1}{1 + \dfrac{S}{\omega_0}}$，其中我們定義 $\omega_0 = \dfrac{1}{RC}$ 為 3-dB 頻率角頻率式轉折頻率。

令 S ＝ jω可得頻率響應為T(jω)＝ $\dfrac{1}{1+j\dfrac{\omega}{\omega_0}}$

因此可得振幅響應為｜T(jω)｜＝ $\dfrac{1}{\sqrt{1+(\dfrac{\omega}{\omega_0})^2}}$ ，相位響應為∢T(jω)

＝－ $\tan^{-1}\dfrac{\omega}{\omega_0}$

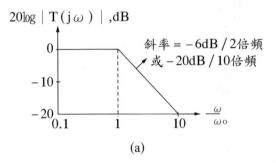

(a)

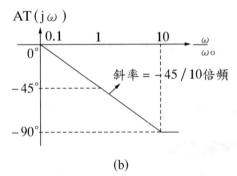

(b)

〔Fig 8.3　LP 網路之(a)振幅響應(b)相位響應〕

分析 Fig 8.2(b)可得轉移函數為

$$T(S)＝\dfrac{V_0}{V_i}＝\dfrac{R}{R+\dfrac{1}{CS}}＝\dfrac{RCS}{1+RCS}＝\dfrac{1}{1+\dfrac{1}{RCS}}＝\dfrac{1}{1+\dfrac{\omega_0}{S}}$$ ，其中ω₀＝

$\dfrac{1}{RC}$令 S ＝ jω可得頻率響應為T(jω)＝ $\dfrac{1}{1-j\dfrac{\omega_0}{\omega}}$

因此可得振幅響應為｜T(jω)｜＝ $\dfrac{1}{\sqrt{1+(\dfrac{\omega_0}{\omega})^2}}$ ，相位響應為∢T(jW)＝

$\tan^{-1}\dfrac{\omega_0}{\omega}$

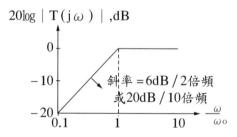

〔Fig 8.4 HP 網路之(a)振幅響應(b)相位響應〕

8-2 放大器的轉移函數

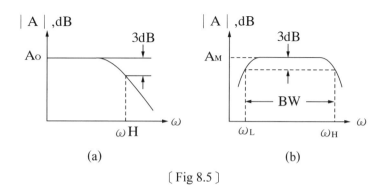

(a)   (b)

〔Fig 8.5〕

Fig 8.5(a)　是直接耦合

Fig 8.5(b)　是電容耦合

Fig 8.5(b)　較具一般性(我們將詳加討論)

Fig 8.5(a)　僅為特例(相當於$\omega_L = 0$的情況)

8-2-1 三個主要的頻帶

$\omega_L \leq \omega \leq \omega_H$：中頻帶

$\omega \leq \omega_L$：低頻帶

$\omega \geq \omega_H$：高頻帶

頻寬，定義為$BW = \omega_H - \omega_L$ ────────────── (3)

通常$\omega_L \ll \omega_H$ ∴$BW \approx \omega_H$ ────────────── (4)

放大器的好壞標準

增益頻寬積，定義為$GB = A_M \omega_H$ ────────────── (5)

其中A_M中頻增益。

8-2-2　A(S)增益函數

以複頻 S 表示A(S)＝ $A_M F_L(S) F_H(S)$ ──────────────── (6)

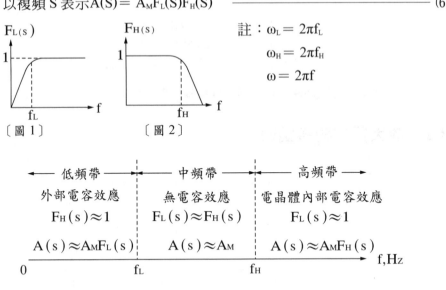

〔圖 1〕　　　　〔圖 2〕

註：$\omega_L = 2\pi f_L$
　　$\omega_H = 2\pi f_H$
　　$\omega = 2\pi f$

←──── 低頻帶 ────→	←── 中頻帶 ──→	←──── 高頻帶 ────→
外部電容效應	無電容效應	電晶體內部電容效應
$F_H(s) \approx 1$	$F_L(s) \approx F_H(s)$	$F_L(s) \approx 1$
$A(s) \approx A_M F_L(s)$	$A(s) \approx A_M$	$A(s) \approx A_M F_H(s)$

〔Fig 8.6〕

8-2-3　低頻響應

$$F_L(S) = \frac{(S + Z_1)(S + Z_2)}{(S + P_1)(S + P_2)} \quad [\text{註：} F_L(\infty) = 1] \quad\text{──────} (7)$$

若$P_1 \gg P_2$，Z_1，Z_2，亦即P_1為主極點，則$F_L(S) \approx \dfrac{S^2}{(S + P_1)S} = \dfrac{S}{S + P_1}$ ── (8)

此即為主極點近似。

(8)代表高通網路($\because F_L(0) = 0$，$F_L(\infty) = 1$)，因此由 Fig 8.4(a)可得頻率響應如圖 3 所示，其中下 3dB 頻率ω_L可近似為$\omega_L \approx P_1$ ──────────── (9)

事實上ω_L有更精確的計算公式如下(證明省略)

〔圖 3〕

$$\omega_L \approx \sqrt{P_1^2 + P_2^2 - 2Z_1^2 - 2Z_2^2} \quad\text{────────────} (10)$$

【範例練習 1】

低頻轉換函數

$$F_L(S) = \frac{S(S + 10)}{(S + 100)(S + 25)}$$

求 3dB 頻率

【解析】

$P_1 = 100$，$P_2 = 25$，$Z_1 = 0$，$Z_2 = 10$

$P_1 \gg P_2$，Z_1，Z_2　∴P_1為主極點

由(9)可得$\omega_L \approx 100$rad/s

由(10)可得

$\omega_L \approx \sqrt{100^2 + 25^2 - 2 \times 10^2}$

　　$= 102$rad/s

由右圖可知ω_L之精確值為 105rad/s。

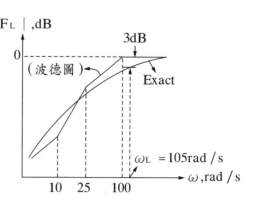

8-2-4　高頻響應

$$F_H(S) = \frac{(1 + \frac{S}{Z_1})(1 + \frac{S}{Z_2})}{(1 + \frac{S}{P_1})(1 + \frac{S}{P_2})} [註：F_H(0) = 1] \quad\text{———————(11)}$$

若$P_1 \leq P_2$，Z_1，Z_2，亦即P_1為支配點，則$F_H(S) \approx \dfrac{1}{1 + \dfrac{S}{P_1}}$ ————(12)

此即為支配點近似值。

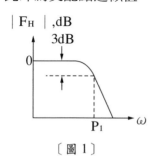

〔圖 1〕

(12)代表低通網路($\because F_H(0) = 1$，$F_H(\infty) = 0$)，因此由Fig 8.3(a)可得頻率響應如圖 1 所示，其中上 3dB 頻率ω_H可近似為

$$\omega_H \approx P_1 \quad\text{——————————(13)}$$

事實上ω_H有更精確的計算公式如下(證明省略)

$$\frac{1}{\omega_H^2} \approx \frac{1}{P_1^2} + \frac{1}{P_2^2} - \frac{2}{Z_1^2} - \frac{2}{Z_2^2} \quad\text{————————(14)}$$

【範例練習 2】

某一放大器的高頻響應轉移函數如下

$$F_H(S) = \frac{1 - \dfrac{3}{10^5}}{(1 + \dfrac{S}{10^4})(1 + \dfrac{S}{4 + 10^4})}$$

求在 3dB 頻率時的近似值及精確值

【解析】$P_1 = 10^4$，$P_2 = 4 \times 10^4$，$Z_1 = -10^5$，$Z_2 = \infty$

$P_1 \ll P_2$，Z_1，Z_2　∴P_1為主極點

由⑬可得$\omega_H \approx 10^4 rad/S$

由⑭可得$\dfrac{1}{\omega_H^2} \approx \dfrac{1}{10}^8 + \dfrac{1}{16 \times 10^8} - \dfrac{2}{10^{10}}$　∴$\omega_H \approx 9800 rad/S$

由左圖可知ω_H之精確值為
9537rad/S。

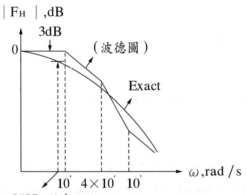

$\omega_H = 9537 rad/s$

8-3 共射極和共源極放大器的低頻響應

8-3-1 分析共源極放大器

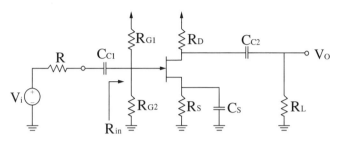

〔8-7 電容耦合共源極放大器〕

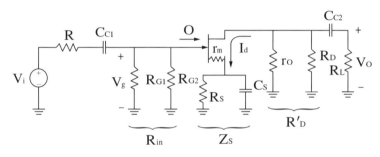

〔8.8 Fig 8.7 的小信號模型〕

Fig 8.8 中，$r_m = \dfrac{1}{g_m}$，$R_{in} = R_{G1}//R_{G2}$，$Z_S = R_S//\dfrac{1}{C_S S}$，$R'_0 = r_0//R_0$，

$$\frac{V_0}{V_i} = \frac{V_g}{V_i} \frac{I_d}{V_g} \frac{V_0}{I_d} \qquad\qquad\qquad\qquad (15)$$

$$\frac{V_g}{V_i} = \frac{R_{in}}{R_{in} + R + \dfrac{1}{C_{C1} S}} = \frac{R_{in}}{R_{in} + R} \frac{S}{S + \omega_{P1}} \qquad\qquad (16)$$

$$其中 \omega_{P1} = \frac{1}{C_{C1}(R_{in} + R)} \qquad\qquad\qquad\qquad (17)$$

$$\frac{I_d}{V_g} = \frac{1}{r_m + Z_S} = \frac{1}{\dfrac{1}{g_m} + \dfrac{1}{Y_S}} (其中 Y_S = \frac{1}{Z_S} = \frac{1}{R_S} + C_S S)$$

$$= \frac{g_m Y_S}{g_m + Y_S} = g_m \frac{\dfrac{1}{R_S} + C_S S}{g_m + \dfrac{1}{R_S} + C_S S} = g_m \frac{S + \dfrac{1}{C_S R_S}}{S + \dfrac{1}{C_S}(g_m + \dfrac{1}{R_S})} \qquad (18)$$

$$令 \frac{I_d}{V_g} = g_m \frac{S + \omega_z}{S + \omega_{P2}} \quad (2)，其中 \omega_z = \frac{1}{C_S R_S} \qquad\qquad (19)$$

$$\omega_{P2} = \frac{1}{C_S}\left(g_m + \frac{1}{R_S}\right) = \frac{1}{C_S(R_S//r_m)} \text{————(20)}$$

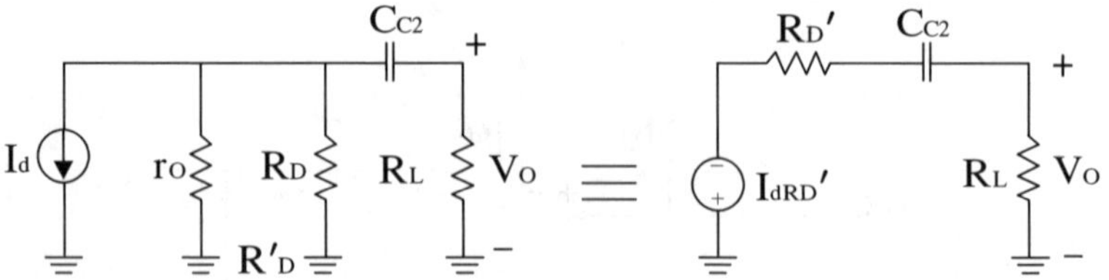

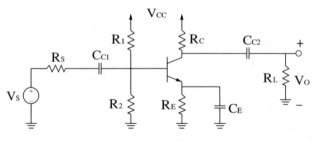

〔Fig 8.9 輸出等效電路〕

由 $\dfrac{V_0}{-I_d R'_0} = \dfrac{R_L}{R'_0 + R_L + \dfrac{1}{C_{C2}S}}$

可得 $\dfrac{V_0}{I_d} = -(R_D//r_0//R_L)\dfrac{S}{S + \omega_{P3}}$ ————(21)

其中 $\omega_{P3} = \dfrac{1}{C_{C2}[R_L + (RD//R_))]}$ ————(22)

ℓ放大器的低頻增益

$A_L(S)$為

$$A_L(S) = \frac{V_0}{V_i} = A_M \frac{S}{S + \omega_{P1}} \frac{S + \omega_2}{S + \omega_{P2}} \frac{S}{S + \omega_{P3}} \text{————(23)}$$

其中A_M中頻增益為

$$A_M = \frac{-R_{in}}{R_{in} + R}g_m(R_D//r_0//R_L) \text{————(24)}$$

Note that $A_L(\infty) = A_M$

比較 (17)，(19)，(20)，(22)。

$\because r_m$甚小 $\quad \therefore \omega_{P2} > \omega_{P1}$，$\omega_2$，$\omega_{P3}$亦即$\omega_{P2}$為主極點

$\therefore$下 3dB 頻率為$\omega_L = \omega_{P2}$

8-3-2 分析共射極放大器

〔Fig 8.10 一般共射極放大器〕

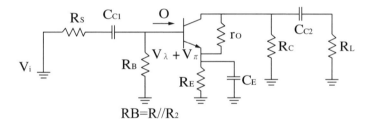

〔Fig 8.11　Fig 8.10 的小信號模型(令$V_s = 0$)〕

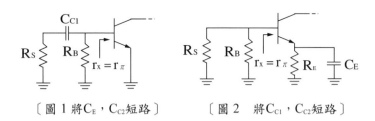

〔圖 1　將C_E，C_{C2}短路〕　　　〔圖 2　將C_{C1}，C_{C2}短路〕

〔圖 3　將C_{C1}，C_E短路〕

可得圖 1，圖 2，圖 3。

$$可得 \omega_L \approx \frac{1}{C_{C1}R_{C1}} + \frac{1}{C_E R'_E} + \frac{1}{C_{C2}R_{C2}} \quad\text{————————(25)}$$

其中R_{C1}為圖 1 中電容C_{C1}所看到的電阻，

　　R'_E為圖 2 中電容C_E所看到的電阻，

　　R_{C2}為圖 3 中電容C_{C2}所看到的電阻，

$$\therefore R_{C1} = R_S + [R_B//(r_X + r_\pi)] \quad\text{————————(26)}$$

$$R'_E = R_E // \frac{r_X + r_\pi + (R_S//R_B)}{\beta_0 + 1} \quad\text{————————(27)}$$

$$R_{C2} = R_L + (R_C//r_0) \quad\text{————————(28)}$$

通常$R'_E < R_{C1}$，R_{C2}　$\therefore$(7.46)中我們選取

$$\frac{1}{C_E R'_E} = 0.8\omega_L，\frac{1}{C_{C1}R_{C1}} = 0.1\omega_L，\frac{1}{C_{C2}R_{C2}} = 0.1\omega_L$$

8-3-3 BJT 高頻的混合π模型

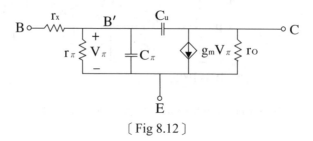

〔Fig 8.12〕

Cπ為 E〜B 電容

Cμ為 C〜B 電容

在低頻時，如果$r_x \ll r_\pi$，它的影響可以忽略

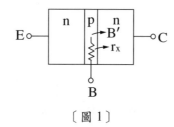

〔圖 1〕

8-3-4 截止頻率

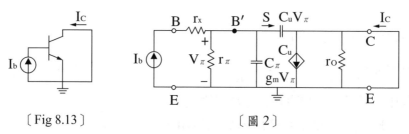

〔Fig 8.13〕　　　　　　　　　　〔圖 2〕

我們由圖 2 定義共射極短路電流增益(C、E、S、C、C、G)為$h_{fe} = \dfrac{I_c}{I_b}$，其中電晶體套用 Fig 8.12 的模型即得 Fig 8.13。

使用 KCL 於節點 C 可得

$$I_c = g_m V_\pi - S C_\mu V_\pi = (g_m - S C_\mu) V_\pi \text{\hspace{3cm}} (29)$$

其中$V_\pi = I_b(r_\pi // \dfrac{1}{SC_\pi} // \dfrac{1}{SC_\mu})$

$$= \dfrac{I_b}{\dfrac{1}{r_\pi} + S C_\pi + S C_\mu} \text{\hspace{3cm}} (30)$$

因此可得 $h_{fe} = \dfrac{I_c}{I_b} = \dfrac{g_m - SC_\mu}{\dfrac{1}{r_\pi} + S(C_\pi + C_\mu)}$ —————————————— (31)

通常 $g_m \gg \omega C_\mu$　$\therefore h_{fe} \approx \dfrac{g_m r_\pi}{1 + S(C_\pi + C_\mu)r_\pi} = \dfrac{\beta_0}{1 + \dfrac{S}{\omega_\beta}}$ ————————— (32)

其中 $\beta_0 = g_m r_\pi$ 為 β 之低頻值，且

3-dB 頻率為 $\omega_\beta = \dfrac{1}{(C_\pi + C_\mu)r_\pi}$ —————————————— (33)

當 $\omega \gg \omega_\beta$ 時，$|h_{fe}| \approx \dfrac{\beta_C}{\dfrac{\omega}{\omega_\beta}} = \dfrac{\beta_0 \omega_\beta}{\omega}$ —————————————— (34)

因此 $\omega = \beta_0 \omega_\beta$ 時，$|h_{fe}| = 1$

所以我們定義單位增益頻寬，ω_T 為

$\omega_T = \beta_0 \omega_\beta = \dfrac{\beta_0}{(C_\pi + C_\mu)r_\pi} = \dfrac{g_m}{C_\pi + C_\mu}$ —————————————— (35)

$\therefore f_T = \dfrac{\omega_T}{2\pi} = \dfrac{g_m}{2\pi(C_\pi + C_\mu)}$ —————————————— (36)

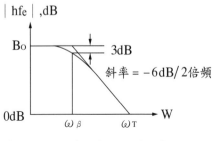

〔Fig 8.14　$|h_{fe}|$ 的波德圖〕

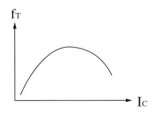

〔Fig 8.15　f_T 對 I_C 的變動〕

8-3-5　高頻 MOSFET 模型

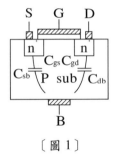

〔圖 1〕

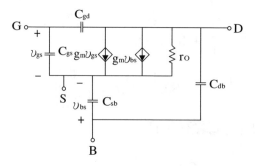

〔Fig 8.16 等效小訊號分析電路〕

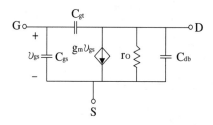

〔Fig 8.16 將源極短路到基板的等效電路，亦即$V_{bs}=0$〕

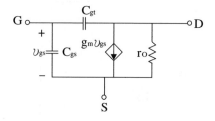

〔Fig 8.16 讓$C_{db}\approx0$〕

8-3-6　MOSFET 的基益頻率(f_T)

〔Fig 8.17〕

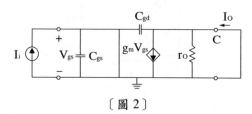

〔圖 2〕

使用 KCL 可得$I_0 = g_m V_{gs} - SC_{gd}V_{gs}$ ————————————————— (37)

通常$g_m \gg \omega C_{gd}$　$\therefore I_0 \approx g_m V_{gs}$ ————————————————— (38)

由 Fig 8.17 可得$V_{gs} = I_i \times \dfrac{1}{S(C_{gs} + C_{gd})}$ ————————————————— (39)

將(39)代入(38)可得短路電流增益為

$$\dfrac{I_0}{I_i} = \dfrac{g_m}{S(C_{gs} + C_{gd})}$$ ————————————————— (40)

將 $S = j\omega$ 代入(40)可得$\left| \dfrac{I_0}{I_i} \right| = \dfrac{g_m}{\omega(C_{gs} + C_{gd})}$ ————————————————— (41)

當$\omega = \dfrac{g_m}{C_{gs} + C_{gd}} = \omega_T$時，$\left| \dfrac{I_0}{I_i} \right| = 1$

因此我們定義單位增益頻率f_T為

$$f_T = \dfrac{\omega_T}{2\pi} = \dfrac{g_m}{2\pi(C_{gs} + C_{gd})}$$ ————————————————— (42)

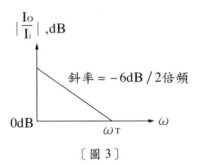

〔圖 3〕

8-3-7　共源極和共射極的高頻響應

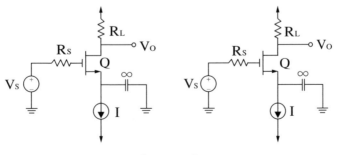

〔Fig 8.18〕

8-3-8 高效放大器的等效電路

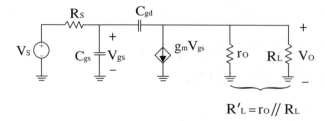

〔Fig 8.19(a) Fig 8.18(a)的高頻模型〕

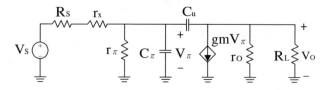

〔Fig 8.20(a) Fig 8.18(b)的高頻模型〕

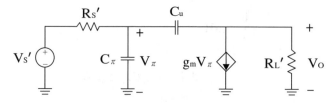

〔Fig 8.20 Fig 8.20(a)的等效電路〕

Fig 8.20(b)中，

$$V'_s = V_s \frac{r_\pi}{R_s + r_x + r_\pi} \quad (43), \quad R'_s = (R_s + r_x)//r_\pi \quad (44), \quad R'_L = r_0//R_L$$

使用戴維寧定理於 Fig 8.20(a)中 V_s，R_s，r_x，r_π 所構成的電阻性網路即得 (43)，(44)。

Fig 8.19(a)與 Fig 8.20(b)拓樸結構相同，其中 V_s，R_s，C_{gs}，C_{gd} 分別相當於 V'_s，R'_s，C_π，C_μ。

8-3-9 密勒定理

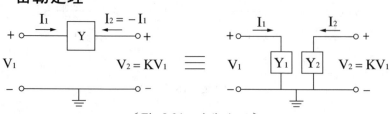

〔Fig 8.21 密勒定理〕

$$I_1 = Y(V_1 - V_2) = Y(V_1 - KV_1) = YV_1(1 - k) = Y_1 V_1$$

$$\therefore Y_1 = Y(1 - K) \hspace{5cm} (45)$$

$$I_2 = Y(V_2 - V_1) = YV_2(1 - \frac{V_1}{V_2}) = YV_2(1 - \frac{1}{K}) = Y_2 V_2$$

$$\therefore Y_2 = Y(1 - \frac{1}{K}) \hspace{4.5cm} (46)$$

電容導納為 $Y = SC$，亦即 $Y \propto C$，因此電容適用於

$C_1 = C(1 - K)$ ——(47)，$C_2 = C(1 - \frac{1}{K})$ ——(48)之公式。

8-3-10 放大器的高頻響應

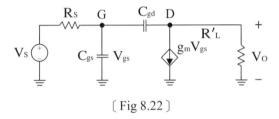

〔Fig 8.22〕

$$V_0 \approx -g_m V_{gs} R'_L \hspace{5cm} (49)$$

$$G = C_{gs} + C_{eq} = C_{gd} + C_{gd}(1 + g_m R_L')$$

$$C_{eq} = C_{gd}(1 - \frac{V_0}{V_{gs}}) = C_{gs}(1 + g_m R'_L) \hspace{3cm} (50)$$

$$C_T = C_{gs} + C_{eq} = C_{gs} + C_{gd} + C_{gd}(1 + g_m R'_L) \hspace{2cm} (51)$$

我們使用密勒定理於 Fig 8.22(a)中的電容C_{gd}。

將電容C_{gd}近似為開路可得(49)，因此可得$K = \frac{V_0}{V_{gs}} = -g_m R'_L$，其用於(47)可得(50)，最後可得(51)。

(51)中C_{gd}乘以$(1 + g_m R'_L)$的效應稱為密斯效應。

由 Fig 8.22(b)可得上 3dB 頻率為$\omega_H = \frac{1}{C_T R_S}$ \hspace{3cm} (52)

分析 Fig 8.22(a)可得中頻增益(將電容c_{gs}，C_{gd}開路)為

$$A_M = \frac{V_0}{V_S} = \frac{V_0}{V_{gs}} = -g_m R'_L \tag{53}$$

因此高頻增益可表為$A_H(S) = \frac{V_0(S)}{V_S(S)} = \frac{A_M}{1 + \dfrac{S}{\omega_H}}$ (54)

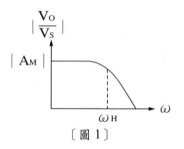

〔圖 1〕

(54)之頻率響應顯示於圖 1 中。由(52)，(53)可知米勒效應造成ω_H降低($\because g_m R'_L$之值甚大)。

若為 CE 放大器，則可得 Fig 8.20(b)，其上 3-dB 頻率為$\omega_H = \dfrac{1}{C_T R'_s}$ (55)

其中$C_T = C_\pi + (1 + g_m R'_L)C_\mu$ (56)

8-4　共射極(共源極)隨耦器的頻率響應

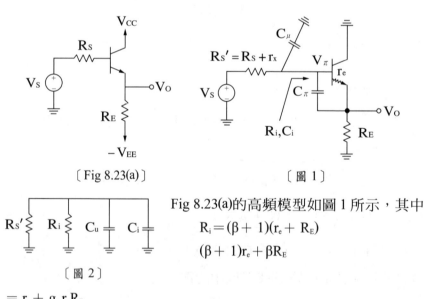

〔Fig 8.23(a)〕　　　　〔圖 1〕

〔圖 2〕

Fig 8.23(a)的高頻模型如圖 1 所示，其中

$$R_i = (\beta + 1)(r_e + R_E)$$

$$(\beta + 1)r_e + \beta R_E$$

$$= r_\pi + g_m r_\pi R_E$$

$$= (1 + g_m R_E)\, r_\pi \tag{57}$$

$$C_i = C_\pi\left(1 - \frac{V_0}{V_\pi}\right) = C_\pi\left(1 - \frac{R_E}{r_e + R_E}\right) = C_\pi \frac{r_e}{r_e + R_E}$$

$$= \frac{C_\pi}{1 + \dfrac{R_E}{r_e}} \approx \frac{C_\pi}{1 + g_m R_E} \tag{58}$$

圖 1 可等效為圖 2(令$V_s = 0$)，因此可得上 3-dB 頻率

為$\omega_H = \omega_P + \dfrac{1}{(C_\mu + C_i)(R'_s // R_i)}$

$\quad = [(C_\mu + \dfrac{C_\pi}{1 + g_m R_E})[R'_s // (1 + g_m R_E) r_\pi]]^{-1}$ —————————— (59)

以上所有可換成 FET，$r_x = c$，$r_\pi = \infty$，$R'_s = R_s$，C_π改為C_{gs}，C_μ改為C_{gd}

$\therefore \omega_H = [(C_{gd} + \dfrac{C_{gs}}{1 + g_m R_E}) R_s]^{-1}$ —————————— (60)

ω_H通常值都很高

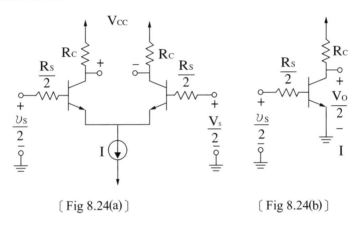

〔Fig 8.24(a)〕　　　　　　　　　〔Fig 8.24(b)〕

Fig 8.24(a)對稱輸入的差動對

和 Fig 8.24(b)僅取一半 CE 等效電路

Fig 8.24(b)中$r_x = 0$且 dc 直流增益為$A_0 = \dfrac{V_0}{V_s} = \dfrac{-r\pi}{r_\pi + \dfrac{R_s}{2}} g_m R_C$ —————————— (61)

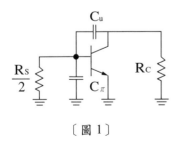

〔圖 1〕

Fig 8.24(b)的高頻模型(令$\dfrac{V_s}{2} = 0$)如圖 1 所示。由密勒定理可得上 3-dB 頻率為

$\omega_H = \omega_P = \dfrac{1}{(\dfrac{R_s}{2} // r_\pi)[C_\pi + C_\mu(1 + g_m R_c)]}$ —————————— (62)

因此可得轉移函數為 $\dfrac{V_0(S)}{V_s(S)} = \dfrac{A_0}{1 + \dfrac{s}{\omega_H}}$ ————————————————————— (63)

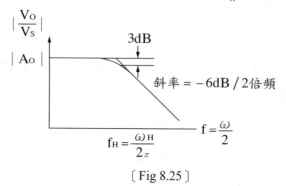

(63)之頻率響應如 Fig 8.25 所示。

〔Fig 8.25〕

8-4-1 頻率對 CMRR 的影響

Fig 8.26 共通型等效電路(取半個)

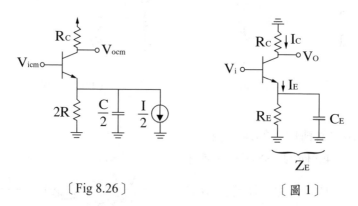

〔Fig 8.26〕   〔圖 1〕

考慮圖 1,當 $Z_E = \infty$ 時,$I_E = 0$,$I_C = \alpha I_E = 0$,$V_0 = -R_C I_C = 0$,此時 $\dfrac{V_0}{V_i} = 0$,亦即產生零點(zero)。

$Z_E = R_E // \dfrac{1}{SC_E} = \dfrac{R_E \times \dfrac{1}{SC_E}}{R_E + \dfrac{1}{SC_E}} = \infty$ 可得 $R_E + \dfrac{1}{SC_E} = 0$,因此零點為 $S_z = \dfrac{-1}{R_E C_E}$

∴零點頻率為

$f_z = \dfrac{|S_z|}{2\pi} = \dfrac{1}{2\pi R_E C_E}$ ————————————————————— (64)

可得 Fig 8.26 之零點頻率為

$$f_z = \frac{1}{2\pi \times 2R \times \dfrac{C}{2}} = \frac{1}{2\pi RC} \quad\text{————————————(65)}$$

∵R 值甚大　∴f_z之值甚小

共模增益 $|A_{cm}| = \left|\dfrac{V_{0cm}}{V_{icm}}\right|$ 顯示於 Fig 8.27(a)，其中高頻衰減係由於電晶體內部電容C_π，C_μ之故。

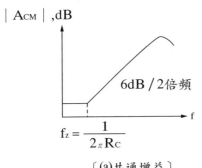

〔(a)共通增益〕

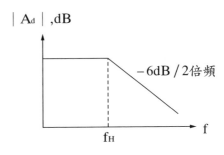

〔(b)差動增益〕

〔fig 8.27〕

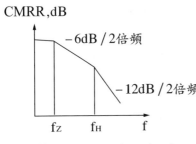

〔(c)CMRR 對頻率的變化〕

Fig 8.27(b)之差動增益 $|A_d|$ 則為(63)，Fig 8.25。

Fig 8.27(c)之共模增益比則定義為

$$\text{CMRR} = \left|\frac{A_d}{A_{cm}}\right| \quad\text{——————(66)}$$

❧ 讀後練習 ❧

( )　1. 放大器之高低頻失真可用一單時間常數電路來分析，則　(A)高通 RC 電路用來分析其高頻響應　(B)低通 RC 電路可用來分析其高頻響應　(C)高頻時間常數為 1 微秒，可用半週期 0.01 秒來試其失真　(D)低通 RC 電路的上升時間為 $t_r = RC$。

( )　2. f_p 是電晶體之　(A)共射極(Common-Emitter)工作時，輸出短路下電流增益與頻帶寬度之乘積　(B)量參數時設定之頻率　(C)該電晶體可用頻率範圍與溫度之關係函數　(D)以上皆非。

( )　3. 圖中，T_1 及 T_2 為兩個理想變壓器，其主、次級線圈之匝數比分別為 $1 : n$ 及 $1 : n_2$，則 $i_1(t) = $?

(A) $(\dfrac{n_1 n_2}{n_1 n_2 R_1 + R_2})V_i(t)$　(B) $(\dfrac{n_1/n_2}{n_1 R_1 + n_2 R_2})V_i(t)$

(C) $(\dfrac{n_1^2 n_1^2}{n_1^2 n_2^2 R_1 + R_2})Vi(t)$　(D) $(\dfrac{n_1 n_2}{n_1^2 R_1 + n^2 R_2})Vi(t)$。

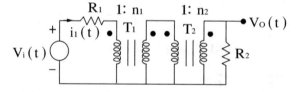

( )　4. 上題中，若 $n_1 = 4$，$n_2 = 2$，$R_1 = 1$ 歐姆，$R_2 = 16$ 歐姆，則 $V_0(t) = $?

(A) $\dfrac{8}{5}v_i(t)$　(B) $\dfrac{4}{5}V_i(t)$　(C) $\dfrac{1}{3}V_i(t)$　(D) $\dfrac{8}{3}V_i(t)$。

( )　5. 圖中在頻率趨近於零時，h_{FE} 為　(A) 40　(B) 80　(C) 60　(D) 100。

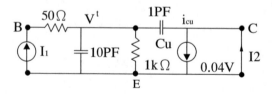

( )　6. 上圖中 $|I_{C\mu}| \ll 40(10^{-3})V^t$，則當 $|I_2|/|I_1|$ 為 0.707 時，頻率是　(A) 14.5MHz　(B) 20MHz　(C) 10.5MHz　(D) 55MHz。

( ) | 7. 圖中之半功頻率帶寬度 (A) 4.8MHz (B) 1.6MHz (C) 22.4MHz
(D) 0.8MHz。

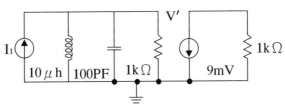

( ) | 8. $10\mu V$ 之信號電壓經電晶體放大器放大,產生 $100mV$ 之輸出電
壓,附加在輸出信號上有 $20\mu V$ 之雜訊電壓,信號雜訊比 dB 為
(A) 74dB (B) 43dB (C) 30dB (D) 25dB。($log2 = 0.3$)

( ) | 9. 希望由正弦波合成以產生方波,若使用正弦波的諧波次數愈多,
則合成後的波形 (A)愈接近方波 (B)失真愈大 (C)恆不變 (D)
振幅不變。

( ) | 10. 一通有正弦波電流之 60 歐姆電阻,用三用表(A)(C)10V 檔量得其
功率為 10dB 則正確功率應為 (A) 1 瓦 (B) 10 瓦 (C) 0.1 瓦 (D)
2 瓦。

( ) | 11. 圖中由電阻、電容所構成的電路,其負 3 分貝的頻率f_L為 (A)
10.12Hz (B) 15.92Hz (C) 120Hz (D) 151Hz。

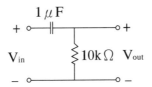

( ) | 12. 有一上升時間為 $10ns(10^{-8}秒)$的脈波,欲由示波器觀測其特性,
在不失真的情況下,示波器最小的頻寬須為 (A) 100MHz (B)
25MHz (C) 35MHz (D) 45MHz。

( ) | 13. 圖中所示之輸入功率為 10W(瓦),經過各為 15dB 之兩個衰減器
後,輸出功率成為 (A) 10dBm (B) 20dBm (C) 0dBm (D) 30dBm。

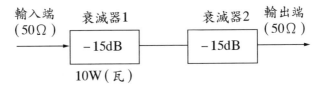

( )　*14.* 某線性非時變電路之脈衝響應為 $-e^{2\pi t}$，$t \geqq 0$，則此電路之半功

率頻帶寬是　(A) $\frac{1}{2}$Hz　(B) 1Hz　(C) 2πHz　(D) $\frac{1}{2}\pi$Hz。

( )　*15.* 一示波器的爬升時間為 10^{-9}sec，則此示波器之半功率頻寬是

(A) 1GHz　(B) 450MHz　(C) 220MHz　(D) 350MHz。

( )　*16.* 考慮圖示的 CMOS 放大器，若 $I_{bias}=10\mu A$，且 Q1 的特性為 μC_{ox}

$= 20\mu A/V^2$，$V_A = 50V$，$W/L = 64$，$C_{gd}= 1pF$，且 Q2 的特性為

$C_{gd}= 1pF$，$V_A = 50V$，假設輸出端有 1pF 的寄生電容。Q1 的 g_m

為　(A) 80μA/V　(B) 113μA/V　(C) 160μA/V　(D) 320μA/V。

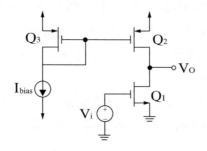

( )　*17.* 上題此放大器的等效輸出電阻為　(A) 1.25MΩ　(B) 2.5MΩ　(C)

5MΩ　(D) 10MΩ。

( )　*18.* 上題其轉換函數 V_0/V_i 的零點為　(A) 18MHz　(B) 25.5MHz　(C)

36MHz　(D) 51.0MHz。

( )　*19.* 上題其轉換函數 V_0/V_i 的極點為　(A) 21.2KHz　(B) 30KHz　(C)

42KHz　(D) 60KHz。

( )　*20.* 圖示電路是一 JFET 放大器的低頻效應等效電路，則低 -3dB 頻

率是　(A) 5Hz　(B) 20Hz　(C) 80Hz　(D) 200Hz。

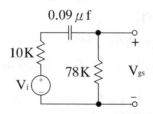

( )　*21.* 作波德圖的漸近線時，常用折角頻率及其　(A) 10，1/10　(B) 2，

$1/\sqrt{2}$　(C) 3，$1/\sqrt{3}$　(D) π，1/π 倍頻率畫線段。

(　) 22. 一高頻共射放大器的$g_m = 7mS(S = \Omega^{-1})$，$R_L = 1.3K\Omega$，基一集間
電容$C_{be}^n = 3pf$，則米勒電容量約等於　(A) 12pf　(B) 21pf　(C) 30pf
(D) 42pf。

(　) 23. 圖中，若 M1 的$r_{ds}(off) = 3 \times 10^{10}\Omega$，運算放大器輸入端電阻
$R_i = 10^{11}\Omega$，電容器內漏電阻為100MΩ，則所取樣的電壓在C兩
端漏洩到$0.37V_A$需時　(A) 20s　(B) 15s　(C) 10s　(D) 5s。

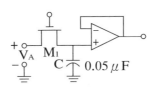

(　) 24. 經測試知一單極 RC 低通濾波器的時間常數為 0.159ms，則其三
分貝頻帶寬應為　(A) 159Hz　(B) 1KHz　(C) 10KHz　(D) 477Hz。

(　) 25. 已知一單級放大器使用4.7KΩ負載電阻，電晶體輸出電容為 10pF
引線對基座電容量為 15pF，此電路接至 20pF 的負載，根據此等
資料，問其截止頻率(f_c)應為若干？　(A) 211.5KHz　(B) 104KHz
(C) 753KHz　(D) 1000KHz。

(　) 26. 一電子裝置的頻率響應規格中，註明其某一段的振幅對頻率下
降率為 40dB/decade，此一數據也相當於　(A) 4dB/octave　(B) 5dB/
octave　(C) 8dB/octave　(D) 012dB/octave。

(　) 27. dBm 及 dBW 分別是以 1mW 及 1W 作為參考的功率單位，若一
放大器最大輸出功率為 10dBW，即相當於　(A) 100dBm　(B) dBm
(C) 30dBm　(D) 40dBm。

(　) 28. 設一類比示波器之頻寬為(D)(C)～100MHz，現利用以觀測一頻率
為 100MHz 之方波信號，則在正確的測試設定下，顯示於螢光
幕上之信號波形應是下列那一項之情形　(A) 同輸入信號之波形
(B) － 3dB 於輸入信號之方波　(C) 同輸入信號頻率之非正弦波
(D) 同輸入信號頻率之正弦波。

(　) 29. 見圖所示，$C_b \to \infty$，$|V_{ce}(j\omega)/V_s(j\omega)|$ 之上截止頻率為　(A) 124 ×
10^6Hz　(B) 780×10^6Hz　(C) 175×10^6Hz　(D) 100×10^6Hz。

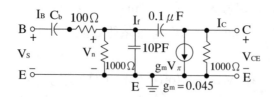

( ) 30. 續上題,希望 $|V_{ce}(j\omega)/V_s(j\omega)|$ 之下截止頻率為 10KHz,則C_b=
(A) 0.056nF (B) 0.028μF (C) 0.014μF (D) 0.08μF。

( ) 31. 視頻放大器中常用疊接是將兩級放大器接成何種組態? (A) 共
集－共集(Cc － CC) (B) 共射－共集(CE － CC) (C) 共射－共基
(CE － CB) (D) 共集－共基(CC － CB)。

( ) 32. 有一電晶體在電流增益$|A_i|$＝1時,共增益頻寬為f_r＝ 100MHz,
若此電晶體在中頻段的電流增益h_{fe}＝ 200,試問其 － 3dB 頻寬
f_β＝? (A) 50KHz (B) 20GHz (C) 500KHz (D) 20MHz。

( ) 33. 上題中之電晶體被使用在頻寬為 10MHz的範圍,其電流增益h_{fe}
為若干? (A) 10 (B) 100 (C) 1000 (D) 10000。

( ) 34. 有一共射極接地電晶體電路,其相關π參數為r_{be}＝ 200Ω,
R_L＝ 250Ω,g_m＝ 0.6(A/V),C_{be}＝ 150pF及C_{be}＝ 3pF,試問此電路
的－ 3dB 頻寬f_H為若干? (A) 1.74MHz (B) 5.2MHz (C) 1.32MHz
(D) 2.65MHz。

( ) 35. 若上題中的電晶體,其輸出埠為短路(即R_L＝ 0),則此時短路電
流增益下降 3dB 的頻寬f_β＝? (A) 2.65MHz (B) 1.75MHz (C)
265MHz (D) 5.2MHz。

( ) 36. 圖中為一共源極放大器,若R_s被一理想化固定電流源取代,則
由C_s產生之零點ω_2＝? (A) 0 (B) $\dfrac{1}{R_cC_1}$ (C) $\dfrac{1}{R_DC_{C2}}$ □ $\dfrac{1}{RC_S}$。

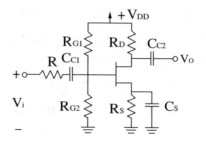

(　) 37. 在圖中，得知直流偏壓$V_{cs}= 1.8V$，在此偏壓點，計算該電路之
輸入電容C_{in}為何？　(A) 40.2pF　(B) 9pF　(C) 21.7pF　(D) 65pF。

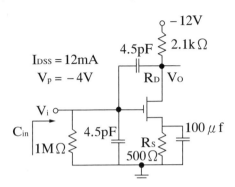

(　) 38. 圖中為一放大器，工作於$I_D= 1mA$，g_m值為 1mA/V，若忽略r_0，
則中頻增益為　(A)-30　(B)-20　(C)-10　(D)-1。

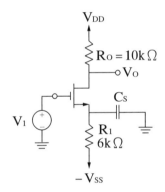

(　) 39. 上題中，C_8之值為多大時，與其相對應之極點為 10Hz？　(A)
$C_8= 16.6μF$　(B)$C_8= 17.6μF$　(C)$C_8= 18.6μF$　(D)$C_8= 19.6μF$。

(　) 40. 圖中為一 FET 高頻等效電路，若欲使高截止頻率$f_h= 180KHz$，
則$R_L=$?　(A) 2.23KΩ　(B) 3.33KΩ　(C) 4.23KΩ(D) 5.33KΩ。

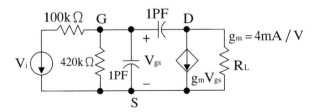

(　) 41. 同上題，請求圖中電路之增益頻寬比值。　(A) 9.21MHz　(B)
6.75MHz　(C) 3.4MHz　(D) 1.3MHz。

( ) 42. 下列有關電晶體交流放大器低頻響應的敘述，何者有誤？ (A) 主要由於耦合及旁通電容所引起 (B) 可以利用短路時間常數法計算3分貝頻率 (C) 其轉移函數呈現低通特性 (D) 3分貝頻率時的電壓增益為中頻帶增益的 $\frac{1}{\sqrt{2}}$。

( ) 43. 有一系統的轉換函數為 $T(S) = \frac{10}{10 + S}$，試問下列敘述何者正確？ (A) 高頻時相角接近 $-90°$ (B) 直流增益為10 (C) 此為一高通電路 (D) 3分貝頻率為1rad/s。

( ) 44. 圖中為共源極FET放大器的高頻等效電路，若其3分貝頻率為90KHz，請問 g_m 值為 (A) 4mA/V (B) 8mA/V (C) 40mA/V (D) 80mA/V。

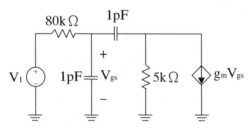

( ) 45. 差動放大器的共模拒斥比響應如圖所示，若差動增益在100KHz以下為40dB，則在10KHz時的共模增益為 (A) 8dB (B) 12dB (C) 16dB (D) 20dB。

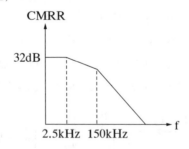

( ) 46. 假設一交流放大器的增益函數為
$$A(S) = \frac{KS^2}{(S + 10)^2(S + 10^4)(S + 10^5)}$$，若中頻帶的增益為60dB，試求 K = ? (A) 10^{11} (B) 10^{12} (C) 10^{13} (D) 10^{14}

( ) 47. 承上題，此放大器的增益頻寬乘積約為 (A) 10^7 (B) 10^8 (C) 10^9 (D) 10^{10}。

( )48. 如圖,其中 R = 100KΩ,g_m = 4mA/V,C_{gs} = C_{gd} = 1pF,求低頻

增益為 $\dfrac{V_0}{V_i}$ (A) − 20 (B) − 10 (C) − 5 (D) + 10。

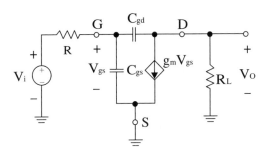

( )49. 續上題,上三分貝頻率ω_H約: (A) 160k rad/s (B) 270k rad/s (C) 450k rad/s (D) 750k rad/s。

( )50. 圖示為一高頻放大等效電路,假設其高三分貝頻率是5×10^6rad/s, 請求負載電阻R_L? (A) 500Ω (B) 1KΩ (C) 2KΩ (D) 3KΩ。

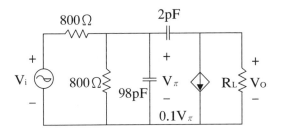

( )51. 續上題,試求該電路之中頻增益V_0/V_i? (A) − 350 (B) − 300 (C) − 200 (D) − 100。

( )52. 一濾波器之轉移函數$T(S) = \dfrac{S}{(S + 100)(S + 10000)}$,則此濾波器

之頻寬為 (A) 787.81Hz (B) 4950Hz (C) 1575.63Hz (D) 9900Hz。

( )53. 某一電路的轉移函數為$\dfrac{100}{1 + S/10^4}$,則其增益−頻寬乘積為何?

(A) 10^4Hz (B) 10^6 (C) 1.592KHz (D) 159.2KHz。

( )54. 一個放大器的轉換函數$A(S) = \dfrac{100S}{(S + 100)(1 + S/10^6)}$,下列敘述何

者有誤? (A)中頻增益約為 40dB (B)低頻截止頻率ω_L為 100 rad/ sec (C)高頻截止頻率ω_H為 100K rad/sec (D)頻率為 1 rad/sec時增 益約為 1。

( ) 55. 圖示電路中,有關轉移函數 $V_o(S)/V_i(S)$ 的敘述,下列何者為真?
(A)有二個極點、二個零點 (B)有二極點、一個零點 (C)有一個極點、二個零點 (D)有一個極點、一個零點。

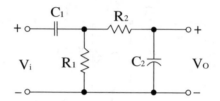

( ) 56. 下列有關 BJT 與 MOSFET 電路的一般特性之比較敘述,何者正確?
(A) 在相似的電路組態下,BJT 放大器有較差的高頻響應
(B) 在同樣的偏壓電流下,BJT 放大器有較高的轉導
(C) 在相似的電路阻態下,MOSFET 放大器有較低的輸入電阻值
(D)作為電壓傳輸之理想關關元件時,BJT的特性比MOSFET好。

( ) 57. 下列有關放大器電路的頻率響應之敘述,何者正確?
(A) 耦合電容主要是影響電路的高頻響應
(B) 共射極放大器的高頻響應不會受到米勒效應的影響
(C) 複數極點會以共軛對的方式出現
(D)於波德圖上,每經過一極點,其大小值會以每增加兩倍頻率降 20dB 的速率減少。

( ) 58. 如圖示之電路,假設電晶體之 $V_t = 1V$、$\mu C_{ox}\dfrac{W}{L} = 2mA/V^2$、$C_{gs} = C_{gd} = 1PF$,在不考慮通道長度調變效應下,假設電容 $C_c = 1\mu F$,試求此電路之電壓增益轉換函數的低 3 − dB 頻率 f_L 值約為何? (A) 106Hz (B) 150Hz (C) 206Hz (D) 250Hz。

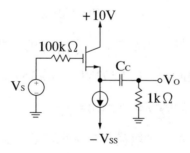

( ) 59. 承上題,假設電容值 C_c 變為無窮大,試求此電路之高 3 − dB 頻率 f_H 值為何? (A) 0.2MHz (B) 0.4MHz (C) 0.8MHz (D) 1.2MHz。

─── 解答 ───

1. (B)　*2.* (A)　*3.* (C)　*4.* (A)　*5.* (A)　*6.* (A)　*7.* (B)。

8. (A)。 $\text{SNR(dB)} = 20\log_{10}\dfrac{100\text{mV}}{20\mu\text{V}} = 20\log_{10}5000$

$$\doteqdot 74\text{(dB)}$$

9. (A)　*10.* (C)。

11. (B)。 $f = \dfrac{1}{2\pi RC} = \dfrac{1}{2\times3.14\times10\times10^3\times1\times10^{-6}} \doteqdot 15.92\text{Hz}$

12. (C)。

13. (A)。經過兩個衰減器為衰減 $-15-15 = -30$(dB)

故 $10\log_{10}x = -30 \Rightarrow x = \dfrac{1}{1000}$

14. (B)　*15.* (D)。

16. (C)。 $g_m = \sqrt{2\mu C_0}\times\sqrt{\dfrac{W}{L}}\times\sqrt{ID}$

$= \sqrt{2\times20}\times\sqrt{64}\times\sqrt{10}$

$= 2\sqrt{10}\times8\times\sqrt{10}$

$= 160\mu\text{A/V}$

17. (B)。可畫出等效小訊號模型

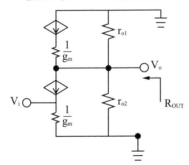

$r_{02} = r_{01} = \dfrac{V_A}{ID} = \dfrac{50V}{10\mu A} = 5\text{M}\Omega$

$\therefore R_0 = r_{01}//r_{02} = 5\text{M}//5\text{M} = 2.5\text{M}\Omega$

18. (B)　*19.* (A)　*20.* (B)　*21.* (A)　*22.* (C)　*23.* (D)。

24. (B)。 $\tau = RC$，$w_{3dB} = \dfrac{1}{2\pi RC} = \dfrac{1}{2\times3.14\times0.159\text{ms}} \doteqdot 1\text{KHz}$

25. (C)　*26.* (D)　*27.* (D)　*28.* (D)　*29.* (A)　*30.* (C)　*31.* (C)。

32. (C)。 $f_B = \dfrac{100\text{M}}{200} = 500\text{KHz}$

33. (A)　。 $h_{fe} = \dfrac{100\text{M}}{10\text{M}} = 10$

34. (D)　35. (C)。

36. (A)。若R_s被理想化固定電流源所取代，此時 $R = \infty$，故$W_2 = \dfrac{1}{RC} = \dfrac{1}{\infty} = 0$

37. (A)。

38. (C)。可畫出小訊號為

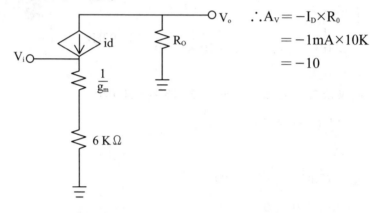

$$\therefore A_V = -I_D \times R_0$$
$$= -1mA \times 10K$$
$$= -10$$

39. (C)。$W_P = \dfrac{1}{2\pi(\dfrac{1}{g_m}//6K\Omega)\times 6K}$

$$= \dfrac{1}{6.28 \times 0.857 \times 6K} \div 18.6\mu F$$

40. (A)　41. (D)　42. (C)　43. (A)　44. (A)　45. (D)　46. (B)　47. (A)　48. (A)　49. (C)

50. (C)　51. (D)　52. (C)　53. (D)　54. (C)　55. (B)　56. (B)　57. (C)　58. (A)　59. (D)

第九章　運算放大器

9-1　OP-AMP 端點

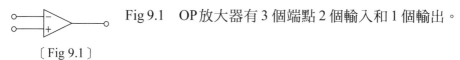

〔Fig 9.1〕

Fig 9.1　OP 放大器有 3 個端點 2 個輸入和 1 個輸出。

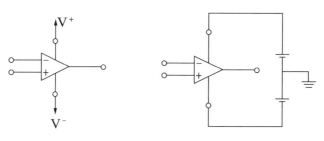

〔Fig 9.2〕

大多 OP 放大器需要 2 個直流電源供應

9-2　理想 OPA

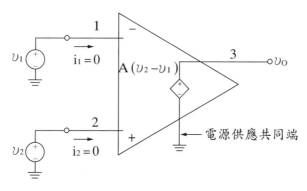

Fig 9.2　圖示理想 OPA 的等效電路，A ＞ 0

端點 1 被稱為反相輸入端

端點 2 被稱為非反相輸入流

OPA 只會反應差值信號 $v_2 - v_1$

且忽略兩輸入端共有的信號

如果 $v_1 = v_2$ 然後 $v_0 = A(v_2 - v_1) = 0$，則稱之為共模拒斥，我們推論 CMRR ＝ ∞

Fig 9.2 是差動輸入

單端輸出放大器，除此之外增益 A 被稱為開迴路增益。

9-3 理想放大器的電路分析

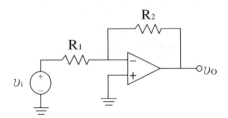

Fig 為負回授，其中R_2為回授電阻。

〔Fig 9.3　反相閉迴路放大器〕

9-3-1 閉迴路增益

我們欲計算 Fig 9.3 之閉迴路增益$G = \dfrac{\upsilon_0}{\upsilon_i}$

由 Fig 9.3 可知$\upsilon_0 = A(\upsilon_2 - \upsilon_1)$，因此$\upsilon_2 - \upsilon_1 = \dfrac{\upsilon_0}{A}$

若A→∞(通常 A 值甚大)，則$V_2 \approx V_1$，我們稱之為虛短路；亦即分析 OP amp 電路時，我們可將 OP amp 的兩個輸入端視為等電位。此外 OP amp 的兩個輸入端的輸入電流皆為 0，如 Fig 9.2 中$i_1 = i_2 = 0$所示。

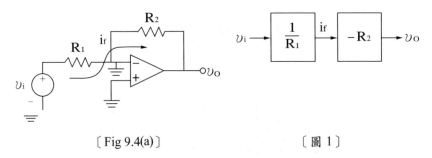

〔Fig 9.4(a)〕　　　　　　　　〔圖 1〕

因此 Fig 9.3 如 Fig 9.4(b)，圖 1 加以分析可得$\dfrac{v_0}{v_i} = -\dfrac{R_2}{R_1}$ ————(1)

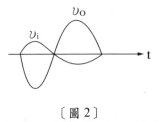

由(1)可得電壓增益為負，因此υ_0與υ_i反相位，如圖 2 所示。

由(1)可知電阻R_1，R_2之值即可決定閉迴路增益$\dfrac{\upsilon_0}{\upsilon_i}$。

〔圖 2〕

9-3-2　開迴路增益的效應

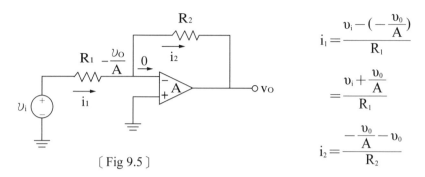

〔Fig 9.5〕

$$i_1 = \frac{v_i - (-\frac{v_0}{A})}{R_1}$$

$$= \frac{v_i + \frac{v_0}{A}}{R_1}$$

$$i_2 = \frac{-\frac{v_0}{A} - v_0}{R_2}$$

由$i_1 = i_2$可得$\frac{1}{R_1}(v_i + \frac{v_0}{A}) = \frac{-1}{R_2}(\frac{v_0}{A} + v_0)$移項整理可得閉迴路增益 G 為

$$G = \frac{v_0}{v_i} = \frac{-\frac{R_2}{R_1}}{1 + \frac{1}{A}(1 + \frac{R_2}{R_1})} \rule{5cm}{0.4pt} (2)$$

若 A→∞，則$G \to -\frac{R_2}{R_1}$，此與(1)吻合。

若$1 + \frac{R_2}{R_1} \ll A$，則$G \approx -\frac{R_2}{R_1}$

9-3-3　輸入與輸出電阻

考慮 Fig 9.4(b)可得輸入電阻為

$$R_i = \frac{v_i}{i_f} = \frac{v_i}{\frac{v_i}{R_1}} = R_1$$

輸出電阻為$R_0 = 0$，因此可得如 Fig 9.6 所示之等效電路。

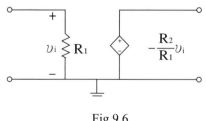

Fig 9.6

欲得高輸入電阻R_i，我們必須選擇高電阻R_1，欲提高電壓增益絕對值$\frac{R_2}{R_1}$，R_2之值必須更高，因而不切實際。範例練習 1 則可解決此一問題，亦即可獲得高輸入電阻，高電壓增益絕對值，且電阻值不會過大。

【範例練習 1】

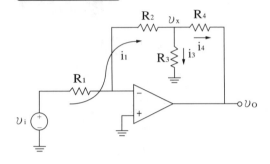

(1)試推導閉迴路增益$\dfrac{v_0}{v_i}$

(2)使用本電路設計反相放大器，其增益為 − 100，輸入電阻為 1MΩ。所使用的電阻值請勿超過 1MΩ。

(3)將本設計與 Fig 9.3 的設計作一比較。

【解析】

(1)

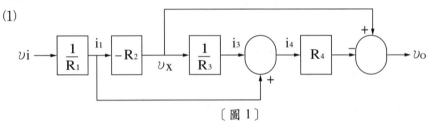

〔圖 1〕

由圖 1 可得$\dfrac{v_0}{v_i} = -\dfrac{R_2}{R_1} - \dfrac{R_4}{R_1} - \dfrac{R_2R_4}{R_1R_3} = -\dfrac{R_2}{R_1}(1 + \dfrac{R_4}{R_2} + \dfrac{R_4}{R_3})$ ────── (1)

(2)輸入電阻即為$R_1 = 1$MΩ，我們選擇$R_2 = 1$MΩ，$R_4 = 1$MΩ

$\therefore |\dfrac{v_0}{v_i}| = 100 = \dfrac{1}{1} \times (1 + \dfrac{1}{1} + \dfrac{1}{R_3})$

$\therefore \dfrac{1}{R_3} = 98$　$\therefore R_3 = 0.0102$MΩ $= 10.2$kΩ

(3)若採用 Fig 9.3 的設計，則$R_1 = 1$MΩ，$\dfrac{R_2}{R_1} = 100$，因此可得$R_2 = 100$MΩ，此值太大，不切實際。

9-4　反相放大器的應用

9-4-1　使用一般性阻抗Z_1與Z_2的反相放大器。

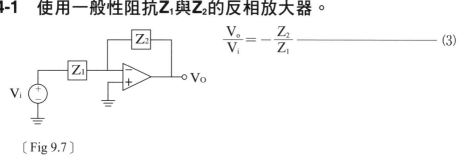

$$\frac{V_o}{V_i} = -\frac{Z_2}{Z_1} \tag{3}$$

〔Fig 9.7〕

【範例練習 2】

試推導右圖的轉移函數$H(S) = \dfrac{V_o(S)}{V_i(S)}$，並求出 dc 增益與 3-dB 頻率。證明轉移函數代表低通 STC 電路。設計本電路以獲得 40dB 之 dc 增益，1KHz 之 3-dB 頻率，以及 1KΩ 之輸入電阻。

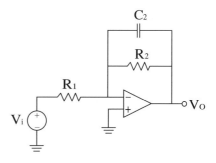

【解析】比較題目與 Fig 9.7 可知$Z_1 = R_1$，$Z_2 = R_2 // \dfrac{1}{C_2 S}$

$$\therefore Z_2 = \frac{R_2 \times \dfrac{1}{C_2 S}}{R_2 + \dfrac{1}{C_2 S}} = \frac{R_2}{1 + SC_2 R_2}$$

$$H(S) = \frac{V_o}{V_i} = -\frac{Z_2}{Z_1} = \frac{-\dfrac{R_2}{R_1}}{1 + SC_2 R_2} \tag{1}$$

因此可得 dc 增益為$K = -\dfrac{R_2}{R_1}$，3-dB 頻率為 $\omega_0 = \dfrac{1}{C_2 R_2}$

由(1)可得$H(0) = -\dfrac{R_2}{R_1}$，$H(\infty) = 0$，且$H(S)$為一階，因此 $H(S)$ 代表低通 STC 電路，如圖 1 所示。

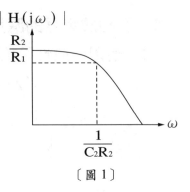

〔圖 1〕

$R_i = R_1 = 1k\Omega$，$20 \log \dfrac{R_2}{R_1} = 40$　$\therefore \dfrac{R_2}{R_1} = 100$

$\therefore R_2 = 100K\Omega$

$\omega_0 = 2\pi f_0 = \dfrac{1}{C_2 R_2}$　$\therefore 2\pi \times 10^3 = \dfrac{1}{C_2 \times 100 \times 10^3}$

$\therefore C_2 = 1.59 \times 10^{-9}F = 1.59nF$

9-4-2　反相積分器

Fig 9.8(a)反相積分器　(b)積分器的頻率響應

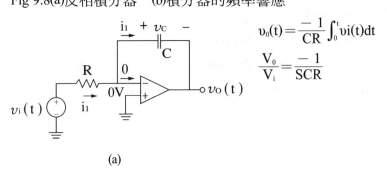

$$v_0(t) = \dfrac{-1}{CR} \int_0^t vi(t)dt$$

$$\dfrac{V_0}{V_i} = \dfrac{-1}{SCR}$$

(a)

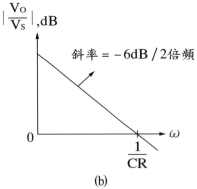

斜率 $= -6dB\,/\,2$倍頻

(b)　　　　　　　〔Fig9.8〕

考慮 Fig 9.8(a)，其中 $i_1(t) = \dfrac{v_i(t)}{R}$

令 $v_c = v_c(0)$，因此可得 $v_c(t) = V_c + \dfrac{1}{C}\int_0^t i_1(t)dt$

由 $\upsilon_0(t) = -\upsilon_c(t)$ 可得 $\upsilon_c(t) = \dfrac{-1}{CR}\displaystyle\int_0^t v_i(t)dt - V_c$ —————————— (4)

其中 CR 稱為積分器時間常數。

使用 S 域的推導可得轉移函數為

$$\frac{V_0(S)}{V_i(S)} = -\frac{\dfrac{1}{SC}}{R} = \frac{-1}{SCR}$$ —————————— (5)

令 $S = j\omega$ 可得頻率響應為

$$\frac{V_0(j\omega)}{V_i(j\omega)} = \frac{-1}{j\omega CR}$$ —————————— (6)

因此振幅響應為 $\left| \dfrac{V_0}{V_i} \right| = \dfrac{1}{\omega CR}$ —————————— (7)

相位響應為 $\phi = \measuredangle\dfrac{V_0}{V_i} = 180° - 90° = 90°$ —————————— (8)

當 $\left| \dfrac{V_0}{V_i} \right| = 1$ 時，$\omega = \dfrac{1}{CR}$，因此我們定義 $\omega_{int} = \dfrac{1}{CR}$ —————————— (9)

為積分器頻率

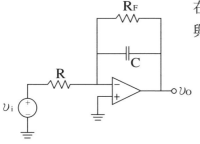

在直流提供負回授，將大電阻 $R_F(R_F \ll R)$ 與 C 並聯的密勒積分器。

〔Fig 9.9〕

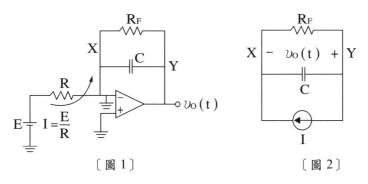

〔圖 1〕　　　　　　　〔圖 2〕

圖 1，圖 2 顯示 $0 \leq t \leq T$ 的情況，其中 $I = \dfrac{E}{R} = \dfrac{1}{10} = 0.1mA$

將圖 2 電容 C 開路(直流穩態)$V_0(\infty) = -R_F I = -100V$

又$V_0(0) = 0$，且時間常數為$T = R_F C = 10^6 \times 10^{-8} = 10^{-2}sec = 10ms$

因此可得$v_0(t : 0 \leq t \leq T) = v_0(\infty)(1 - e^{-\frac{t}{\tau}}) = -100(1 - e^{-\frac{t}{10}})$

$\therefore V_0(T) = -100(1 - e^{-\frac{1}{10}}) = -9.5V$

$t \geq T$則相當於圖 2 中$I = 0$的情況($\because E = 0$)，因此$v_0(t)$自$v_0(T) = -9.5V$，以$T = 10ms$的時間常數朝向 0V 放電

9-4-3　微分器

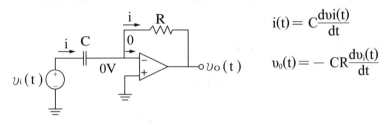

$i(t) = C\dfrac{dv_i(t)}{dt}$

$v_0(t) = -CR\dfrac{dv_i(t)}{dt}$

〔Fig 9.10(a)微分器〕

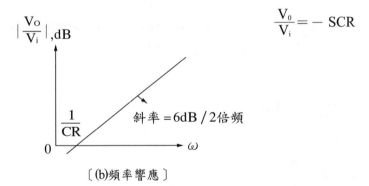

$\dfrac{V_0}{V_i} = -SCR$

〔(b)頻率響應〕

將 Fig 9.8(a)積分器中的電阻 R 與電容 C 位置對調即可得到 Fig 9.10(a)中所示的微分器。

$\because v_0(t) = -Ri(t)$，$i(t) = \dfrac{dv_i(t)}{dt}$　$\therefore v_0(t) = -CR\dfrac{dv_i(t)}{dt}$ —————— (10)

使用 S 域的推導可得轉移函數為

$$\dfrac{V_0(S)}{V_i(S)} = -\dfrac{R}{\dfrac{1}{SC}} = -SCR$$ —————— (11)

令$S = j\omega$可得頻率響應為

$$\dfrac{V_0(j\omega)}{V_i(j\omega)} = -j\omega CR$$ —————— (12)

因此振幅響應為 $\left| \dfrac{V_0}{V_i} \right| = \omega CR$ ————————————————— (13)

相位響應為 $\phi = \angle \dfrac{V_0}{V_i} = -90°$ ————————————————— (14)

$\left| \dfrac{V_0}{V_i} \right| = 1$ 時，$\omega = \dfrac{1}{CR}$，因此我們定義 CR 為微分器時間常數。

由 Fig 9.10(b)可知微分器電路為雜訊放大器 $\because \left| \dfrac{V_0}{V_i} \right| \propto \omega$，因此微分器電路非常少用。

9-4-4　比重求和器

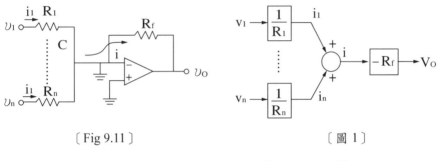

〔Fig 9.11〕　　　　　　　　　　　　　〔圖 1〕

$$\therefore v_0 = -R_f i = -R_f \left(\dfrac{v_1}{R_1} + \cdots + \dfrac{v_n}{R_n} \right) = -\left(\dfrac{R_f}{R_1} v_1 + \cdots + \dfrac{R_f}{R_n} v_n \right) \quad\text———(15)$$

輸出電壓是所有輸入信號的加權總和各加權係數可經由各項對應的饋入電阻($R_1 \sim R_n$)來調整。

9-5　非反相組態

9-5-1 閉迴路增益

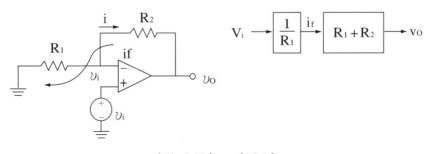

〔Fig 9.12〕　　〔圖 1〕

$$\therefore \dfrac{v_0}{v_i} = \dfrac{R_1 + R_2}{R_1} = 1 + \dfrac{R_2}{R_1} \quad\text————————————(16)$$

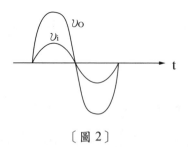

由(16)可得電壓增益為正,因此v_0與v_i同相位,如圖2所示。

〔圖2〕

9-5-2　等效電路模型

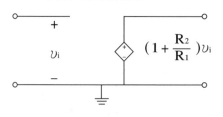

〔Fig 9.13〕

Fig 9.12 的輸入電阻為$R_i = \infty$,輸出電阻為$R_0 = 0$,因此可得如 Fig 9.13 所示之等效電路。

9-5-3　OPA 開迴路增益效應

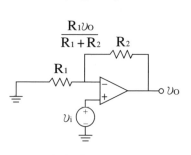

〔圖1〕

由圖1可得$v_i - \dfrac{R_1 v_0}{R_1 + R_2} = \dfrac{v_0}{A}$

移項整理可得閉迴路增益 G 為

$$G = \frac{v_0}{v_i} = \frac{1 + \dfrac{R_2}{R_1}}{1 + \dfrac{1}{A}(1 + \dfrac{R_2}{R_1})} \quad\text{————— (17)}$$

若 $A \to \infty$,則$G \to 1 + \dfrac{R_2}{R_1}$,此與(16)吻合。

若$1 + \dfrac{R_2}{R_2} \ll A$,則$G \approx 1 + \dfrac{R_2}{R_1}$

9-5-4　電壓隨耦器

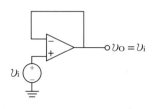

〔Fig 9.14　(a)電壓隨耦器〕

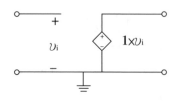

〔(b)等效電路模型〕

電壓隨耦器 Fig 9.14(a)的輸入電阻為$R_i = \infty$，輸出電阻為$R_0 = 0$，電壓增益為 1，因此可得如 Fig 9.14(b)所示的等效電路。

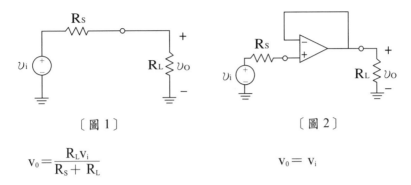

〔圖 1〕　　　　　　　　　　　　〔圖 2〕

$$v_0 = \frac{R_L v_i}{R_S + R_L} \qquad\qquad v_0 = v_i$$

圖 1 中$\frac{v_0}{v_i} < 1$，圖 2 中$\frac{v_0}{v_i} = 1$，因此圖 2 顯示電壓隨耦器的電壓增益恆為 1，不受電源電阻R_s與負載電阻R_L的影響。

9-6　OPA 的開迴路增益和頻寬增益

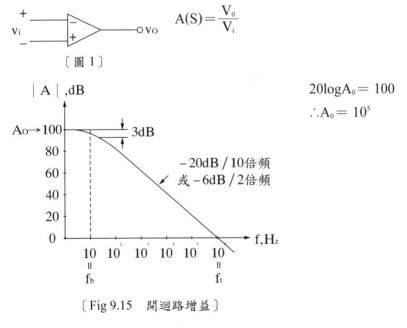

$$A(S) = \frac{V_0}{V_i}$$

〔圖 1〕

$20\log A_0 = 100$

$\therefore A_0 = 10^5$

〔Fig 9.15　開迴路增益〕

由 Fig 9.15 可得$A(S) = \dfrac{A}{1 + \dfrac{S}{\omega_b}}$ ——————————————————⑱

其中$A_0 = 10^5$為 dc 增益且$\omega_b = 2\pi f_b = 2\pi \times 10 \text{rad/s}$為 3-dB 頻率。

將 S = jω (註：ω = 2πf) 代入(18)可得

$$A(j\omega) = \frac{A_0}{1 + \dfrac{j\omega}{\omega_b}} \quad\text{————————————————————(19)}$$

若 ω ≫ ω_b (註：ω ≥ 10ω_b)，則 $A(j\omega) \approx \dfrac{A_0\omega_b}{j\omega}$ ————————(20)

當 | A(jω) | = 1時(0dB)，ω = A_0ω_b = ω_t ————————(21)

∴ω_t 稱為單位頻寬增益或(GB)。

$$\therefore A(j\omega) \approx \frac{\omega_t}{j\omega} \quad\text{——————————————————————(22)}$$

$$A(S) \approx \frac{\omega_t}{S} \quad\text{——————————————————————————(23)}$$

$$\therefore |A(j\omega)| \approx \frac{\omega_t}{\omega} = \frac{2\pi f_t}{2\pi f} = \frac{f_t}{f} \quad\text{————————————(24)}$$

$$\therefore f_t = \frac{\omega_t}{2\pi} = \frac{A_0\omega_b}{2\pi} = A_0 f_b = 10^5 \times 10 = 10^6 Hz = 1MHz$$

9-6-1 閉迴路放大器的頻率響應

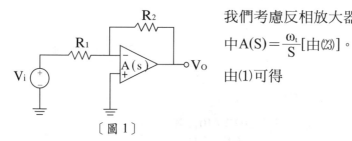

〔圖 1〕

我們考慮反相放大器如圖 1 所示，其中 $A(S) = \dfrac{\omega_t}{S}$ [由(23)]。

由(1)可得

$$\frac{V_0}{V_i} = \frac{-\dfrac{R_2}{R_1}}{1 + \dfrac{1}{A(S)}(1 + \dfrac{R_2}{R_1})} = \frac{-\dfrac{R_2}{R_1}}{1 + \dfrac{S}{(\omega t)}(1 + \dfrac{R_2}{R_1})}$$

$$= \frac{-\dfrac{R_2}{R_1}}{1 + \dfrac{S}{\omega_{3dB}}} \quad\text{————————————————————(25)}$$

其中 $\omega_{3dB} = \dfrac{\omega_t}{1 + \dfrac{R_2}{R_1}}$ ————————————————(26)

即為圖 1 的頻寬，$-\dfrac{R_2}{R_1}$ 即為圖 1 的 dc 增益。

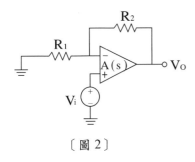

〔圖 2〕

我們考慮非反相放大器，如圖 2 所示，其中 $A(S) = \dfrac{\omega_t}{S}$。

由⑰可得 $\dfrac{V_0}{V_i} = \dfrac{1 + \dfrac{R_2}{R_1}}{1 + \dfrac{1}{A(S)}(1 + \dfrac{R_2}{R_1})} =$

$$\dfrac{1 + \dfrac{R_2}{R_1}}{1 + \dfrac{S}{\omega_t}(1 + \dfrac{R_2}{R_1})} = \dfrac{1 + \dfrac{R_2}{R_1}}{1 + \dfrac{S}{\omega_{3dB}}} \qquad\qquad ⑳$$

其中 ω_{3dB} 如圖所示。ω_{3dB} 即為圖 2 的頻寬，$1 + \dfrac{R_2}{R_1}$ 即為圖 2 的 dc 增益。

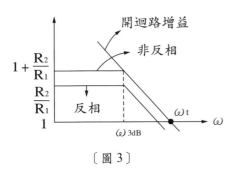

〔圖 3〕

圖 3 顯示頻率響應。事實上由⑳可知 $\dfrac{R_2}{R_1}\uparrow \omega_{3dB}\downarrow$，亦即 dc 增益增加導致頻寬下降。

讀後練習

( )　1. 下列何者為理相運算放大器之特性　(A) 輸出阻抗無窮大　(B) 輸入阻抗為零　(C) 增益無窮大　(D) 以上皆非。

( )　2. 理想運算放大器電路如圖，其輸出電壓 V_0 應為　(A) − 6 伏特　(B) − 8 伏特　(C) − 10 伏特　(D) − 12 伏特。

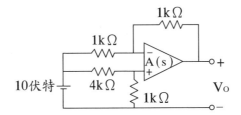

( )　3. 圖中之OPAMP假設為一理想之運算放大器，電晶體工作於順向
活性區域，則I_{out}之近似值，在$V_{in} > 0$時，為　(A) V_{in}/R　(B)$+ V_{CC}/R$
(C) 0　(D)$(+ V_{CC} - V_{in})/R$。

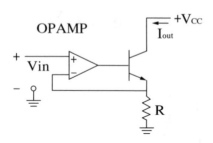

( )　4. 運算放大器之 slew rate　(A) 可用小信號線性分析預估之　(B) 可
降低補償電容值改善之　(C) 因輸入信號峰值太小所致　(D) 以上
皆非。

( )　5. 圖中，若放大器需定值輸入偏壓電流，無輸入偏移電流及偏移
電壓。現欲$V_{ia} = 0$時，$V_0 = 0$，則R_x之值應等於　(A) R_1　(B) R_2
(C) $R_1 + R_2$　(D)$(R_1$並聯$R_2)$之值。

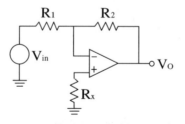

( )　6. 如圖所示之差動放器，係由兩個理想運算放大器組成，設差動
電壓放大倍數 A 定義為 $\dfrac{V_0}{V_2 - V_1}$，則 A 之值為何？　(A) 20　(B) 31
(C) 40　(D) 10。

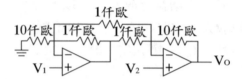

( )　7. 有一理想運算放大器電路，如圖所示，兩個齊納二極體之齊納
崩潰電壓，分別為V_{Z1}和V_{Z2}，順向電壓均為V_D，圖(9)中之R值，
可以使齊納二極體在齊納崩潰區工作，若$V_1 > 0$，則V_0應為　(A)
$-(V_{Z2} + V_n)$　(B) $V_{Z1} + V_D$　(C) $V_{Z2} + V_D$　(D) $-(V_{Z1} + V_D)$。

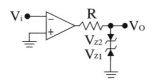

(　) 8. 圖中之T，若工作於活性區時，V_0與V_i間之關係，是V_0為V_i之
(A) 線性　(B) 平方律　(C) 自然對數　(D) 立方律函數。

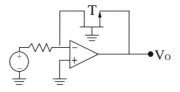

(　) 9. 圖之V_0/V_i為　(A) R_2/R_1　(B) $-R_2/R_1$　(C) $1+(R_2/R_1)$　(D) $-R_1/R_2$。

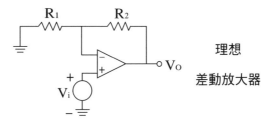

理想
差動放大器

(　) 10. 圖之差值放大器之CMRR為100倍，$V_1=1050\mu V$，$V_2=950\mu V$，
則V_0中之 common mode 成分佔V_0之　(A) 10%　(B) 15%　(C) 20%
(D) 1%。

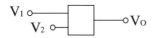

(　) 11. 圖中，B點之鋸齒波的週期為　(A) $(R_3+R_4)C$　(B) R_3C　(C) R_4C
(D) 以上皆非。

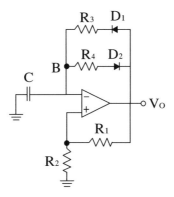

( )　12. 某運算放大器在低頻工作時,最大不失真之輸出電壓範圍
是±12V,滿功率頻帶寬為 30KHz,小信號半功率頻帶寬為 10Hz,
則 slew rate 為　(A) 0.8 伏/微秒　(B) 2.3 伏/微秒　(C) 0.12 伏/微秒
(D) 0.24 伏/微秒。

( )　13. 在圖的理想運算放大器電路中,若$V_1 = 3$伏,$V_2 = 2$伏,$V_3 = -4$
伏,則V_0為　(A) -13 伏　(B) -9.8 伏　(C) 0.2 伏　(D) 13 伏。

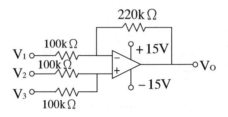

( )　14. 若一運算放大器具有$\dfrac{10^5}{S + 10^3}$的輸入輸出電壓轉移函數的特性以
及理想的輸入及輸出阻抗。將此放大器接線如圖所示。則在未
飽和的情形之下,此電路在輸入頻率為 1 仟赫時的$\left| \dfrac{V_0}{V_1} \right|$約為
(A) 0.56　(B) 0.63　(C) 0.87　(D) 0.97。

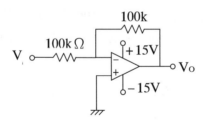

( )　15. 圖㉖中,在穩態時V_0為　(A) 0V　(B) 接近V_{CC}　(C) 接近$-V_{CC}$　(D)
(B) 或 (C)。

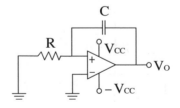

( )　16. 圖(a)所示的電路欲具有圖(b)的磁滯曲線轉移特性,則電阻 R 為
(A) 100 歐姆　(B) 500 歐姆　(C) 1000 歐姆　(D) 1500 歐姆。

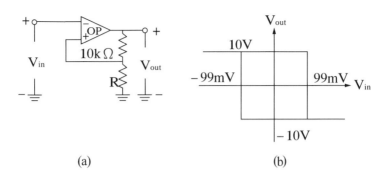

(a)　　　　　　　　　　　　(b)

(　) 17. 圖中為理想全波整流電路圖，R_1為 1000 歐姆，R_2為 2000 歐姆，V_m為 4 伏特，則V_{out}為　(A) 1 伏特　(B) 2 伏特　(C) 4 伏特　(D) 8 伏特。

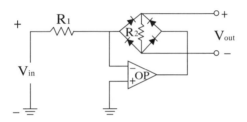

(　) 18. 假設圖中的運算大器為理想運算放大器，如果$V_1 = 2\sin t$伏特，則當電路達到穩態以後，V_0為　(A)$-\sqrt{2}\cos t$伏特　(B) 2cost　(C) $-$ cost 伏特　(D) cost 伏特。

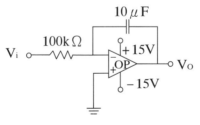

(　) 19. 圖中的積分放大電路中，若t = 0 時開關閉合，則輸出$V_0(t)$為　(A)$\dfrac{R_1 - t/C}{R_1 + R_2}$　(B)$\dfrac{R_2 - t/C}{R_1 + R_2}$　(C) $R_1 - t/C$　(D) $R_2 - t/C$。

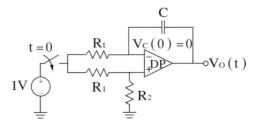

( )　20. 圖中，A為理想運算放大器，$R_1 = 1K\Omega$，$R_2 = R_4 = 10K\Omega$，$R_3 = 200\Omega$，則V_0/V_i為　(A) -520　(B) -620　(C) -720　(D) -820。

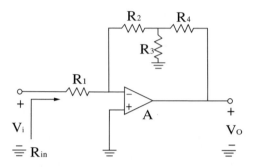

( )　21. 續上題，試求圖中，等效輸入阻抗R_{in}為　(A) $1K\Omega$　(B) $11.2K\Omega$　(C) $0.91K\Omega$　(D) 無窮大。

( )　22. 圖中，A為理想運算放大器，$V_R = 1V$，Z_1及Z_2為理想曾納二極體，$V_{Z1} = 3.6V$，$V_{Z2} = 5.1V$，$R_1 = 10K\Omega$，$R_2 = 20K\Omega$，則$V_1 = 0V$時，V_0為　(A) $0V$　(B) $-5.1V$　(C) $-3.6V$　(D) $-8.7V$。

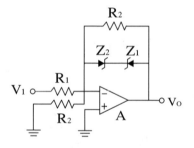

( )　23. 續上題，當$V_i = -4V$時，V_0為　(A) $3.6V$　(B) $5.1V$　(C) $8.7V$　(D) $0V$。

( )　24. X 及 Y 為兩個獨立的電壓放大器，其電壓增益分別為A_1及A_2輸入阻抗分別為R_{i1}及R_{i2}，輸出阻抗分別為R_{a1}及R_{a2}，如果將一個由理想運算放大器組成的電壓隨耦器串接於 X 及 Y 之間，則整體的電壓增益為　(A) $\sqrt{A_1A_2}$　(B) $(A_1A_2)2$　(C) A_1A_2　(D) A_1/A_2。

( )　25. 下列何種型式的類比/數位轉換器之轉換時間最快？　(A)計數式　(B)逐步趨近似式　(C)並聯比較式　(D)雙斜率式。

( )　26. 圖示為 Schmitt trigger circuit，若兩運算放大器均為理想，其電源$V_s = +15V$，$-V_s = -15V$，回答下列問題，若$V_R = 0$，輸入V_{in}的觸發一限電壓為　(A) $-10V$　(B) $+10V$　(C) $+7.5V$　(D) $-7.5V$。

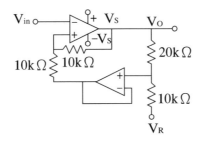

(　) 27. 同上題條件，輸入V_m的觸發下限電壓為　(A) + 7.5V　(B) − 7.5V
(C) + 10V　(D) − 10V。

(　) 28. 若V_R = − 9V，輸入V_m的觸發上限電壓為　(A) + 7V　(B) + 11V
(C) + 13V　(D) + 7.5V。

(　) 29. 同上題條件，上下限間兩觸發臨界電壓的差距為　(A) 10V　(B)
15V　(C) 20V　(D) 6V。

(　) 30. 圖中，A為理想運算放大器，V_1 = 0伏特，V_2 = 1伏特，V_3 = − 2
伏特，則V_0為　(A) 4　(B) 3　(C) − 4　(D) − 6 伏特。

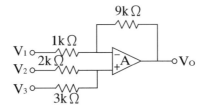

(　) 31. 上題中，如果V_1 = 1伏特，V_2 = 1伏特，V_3 = 0伏特，則V_0為
(A) 4　(B) − 3　(C) 2　(D) − 2 伏特。

(　) 32. 圖中的理想運算放大器電路，其等效電壓增益$\dfrac{V_0(j\omega)}{V_1(j\omega)}$應等於

(A) $\dfrac{j\omega R_2 C_1}{(1 + j\omega R_1 C_1)(1 + j\omega R_2 C_2)}$　(B) $-\dfrac{j\omega R_2 C_1}{(1 + j\omega R_1 C_1)(1 + j\omega R_2 C_2)}$

(C) $\dfrac{j\omega R_1 C_1}{(1 + j\omega R_1 C_2)(1 + j\omega R_2 C_1)}$　(D) $-\dfrac{j\omega R_2 C_2}{(1 + j\omega R_1 C_2)(1 + j\omega R_2 C_1)}$

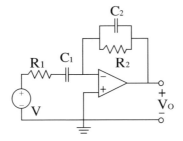

( ) 33. 將二最大輸出電流,最高輸出電壓及放大倍數皆相同但放大相位相反的功率放大器連接如圖,則其最大輸出功率為原來單一放大器的 (A) 2 倍 (B) 4 倍 (C) 1/2 倍 (D) 1/4 倍。

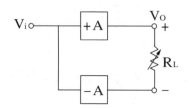

( ) 34. 若一恆流源差動放大器各個 BJT 參數相同,則$\beta_0 = 1K\Omega$,$h_{ie} = 1K\Omega$,$h_R = 20\times10^6S(S = \Omega^{-1})$。則放大器的差模輸入端電阻值約等於 (A) 200KΩ (B) 20KΩ (C) 2KΩ (D) 200Ω。

( ) 35. 已知－pn 二極體的切入電壓是 0.7V,又已知一運算放大器的開環差模增益$A_d = 10^5$,並與二極體組成精密半波整流器。若各偏差(offset)電壓,電流效應均可略而不計,則起始導流的輸入電位是 (A) $7\times10^{-5}V$ (B) 7×10^6V (C) 7×10^7V (D) $7\times10^{-8}V$。

( ) 36. 下列何者不是理想運算放大器的條件 (A) 輸入阻抗無限大 (B) 輸出阻抗零 (C) 放大率無限大 (D) 延遲率為零。

( ) 37. 施加於一差動放大器級輸入端的信號包含 100mV/1KHz 之差動信號及 1V/60Hz 的共模信號,測得輸出含 10V/1KHz 及 100mV/60Hz 兩信號,則此級的共模拒斥比應為 (A) 80dB (B) 100dB (C) 120dB (D) 60dB。

( ) 38. 設某放大器之不失真最大振幅(V_P)輸出為已知,則下列通用計數器之那一項功能最適合用來測試此放大器頻應之最高頻率? (A) 頻率 (B) 頻率比 (C) 相位關係 (D) 轉動率。

( ) 39. 一差動放大器之兩端輸入訊號分別為$V_1 = 2V$、$V_2 = -2V$時,其輸出為 40V,若輸入改為$V_1 = 3V$,$V_2 = 1V$時,其輸出為 24V,則此差動放大器之共模增益A_c為 (A) 1 (B) 2 (C) 3 (D) 4。

( ) 40. 如圖所示之理想運算放大器電路,所有電阻值 R 皆相同且 0 < R < ∞,若$V_1 = 0$伏特,$V_2 = 1$伏特,則V_0為 (A) 1 (B) － 1 (C) 0 (D) 2 伏特。

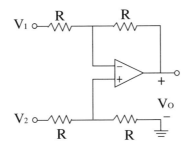

(　)　41. 如上題中，若$V_1 = 1$伏特、$V_2 = 1$伏特，則V_0為　(A)-2　(B)-1
(C) 0　(D) 2 伏特。

(　)　42. 圖示的電路中，已知運算放大器的輸入抵補電壓為±5 毫伏特，
此運算放大器的其餘特性均假設為理想狀況。試求輸出抵補電
壓約為　(A)±10　(B)±5　(C)±2　(D)±1 伏特。

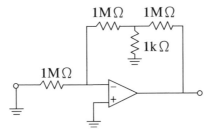

(　)　43. 同上題，若圖中 1 仟歐姆的電阻以 1 仟歐姆電阻串接 1 微拉電
容之阻抗取代，則輸出之抵補電壓約為　(A)±10　(B)±15　(C)±20
(D) ±25 毫伏特。

(　)　44. 圖(a)非反相放大電路中的運算放大器，有如圖(b)所示的開迴增
益波德圖，此運算放大器的其餘特性均假設為理想狀況，且
$R_1 = 1$仟歐姆，$R_2 = 9$仟歐姆，$V_1 = 0.1\sin(2\pi ft)$伏特，當 f = 100
赫芝時，V_0的波形最接近下列那一函數？　(A) $0.1\sin(2\pi ft)$　(B)
$0.1\sin(2\pi ft + 45°)$　(C) $\sin(2\pi ft - 45°)$　(D) $\sin(2\pi ft)$　伏特。

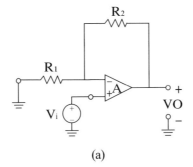

(a)

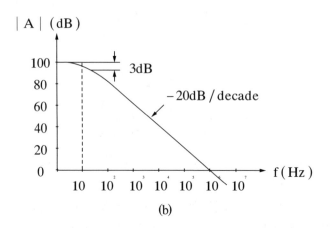

(b)

( ) 45. 同上題，當 f＝ 100 仟赫芝時，V_0的波形最接近下列那一函數？
(A) 0.7sin(πft － 45°)　(B) 0.5sin(2πft)　(C) 0.5sin(2πft － 45°)　(D)
0.5sin(2πft ＋ 45°)　伏特。

( ) 46. 同上題，當 f＝ 1 百萬赫芝時，V_0的波形最接近下列那一函數？
(A) 0.1sin(2πft ＋ 45°)　(B) 0.1sin(2πft)　(C) 0.1sin(2πft － 45°)　(D)
0.1sin(2πft － 84°)　伏特

( ) 47. 輸出不失真的，運算放大器(op-amp)的轉動率(slew rate)與弦波
信號的最高工作頻率有如下的關係，$頻率＝\dfrac{轉動率}{6.28×輸出電壓峰值}$，
已知 op-amp μA741 的轉動率為 0.5 伏/微秒，在不考慮其它失真
因素的條件下，欲使μA741 輸出不失真的電壓峰值為 1 伏，則
信號的最高工作頻率，下列何者最適當　(A) $5×10^6$Hz　(B) $2×10^6$Hz
(C) 79620Hz　(D) 8000Hz。

( ) 48. 如圖所示放大器串接的相位電路，若R_1＝ 1KΩ，R_2＝ 1KΩ，C
＝ 0.1μF，則轉移函數V_3/V_2的極點頻率f_p為　(A) 1.6KHz　(B) 0.796
KHz　(C) 10.0KHz　(D) 5.0KHz。

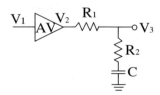

( ) 49. 如圖(a)所示的史密特觸發電路及圖(b)所示的輸出入關係曲線，
則V_1與V_2之值，下列何者最為適當　(A) V_1＝ 1.04伏，V_2＝ 0.94伏

(B) $V_1 = 0.94$ 伏，$V_2 = 0.8$ 伏 (C) $V_1 = 1.04$ 伏，$V_2 = 0.8$ 伏 (D)
$V_1 = 4.0$ 伏，$V_2 = 1.0$ 伏。

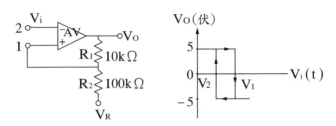

( ) 50. 見圖示，設 $i = 1$，2，$3\cdots\cdots N$，令 $N = 4$，則圖中數位信號輸入
為 0000_2。若將輸入改為 1010_2，則 $i_0 = \alpha \times \dfrac{V_{ref}}{R}$，其中 $\alpha = ?$ (A) 0.1
(B) 5/8 (C) 5/16 (D) 10。

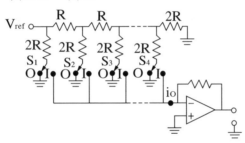

( ) 51. 圖示為波形產生電路，V_0 的波形為 (A) 三角波 (B) 鋸齒波 (C)
正弦波 (D) 方波。

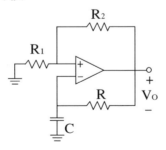

( ) 52. 同上題，運算放大器為理想特性，且飽和限制電壓為 ± 10 伏特，
若 $R_1 = 100K\Omega$，$R_2 = 1M\Omega$，$R = 1M\Omega$，$C = 0.01\mu F$，則 V_0 之波
形週期為 (A) 0.02 ln 1.2 (B) 0.01 ln 1.2 (C) 0.002 ln 1.2 (D) 0.002
ln 2 秒。

( ) 53. 圖中，運算放大器為理想特性，若 $R_1 = 2K\Omega$、$R_2 = 200K\Omega$、$C =$
$2nF$，則直流電壓增益 $\dfrac{V_0}{V_i}$ 為 (A) -100 (B) -0.01 (C) 100 (D) 101。

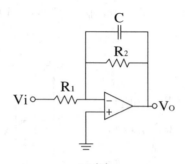

(　) | 54. 同上題，試求轉移函數 $\dfrac{V_0(S)}{V_i(S)}$ 為　(A) $\dfrac{-100}{1+4\times10^6 S}$　(B) $\dfrac{-100}{1+4\times10^{-4}S}$　(C) $\dfrac{100}{1+4\times10^{-6}S}$　(D) $\dfrac{100}{1+4\times10^{-4}S}$

(　) | 55. 差動放大器的輸入電壓分別為 $V_1=10\mu V$，$V_2=-10\mu V$，差動電壓增益 $A_d=1000$，共模拒斥比 $CMRR=1000$，試求輸出電壓 V_0 為　(A) 10　(B) 20　(C) 30　(D) 40 毫伏。

(　) | 56. 如圖所示之運算放大器電路，假設圖中之運算放大器(A)為一理想運算放大器，F 表示法拉(farad)，則當 R = 1 歐姆(Ω)時，轉移函數 $V_0(S)/V_{in}(S)$ 為　(A) $\dfrac{2}{S^2+S+1}$　(B) $\dfrac{1}{S^2+2S+1}$　(C) $\dfrac{1}{S^2+S+2}$　(D) $\dfrac{2}{S^2+S+2}$。

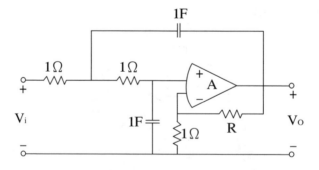

(　) | 57. 上題中，當 R = 2 歐姆時，轉移函數 $\dfrac{V_0(S)}{V_{in}(S)}$ 為　(A) $\dfrac{2}{S^2+S+1}$　(B) $\dfrac{2}{S^2+1}$　(C) $\dfrac{3}{S^2+2S+1}$　(D) $\dfrac{2}{S^2+1}$。

(　) | 58. 圖示的理想放大器電路，其電壓增益為 $V_0/V_i=$　(A) -520　(B) -1020　(C) -1220　(D) -2240。

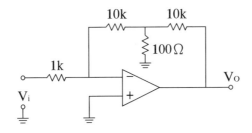

( ) 59. 圖(a)所示之理想放大器零交叉比較電路中,若理想稽納二極體的崩潰電壓分別為$V_{z1}=10V$,$V_{z2}=5V$,且輸入波形如圖(b)所示,則其輸出應為 (A) $0<t<1$ 時,$V_0=-5V$ (B) $2<t<3$ 時,$V_0=+5V$ (C) $1<t<3$ 時,$V_0=-10V$ (D) $2<t<4$ 時,$V_0=+15V$。

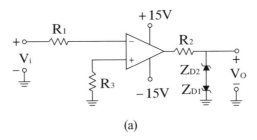

(a)

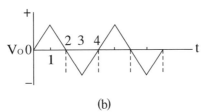

(b)

( ) 60. 如圖所示,試求 $V_c(S)=?$ (A) $\dfrac{V_s}{sCR_2}$ (B) sCR_2V_s (C) $\dfrac{R_1}{R_2}$ (D) $\dfrac{R_1V_s}{2+sCR_1}$。

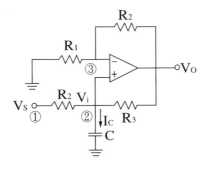

( ) 61. 如上圖所示，本電路的節點①和②之間可作為　(A) 電流至電壓轉換器　(B)電壓至電流轉換器　(C)電壓放大器　(D)電流放大器。

( ) 62. 上圖所示，本電路的V_0和V_s之間可形成　(A) 對數器　(B)加法器　(C) 微分器　(D) 積分器。

( ) 63. 在一只運算放大器的反相輸入端與輸出端之間接上一只負極在輸出端的二極體，而正相輸入端接地，若輸入電壓V_{in}為正值且經一只47仟歐姆的電阻接到反相輸入端，K_1和K_2為常數，則輸出電壓V_0的形式將為　(A)$K_1e^{k \cdot V_{in}}$　(B)$K_1 \ln(K_2V_{in})$　(C)弦波　(D)電壓值為介於$+V_{in}$與$-V_{in}$的方波。

解答

1. (C)。

2. (A)。 $V_0 = (1 + \frac{R_2}{R_1})(\frac{R_4}{R_3 + R_4})V_2 - (\frac{R_2}{R_1})V_1$

   $= (1 + 1)(\frac{1}{5}) \times 10 - 10$

   $= 4 - 10$

   $= -6V$

3. (A)　4. (B)　5. (D)　6. (B)。

7. (A)。 當$V_1 > 0$時，$V_0 < 0$，故此時Z_2逆偏，Z_1順偏

   故$V_0 = -(V_{Z_2} + V_D)$

8. (C)。

9. (C)。 $V_0 = (1 + \frac{R_2}{R_1})V_1 \Rightarrow \frac{V_0}{V_1} = 1 + \frac{R_2}{R_1}$

10. (A)　11. (D)　12. (B)。

13. (B)。 $\because V_+ = V_-$，且流進運算放大器之電流為0

   故$\frac{2-V_+}{100K} = \frac{V_+-(-4)}{100K} \Rightarrow V_+ = -1V = V_-$

   $\because \frac{V_--V_0}{220K} = \frac{V_1-V_-}{100K}$

   $\Rightarrow \frac{-1-V_0}{220K} = \frac{3-(-1)}{100K}$

   $\Rightarrow -1-V_0 = 8.8$

   $\Rightarrow V_0 = -9.8V$

14. (D)　15. (D)。

16. (A)。$\dfrac{V_0}{V_{in}}=\dfrac{10V}{100mV}=\dfrac{10K}{R}\Rightarrow R=100\Omega$

17. (D)。$\dfrac{V_0}{V_{in}}=\dfrac{R_2}{R_1}\Rightarrow\dfrac{V_0}{4}=\dfrac{2000}{1000}\Rightarrow V_0=8V$

18. (B)　*19.* (B)　*20.* (A)　*21.* (A)。

22. (A)。$V_0=(-\dfrac{20K}{10K})\times0+(-\dfrac{20K}{20K})\times0$

$=0V$

23. (B)。$V_0=(-\dfrac{20K}{10K})\times(-4)+(-\dfrac{20K}{20K})\times0$

$=8V$

但是$V_{z_2}=5.1V$　$\therefore V_0$被固定在5.1V

24. (C)　*25.* (C)　*26.* (B)　*27.* (D)　*28.* (A)　*29.* (C)。

30. (D)。$V_+=(V_2+V_3)\times\dfrac{3}{2+3}=(1-2)\times\dfrac{3}{5}=-0.6V=V_-$

$\dfrac{V_1-V_-}{1K}=\dfrac{V_--V_0}{9K}\Rightarrow\dfrac{0.6}{1K}=\dfrac{-0.6-V_0}{9K}$

$\therefore V_0=-6V$

31. (B)。$V_+=(V_2+V_3)\times\dfrac{3}{2+3}=1\times\dfrac{3}{5}=0.6v=V_-$

$\dfrac{V_1-V_-}{1K}=\dfrac{V_--V_0}{9K}\Rightarrow\dfrac{1-0.6}{1K}=\dfrac{-0.6-V_0}{9K}$

$\therefore V_0=-3V$

32. (B)　*33.* (B)　*34.* (C)　*35.* (B)　*36.* (D)　*37.* (D)　*38.* (D)　*39.* (B)。

40. (A)。$V_0=(1+\dfrac{R}{R})(\dfrac{R}{R+R})V_2-(\dfrac{R}{R})V_1$

$=(1+1)(\dfrac{1}{2})\times1-0$

$=1V$

41. (C)　*42.* (A)　*43.* (B)　*44.* (D)　*45.* (A)　*46.* (D)　*47.* (C)　*48.* (B)　*49.* (A)　*50.* (B)

51. (D)　*52.* (A)　*53.* (A)　*54.* (B)　*55.* (B)　*56.* (A)　*57.* (B)　*58.* (B)　*59.* (B)　*60.* (A)

61. (B)　*62.* (D)　*63.* (B)。

第十章 濾波器與調諧放大器

10-1 濾波器的傳輸與型式

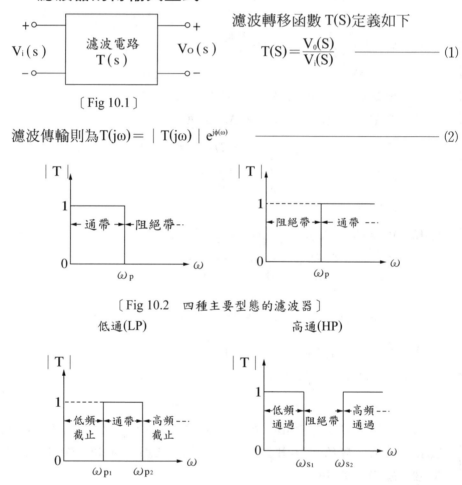

〔Fig 10.1〕

濾波轉移函數 T(S)定義如下

$$T(S) = \frac{V_0(S)}{V_i(S)} \qquad\qquad (1)$$

濾波傳輸則為 $T(j\omega) = | T(j\omega) | e^{j\phi(\omega)}$ ─────────(2)

〔Fig 10.2 四種主要型態的濾波器〕

低通(LP)　　　　　　　　　　　高通(HP)

帶通(BP)　　　　　　　　　　　帶拒(BS)

在此特別有興趣的是濾波器具有頻率選擇的特性,能搞定特定頻率範圍內的信號通過,範圍外的信號則隔絕掉,所以理想濾波器有兩個頻帶,一個稱做通帶,一個稱做阻絕帶,如 Fig 10.2。

10-2　二階 LCR 諧振器

10-2-1　諧振的自然模數

Fig 10.3(a)二階並聯 LCR 諧振器

　　　(b)和(c)是兩種不會改變自然結構的啟動方法

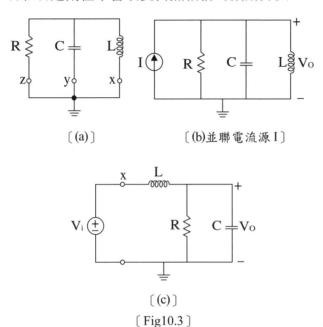

〔(a)〕　　　　　〔(b)並聯電流源I〕

〔(c)〕

〔Fig10.3〕

分析 Fig 10.3(b)可得

$$\frac{V_0}{I} = Z = \frac{1}{Y} = \frac{1}{SC + \frac{1}{R} + \frac{1}{SL}} = \frac{\frac{1}{C}S}{S^2 + \frac{1}{CR}S + \frac{1}{LC}} \quad\text{————(3)}$$

令 $S^2 + \frac{1}{CR}S + \frac{1}{LC} = S^2 + \frac{\omega_0}{Q}S + \omega_0^2$ 可得

$$\omega_0^2 = \frac{1}{LC} \quad\text{————(4)}$$

$$\frac{\omega_0}{Q} = \frac{1}{CR} \quad\text{————(5)}$$

$$\therefore \omega_0 = \frac{1}{\sqrt{LC}} \quad\text{————(6)}$$

$$Q = \omega_0 CR = \sqrt{\frac{C}{L}}R \quad\text{————(7)}$$

10-2-2　低通函數的實現

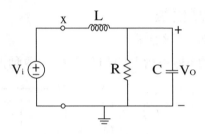

〔Fig 10.4(a)LP〕

$$T(S) = \frac{V_0}{V_i} = \frac{Y_1}{Y_1 + Y_2} = \frac{\dfrac{1}{SL}}{\dfrac{1}{SL} + \dfrac{1}{R} + SC} = \frac{\dfrac{1}{LC}}{S^2 + \dfrac{1}{CR}S + \dfrac{1}{LC}} \quad\text{------ (8)}$$

圖 1

T(0)＝1，T(∞)＝0，故為 LP

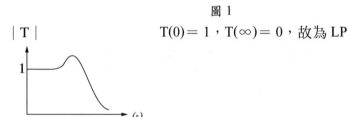

10-2-3　高通函數的實現

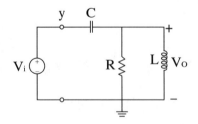

〔Fig 10.4(c)HP〕

$$T(S) = \frac{V_0}{V_i} = \frac{Y_1}{Y_1 + Y_2} = \frac{SC}{SC + \dfrac{1}{R} + \dfrac{1}{SL}} = \frac{S^2}{S^2 + \dfrac{1}{CR}S + \dfrac{1}{LC}} \quad\text{------ (9)}$$

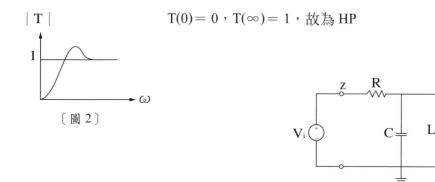

〔圖 2〕

$T(0)=0$，$T(\infty)=1$，故為 HP

〔Fig 10.4(c)BP〕

$$T(S)=\frac{V_c}{V_i}=\frac{Y_1}{Y_1+Y_2}=\frac{\dfrac{1}{R}}{\dfrac{1}{R}+SC+\dfrac{1}{SL}}=\frac{\dfrac{1}{CR}S}{S^2+\dfrac{1}{CR}S+\dfrac{1}{LC}}\qquad\text{————}(10)$$

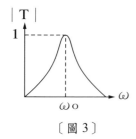

〔圖 3〕

$\omega_0=\dfrac{1}{\sqrt{LC}}$，$T(0)=0$，$T(\infty)=0$，$T(j\omega_0)=1$，故為 BP

10-3　靈敏度

因為實際組合後之濾波器響應會和理想響有差距，利用傳統靈敏感函數，定義為

$$S_x^y=\lim_{\triangle x\to 0}\frac{\triangle y/y}{\triangle x/x}=\frac{2y}{2x}\cdot\frac{x}{y}\qquad\text{————}(11)$$

其中 x 代表 R，C 值，y 代表電路參數(ω_0 或 Q)。

舉例而言，若 $S_x^y=5$，則 $\dfrac{\triangle x}{x}=1\%\Rightarrow\dfrac{\triangle y}{y}=5\%$，亦即 x 有 1% 的增加將導致 y 有 5% 的增加∴y 對於 x 的變動非常敏感。

若 $y=ax^n$，則 $S_x^y=\dfrac{2y}{2x}\cdot\dfrac{x}{y}=anx^{n-1}\dfrac{x}{ax^n}=n$

某電路之 $\omega_0=\dfrac{1}{\sqrt{C_1C_2R_3R_4}}$

則 $S_{C_1}^{\omega_0}=S_{R_3}^{\omega_0}=S_{R_4}^{\omega_0}=-\dfrac{1}{2}$

讀後練習

( )　1. 有一網路由RLC組成，其轉移函數為 $\dfrac{V_0(S)}{V_s(S)} = \dfrac{1}{1 + S(L/R) + S^2LC}$，已知 $L = 0.2mH$，$C = 0.5\mu F$ 及 $R = 100\Omega$ 試求此網路諧振頻率 $\omega_0 = ?$ (rad/sec)　(A) 1.59×10^4　(B) 10^5　(C) 10^{10}　(D) 1.59×10^9。

( )　2. 續上題之網路，其阻尼比為何？　(A) 0.1　(B) 10　(C) 0.5　(D) 0.2。

( )　3. 續上題之網路，此網路的品質因數(Q)為多少？　(A) 1　(B) 20　(C) 10　(D) 5。

( )　4. 續上題之網路，此網路為何種濾波器？　(A) 高通　(B) 低通　(C) 帶通　(D) 全通濾波器。

( )　5. 一放大器具有如下之電壓轉換函數 $H(S) = \dfrac{10S}{(1 + S/10^2 \times 1 + S/10^5)}$，則當角頻率 $\omega = 10^7$ rad/sec，此轉換函數之相位為　(A) 90°　(B) 45°　(C) $-45°$　(D) $-90°$。

( )　6. 一放大器具有如下之轉換函數 $T(S) = \dfrac{S(S + 10)}{(S + 100)(S + 25)}$，則其低頻 3dB 頻率約為　(A) 0　(B) 10 rad/sec　(C) 25 rad/sec　(D) 100 rad/sec。

( )　7. 使用圖中設計一二階帶通濾波器，其中心頻率 $f_0 = 1KHz$，極點品質因素 $Q = 20$，中心頻率增益為 1，若 $R = 10K\Omega$，則 C 值為　(A) 1.19nF　(B) 1.39nF　(C) 1.59nF　(D) 1.79nF。

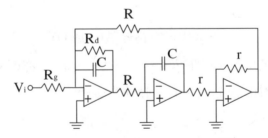

( )　8. 一電路的轉移函數為 $\dfrac{10^4}{(1 + jf/10^5)(1 + jf/10^6)(1 + jf/10^7)}$，其中 $j = \sqrt{-1}$，f 代表頻率，則其 3 分貝頻率約等於　(A) 107Hz　(B) 106Hz　(C) 105Hz　(D) 104Hz。

( ) 9. 承上題，該電路可視為一 (A)凹陷濾波器 (B)帶通濾波器 (C) 低通濾波器 (D)高通濾波器。

( ) 10. 圖示電路為一二階的 (A)高通濾波器 (B)低通濾波器 (C)帶通 濾波 (D)凹陷濾波器。

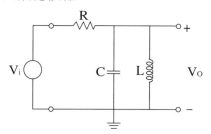

( ) 11. 圖示為一二階濾波器，其極點頻率為 10KHz，若C = 1nF，則R = (A) 16.9KΩ (B) 15.9KΩ (C) 14.9KΩ (D) 13.9KΩ。

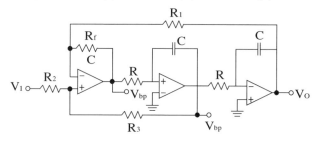

( ) 12. 圖示為一低通放大濾波器，若其電壓增益A = − 10 且高頻截止 頻率f_h = 15.9Hz，試設計電容C_F值。 (A) 0.001uF (B) 0.1uF (C) 1uF (D) 10uF。

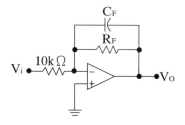

( ) 13. 圖示為一階的高通濾波器，圖中 OPA 為理想運算放大器，今欲 設計此一濾波器達到下列的規格，高頻增益 40dB，負 3dB 的頻 率為 1000Hz，則相關的元件值為 (A)R_1 = 1KΩ，R_2 = 1000KΩ， C = 0.159μF (B) R_1 = 1KΩ，R_2 = 100KΩ，C = 1μF (C) R_1 = 1KΩ，R_2 = 100KΩ，C = 0.159μF (D) R_1 = 1KΩ，R_2 = 500KΩ， C = 1μF。

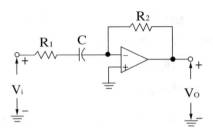

(　) 14. 同上題，若輸入電壓V_i為峰值 1V 的正弦波，則在以下何種頻率
時，輸出電壓V_0與輸入電壓V_i的振幅會相同：　(A) 1Hz　(B) 10Hz
(C) 100Hz　(D) 1000Hz。

(　) 15. 圖示為二階濾波器電路，假設所有運算放大器均為理想元件，
則下列敘述何者正確？　(A) $\dfrac{V_x}{V_i}$為非反相二階高通濾波器特性
(B) $\dfrac{V_0}{V_y}$為反相微分器特性　(C) $\dfrac{V_y}{V_i}$為非反相二階帶通濾波器特性
(D) 此二階濾波器的品質因數 Q 與R_2有關。

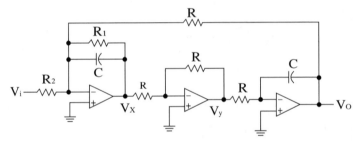

(　) 16. 承上題，若要求 Q ＝ 20，極點頻率ω_0＝ 5000rad/sec，假設 C ＝
0.01μF，試求R_1＝？　(A) 400KΩ　(B) 53.66KΩ　(C) 40KΩ　(D) 6.37KΩ。

(　) 17. 承上題，若低通濾波器的直流增益絕對值為 2，則帶通濾波器
的中心頻率增益絕對值為　(A) 10　(B) 20　(C) 30　(D) 40。

(　) 18. 一濾波器具有轉移函數$T(S) = 1/[(S + 1)(S^2 + S + 1)]$，當$\omega =$ 1
rad/s 時，求｜$T(j\omega)$｜：　(A) 0.9　(B) 0.7　(C) 0.5　(D) 0.3。

(　) 19. 圖示之電路為一　(A)高通濾波器　(B)帶通濾波器　(C)低通濾波
器　(D)帶拒濾波器。

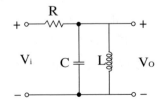

( ) 20. 圖中濾波器，V_i為輸入端，V_0為其輸出端，則此濾波器為 (A)低通 (B)帶通 (C)高通 (D)全通。

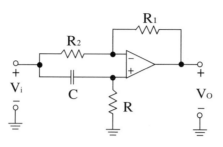

( ) 21. 同上題，濾波器系統函數$V_0(S)/V_i(S)$的極點為 (A)$-$RC (B)$-\dfrac{1}{RC}$ (C)RC (D)$\dfrac{1}{RC}$。

( ) 22. 同上題，濾波系統函數$V_0(S)/Vi(S)$的零點為 (A)$-$RC (B)$-\dfrac{1}{RC}$ (C)RC (D)$\dfrac{1}{RC}$。

( ) 23. 一RC低濾波器電路之R＝2KΩ、C＝1μF則此濾波器之截止頻率為 (A)250Hz (B)25Hz (C)79.58Hz (D)7.958Hz。

( ) 24. 圖為一低通濾波器，則當極點Q因子大於何值時，其頻率響應會出現尖峰？ (A)0.7 (B)$\dfrac{1}{\sqrt{2}}$ (C)$\dfrac{1}{2}$ (D)0。

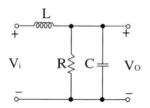

( ) 25. 在圖示之理想運算放大器電路中$\dfrac{V_0(S)}{V_i(S)}=$？ (A)$\dfrac{s-1/CR}{s+1/CR}$ (B)$\dfrac{s+1/CR}{S-1/CR}$ (C)$\dfrac{1}{s+1/CR_1}$ (D)$\dfrac{s}{s+1/CR}$。

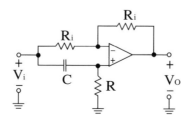

( )　26. 同上題，上圖為何種電路？　(A)低通濾波器　(B)高通濾波器　(C)帶通濾波器　(D)全通濾波器。

( )　27. 某二階濾波器的轉換函數具有一對極點在 $-1\pm j2$，傳輸零點在 $\omega = 1$ rad/sec，且直流增益為 1，則濾波器在頻率為 2 rad/sec 時的增益為　(A)$\dfrac{1}{\sqrt{17}}$　(B)$\dfrac{\sqrt{2}}{\sqrt{17}}$　(C)$\dfrac{15}{\sqrt{17}}$　(D)0。

( )　28. 承上題，高頻時的增益約為　(A)0　(B)1　(C)2　(D)5。

( )　29. 假設一濾波器的轉換函數為 $H(S) = +\dfrac{a_0}{S^2 + S\dfrac{\omega_0}{Q} + \omega_0^2}$，其中 a_0、Q 及 ω_0 皆不為零且有限值，試問下列敘述何者有誤？　(A)在 $\omega = \omega_0$ 時，可得到最大的 $|H(j\omega)|$（轉換函數的絕對值）　(B)直流增益為 $\dfrac{a_0}{\omega_0}$　(C)有兩個零點於頻率無窮遠處　(D)此電路屬於低通濾波器。

( )　30. 如圖示之電壓放大電路，假設電晶體 M 的轉出電容可忽略不計，試問此電路具有何種之濾波特性？　(A)低通　(B)高通　(C)帶通　(D)全通。

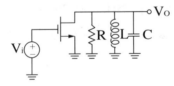

( )　31. 承上題，假設電晶體之 $g_m = 5$mA/V 及 $r_0 = 10$KΩ，R = 2.5KΩ，C = 0.008μF，L = 3μH，試求此電路之 3 − dB 值約何？　(A)8KHz　(B)10KHz　(C)62KHz　(D)14KHz。

( )　32. 有一信號連接三個元件，經量測後得知其等效電路如圖示，假設單一時間常數之低通 RC 電路的延遲時間可以 RC 乘積值估計，試求信號由點 A 傳到點 B 之 RC 延遲時間約為何？ (A)20ms　(B)30ms　(C)40ms　(D)50ms。

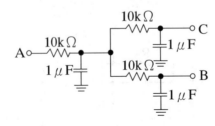

—— 解答 ——

1. (B)。 $W_0 = \sqrt{\dfrac{1}{LC}} = \sqrt{\dfrac{1}{0.2\times10^{-3}\times0.5\times10^{-6}}} = \sqrt{\dfrac{1}{10^{-10}}} = 10^5$

2. (A)。將題目之轉移函數改為

$$\frac{v_0(S)}{v_i(S)} = \frac{\dfrac{1}{LC}}{\dfrac{1}{LC} + S(\dfrac{1}{RC}) + S^2} = \frac{10^{10}}{10^{10} + 2\times10^4 S + S^2}$$

$$= \frac{K}{W_n^2 + 2W_n\zeta S + S^2} \qquad \therefore \zeta = \frac{2\times10^4}{2W_n} = \frac{2\times10^4}{2\times10^5} = 0.1$$

3. (D)。 $\beta = \dfrac{1}{RC} = 2\times10^4 \qquad Q = \dfrac{W_0}{\beta} = \dfrac{10^5}{2\times10^4} = 5$

4. (B)。由轉移函數可知，此濾波器為低通。

5. (D) 6. (D) 7. (C) 8. (C) 9. (C) 10. (C) 11. (B)。

12. (C)。 $f_n = 15.9 = \dfrac{1}{2\pi\times10K\times C_F} \Rightarrow 15.9\times6.28\times10K = \dfrac{1}{C_F}$

$\Rightarrow C_F = 1\times10^{-6}F = 1\mu F$

13. (C) 14. (B) 15. (C) 16. (A) 17. (D) 18. (B) 19. (B)。

20. (D)。 $\begin{cases} \dfrac{V_0 - V}{R_1} = \dfrac{V - V_i}{R_2} \cdots\cdots① \\[3mm] V = \dfrac{R}{\dfrac{1}{SC} + R}V_i \cdots\cdots② \end{cases}$ 　將②式代入①式可得

$$\frac{V_0}{V_i} = (1 + \frac{R_1}{R_2})(\frac{R}{\dfrac{1}{SC} + R}) - \frac{R_1}{R_2}$$

$\therefore$ 當 $W = 0$ 時，$\left|\dfrac{V_0(S)}{V_i(S)}\right| = -\dfrac{R_1}{R_2}$

$W = \infty$ 時，$\left|\dfrac{V_0(S)}{V_i(S)}\right| = 1$

故可知為全通。

21. (B)。極點為分母 $= 0 \Rightarrow 1 + RCS = 0 \Rightarrow S = -\dfrac{1}{RC}$

22. (D)。零點為 $S = \dfrac{1}{RC}$

23. (C)。 $f = \dfrac{1}{2\pi RC} = \dfrac{1}{6.28\times2K\times1\mu F} \doteq 79.58Hz$

24. (B)。此為 RCL 並聯電路

故當 $Q > \dfrac{1}{\sqrt{2}}$ 時，頻率口向應出現尖峰。

25. (A) 26. (D) 27. (C) 28. (D) 29. (A) 30. (C) 31. (B) 32. (C)。

第十一章　信號產生器與波形整形電路

11-1　弦波振盪器的基本原理

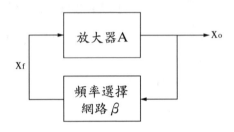

〔圖1　正弦波振盪器的基本構造〕

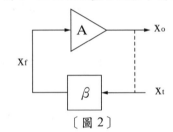

〔圖2〕

將圖 1 之迴路打斷可得圖 2，並外加測試信號x_t，因此可得$x_f＝\beta x_t$，$x_0＝Ax_f＝A\beta x_t$，亦即迴路增益為$L＝\dfrac{x_0}{x_t}＝A\beta$ ——————————— (1)

11-1-1　振盪準則

圖1的回授電路能使電路在振盪頻率ω_0下振盪的條件。

在振盪頻率ω_0振盪條件為

$$L(j\omega_0)＝A(j\omega_0)\beta(j\omega_0)＝1 \quad\text{———————————— (2)}$$

這就是巴克豪森準則

然而實際上(2)中的振盪條件應修正為

$$\sphericalangle L(j\omega_0)＝0^0 \quad\text{————————————————— (3)}$$

$$L(j\omega_0)＞1 \quad\text{————————————————— (4)}$$

亦即我們由(3)解出振盪頻率 ω_0，然後由(4)求出振盪條件。

11-1-2 非線性振幅控制

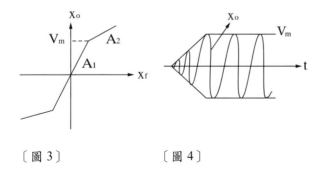

〔圖 3〕   〔圖 4〕

振盪條件必須滿足 $A_1\beta > 1$，$A_2\beta < 1$，因此可達到 x_0 之振幅為 V_m。

11-1-3 常見的振幅控制限制器電路

當 V_i 很小(接近 0)且輸出訊號 v_0 也很小時，得 v_A 為正 v_B 為負 $\therefore$ 兩個二極體的狀態為 off(註：OP 負端為虛接地)

因此可得 $\dfrac{v_0}{v_i} = -\dfrac{R_f}{R_1}$ ————————————————————— (5)

Fig 11.1 (a)限制路電路

(b)限制器的轉移曲線

(c)當 R_f 去除時

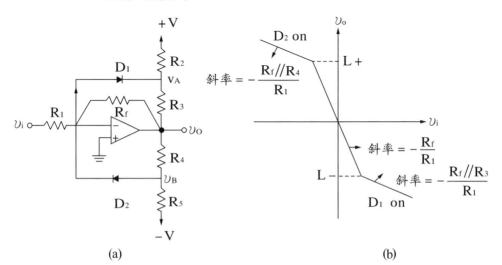

(a)   (b)

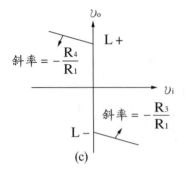

(c)

Fig 11.1(b)的線性部份是限制器轉移曲線，我們用重疊定理找尋v_A和v_B的±V 和v_0。

$$v_A = V\frac{R_3}{R_2+R_3} + v_0\frac{R_2}{R_2+R_3} \qquad\qquad (6)$$

$$v_B = -V\frac{R_4}{R_4+R_5} + v_0\frac{R_5}{R_4+R_5} \qquad\qquad (7)$$

考慮 Fig 11.1(b)之第四象限。$v_i\uparrow v_0\downarrow v_A\downarrow$

當$v_A = -0.7V = -V_{D1} = -V_D$時，D1 on，此時$v_0 = L_-$

因此由(6)可得 $-V_D = V\frac{R_3}{R_2+R_3} + L_-\frac{R_2}{R_2+R_3}$ $\qquad\qquad (8)$

故可解出$L_- = -V\frac{R_3}{R_2} - V_D(1+\frac{R_3}{R_2})$ $\qquad\qquad (9)$

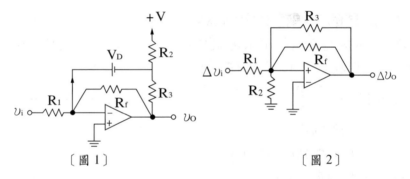

〔圖 1〕　　　　　　　　　　〔圖 2〕

因此 D1 on 時可得圖 1 之等效電路，其小信號電路(將V_D短路，將＋V 接地)如圖 2 所示，其中

$$\frac{\triangle v_0}{\triangle v_i} = -\frac{R_f /\!/ R_3}{R_1} \qquad\qquad (10)$$

即為 Fig 11.1(b)中所示的斜率。

考慮為 12.3(b)之第二象限。$v_i\downarrow v_0\uparrow v_B\uparrow$

當$v_B = 0.7V = V_{D2} = V_D$時，D2 on，此時$v_0 = L_+$

因此由(7)可得$V_D = -V\frac{R_4}{R_4+R_5} + L_+\frac{R_5}{R_4+R_5}$ $\qquad\qquad (11)$

故可解出$L_+ = V\frac{R_4}{R_5} + V_D(1+\frac{R_4}{R_5})$ $\qquad\qquad (12)$

仿圖 1，圖 2 之推導可得 Fig 11.1(b)中的斜率$-\frac{R_f /\!/ R_4}{R_1}$。

Fig 11.1(c)相當於$R_f = \infty$ 的情況，因此可得

$$-\frac{R_f}{R_1} = -\infty \ , \ -\frac{R_f//R_3}{R_1} = -\frac{R_3}{R_1} \ , \ -\frac{R_f//R_4}{R_1} = -\frac{R_4}{R_1}$$

11-2　OPA-RC 振盪電路

11-2-1　文氏電橋振盪器

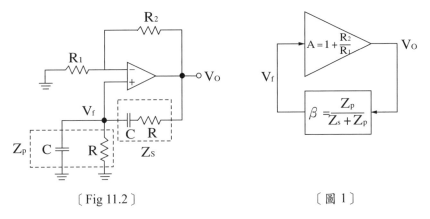

〔Fig 11.2〕　　　　　　　　　　　〔圖 1〕

Fig 11.2 的等效方塊圖如圖 1 所示，其中

$Z_S = R + \dfrac{1}{CS}$，$Z_P = R//\dfrac{1}{CS}$ 因此可得迴路增益為

$$L(S) = A\beta = (1 + \frac{R_2}{R_1})\frac{Z_P}{Z_S + Z_P} = \frac{1 + \dfrac{R_2}{R_1}}{3 + SCR + \dfrac{1}{SCR}} \quad\text{————————(13)}$$

$$\therefore L(j\omega) = \frac{1 + \dfrac{R_2}{R_1}}{3 + j(\omega CR - \dfrac{1}{\omega CR})} \quad\text{————————————(14)}$$

由(3)(4)可知振盪條件為 $L(j\omega_0)$ 為大於 1 的正實數。

$\because L(j\omega_0)$為正實數　$\therefore \omega_0 CR = \dfrac{1}{\omega_0 CR}$

$$\therefore \omega_0 CR = 1 \quad \therefore \omega_0 = \frac{1}{CR} \quad\text{————————————(15)}$$

$$由 L(j\omega_0) = \frac{1}{3}(1 + \frac{R_2}{R_1}) > 1 可得振盪條件為 \frac{R_2}{R_1} > 2 \quad\text{————(16)}$$

Fig 11.3　具有一限制器作振幅控制的文氏電橋振盪器

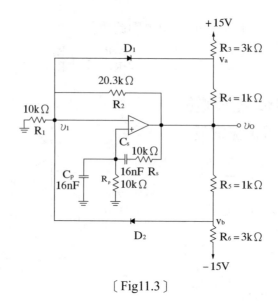

〔Fig11.3〕

Fig 11.3 中，$\dfrac{R_2}{R_1} = 2.03 > 2$，故滿足振盪條件。

振盪頻率為$f_0 = \dfrac{\omega_0}{2\pi} = \dfrac{1}{2\pi R_s C_s} = \dfrac{1}{2\pi \times 10^4 \times (16 \times 10^{-9})}$

$$= 10^3 \text{Hz} = 1\text{kHz}$$

接著我們要推導v_0之振幅V_m。

當$v_0 = V_m$時，$v_1 = \dfrac{R_1}{R_1 + R_2} v_0 \approx \dfrac{1}{3} v_0 = \dfrac{1}{3} V_m$

此時 D2 導通，因此$v_b = v_1 + V_{D2} = v_1 + 0.7 = \dfrac{1}{3} V_m + 0.7$，

其中$v_b = \dfrac{3}{3+1} V_m + \dfrac{1}{3+1} \times (-15)$

$\therefore \dfrac{3}{4} V_m - \dfrac{15}{4} = \dfrac{1}{3} V_m + 0.7$，因此可解出$V_m = 10.68$V

11-2-2　移相振盪器

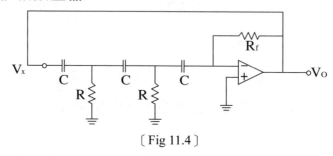

〔Fig 11.4〕

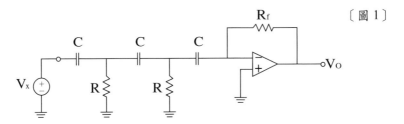

〔圖 1〕

我們將為 12.8 的迴路打斷並注入信號V_x，故可得圖 1，因此可求得迴路增益$L = \dfrac{V_0}{V_x}$

我們以電阻 R 為阻抗基準，因此可得$\dfrac{R}{R} = 1$，$\dfrac{R_f}{R} = R'_f$，$\dfrac{\frac{1}{CS}}{R} = \dfrac{1}{RCS} = \dfrac{1}{p}$ (令 p = RCS)，故可得圖 2。

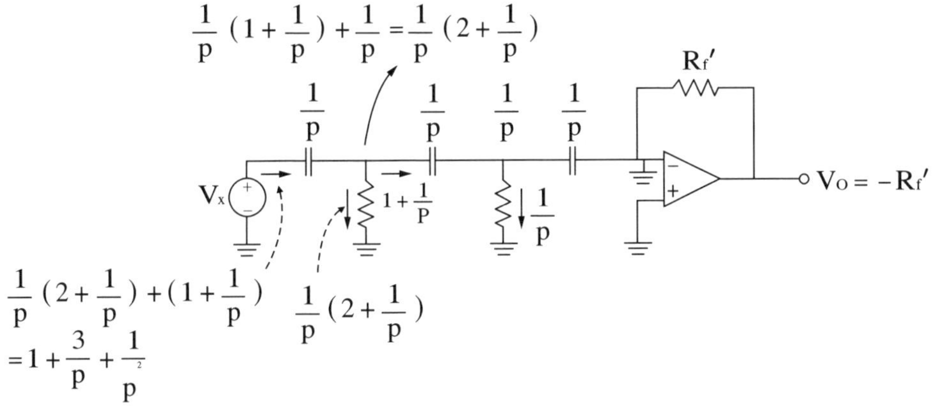

$$\frac{1}{p}\left(1 + \frac{1}{p}\right) + \frac{1}{p} = \frac{1}{p}\left(2 + \frac{1}{p}\right)$$

$$\frac{1}{p}\left(2 + \frac{1}{p}\right) + \left(1 + \frac{1}{p}\right)$$

$$\frac{1}{p}\left(2 + \frac{1}{p}\right)$$

$$= 1 + \frac{3}{p} + \frac{1}{p^2}$$

〔圖 2〕

$$V_x = \frac{1}{p}\left(1 + \frac{3}{p} + \frac{1}{p^2}\right) + \frac{1}{p}\left(2 + \frac{1}{p}\right) = \frac{1}{p}\left(3 + \frac{4}{p} + \frac{1}{p^2}\right) = \frac{3p^2 + 4p + 1}{p^3}$$

$$\therefore L = \frac{V_0}{V_x} = \frac{-R'_f p^3}{3p^2 + 4p + 1}$$

令 $p = j\omega' = j\omega RC$(亦即$\omega' = \omega RC$)

$$\therefore L = \frac{jR'_f \omega'^3}{(1 - 3\omega'^2) + j4\omega'}$$

$\because L$ 為正實數 $\quad \therefore 1 - 3\omega'^2 = 0$，亦即$\omega' = \dfrac{1}{\sqrt{3}}$

$$\therefore \omega RC = \frac{1}{\sqrt{3}} \quad 振盪頻率為\omega_0 = \omega = \frac{1}{\sqrt{3}RC}$$

$$\therefore L = \frac{jR'_f\omega'^3}{j4\omega'} = \frac{R'_f\omega'^2}{4} = \frac{R'_f}{12} > 1$$

$$\therefore R'_f > 12，亦即振盪條件為\frac{R_f}{R} > 12$$

11-2-3　正交振盪器

Fig 11.5(b)中，$2R//(-R_f) = \frac{-2RR_f}{2R-R_f}$

若$R_f < 2R$，則為負電阻，此為振盪條件。

Fig 11.5　(a)正交振盪電路

　　　　　　(b)放大器的輸入等效電路

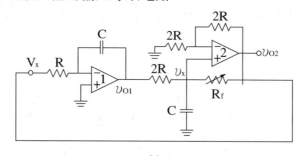

〔Fig11.5〕

由推導振盪頻率ω_0時，我們假定$R_f = 2R$，因此可得

$2R//(-R_f) = \infty$

$$\therefore \frac{V_{02}}{2} = \frac{V_{01}}{2R} \times \frac{1}{CS} \quad \therefore \frac{V_{02}}{V_{01}} = \frac{1}{RCS} \tag{17}$$

我們將 Fig 11.5(a)中的迴路打斷並注入信號V_x，故可得圖1，因此可求

得迴路增益$L = \frac{V_{02}}{V_x}$

$$V_x \longrightarrow \boxed{\frac{-1}{RCS}} \xrightarrow{V_{01}} \boxed{\frac{1}{RCS}} \longrightarrow V_{O2}$$

〔圖 1〕

$$\therefore L = \frac{V_{02}}{V_X} = \frac{-1}{RCS} \times \frac{1}{RCS} = \frac{-1}{R^2C^2S^2}$$ ——————————— (18)

令 $S = j\omega$ 並令 $L = 1$ 可得 $\frac{1}{R^2C^2\omega^2} = 1$　$\therefore \omega RC = 1$

$$\therefore 振盪頻率為 \omega_0 = \omega = \frac{1}{RC}$$ ——————————— (19)

由(17)可知 V_{01} 領先 V_{02} 90°，故本電路稱為正交振盪器。

11-2-4　主動濾波器調節振盪器

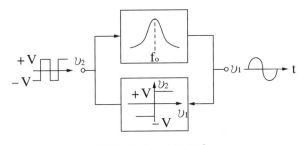

〔Fig 11.6　方塊圖〕

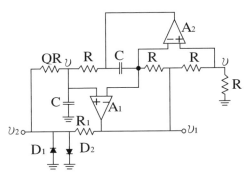

〔Fig 11.7　實際做法〕

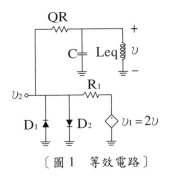

〔圖 1　等效電路〕

事實上，Fig 11.7 即利用電感模擬電路，因此可得 $Z_{in} = \frac{R \times R \times R}{\frac{1}{SC} \times R} = R^2CS = L_{eq}S$　$\therefore L_{eq} = R^2C$

由圖 1 可得振盪頻率為

$$f_0 = \frac{\omega_0}{2\pi} = \frac{1}{2\pi\sqrt{LeqC}} = \frac{1}{2\pi\sqrt{R^2C\times C}} = \frac{1}{2\pi RC} \quad\text{————(20)}$$

〔圖 2〕

〔圖 3〕

υ_2接近方波,其振幅為 0.7V。υ為弦波,其振幅為$0.7\times\frac{4}{\pi} = 0.9$V。

υ_1為弦波,其振幅為 0.9×2 = 1.8V。

11-3 LC 和石英振盪器

電晶體(FETs or BJTs)和 LC 振盪,其適用頻率範圍在 100KHz 至數百 MHz 之間。

11-3-1 LC 調整型振盪器

Fig 11.8(a)考畢茲振盪器　　(b)哈特葉振盪器

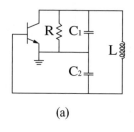

(a)

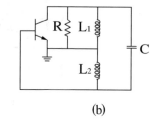

(b)

〔Fig11.8〕

振盪頻率ω_0可由$Z_1 + Z_2 + Z_3 = 0$求得。

以考畢茲振盪器為例,

$$\frac{1}{j\omega C} + \frac{1}{j\omega C_2} + j\omega L = 0$$

$$\therefore \omega L = \frac{1}{\omega}(\frac{1}{C_1} + \frac{1}{C_2}) \quad \therefore \omega^2 = \frac{1}{L}(\frac{1}{C_1} + \frac{1}{C_2})$$

$$\therefore \omega_0 = \omega = \sqrt{\frac{1}{L}(\frac{1}{C_2} + \frac{1}{C_2})} \quad\text{————(21)}$$

以哈特葉盪器為例,

$$j\omega L_1 + j\omega L_2 = \frac{1}{j\omega C} = 0$$

$$\therefore \omega(L_1 + L_2) = \frac{1}{\omega C} \quad \therefore \omega^2 = \frac{1}{C(L_1 + L_2)}$$

$$\therefore \omega_0 = \omega = \sqrt{\frac{1}{C(L_1 + L_2)}} \hspace{3cm} (22)$$

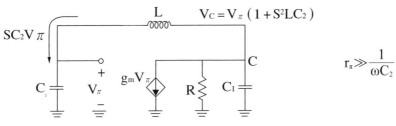

〔Fig 11.9　考畢茲振盪器的等效電路〕

我們可使用 Fig 11.9 來推導出(21)。

使用 KCL 於節點 C 可得

$$SC_2V_\pi + g_mV_\pi + (\frac{1}{R} + SC_1)(1 + S^2LC_2)V_\pi = 0 \hspace{2cm} (23)$$

$$\because V_\pi \neq 0 (產生振盪)$$

$$\therefore S^3LC_1C_2 + S^2\frac{LC_2}{R} + S(C_1 + C_2) + (g_m + \frac{1}{R}) = 0 \hspace{1.5cm} (24)$$

$$令 S = jW 可得 (g_m + \frac{1}{R} - \frac{\omega^2LC_2}{R}) + j[\omega(C_1 + C_2) - \omega^3LC_1C_2] = 0 \hspace{0.5cm} (25)$$

$$令虛部為零可得 \omega^2LC_1C_2 = C_1 + C_2 \hspace{2.5cm} (26)$$

$$因此可得 \omega_0 = \omega = \sqrt{\frac{1}{L}(\frac{1}{C_1} + \frac{1}{C_2})} \hspace{2.5cm} (27)$$

令(25)實部為零可得

$$g_m + \frac{1}{R} = \frac{\omega^2LC_2}{R} = [引用(2)]\frac{1}{R}(1 + \frac{C_2}{C_1}) \hspace{1.5cm} (28)$$

$$\therefore g_m = \frac{1}{R}\frac{C_2}{C_1} \quad 亦即 g_mR = \frac{C_2}{C_2} \hspace{2cm} (29)$$

$$\therefore 振盪條件為 g_mR > \frac{C_2}{C_1} \hspace{3cm} (30)$$

11-3-2 石英振盪器

壓 電 晶 體：(a) 簡 化 電 路 (b) 等 效 電 路$(C_P \gg C_s)$ (c) 晶 體 電 抗，$Z(j\omega) = jX(\omega)$

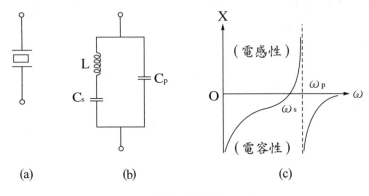

〔Fig 11.10〕

分析 Fig 11.10(b)的阻抗可得

$$Z(S) = \cfrac{1}{SC_P + \cfrac{1}{SL + \cfrac{1}{SC_s}}}$$

$$= \frac{1}{SC_P} \frac{S^2 + \dfrac{1}{LC_s}}{S^2 + \dfrac{C_P + C_s}{LC_sC_P}} \qquad\qquad\qquad\qquad (31)$$

因此我們可定義串聯諧振ω_s，

$$\omega_s = \sqrt{\frac{1}{L}\frac{1}{C_s}} \qquad\qquad\qquad\qquad (32)$$

以及並聯諧振ω_P，

$$\omega_P = \sqrt{\frac{1}{L}\left(\frac{1}{C_s} + \frac{1}{C_P}\right)} \qquad\qquad\qquad\qquad (33)$$

比較(32)與(33)可得$\omega_s < \omega_P$

$\because C_P \gg C_s$ $\therefore \dfrac{1}{C_P} \ll \dfrac{1}{C_s}$ $\therefore \omega_P \approx \omega_s$

將 $S = j\omega$代入(31)並引用(32)，(33)可得

$$Z(j\omega) = -j\frac{1}{\omega C_P}\frac{\omega^2 - \omega_s^2}{\omega^2 - \omega_P^2} \qquad\qquad\qquad\qquad (34)$$

令 $Z(j\omega) = jX(\omega)$，我們即可將晶體電抗 $X(\omega)$ 畫成 Fig 11.10(c)，其中電感區 $\omega_s < \omega < \omega_P$ 可取代考畢茲振盪器，Fig 11.8(a)中的電感 L。

因此振盪頻率為 $\omega_0 \approx \omega_s = \sqrt{\dfrac{1}{L}\dfrac{1}{C_s}}$ [由(32)]

11-4 雙穩態多諧振盪器

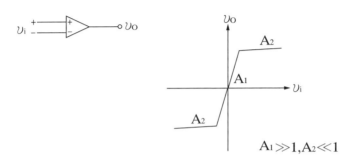

〔圖 2　回授迴路〕

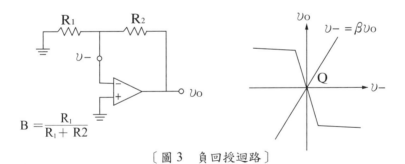

$B = \dfrac{R_1}{R_1 + R2}$

〔圖 3　負回授迴路〕

工作點 Q 為 $(v_- = 0$，$v_0 = 0)$，此即為虛短路的結論。

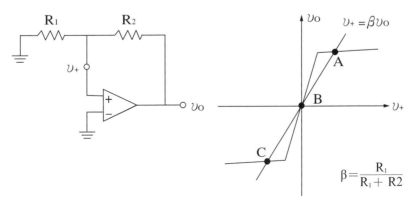

$\beta = \dfrac{R_1}{R_1 + R2}$

〔Fig 11.11　雙穩態運作的正回授迴路〕

以下我們考慮迴路增益

A 點：$A_2\beta < 1$，穩定

B 點：$A_1\beta > 1$，不穩定

C 點：$A_2\beta < 1$，穩定

因此我們有 A 點與 C 點這兩個穩定的工作點，故為雙穩態操作。

11-4-2 雙穩態電路的轉換特性

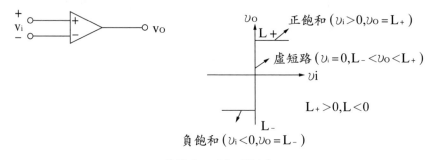

〔圖 1　理想 OPA〕

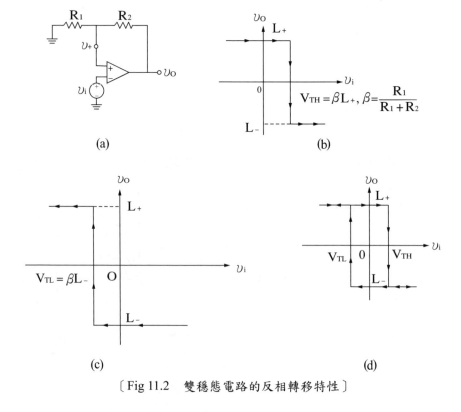

〔Fig 11.2　雙穩態電路的反相轉移特性〕

考慮(b)圖，順著箭頭方向υ_i由$-\infty$慢慢增加，此時OP AMP為正飽和，因此$\upsilon_0 = L_+$，$\upsilon_+ = \beta\upsilon_0 = \beta L_+ = V_{TH}$

當$\upsilon_i < V_{TH}$時，OP AMP 仍為正飽和。

當$\upsilon_i \geq V_{TH}$時，OP AMP 切換成負飽和，因此$\upsilon_0 = L_-$

考慮(c)圖，順著箭頭方向υ_i由$+\infty$慢慢減少，此時OP AMP為負飽和，因此$\upsilon_0 = L_-$，$\upsilon_+ = \beta\upsilon_0 = \beta L_- = V_{TL}$

當$\upsilon_i > V_{TH}$時，OP AMP 仍為負飽和。

當$\upsilon_i \leq V_{TL}$時，OP AMP 切換成正飽和，因此$\upsilon_0 = L_+$

將(b)圖與(c)圖合併即得(d)圖中所示的完整的轉移特性。

V_{TH}，V_{TL}：臨限電壓

11-5　非穩態多諧振盪器
11-5-1　方波產生器

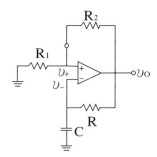

〔Fig 11.13(a)方波產生器〕　　〔Fig 11.13(b)波形〕

$\upsilon_+ = \beta\upsilon_0$，其中$\beta = \dfrac{R_1}{R_1 + R_2}$

υ_0有正飽和($\upsilon_0 = L_+$)與負飽和($\upsilon_0 = L_-$)兩種情況，因此υ_0為方波。

$\upsilon_+ = \beta L_+$或$\upsilon_+ = \beta L_-$，因此υ_+亦為方波，且與υ_0同相位，但振幅較小。

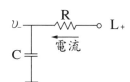

考慮 RC 網路的部份。

當$\upsilon_0 = L_+$時，υ_-以時間常數 RC 朝向L_+充電，如圖 1 所示。

當$\upsilon_- < \beta L_+$時，OP AMP 維持正飽和。

〔圖 1　υ_-充電〕

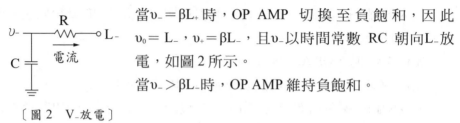

當$v_- = \beta L_+$時，OP AMP 切換至負飽和，因此 $v_0 = L_-$，$v_+ = \beta L_-$，且v_-以時間常數 RC 朝向L_-放電，如圖 2 所示。

當$v_- > \beta L_-$時，OP AMP 維持負飽和。

〔圖 2 V_-放電〕

當$v_- = \beta L_-$時，OP AMP 切換至正飽和。

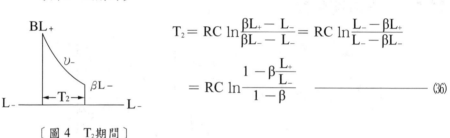

$$T_1 = RC \ln \frac{L_+ - \beta L_-}{L_+ - \beta L_+}$$

$$= RC \ln \frac{1 - \beta \dfrac{L_-}{L_+}}{1 - \beta} \quad\text{———— (35)}$$

〔圖 3 T_1期間〕

$$T_2 = RC \ln \frac{\beta L_+ - L_-}{\beta L_- - L_-} = RC \ln \frac{L_- - \beta L_+}{L_- - \beta L_-}$$

$$= RC \ln \frac{1 - \beta \dfrac{L_+}{L_-}}{1 - \beta} \quad\text{———— (36)}$$

〔圖 4 T_2期間〕

∴ 振盪週期為$T = T_1 + T_2$

通常$L_+ = -L_-$，因此$T_1 = T_2$，$T = 2T_1 = 2RC \ln \dfrac{1 + \beta}{1 - \beta}$ ———— (37)

11-5-2 三角波產生器

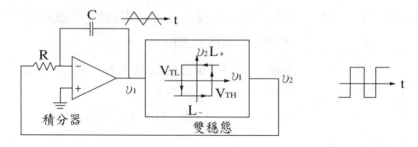

(a)

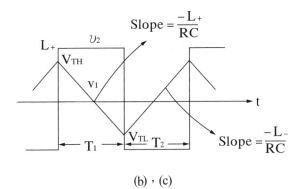

(b)，(c)

〔Fig 11.14 產生三角波和方波的一般結構圖〕

Fig 11.4(a)中積分電路之$v_2 = L_+$或L_-，因此v_2為方波。v_2經由積分之後得到v_1，因此v_1為三角波。

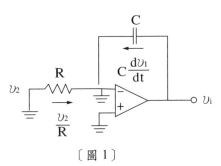

〔圖 1〕

由 Fig 11.14(b)，(c)可知

我們考慮積分器之操作，如圖 1 所示，

其中$C\dfrac{dv_1}{dt} = = \dfrac{v_2}{R}$，因此$\dfrac{dv_1}{dt} = \dfrac{v_2}{RC}$

當$v_2 = L_+$，$\dfrac{dv_1}{dt} = \dfrac{-L_+}{RC}$

$$\frac{V_{TH} - V_{TL}}{T_1} = \left| \frac{dv_1}{dt} \right| = \frac{L_+}{RC}$$

$$\therefore T_1 = RC\frac{V_{TH} - V_{TL}}{L_+} \text{————————————(38)}$$

當$v_2 = L_-$時，$\dfrac{dv_1}{dt} = \dfrac{-L_-}{RC}$

由 Fig 11.14(b)，(c)可知

$$\frac{V_{TH} - V_{TL}}{T_2} = \frac{dv_1}{dt} = \frac{-L_-}{RC}$$

$$\therefore T_2 = RC\frac{V_{TH} - V_{TL}}{-L_-} \text{————————————(39)}$$

$\therefore$振盪週期為$T = T_1 + T_2$

若$L_+ = -L_-$，則$T_1 = T_2$，故可得對稱波形。

❧ 讀後練習 ❧

(　　) 1. 圖示為一壓電晶體的等效電路與電抗函數圖，則 (A) ω_1為並聯諧振頻率 (B) 當$\omega_1 < \omega < \omega_2$時電抗為電容性 (C) ω_1為串聯諧振頻率 (D) ω_1為無限大阻抗頻率。

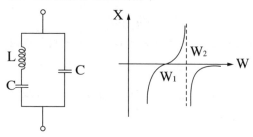

(　　) 2. 振盪巴克豪森準則是 (A)$\beta A \leq 1 < 0°$ (B)$\beta A \geq 2 < 0°$ (C)$\beta A \geq 1 < 0°$ (D)$\beta A \leq 1 < 180°$。

(　　) 3. 有一電路$\beta A_P = \dfrac{1}{2 + j(\omega RC - 1/\omega RC)}$，此電路會不會振盪？ (A)不會 (B)會 (C)不一定 (D)視 RC 數值而定。

(　　) 4. 如上題，其原因為何？ (A)迴路增益$\beta A \geq 1$ (B)迴路增益$\beta A_P \leq 1$ (C)回授網路未定 (D)振盪頻率可求出。

(　　) 5. 如圖示是電晶體 RC 相移振盪器，$R_c \ll R$，如振盪$\omega = 4 \times 10^5$，電容 C = 100pF，電阻 R = (A) 10KΩ (B) 100KΩ (C) 10Ω (D) 1Ω。

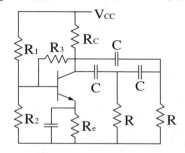

(　　) 6. 石電晶體h_{ie} = 1KΩ，R_1 = 50K，R_2 = 100K，則第三節上電阻$R_3 \cong$ (A) 9 (B) 11 (C) 101 (D) 99KΩ。

(　　) 7. RC 移相振盪器為何類放大？ (A) 甲類 (B) 乙類 (C) 丙類 (D) 丁類。

(　) 8. 晶體振盪器振盪是以　(A)體積大小　(B)壓電效應　(C)集膚效應　(D)相移作用而引起振盪。

(　) 9. 石英晶體中以　(A)Y 切割　(B)X 切割　(C)AT 切割　(D)BT 切割較適宜用作振盪晶體。

(　) 10. 圖中之電路諧振時，下列敘述何者錯誤？　(A) $i_s = \dfrac{V_s}{R}$　(B) i_s與 V_s相同　(C) $V_C = V_L = 0$　(D) $V_0 = 0$。

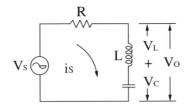

(　) 11. 圖中之半功率頻帶寬度為　(A) 4.8MHz　(B) 1.6MHz　(C) 2.4MHz　(D)0.8MHz。

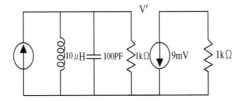

(　) 12. 圖示為 CMOS 數位邏輯閘與電阻 R 及電容 C 組成之振盪電路，則輸出V_0之穩態週期性的電壓波形為　(A)方波　(B)三角波　(C)正弦波　(D)鋸齒波。

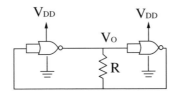

(　) 13. 一 RC 相移振盪器正進行穩定振盪，若放大器的轉移函數是 10 < 173 則 RC 移網路的轉移函數是　(A) 2π < − 173°　(B) 0.1 < 187°　(C) − 1 < 360°　(D) 2π < 360°。

(　) 14. 電源電壓為$V_{ss} = 10V$的兩個CMOS NOR 閘接成振盪器如圖。則所產生的信號頻率 f =　(A) 3.8Hz　(B) 7.6Hz　(C) 13.8Hz　(D) 17.6Hz。

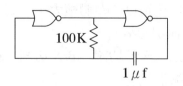

( )　*15.* 一放大器的尼奎曲線示於圖。若以 T(S)表示回解比，則在右半複率(S)平面上 $1 + T(S)$ 的極點數目是　(A) 1　(B) 2　(C) 3　(D) 0 個。

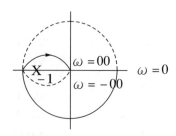

( )　*16.* 測量一控制系統的波圖時，係以下列何種信號輸入待測控制系統？　(A) 方波　(B) 三角波　(C) 正弦波　(D) 鋸齒波。

( )　*17.* 某回授放大器之閉迴路增益為 $A(j\omega)/[1 = \beta A(j\omega)]$，$\beta$ 為正實數，$A(j\omega) = 80/(1 + j\omega/\omega_c)^3$，$\omega_3$ 為實數，若 β 選得適當，則此電路可作弦波振盪於 $\omega =$　(A) $\sqrt{3}\omega_c$　(B) $\sqrt{2}\omega_c$　(C) $0.866\omega_c$　(D) $0.707\omega_c$。

( )　*18.* 上題中，在弦波振盤盪時，$\beta =$　(A) 0.5　(B) 2　(C) 10　(D) 0.1。

( )　*19.* 見圖(a)，設 NOR 閘輸入暫態電壓為 $0.58V_{DD}$ 見圖(b)，在 V_1 觸發後，V_{02} 之脈波寬度 $T = 100\mu sec$，若 $C = 10nF$，則 $R =$ (註：$\log_e(x) = -0.76 + 0.947x - 0.11x^2$，$1.8 \leq x \leq 2.6$)　(A) 14.3KΩ　(B) 10KΩ　(C) 11.5KΩ　(D) 8.7KΩ。

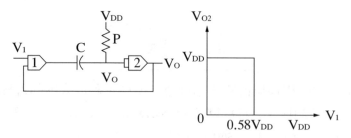

( )　*20.* 圖(a)為一運算放大器之等效電路圖，在此放大器施以回授如圖(b)。其中，$R_s = 1KΩ$，$R_i = 100KΩ$，$R_0 = 100Ω$，$R_1 = 10KΩ$，$R_2 = 90KΩ$，開路增益 *A* 可表示成 $A(j\omega) =$

$\dfrac{A_0}{(1 + j\omega/\omega_1)(1 + j\omega/\omega_2)^2}$，$A_0 = 10^5$，$f_1 = \omega_1/2\pi = 10\text{Hz}$，$f_2 = \omega_2/2\pi = 10^6\text{Hz}$，試就此回授電路回答下列問題：低頻輸入阻抗$R_{if}$（不含$R_s$）約為　(A) 100KΩ　(B) 110KΩ　(C) 1MΩ　(D) 1GΩ。

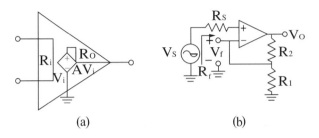

(a)　　　　　　　　　(b)

(　) 21. 其閉路 3dB 高頻截止頻率約為多少(Hz)？　(A) 10^6　(B) 10^5　(C) 10^4 (D) 10。

(　) 22. 其增益邊限約為多少(dB)？　(A) 13　(B) 20　(C) 23　(D) 26。

(　) 23. 若運算放大器之A_0改為10^6，其餘不變，下列何組R_1，R_2值會造成振盪？　(A) $R_1 = 10\text{KΩ}$，$R_2 = 10\text{KΩ}$　(B) $R_1 = 1\text{KΩ}$，$R_2 = 100\text{KΩ}$ (C) $R_1 = 10\text{KΩ}$，$R_2 = 1\text{MΩ}$　(D) $R_1 = 1\text{KΩ}$，$R_2 = 1\text{MΩ}$。

(　) 24. 考慮圖示的調諧(tuned)放大器，設計此放大器使之具有中心頻率$f_0 = 1\text{MHz}$，3dB 頻寬 = 10KHz 和中心頻率增益 = -10V/V，其中 FET 的特性為$g_m = 5\text{mA/V}$和$r_0 = 10\text{KΩ}$，在V_0處的等效輸出電阻為　(A) 16KΩ　(B) 8KΩ　(C) 4KΩ　(D) 2KΩ。

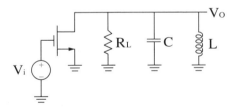

(　) 25. 所需電感 L 值為　(A) 3.18μH　(B) 12.5μH　(C) 20.2μH　(D) 50.66μH。

(　) 26. 所需電容 C 值為　(A) 3.98nF　(B) 7.96nF　(C) 13.78nF　(D) 15.92nF。

(　) 27. 所需R_L值為　(A) 2.5KΩ　(B) 5KΩ　(C) 7.5KΩ　(D) 10KΩ。

(　) 28. 圖示 555IC 振盪器接線的有關實驗，下列何者為真？　(A) 為一單穩態多諧振盪器，週期為 0.825ms　(B) 為一單穩態多諧振盪器，週期為 1.575ms　(C)為一非穩態多諧振盪器，週期為 1.575ms (D) 為一雙穩態多諧振盪器，週期為 0.825ms。

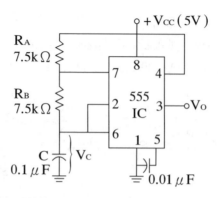

(　) 29. 上題中之振盪頻率為　(A) 1212Hz　(B) 635Hz　(C) 952Hz　(D) 433Hz。

(　) 30. 圖示為一非穩態多諧振盪器，試求此電路之振盪頻率 f ＝？
　　　　(A) $[RC \ln 2]^{-1}$　(B) $[2RC \ln 2]^{-1}$　(C) $[2RC \ln 3]^{-1}$　(D) $[RC \ln 3]^{-1}$。

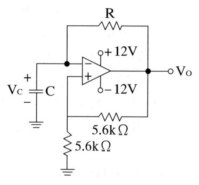

(　) 31. 同上題之電路，若 R＝3.3KΩ，且所需之振盪頻率為 f＝24KHz，
　　　　則電容值 C 應為多少？($\ln 2 = 0.693$，$\ln 3 = 1.09$，$\ln 5 = 1.609$)
　　　　(A) 198nF　(B) 220nF　(C) 110nF　(D) 58nF。

(　) 32. 一 RL(C) 並聯電路的 R＝1 歐姆，L＝10 亨利，C＝1 毫法接，
　　　　則此電路之諧振頻率 ω_0 為　(A) 0.1　(B) 1　(C) 10　(D) 100 弪/秒(ard/
　　　　sec)。

(　) 33. 圖示電路為　(A) 單穩態多諧振盪器　(B) 非穩態多諧振盪器　(C)
　　　　比較器　(D) 史密特觸發器。

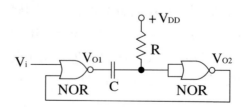

(　　) 34. 圖示電路為　(A)石英振盪器　(B)韋氏電橋振盪器　(C)柯畢子振盪器　(D)哈特里振盪器。

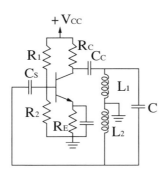

(　　) 35. 如圖為一非穩態振盪器，欲使其輸出端E_0產生一連串脈波，脈波頻率為20KHz，脈波寬度為10μS，試計算下列C_1，C_2，R_1，R_2之值，何者正確？　(A) $C_1 = 1235pF$　(B) $C_2 = 1924pF$　(C) $R_1 = 20K\Omega$　(D)$R_2 = 40K\Omega$。

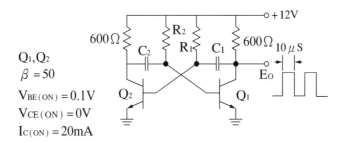

(　　) 36. 對圖示的哈特利振盪器而言，其振盪頻率為　(A) $1/\sqrt{(L_1+L_2)C}$ rad/sec　(B) $c/\sqrt{(L_1+L_2)}$rad/sec　(C) $\sqrt{(L_1+L_2)}$rad/sec　(D) $1/\sqrt{(L_1+L_2)}$ rad/sec。

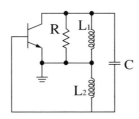

(　　) 37. 設計電阻值 R，使圖中電路，能輸出 10KHz 之振盪波形。　(A) 99.1KΩ　(B) 47.3KΩ　(C) 12.8KΩ　(D) 6.5KΩ。

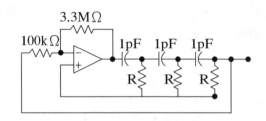

( ) 38. 一石英晶體之等效電路如圖將有兩個共振頻率,試問下列何者是共振頻率之一? (A) 15.9MHz (B) 10.5MHz (C) 0.435MHz (D) 1.67MHz。

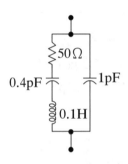

( ) 39. 考慮一負迴授放大器,其開路轉換函數$A(S) = \left[\dfrac{10}{1 + S/10^3}\right]^3$,假設負迴授因子$\beta$與頻率無關,求使此放大器變成不穩定之臨界$\beta$之值。 (A) 0.008 (B) 0.007 (C) 0.006 (D) 0.005。

( ) 40. 圖示為韋恩電橋振盪器,請問達到穩定振盪時,下列敘述何者有誤? (A)振盪頻率約為 1KHz (B) RC 並聯阻抗的實部為 5KΩ (C) V_P與V_0之間無相角差 (D) V_0的振幅為V_P的兩倍。

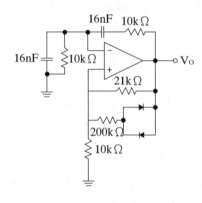

( )　41. 圖中為一振盪電路，圖中 OPA 為理想運算放大器，已知運算放大器的輸出飽和電壓為±10V，則該振盪電路的振盪週期與下列何者具有線性的正比關係　(A) RC　(B) $(R_1 + R)C$　(C) $(R_2 + R)C$　(D) $(R_1 + R_2)C$。

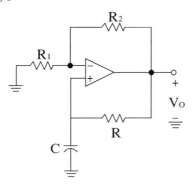

( )　42.圖示為韋恩電橋振盪器，假設該電路中所有元件皆為理想元件，且運算放大器操作在線性區(未進入飽和區或截止區)，則該振盪器能持續的條件為 $\dfrac{R_2}{R_1}$ 等於　(A) 0.5　(B) 1.0　(C) 1.5　(D) 2.0。

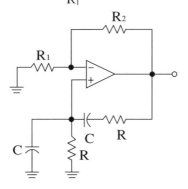

( )　43. 同上題，該振盪器的振盪頻率ω_0為　(A) $\dfrac{1}{(R_1 + R_2 + R)C}$　(B) $\dfrac{1}{(R_1 + R)C}$　(C) $\dfrac{1}{(R_2 + R)C}$　(D) $\dfrac{1}{RC}$。

── 解答 ──

1. (C)　2. (D)　3. (A)　4. (B)　5. (A)　6. (A)　7. (A)　8. (B)　9. (C)。

10. (C)。振盪時$V_L = V_c$。

11. (B)。

12. (A)。此為方波產生器。

13. (B)　*14.* (B)　*15.* (B)　*16.* (C)。

17. (A)。當 $W = \sqrt{3}W_c$ 時，有振盪弦波。

18. (D)　*19.* (C)　*20.* (D)。

21. (D)　*22.* (D)　*23.* (A)　*24.* (D)　*25.* (A)　*26.* (B)　*27.* (A)。

28. (C)。$T_H = \ell n2 \times (R_A + R_B) \times C$

$\qquad = 0.693 \times 15 \times 10^3 \times 0.1 \times 10^{-6} = 1.0395 \times 10^{-3}$

$\qquad T_L = \ell n2 \times R_B C$

$\qquad = 0.693 \times 7.5 \times 10^3 \times 0.1 \times 10^{-6} = 0.51975 \times 10^{-3}$

$\qquad \therefore T = T_H + T_L \doteqdot 1.575ms$，此為非穩態多諧振盪器

29. (B)。$f = \dfrac{1}{T} = \dfrac{1}{1.575ms} \doteqdot 635Hz$

30. (C)。$f = \dfrac{1}{2Rc\ell n3}$

31. (D)。$24 \times 10^3 = \dfrac{1}{2 \times 3.3 \times 10^3 \times C \times 1.09}$

$\qquad \Rightarrow C = \dfrac{1}{172.656 \times 10^6} \doteqdot 58nF$

32. (C)　*33.* (A)　*34.* (D)　*35.* (B)　*36.* (D)　*37.* (D)。

38. (D)。$f_s = \dfrac{1}{2\pi\sqrt{L_m C_m}} = \dfrac{1}{2 \times 3.14 \times \sqrt{0.4 \times 10^{-12} \times 0.1}}$

$\qquad = 0.796MHz$

$\qquad f_0 = \dfrac{1}{2\pi\sqrt{L_m(C_m // C_0)}} = \dfrac{1}{2 \times 3.14 \times \sqrt{0.4 \times 10^{-12}}}$

$\qquad\qquad = \dfrac{1}{2 \times 3.14 \times 0.374 \times 10^{-6}}$

$\qquad\qquad \doteqdot 0.435MHz$

39. (A)　*40.* (D)。

41. (A)。$T\alpha Rc$。

42. (D)。$\beta A = 1$，$\beta = \dfrac{1}{1 + \dfrac{R}{R} + \dfrac{C}{C}} = \dfrac{1}{3}$

$\qquad \Rightarrow \beta A = 1 \Rightarrow A = \dfrac{1}{\beta} = \dfrac{1}{\dfrac{1}{3}} = 3$

$\qquad \Rightarrow A = 1 + \dfrac{R_2}{R_1} = 3 \Rightarrow \dfrac{R_2}{R_1} = 2$ 可持續振盪

43. (D)。$W_0 = \dfrac{1}{\sqrt{R^2 C^2}} = \dfrac{1}{RC}$

第十二章　輸出級與功率放大器

提供放大器低輸出電阻使它可把輸出信號傳給負載而不造成增益下降。

電晶體的功率散逸會提升它內部的接面溫度，且存著一個超過便損毀電晶體的溫度上限(矽元件的上限大約在 150～200℃ 之間)。

高功率的意思通常指超過 1W

功率放大器其實是高功率輸出極的放大器

12-1　輸出級的分類

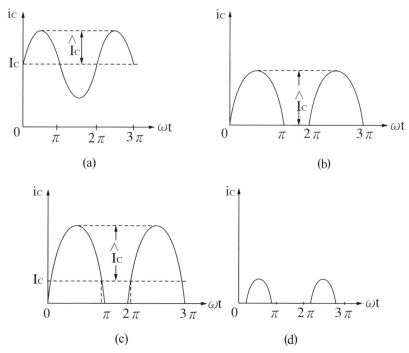

(a)

(b)

(c)

(d)

〔Fig 12.1 (a)A 類　(b)B 類　(c)AB 類　(d)C 類〕

θ：電晶體導通角

class A(A 類)：$\theta = 360°$

class B(B 類)：$\theta = 180°$

class AB(AB 類)：$180° < \theta < 360°$

class C(C 類)：$0° < \theta < 180°$

　　C 類放大器通常用於射頻電路中，故不在本書上討論。

12-2　A 類輸出級

因為此類具有低輸出電阻，所以射頻隨耦器常用此類輸出級。

12-2-1　轉換特性

$$i_{E1} = I + i_L \tag{1}$$

$$\upsilon_0 = \upsilon_i - V_{BE1}\ (Q_1 主動) \tag{2}$$

$$\upsilon_{0max} = V_{CC} - V_{CE1sat}\ (Q_1 飽和) \tag{3}$$

$$\upsilon_{0min} = -IR_L\ (Q_1 截止) \tag{4}$$

或

$$\upsilon_{0min} = -(V_{CC} - V_{CE2sat})\ (Q_2 飽和) \tag{5}$$

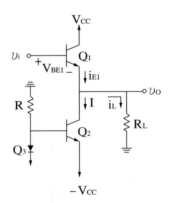

〔Fig 12.2　作偏壓的射極隨耦 Q_1，Q_2供應定電流 I。〕

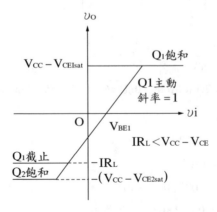

〔Fig 12.3　Fig 12.2 轉移曲線〕

當Q_1截止時，$i_{E1} = 0 \therefore i_L = -I$，$v_0 = i_L R_L = -IR_L$如欲獲得對稱的特性曲線，亦即$v_{0min} = -(V_{CC} - V_{CE2sat})$，則必須$IR_L > V_{CC} - V_{CE2sat}$ ————— (6)

12-2-2　信號波形

Fig 12.4　在$V_{CC} = I_C R_C$，$\hat{V}_0 = V_{CC}$，$V_{CEsat} \approx 0$的條件下Fig 12.2 中A級輸出級的最大信號波形。

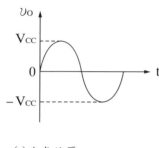

(a)適當偏壓

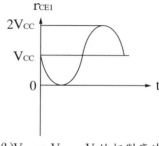
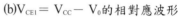

(b)$V_{CE1} = V_{CC} - V_0$的相對應波形

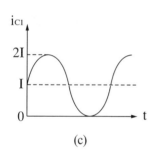

(c)

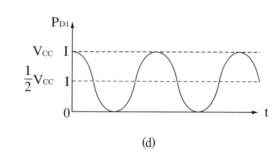

(d)

$V_{CE1} = V_{CC} - v_0$，$i_{C1} = I + i_L = I + \dfrac{v_0}{R_L}$

Q_1的瞬間功率散逸$P_{D1} = v_{CE1} i_{C1}$ ————————— (7)

Q_1的平均功率$(P_{D1})_{av} = \dfrac{1}{2} V_{CC} I$

12-2-3　功率轉換率

輸出級功率轉換效率

$$\eta = \frac{負載功率(P_L)}{供應功率(P_S)}$$ ————————— (8)

$$P_L = \frac{1}{2} \frac{\hat{V}_0^2}{R_L}$$ ————————— (9)

$$P_S = V_{CC} I + V_{CC} I = 2 V_{CC} I$$ ————————— (10)

將(9)，(10)帶入(8)可得

$$\eta = \frac{1}{4} \frac{\hat{V}^2}{IR_L V_{CC}} = \frac{1}{4} (\frac{\hat{V}_0}{IR_L})(\frac{\hat{V}_0}{V_{CC}}) \quad\quad\quad\quad (11)$$

$\because \hat{V}_0 \leq V_{CC}$ 且 $\hat{V}_0 \leq IR_L$

$\therefore \eta \leq 25\%$

當 $\hat{V}_0 = V_{CC} = IR_L$ 時，$\eta = \eta_{max} = 25\%$

由於 classA 效率甚低，因此僅適用於低功率場合(低於 1W)。

12-3　B 類輸出級

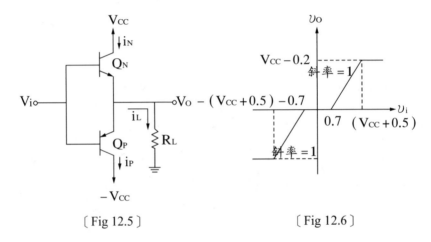

〔Fig 12.5〕　　　　　　　　　　〔Fig 12.6〕

Q_N：npn，Q_P：pnp

$\upsilon_{BEN} = \upsilon_{EBP} = 0.7V$

$\upsilon_{CENsat} = \upsilon_{ECPsat} = 0.2V$

當 $\upsilon_i > 0.7$ 時，Q_n on，Q_p off　$\therefore \upsilon_0 = \upsilon_i - 0.7$，此時 i_L(註：$i_L > 0$)

經由 V_{CC}，Q_N，R_L，流至地，此為推

當 $\upsilon_i < -0.7$ 時，Q_p on，Q_n off　$\therefore \upsilon_0 = \upsilon_i + 0.7$，此時 $-i_L = |i_L|$

(註：$i_L < 0$)經由地，R_L，Q_P，流至 $-V_{CC}$，此為挽 Fig 9.5　B 類輸出級
的電晶體偏壓在零電流，只在輸入信號存在時才導通，此方式操作稱為推
挽式操作。

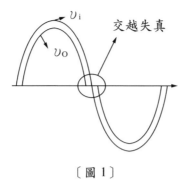

〔圖 1〕

此空帶在弦波輸入時造成交越失真

12-3-1　功率轉換效率

欲計算功率轉換效率η，需忽略交越失真且考慮輸出弦波峰值振幅$\hat{V}_0$

平均負載功率為$P_L = \dfrac{1}{2}\dfrac{\hat{V}_0^2}{R_L}$ ————————————————————————— (12)

$P_{S+} = V_{CC}(i_N)_{av} = \dfrac{1}{\pi}\dfrac{\hat{V}_0}{R_L}V_{CC}$

$\dfrac{1}{\pi}\dfrac{\hat{V}_O}{R_L}(i_N)on$

$\dfrac{1}{\pi}\dfrac{\hat{V}_O}{R_L}(i_N)on$

$P_{S-} = V_{CC}(i_P)_{av} = \dfrac{1}{\pi}\dfrac{\hat{V}_0}{R_L}V_{CC}$

$\therefore P_S = P_{S+} + P_{S-} = \dfrac{2}{\pi}\dfrac{\hat{V}_0}{R_L}V_{CC}$ ————————————————— (13)

$\dfrac{(12)}{(13)}$ 可得效率為

$\eta = \dfrac{P_L}{P_S} = \dfrac{\pi}{4}\dfrac{\hat{V}_0}{V_{CC}}$ ——————————————————————————— (14)

$\therefore \eta \propto \hat{V}_0$

假定$V_{CEsat} = V_{ECPsat} \approx 0$，因此$V_0 \leq V_{CC}$

當$\hat{V}_0 = V_{CC}$時，$\eta = \eta_{max} = \dfrac{\pi}{4} = 78.5\%$ —————————— (15)

因此 B 級的效率遠高於 A 級的效率(25%)。

將$\hat{V}_0 = V_{CC}$代入(12)可得 B 最大平均功率

為$P_{Lmax} = \dfrac{1}{2} \dfrac{V_{CC}^2}{R_L}$ —————————— (16)

12-4　AB 類輸出級

把互補輸出電晶體偏壓在小但非零的電流下幾乎可以消除交越失真，如圖 Fig 12.7

若$V_i = 0$，則$V_0 = 0$

$\therefore V_{BEN} = V_{EBP} = \dfrac{V_{BB}}{2}$

$\therefore i_N = i_P = i_Q = i_S e^{\frac{V_{BB}}{2V_T}}$，如圖 1 所示

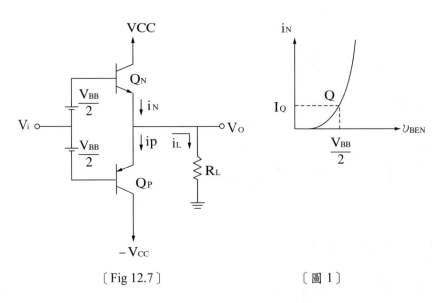

〔Fig 12.7〕　　　　　　　　　　〔圖 1〕

12-4-1　操作電流

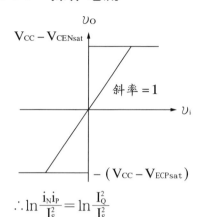

$$V_0 = V_i + \frac{V_{BB}}{2} - V_{BEN} \approx V_i$$

我們接著分析 Fig 12.7，其中 $i_L = \dfrac{V_0}{R_L}$

使用 KCL 可得 $i_N = i_P + i_L$ ——————(17)

使用 KVL 可得 $V_{BEN} + V_{EBP} = V_{BB}$

$$\therefore V_T \ln \frac{i_N}{I_S} + V_T \ln \frac{i_P}{I_S} = 2V_T \ln \frac{I_Q}{I_S}$$

$$\therefore \ln \frac{i_N i_P}{I_S^2} = \ln \frac{I_Q^2}{I_S^2}$$

$$\therefore i_N i_P = I_Q^2 \ \text{————————————————————(18)}$$

由(17)，(18)消去 i_P 可得 $i_N^2 - i_L i_N - I_Q^2 = 0$ ——————(19)

(19)為 i_N 的一元二次方程式，因此在已知 i_L 的情況下可求解出 i_N。

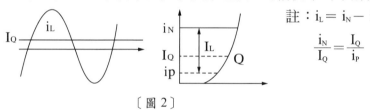

註：$i_L = i_N - i_P$

$$\frac{i_N}{I_Q} = \frac{I_Q}{i_P}$$

〔圖 2〕

若 $\pi \gg I_Q$，則 $i_P \approx 0$，$i_N \approx i_L$，亦即 Q_N on，Q_P off

若 $-\pi \gg I_Q$，則 $i_N \approx 0$，$i_P \approx i_L$，亦即 Q_P on，Q_N off

12-4-2　輸出電阻

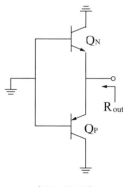

〔Fig 12.9〕

$$R_{out} = r_{eN} // r_{ep} = \frac{V_T}{i_N} // \frac{V_T}{i_P} = \frac{V_T}{i_N + i_P} \quad\text{————————— (20)}$$

若 $i_L \ll I_Q$，則 $i_N \approx i_P \approx I_Q$，$R_{out} \approx \dfrac{V_T}{2I_Q}$

$\therefore R_{out} \approx \dfrac{V_T}{i_N}$ 或 $\dfrac{V_T}{i_P}$，亦即 $R_{out} \approx \dfrac{V_T}{i_L}$

❧ 讀後練習 ❧

( ) 1. 有 60 瓦的功率電晶體，60 瓦指的是 (A)信號交流輸出功率 (B)最大集散逸直流功率 (C)電源供給直流功率 (D)最大集極散逸交流功率。

( ) 2. 若 T_J 是接面溫度，P_D 是集極消耗功率，T_A 是周圍溫度，則功率電晶體的熱阻 θ 定義為 (A) $T_J T_A = \theta P_D$ (B) $T_A / T_J = P_D \theta$ (C) $T_J = P_D \theta + T_A$ (D) $T_J + P_D = \theta T_A$。

( ) 3. 半導體元件消耗之功率 W，溫度 T，和熱阻 θ 三者之間係，相當於歐姆定律。其中之 W 相當於 (A)電流 (B)電壓 (C)電阻 (D)任擇其一皆可。

( ) 4. 某功率二極體之最高功率消耗容許值和其外殼溫度之關係如圖示。此二極體之外殼和其 P － N 接合間之熱阻，θ_{jc} 為 (A) 3W/℃ (B) 3℃/W (C) 2.4℃/W (D) 5W/℃。

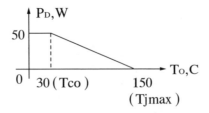

( ) 5. 某二極體 PN 接合之溫度上限為 150℃，由 PN 接合點至外殼之熱阻 θ_{JC} 為 2.5℃/Watt，最高環境溫度為 50℃。外殼與周圍環境間之熱阻 θ_{CA} 為 10℃/Watt，則二極體最大可消耗之功率為 (A) 4Watts (B) 6Watts (C) 8Watts (D) 10Watts。

(　) 6. 乙類推挽式放大器的最主要優點為　(A)抵消所有諧波　(B)加寬頻率響應　(C)可具有較高的效率　(D)失真小。

(　) 7. 某功率電晶體接合面溫度最高容許值＝100℃，接合面至電晶體包裝殼之熱阻θ_{JC}＝0.5℃/Watt，包裝殼至散熱片之熱阻＝1.5℃/Watt，散熱片至空氣之熱阻＝3℃/Watt，空氣溫度＝25℃，則此電晶體之功率消耗應小於　(A)5Watt　(B)10Watt　(C)15Watt　(D)20Watt。

(　) 8. 放大器雜訊指數為3dB，輸入信號功率為輸入等效雜訊功率之100倍，則輸出信號功率比輸出雜訊功率高了　(A)94dB　(B)37dB　(C)17dB　(D)27dB。

(　) 9. 試回答下列功率放大器相關問題：以音頻功率放大器而言，正弦信號輸入時，B類的集極電路最高效率約為A類的　(A)0.5倍　(B)2倍　(C)3倍　(D)4倍。

(　) 10. 為避免交越失真，AB類音頻功率放大器(2BJT互補射極隨耦)的二基極之間常維持　(A)0.51V　(B)1.1V　(C)2V　(D)3V。

(　) 11. 已知一變壓器耦合音頻功率放大器之$i_c＝i_b＋0.7i_b^2$，而$i_b＝4\cos2\pi(20)t$mA。則輸出信號中有　(A)40Hz　(B)10Hz　(C)170Hz　(D)14Hz　信號。

(　) 12. B類功率放大器的工作點還在輸出電流為零的期間占輸入正弦信號的　(A)1/3　(B)1/2　(C)2/3　(D)1/4。

(　) 13. 兩正弦波信號的振幅皆為10V，頻率皆為1KHz，唯相位相差45°，若將兩信號相加，則其所獲致的信號振幅應為　(A)20.0V　(B)14.1V　(C)18.5V　(D)0V。

(　) 14. 輸入1KHz，15V正弦波至一運算放大器，測得其輸出之波形包含的諧波量為：1KHz者10V，2KHz者1V，3KHz者0.5，則其全諧波失真應為　(A)7.4%　(B)9.8%　(C)11.2%　(D)15.0%。

(　) 15. 一般功率放大器的最高功率轉換效率的大小次序　(A)A類≧AB類≧B類　(B)A類≧B類≧AB類　(C)AB類≧B類≧A類　(D)B類≧AB類≧A類。

(　) 16. 測量接收機雜訊強弱時，較有意義之讀數是　(A)均方根(rms)值　(B)平均值　(C)峰值　(D)峰至峰值。

( ) 17. 一電晶體放大電路對輸入的弦波訊號僅具有半波導通的性能，
此放大器之輸出級的種類為 (A) A 類 (B) B 類 (C) C 類 (D) AB 類。

( ) 18. 一功率放大器的輸入功率為 1W，其功率益為 20dB，則此放大
器的輸出功率為 (A) 10W (B) 20W (C) 100W (D) 200W。

( ) 19. 圖示為一射極隨耦器其中 $V_{CC}=$ 10V，I ＝ 100mA，$R_L =$ 100Ω，
試求 Q_1 之靜態(即 $V_0 =$ 0時)功率消耗為何？ (A) 1W (B) 2W (C)
3W (D) 4W。

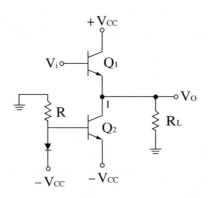

( ) 20. 有關共射極放大器、共基極放大器、及共集極放大器的敘述，
下列何著為真？ (A) 只有共射極放大器屬於 A 類放大器 (B) 只
有共基極放大器屬於 A 類放大器 (C) 只有共集極放大器屬於 A
類放大器 (D) 三種組態的放大器皆屬於 A 類放大器。

( ) 21. 圖示為一 B 類放大器，假設其中 N 通道場效電晶體 Q_1 及 P 通道
場效電晶體 Q_2 參數值相同，如下所示：$|V_T|$ ＝ 1V 且
K ＝ 100μA/V^2。若輸入信號為一峰值為 5V 之正弦波，且在不考
慮負載條件下，輸出信號最大峰值為 (A) 2V (B) 3V (C) 4V
(D) 1V。

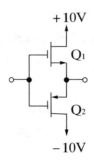

(　) 22. 同上題中，若輸出端加一負載電阻則負載電阻值多大時，輸出信號峰值為輸入信號峰值之半？　(A) 13.1KΩ　(B) 12.1KΩ　(C) 11.1KΩ　(D) 10.1KΩ。

(　) 23. 試設計電阻值R_B，使圖中之 A 類放大電路，可有最大功率輸出（即 Q 點位於負載線中間處）。　(A) 11.3KΩ　(B) 6.0KΩ(C) 5.4Ω(D) 9.2KΩ。

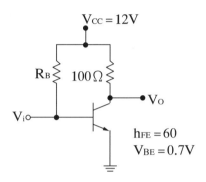

(　) 24. 同上題中，假設電晶體之$V_T = 26mV$，試求圖示電路之電壓增益$A_y = V_0/V_1$？　(A) － 50　(B) － 169　(C) － 231　(D) － 357。

(　) 25. 一功率電晶體之最大接面溫度$T_{jmax} = 180℃$，當電晶體金屬殼溫度$T_c = 50℃$時，最大功率消耗$P_c = 50W$，若金屬殼與散熱片間的散組為 0.6℃/W，當電晶體功率消耗為 30W 時，試求散熱片溫度？　(A) 40℃　(B) 45℃　(C) 84℃　(D) 90℃。

(　) 26. 有一功率放器如圖所示，圖中$V_{cc} = 20V$，$R_L = 8Ω$，電晶體Q_1及Q_2之飽和電壓$V_{CE·sat} = 1V$，試求輸出電壓為最大且不失真條件下之最大輸出功率$P_L = $？　(A) 19.5W　(B) 25W　(C) 45.13W　(D) 22.56W。

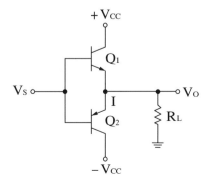

( ) 27. 承上題,試求在最大功率輸出時,由電源所提供的功率$P_{supply}=$? (A) 30.25W (B) 47.5W (C) 50W (D) 36.8W。

( ) 28. 承上題,試求此放大器最大效率為何? (A) 52.9% (B) 41% (C) 78% (D) 74.6%。

( ) 29. 圖示之電路,假設電晶體導通時的β= 100,$V_{BE}=$ 0.7V,則 (A) Q_1及Q_2皆工作於作用區 (B) Q_1及Q_2皆工作於截止區 (C) Q_1工作於截止區、Q_2工作於作用區 (D) Q_1工作於作用區、Q_2工作於截止區。

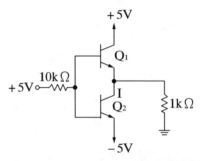

( ) 30. 上圖示之電路,流過 10KΩ電阻之電流大小為 (A) 0.078mA (B) 0.039mA (C) 0.78mA (D) 0.39mA。

( ) 31. 下列功率放大器的最大轉換效率何者最高? (A) A 類 (B) B 類 (C) AB 類 (D) C 類。

( ) 32. 對OCL功率放大器而言,下列敘述何者錯誤? (A) 需採用單電源 (B) 整個電路之中點電壓為 0V (C) 需有溫度補償電路 (D) 無輸出電容低頻響應佳。

( ) 33. 圖中,$V_{CC}=$ 5V,$I_Q=$ 100mA,且$R_L=$ 100Ω,若輸出電壓V_0是一峰值為 2V 的正弦波,則負載所得的平均信號功率為 (A) 0.01W (B) 0.02W (C) 0.03W (D) 0.04W。

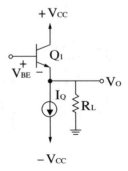

（　　）34. 同上題，圖中供應此電路的平均直流功率為　(A) 1W　(B) 2W
　　　　(C) 3W　(D) 4W。

（　　）35. 同上題，圖中功率轉換效率為　(A) 1%　(B) 2%　(C) 3%　(D) 4%。

（　　）36. 射極隨耦器屬於下列那一類放大器？　(A) A 類　(B) B 類　(C) C
　　　　類　(D) AB 類。

（　　）37. 下列哪一種功率放大器的電晶體導通角度最小？　(A) A 級　(B)
　　　　AB 級　(C) B 級　(D) C 級。

（　　）38. 如圖所示的電路，為利用射極隨耦器所組成的A級功率放大器，
　　　　若電晶體的集極一射極飽和電壓為 0.2V，則輸出級電路的功率
　　　　轉換效率可能為　(A) 80%　(B) 60%　(C) 40%　(D) 20%。

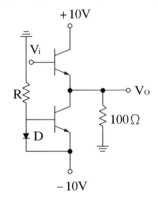

（　　）39. 比較一般功率放大器之最高功率轉換效率，其大小次序為 (A) B
　　　　類≧AB 類≧A 類　(B) A 類≧B 類≧AB 類　(C) AB 類≧A 類≧B
　　　　類　(D) A 類≧AB 類≧B 類。

（　　）40. 如圖示之電路，若V₀之峰值為 10V，且交叉失真可忽略，試求
　　　　由兩直流電源所供給的平均功率為：　(A) 0.096W　(B) 0.150W
　　　　(C) 0.192W　(D) 0.301W。

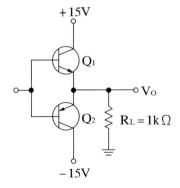

(　　) 41. 續上題，在Q_2上的最大瞬間功率損耗率約為　(A) 0.138W　(B) 0.092W　(C) 0.046W　(D) 0.023W。

(　　) 42. 有一 AB 類放大器，在 10℃之環境溫度下其效率可達 70%，已知傳送至負載R_L之功率為 140W 兩功率電晶體各有獨立散熱器，各熱阻參數為$\theta_{JC} = 1.8℃/W$，$\theta_{CS} = 0.2℃/W$及$\theta_{SA} = 4℃/W$(其中 J、C、S 及 A 四個字母分別代表接面、外殼、散熱器及環境)，試求此時電晶體之接面溫度 TJ 值為何？　(A) 200℃　(B) 190℃　(C) 180℃　(D) 170℃。

解答

1. (B)　2. (C)。

3. (A)。$W = T^2\theta = I^2\theta$，故選 (A) 電流。

4. (C)　5. (C)　6. (C)　7. (C)。

8. (C)。$10\log_{10}100 = 20(dB)$，故 $20-3 = 17(dB)$。

9. (C)　10. (B)　11. (A)。

12. (B)。B 類放大器之輸出為

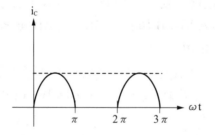　故可知電流為零佔週期的$\dfrac{1}{2}$。

13. (C)　14. (C)。

15. (D)。A 類：$\eta_{max} = 25\%$

　　B 類：$\eta_{max} = 78.5\%$

　　AB 類：$25\% \leq \eta_{max} \leq 78.5\%$

　　∴B 類 ≥AB 類 ≥A 類

16. (A)　17. (B)。

18. (C)。$20dB = 10\log_2 A \Rightarrow A = 100$

$\therefore P_0 = P_{in} \times A = 1 \times 100 = 100W$

19. (A)。$P = VI = 10 \times 100mA = 1W$

20. (D)。

21. (C)。$V_{max} = V_{in} - V_T = 5 - 1 = 4V$

22. (C)　23. (A)　24. (C)　25. (C)。

26. (D)。$P_L = \dfrac{V_L^2}{2R_L} = \dfrac{(V_{CC} - V_{CE}, sat)^2}{2R_L} = \dfrac{19^2}{2 \times 8} \fallingdotseq 2256W$

27. (A)。$P_{supply} = \dfrac{2}{\pi} \dfrac{V_0}{R_L} \times V_{CC}$

$= \dfrac{2 \times 19 \times 20}{3.14 \times 8}$

$\fallingdotseq 30.25W$

28. (D)。$\eta_{max} = \dfrac{P_L}{P_{supply}} = \dfrac{22.56}{30.25} \fallingdotseq 0.746 = 74.6\%$

29. (D)　30. (B)　31. (B)　32. (A)。

33. (B)。$P_L = \dfrac{V_0^2}{2R_L} = \dfrac{2^2}{2 \times 100} = 0.02W$

34. (A)。$P_{supply} = VI = (5 + 5) \times 100mA = 1W$

35. (B)。$\eta = \dfrac{P_L}{P_{supply}} = \dfrac{0.02}{1} = 0.02 = 2\%$

36. (A)　37. (A)　38. (D)　39. (A)　40. (A)　41. (D)　42. (B)

第十三章　近年試題彙編

108年中國鋼鐵新進人員

一、單選題

( )　1. PN二極體（DIODE）的順向電流10A，二極體的導通電壓降為0.5V、導通電阻0.1Ω，二極體功率消耗為何？　(A)15W　(B)10W　(C)5W　(D)0W。

( )　2. 關於理想運算放大器，下列描述何者錯誤？　(A)正輸入端點的輸入電流等於負輸入端點的輸出電流　(B)兩輸入端點之輸入阻抗無窮大　(C)輸出端點之輸出阻抗為零　(D)增益無窮大。

( )　3. 關於理想運算放大器之負回授電路，輸入訊號透過10kΩ電阻連接至運算放大器負端點，正端點透過10kΩ電阻接地，回授路徑電阻為50kΩ，試求電壓增益？　(A)10　(B)5　(C)−10　(D)−5。

( )　4. 以下何者是採用MOSFET電子開關取代繼電器（Relay）最重要的理由？　(A)可工作於較高電壓　(B)導通損失較小　(C)絕緣能力較強　(D)切換速度較快。

( )　5. 如圖所示之電路，電晶體$\beta = 100$，切入電壓$V_{BE} = 0.7V$且熱電壓$V_T = 25mV$，則小信號電流增益I_E/I_S為何？　(A)1.0　(B)40.3　(C)50.7　(D)65.2。

二、複選題

( )　1. NPN電晶體工作於飽和區時，下列描述何者正確？　(A)集極射極可允許順向電流　(B)集極射極可允許逆向電流　(C)此時電晶體可視為一個導通之二極體　(D)電晶體工作於飽和區之導通損失小於電晶體工作於主動區之導通損失。

( )　2. 關於場效（MOSFET）電晶體的描述，何者正確？　(A)是一種電壓控制型之半導體元件　(B)電晶體導通時可等效為一電阻　(C)可當放大器使用　(D)可作為固態雙向開關使用。

( )｜3. 關於理想運算放大器之負回授電路，輸入訊號透過10kΩ電阻連接至運算放大器負端點，正端點接地，回授路徑上有50kΩ電阻與10uF電容器並聯，下列描述何者正確？　(A)此電路為低通濾波器　(B)直流電壓增益大小為5　(C)截止頻率為2Rad/S　(D)此電路亦可當微分器使用。

( )｜4. 以下關於電流源的敘述何者正確？　(A)諾頓（Norton）等效電路的內阻抗愈小愈好　(B)輸出端不可以短路　(C)可供應多個串聯負載　(D)負載電阻愈大，輸出功率愈大。

解答及解析

※答案標示為#者，表官方曾公告更正該題答案。

一、單選題

1. (A)。 $P_{壓降}=10 \times 0.5 = 5W$，
   $P_{電阻}=10^2 \times 0.1 = 10W$，
   $P_{total}=P_{壓降}+P_{電阻}=15W$，
   故選(A)。

2. (A)。 輸入電壓兩端相等，故選(A)。

3. (D)。

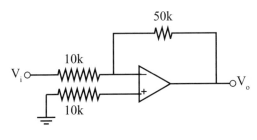

   $A_V=\dfrac{V_o}{V_i}=-\dfrac{50}{10}=-5$，故選(D)。

4. (D)。 MOSFET取代Relay最重要理由為MOSFET切換速度較快，故選(D)。

5. (D)。$I_B = \dfrac{V_{CC} - V_{BE}}{R_B + (1+\beta)R_E} = \dfrac{15 - 0.7}{370 + 101 \times 2} = 0.025\text{mA}$

$r_\pi = \dfrac{V_T}{I_B} = \dfrac{25}{0.025} = 1000\Omega$，

$\dfrac{I_E}{I_S} = \dfrac{R_B}{R_B + [r_\pi + (1+\beta)R_E]} \times (1+\beta) = \dfrac{370 \times 101}{370 + [1 + 101 \times 2]} = 65.2(\text{A}/_\text{A})$，

故選(D)。

二、複選題

1. (A)(C)(D)。(B)不允許逆向電流，其餘正確，故選(A)(C)(D)。

2. (A)(B)(C)。(D)無法做為固態雙向開關使用，其餘正確，
故選(A)(B)(C)。

3. (A)(B)(C)。(A)此為低通濾波器，

(B)$|A_V| = |\dfrac{V_0}{V_i}| = |-\dfrac{50}{10}| = |-5| = 5$，

(C)$\omega_C = \dfrac{1}{50k \times 10\mu} = 2(\text{rad/s})$，

(D)做積分器使用，

故選(A)(B)(C)。

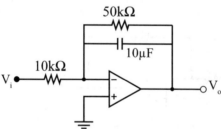

4. (C)(D)。　(A)諾頓等效電路的內阻抗愈大愈好，
(B)輸出端可以短路，
故選(C)(D)。

108年台北捷運新進工程員

一、 請寫出下列運算放大器為何種型式之濾波器（帶通、帶斥、低通或高通）？

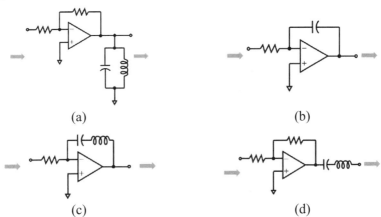

(a)　　　　　　　　　　　　　(b)

(c)　　　　　　　　　　　　　(d)

答：LC二階電路，當$\omega_{共振}$時 $\begin{cases} L串C & 短路 \\ L並C & 開路 \end{cases}$，用極大、極小判斷2點位置

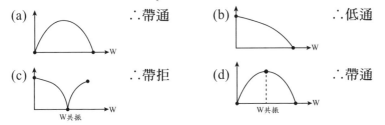

(a) ∴帶通　　　　　　(b) ∴低通

(c) ∴帶拒　　　　　　(d) ∴帶通

二、 (一)畫出兩輸入CMOS NOR閘之邏輯電路圖。

　　(二)又$\mu_n = 2\mu_p$，為使該NOR閘有最佳的輸出特性，則PMOS與NMOS之寬長比（W/L）關係式為何？

答：(一)$V_o = \overline{A+B}$ ∴NOR閘

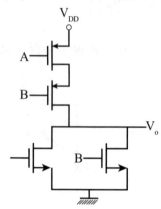

(二)$\mu_n = 2\mu_P$

輸出最佳特性，則$k_N = k_P$匹配

$$\therefore k_N = k_P \Rightarrow \frac{1}{2}\mu_P C_o \times \frac{W_P}{L_P} = \frac{1}{2}\mu_n C_o \frac{W_N}{L_N}$$

$\mu_n = 2\mu_P$ ∴$W_P = 2W_N$ $L_P = L_N$

三、(一)利用NAND閘，設計$Y = A + B$之邏輯函數。

　　(二)利用NOR閘，設計$Y = AB$之邏輯函數。

答：(一) $Y = A + B = \overline{\overline{A+B}} = \overline{\overline{A} \cdot \overline{B}}$

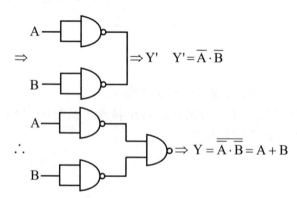

(二) $Y = AB = \overline{\overline{A} \cdot \overline{B}} = \overline{\overline{A} + \overline{B}}$

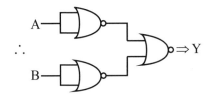

∴

四、畫出下圖之小訊號模型含C_{gs}及g_{m1}，並推導出其輸入阻抗。此電路之設
　　計目的為何？

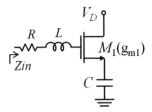

答：

$$Z_{in} = R + L + \frac{C_{gs}}{1 - M} \cdots (1)$$

$$M = \frac{V_S}{V_G} = \frac{C_{gs}}{C + C_{gs}} 代回 \cdots (1)$$

$$Z_{in} = R + L + \frac{C_{gs}}{1 - \dfrac{C_{gs}}{C + C_{gs}}}$$

目的：當在低頻時，輸入阻抗很高，當頻率愈高時阻抗漸漸變低，發
　　　生共振時輸入阻抗為R。

五、 求出下圖之Q_1、Q_2的ON/OFF狀態及v_e、v_{c1}與v_{c2}之值。

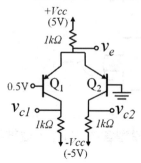

答： 直流訊號分析

$V_d = |V_1 - V_2| = 0.5V$

PNP型　$\therefore Q_2$為ON，Q_1為OFF

$I_{E2} = \dfrac{5-0.7}{1} = 4.3$

$I_{C2} \doteqdot I_{E2} = 4.3$

$V_{C2} = -5 + 4.3 = -0.7V$

$V_{C1} = 0V$

$V_e = 0.7V$

108年台北捷運新進技術員

( )　1. 如右圖所示之電路，D為理想二極體，
V$_i$＝12V，則電流I為何？
(A)3mA　　　(B)4mA
(C)5mA　　　(D)6mA。

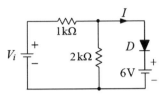

( )　2. 一般雙極接面電晶體（BJT）的摻雜度大小依序為：　(A)E＞B＞C
(B)B＞E＞C　(C)E＞C＞B　(D)B＞C＞E。

( )　3. 下列何種放大器的效率最低？　(A)A類　(B)B類　(C)AB類　(D)C
類。

( )　4. 右圖Q$_1$與Q$_2$對稱，且V$_{i1}$＝V$_{i2}$，在正常運作
下，R$_E$阻值調高的影響為：
(A)I$_E$變小、V$_{O1}$變低、V$_o$不變
(B)I$_E$變小、V$_{O1}$變高、V$_o$不變
(C)I$_E$變大、V$_{O1}$變低、V$_o$不變
(D)I$_E$變小、V$_{O1}$變高、V$_o$變高。

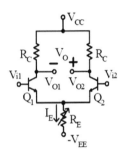

( )　5. 右圖屬於何種電路？
(A)積分器
(B)微分器
(C)反相放大器
(D)非反相放大器。

( )　6. 下列有關各類二極體的敘述，何者錯誤？　(A)鍺二極體的切入電壓
（Cut in Voltage）比矽二極體小　(B)稽納二極體一般使用時，是在逆
向偏壓下工作　(C)一般發光二極體在使用時，是在順向偏壓下工作
(D)發光二極體發光的波長與其偏壓電壓值成正比。

( )　7. 右圖為雙極性接面電晶體的輸出特性曲線，
其中直線為負載線，A、B、C、D為四個I$_B$
不同之工作點。請問那個工作點可以得到最
大的輸入訊號振幅？
(A)A　　　　(B)B
(C)C　　　　(D)D。

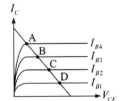

( ) 8. 帶電量1.6×10^{-19}庫侖的電子，通過1伏特的電位差，所需的能量為何？ (A)1.6×10^{-19}電子伏特（eV） (B)1.6×10^{-19}焦耳 (C)1焦耳 (D)1瓦特。

( ) 9. 下列何種BJT電晶體放大電路組態之功率增益最高？ (A)共閘極組態 (B)共集極組態 (C)共基極組態 (D)共射極組態。

( ) 10. 右圖所示之理想運算放大器電路，電流I為何？
(A)0mA
(B)6mA
(C)10mA
(D)20mA。

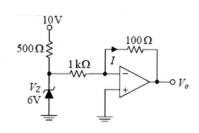

( ) 11. 共射極組態之雙極性接面電晶體開關在開路時，電晶體工作區域為何？ (A)截止區 (B)作用區 (C)飽和區 (D)歐姆區。

( ) 12. 如右圖所示之電路，若$V_{cc} = 20V$，$R_L = 50\Omega$，則此放大器最大交流輸出功率為何？
(A)4W
(B)3W
(C)2W
(D)1W。

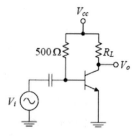

( ) 13. 下列有關差動放大器之敘述，何者錯誤？ (A)CMRR愈大愈佳 (B)共模增益愈小愈好 (C)CMRR愈大愈不能拒絕共模信號 (D)差模增益愈大且共模增益愈小，差動放大器性能愈佳。

( ) 14. 如右圖所示之理想運算放大器電路，其高頻電壓增益約為何？
(A)0dB
(B)-10dB
(C)-15dB
(D)-20dB。

( ) 15. PNP電晶體工作在作用區時，下列敘述何者正確？ (A)基極電壓大於射極電壓 (B)集極電壓大於基極電壓 (C)射極電壓大於集極電壓 (D)集極電壓等於射極電壓。

( )　16. 電晶體與真空管比較，下列何者為電晶體之優點？　(A)易生高熱
　　　　(B)消耗大量功率　(C)價格昂貴　(D)體積小。

( )　17. 稽納二極體在電源調整電路中通常是作何種用途？　(A)作為控制元
　　　　件　(B)提供參考電壓　(C)作為取樣電路　(D)作為誤差檢測。

( )　18. 如右圖所示之電晶體放大器電路，
　　　　下列何者為Q1與Q2的連接方式？
　　　　(A)電感耦合
　　　　(B)電阻電容耦合
　　　　(C)變壓器耦合
　　　　(D)直接耦合。

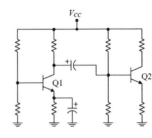

( )　19. 下列關於變壓器耦合放大器的敘述，何者正確？　(A)效率較RC耦合
　　　　放大器低　(B)頻率響應不佳　(C)不容易實現阻抗匹配　(D)容易以
　　　　積體電路實現。

( )　20. 下列關於C類放大器之敘述，何者錯誤？　(A)電晶體導通角度大於
　　　　180度　(B)失真大於B類放大器　(C)轉換效率高於B類放大器　(D)
　　　　可用於射頻調諧放大器。

( )　21. 如右圖所示電路，V_i為輸入信號，R_L為負載，
　　　　下列何者為此放大器電路組態？
　　　　(A)共基極放大器
　　　　(B)共射極放大器
　　　　(C)共集極放大器
　　　　(D)射極隨耦器。

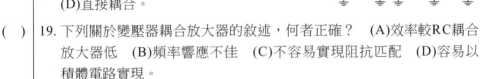

( )　22. 有一差動放大器其差模增益$A_d = 1000$，共模增益$A_c = 0.1$，則其共模拒
　　　　斥比CMRR為何？　(A)0.0001　(B)10000　(C)100　(D)1000.1。

( )　23. 下列敘述何者錯誤？　(A)FET具高輸入阻抗　(B)FET增益與頻帶寬
　　　　之乘積大於BJT　(C)FET源極與汲極可以對調使用　(D)FET受輻射
　　　　影響較BJT小。

( )　24. 若一電源頻率為50Hz，經半波整流後，輸出電壓漣波頻率為何？
　　　　(A)25Hz　(B)30Hz　(C)50Hz　(D)100Hz。

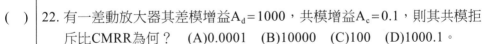

( )　25. 如下圖所示之理想運算放大器電路，若$R_1 = R_2 = R_3 = 1k\Omega$，$R_4 = 20k\Omega$，
$V_i = 1V$，則V_O為多少？　(A)$-20V$　(B)$-15V$　(C)$15V$　(D)$20V$。

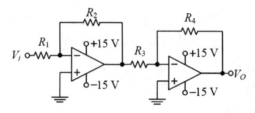

( )　26. 如右圖所示之穩壓電路，在正常工作下，當
V_s固定而R_L變大時，下列敘述何者正確？
(A)I_S變大　　　　(B)I_L變大
(C)I_L不變　　　　(D)I_z變大。

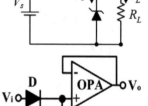

( )　27. 如右圖所示之電路，其功能為何？
(A)電壓放大器　(B)峰值檢波器
(C)截位器　　　(D)定位器。

( )　28. 如右圖所示，下列答案之敘述，何者錯誤？
(A)輸出點為兩個電晶體的源極
(B)此電路接地之電晶體為NMOS
(C)實現這個電路需要用CMOS製程技術
(D)這個電路為一個反相器。

( )　29. 如右圖所示電路，A與B為輸入，V_O為
輸出，則此電路可執行何種邏輯函數？
(A)NAND
(B)NOR
(C)AND
(D)OR。

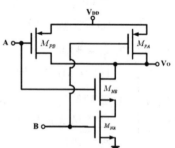

( )　30. 在CMOS積體電路製程中，電晶體的閘級（Gate）是使用那層材料製
作而成？　(A)Oxide層　(B)Metal層　(C)Poly層　(D)以上皆可。

( )　31. 電晶體做為開關用途時，是操作於那些區？　(A)截止區與作用區　(B)截止區與飽和區　(C)僅於作用區　(D)作用區與飽和區。

( )　32. 一般基本放大器加上負回授後，下列特性敘述，何者錯誤？　(A)放大器增益會衰減　(B)增益與頻寬的乘積提高　(C)頻寬會增加　(D)雜訊對電路的影響降低。

( )　33. 有關理想運算放大器的搭述，下列何者錯誤？　(A)開路電壓增益趨近無窮大　(B)輸入阻抗趨近無窮大　(C)輸出阻抗趨近無窮大　(D)頻帶寬度趨近無窮大。

( )　34. 如右圖所示電路，為一偏壓電路及其直流輸出負載線，若原工作點在Q_1位置，欲修正工作點至Q_2位置，則應：
(A)減少R_B　　　(B)增加R_B
(C)減少R_C　　　(D)增加R_C。

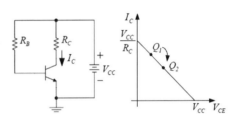

( )　35. 二極體的空乏區，隨著逆偏電壓的增加而產生何種變化？　(A)增加　(B)減少　(C)不變　(D)先增後減。

( )　36. 如右圖所示電路，$V_1=1V$，$V_2=2V$，$V_3=3V$，則輸出電壓V_o為何？
(A)−9V　(B)−7V　(C)7V　(D)9V。

( )　37. 在P型半導體中，導電的多數載子為何者？　(A)電子　(B)原子核　(C)電洞　(D)離子。

( )　38. MOSFET是以何種效應控制汲極與源極間之電流？　(A)磁場效應　(B)電場效應　(C)光電效應　(D)霍爾效應。

( )　39. 下列何者為主動元件？　(A)電容　(B)電感　(C)電阻　(D)電晶體。

( )　40. 如右圖所示電路，若該電路中D_1、D_2和D_3皆為理想二極體，且以正邏輯系統來看，接近0V之電壓值代表邏輯0，而靠近+5V之電壓值代表邏輯1，則該電路輸出v_Y與輸入v_A、v_B和v_C為何種邏輯閘？
(A)AND　(B)OR　(C)NOR　(D)NAND。

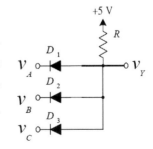

( )　41. 功率電晶體的集極與外殼通常接在一起，其主要目的為何？　(A)美觀　(B)製造方便　(C)散熱效佳　(D)易於辨認。

( )　42. 如下圖所示之電路，輸出電壓V_o為何？
(A)$+V_m$　(B)$-V_m$　(C)$+2V_m$　(D)$-2V_m$。

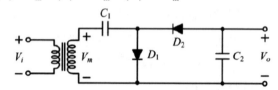

( )　43. 下列關於CMOS數位電路之敘述，何者錯誤？　(A)將數位電路的操作頻率提高，電路的功率消耗會愈大　(B)將數位電路線路上的雜散電容降低，電路的功率消耗會愈小　(C)將數位電路的操作電壓降低，電路的功率消耗會愈大　(D)降低數位電路的動態功率消耗可提高效率。

( )　44. 在積體電路製程中，下列最佔晶片面積的元件為何？　(A)電容　(B)電感　(C)電阻　(D)電晶體。

( )　45. 有關主動濾波器及被動濾波器之敘述，下列何者錯誤？　(A)主動濾波器一般採用主動元件搭配被動元件設計　(B)被動濾波器不包含主動元件　(C)主動濾波器可適用於低頻範圍之應用　(D)被動濾波器之最大電壓增益可大於1。

( )　46. 如右圖所示之電路，其功能為何？
(A)半波整流器　(B)全波整流器
(C)積分器　(D)微分器。

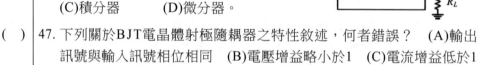

( )　47. 下列關於BJT電晶體射極隨耦器之特性敘述，何者錯誤？　(A)輸出訊號與輸入訊號相位相同　(B)電壓增益略小於1　(C)電流增益低於1　(D)輸入阻抗甚高。

( )　48. 有一電晶體偏壓於作用區，測得$I_B=0.05mA$，$I_E=5mA$，則此電晶體的α參數值為多少？　(A)0.01　(B)0.99　(C)0.9　(D)9.9。

( )　49. 下列關於MOSFET的敘述，何者錯誤？　(A)MOSFET有空乏型及增強型兩種型式　(B)MOSFET有N通道及P通道兩種　(C)MOSFET是電流控制元件　(D)MOSFET之閘極與源極間直流電阻很大。

( )│50. 下列有關達靈頓（Darlington）電路之敘述，何者正確？ (A)電壓增益與輸出阻抗甚高 (B)電流增益與輸出阻抗甚高 (C)電壓增益與輸入阻抗甚低 (D)輸出阻抗低，為串級直接耦合電路。

解答及解析

※答案標示為#者，表官方曾公告更正該題答案。

1. (A)。 設二極體導通 $\dfrac{12-6}{1}=\dfrac{6-0}{2}+I$，$I=3(mA)$，故選(A)。

2. (A)。 BJT摻雜度大小為E＞B＞C，故選(A)。

3. (A)。 A類放大器效率最低，故選(A)。

4. (B)。 R_E調高，I_E變小，I_C變小，V_{O1}變高，V_O不變，故選(B)。

5. (B)。 此為微分器，故選(B)。

6. (D)。 (D)成反比，故選(D)。

7. (C)。 最大振幅最佳位置在V_{CE}中間，所以A、D不是，且需大於飽和區V_{CE}，B、C皆滿足，但B點位置振幅需減$V_{CE(sat)}$，故C為最大，故選(C)。

8. (B)。 能量為$1ev=1.6\times10^{-19}J$，故選(B)。

9. (D)。 共射極組態，功率增益最高，故選(D)。

10. (B)。 $10\times\dfrac{1}{0.5+1}=\dfrac{20}{3}V＞6V$ $\therefore V_{in}=6V$

$I=\dfrac{6-0}{1}=6(mA)$，故選(B)。

11. (A)。 開路時為截止區，故選(A)。

12. (D)。 $P_{0(max)}=\dfrac{V_{CC}{}^2}{8R_L}=\dfrac{20^2}{8\times50}=1(W)$，故選(D)。

13. (C)。 CMRR愈大愈能拒絕共模信號，故選(C)。

14. (A)。 高頻時電容段短路，$A_V=\dfrac{V_o}{V_i}=0dB$，故選(A)。

15. (C)。　P-type作用區：$V_E > V_B > V_C$，故選(C)。

16. (D)。　體積小為電晶體之優點，故選(D)。

17. (B)。　稽納二極體通常作提供參考電壓用，故選(B)。

18. (B)。　Q_1、Q_2為RC耦合，故選(B)。

19. (B)。　(A)效率較高，(C)容易實現阻抗匹配，(D) 體積大，不容易以積體電路實現，故選(B)。

20. (A)。　(A)導通角度小於180度，故選(A)。

21. (A)。　此為共基極放大器，故選(A)。

22. (B)。　$CMRR = \dfrac{A_d}{A_c} = \dfrac{1000}{0.1} = 100000$，故選(B)。

23. (B)。　(B)小於，故選(B)。

24. (C)。　半波整流後頻率不變，故選(C)。

25. (C)。　$V_o = 1 \times (-\dfrac{1}{1}) \times (-\dfrac{15}{1}) = 15(V)$

（∵單顆OP放大倍率無法超過15倍），故選(C)。

26. (D)。　$\begin{cases} V = V_S \times \dfrac{R_L}{R_S + R_L}, \ V < V_Z \\ V = V_Z, \ V \geq V_Z \end{cases} \Rightarrow R_L \uparrow, \ V \uparrow \Rightarrow$ 稽納崩潰，I_Z變大，故選(D)。

27. (B)。　此電路為峰值檢波器，故選(B)。

28. (A)。　(A)一個源極，一個汲極，故選(A)。

29. (A)。　$V_o = \overline{A \cdot B}$，故選(A)。

30. (C)。　Gate使用Poly層製作而成，故選(C)。

31. (B)。　電晶體作為開關時，是操作於截止區與飽和區，故選(B)。

32. (B)。　(B)乘積降低，故選(B)。

33. (C)。　(C)輸出阻抗趨近零，故選(C)。

34. (B)。 $m = -\dfrac{1}{R_C}$，$Q_1 \to Q_2$斜率不變，所以R_C固定，$I_C\downarrow \Rightarrow I_B\downarrow \Rightarrow R_B\uparrow$，故選(B)。

35. (A)。 空乏區隨逆偏電壓增加而增加，故選(A)。

36. (A)。 $V_o = 1\times(-\dfrac{1\times10^6}{500\times10^3})+2\times(-\dfrac{1\times10^6}{500\times10^3})+3\times(-\dfrac{1\times10^6}{1\times10^6})=-9(V)$，
故選(A)。

37. (C)。 P型中多數載子為電洞，故選(C)。

38. (B)。 MOSFET是以電場效應控制汲極與源極間之電流，故選(B)。

39. (D)。 電晶體為主動元件，其餘為被動元件，故選(D)。

40. (A)。 $V_Y = V_A \cdot V_B \cdot V_C \Rightarrow$ AND，故選(A)。

41. (C)。 目的為散熱較佳，故選(C)。

42. (D)。 $V_o = -2V_m$，故選(D)。

43. (C)。 $P = fCV^2$
(A)$f\uparrow$，$P\uparrow$。　　　　　　(B)$C\downarrow$，$P\downarrow$。
(C)$V\downarrow$，$P\downarrow$。　　　　　　(D)降低消耗則效率高。
故選(C)。

44. (B)。 電感最佔面積，故選(B)。

45. (D)。 (D)等於1，故選(D)。

46. (A)。 此為半波整流器，故選(A)。

47. (C)。 (C)電壓增益約為1，故選(C)。

48. (B)。 $I_B\times(1+\beta)=I_E$，$0.05\times(1+\beta)=5$，$\beta=99$，$\alpha=\dfrac{\beta}{1+\beta}=0.99$，
故選(B)。

49. (C)。 (C)MOSFET是電壓控制元件，故選(C)。

50. (D)。 (A)$A_V\cong1$，輸出阻抗低。　　　(B)A_i大，輸出阻抗低。
(C)$A_V\cong1$，輸出阻抗高。
故選(D)。

108年桃園捷運新進人員

( )　1. 五個色環的精密電阻器,用何種顏色表示誤差為±0.5%? 　(A)黑　(B)紅　(C)綠　(D)橙。

( )　2. 下列何者是靠單一種載子來傳導電流? 　(A)雙極性電晶體　(B)發光二極體　(C)稽納二極體　(D)場效電晶體。

( )　3. 下列有關電洞特性之敘述,何者正確? 　(A)帶正電荷之粒子　(B)帶負電荷之粒子　(C)電子脫離原子軌道所留下之空位　(D)帶正電荷之離子留下之空位。

( )　4. 在N型半導體中,傳導電流的載子主要是? 　(A)中子　(B)電子　(C)電洞　(D)分子。

( )　5. 一原子失去電子後,經游離將變成? 　(A)不帶電　(B)帶負電的離子　(C)帶正電的離子　(D)可能帶正電亦可能帶負電。

( )　6. 下列有關半導體敘述,何者正確? 　(A)N層軌道上可容納最多的電子數是18個　(B)半導體內的電荷傳導主要是靠擴散方式　(C)半導體材料的電阻係數會隨溫度的上升而下降　(D)在本質半導體內的多數載子是電子,少數載子是電洞。

( )　7. 發光二極體LED正常工作時,通常是施加於何種狀態? 　(A)順向偏壓　(B)逆向偏壓　(C)逆、順向偏壓皆可　(D)零偏壓。

( )　8. 弗萊明(John Fleming)右手定則中,食指所指的方向表示　(A)電子方向　(B)電子流方向　(C)磁力線方向　(D)導體運動。

( )　9. 一般二極體P-N接面的反向電阻會隨溫度的上升而產生何種變化? 　(A)增大　(B)減小　(C)先增大再減小　(D)毫無影響。

( )　10. 下列有關直接耦合放大器(亦稱直流放大)的敘述,何者正確? 　(A)不適於作交流放大　(B)適於作交流放大　(C)放大效率低　(D)功率損失大。

( )　11. 在橋式全波整流電路中,其所使用的二極體數目為? 　(A)1　(B)2　(C)4　(D)6個。

（　）12. 一般電源電路中，若濾波器的電容設計愈大時，則其輸出漣波會產生何種變化？　(A)愈大　(B)愈小　(C)不變　(D)時大時小。

（　）13. 某正弦波通過半波整流電路，假設輸入頻率為f_i，則輸出信號之週期為？　(A)$\dfrac{2}{f_i}$　(B)$\dfrac{1}{4f_i}$　(C)$\dfrac{1}{2f_i}$　(D)$\dfrac{1}{f_i}$。

（　）14. 二極體倍壓電路常使用於下列何種電路中？　(A)低電壓、小電流　(B)低電壓、大電流　(C)高電壓、低電流　(D)高電壓、高電流。

（　）15. 電晶體內部電流的大小主要是由何種電壓來決定？　(A)射－基極電壓V_{EB}　(B)射－集極電壓VEC　(C)集－基極電壓V_{CB}　(D)射極對地電壓V_E。

（　）16. 若電晶體工作在正常偏壓下，則下列有關射極、基極與集極之間的電流關係式，何者正確？　(A)$|I_C| = |I_E| + |I_B|$　(B)$|I_E| = |I_C| + |I_B|$　(C)$|I_B| = |I_E| + |I_C|$　(D)$|I_E| + |I_C| + |I_B| = 0$。

（　）17. 已知某PNP型電晶體偏壓操作於作用區模式，則此PNP型電晶體三端E、B、C之電壓大小關係為？　(A)$V_E > V_B > V_C$　(B)$V_B > V_C > V_E$　(C)$V_C > V_E > V_B$　(D)$V_C > V_B > V_E$。

（　）18. 電晶體三種組態中，何種組態特性是同時具有電壓與電流放大作用？　(A)CB　(B)CE　(C)CC　(D)以上皆是。

（　）19. 下列V-I特性曲線中，何者代表理想二極體（V_r為切入電壓）？

（　）20. 有一電源調整電路，在未接負載時，輸出電壓為30V，若加上100Ω負載後，輸出電壓降為25V，則此電路之電壓調整率V.R.%為？　(A)20%　(B)16.6%　(C)10%　(D)5%。

（　）21. 下列有關射極隨耦器主要功用之敘述，何者正確？　(A)阻抗匹配　(B)提高電壓增益　(C)降低電流增益　(D)推動高阻抗負載。

（　）22. 以下有關共基極電晶體放大電路的敘述，何者錯誤？　(A)輸出阻抗高　(B)A_i小於1　(C)A_v大於1　(D)相位反相180度。

( )　23. 已知某電晶體偏壓工作於作用區，且其參數$\alpha = 0.98$，基極電流 $I_B = 0.04mA$，則射極電流I_E為？　(A)0.1　(B)2　(C)3.8　(D)5　mA。

( )　24. 下列有關雙極性接面電晶體特性敘述，何者錯誤？　(A)電晶體全部 寬度和中央層的比值是1:150　(B)基極電流I_B很小，一般以μ_A為單位 (C)集極電流I_C一般以mA為單位　(D)射極雜質濃度增加，可提高電 流放大率。

( )　25. 若利用整流濾波的方式，以得到$5V_m$輸出的倍壓電路，則電路最少 需幾個二極體？幾個電容？　(A)2個二極體、5個電容　(B)4個二極 體、2個電容　(C)4個二極體、4個電容　(D)5個二極體、5個電容。

( )　26. 下列有關理想二極體特性敘述，何者錯誤？　(A)順向時視為開路， 逆向時視為短路　(B)順向電阻等於零，逆向電阻無限大　(C)無順向 電壓降，無逆向電流　(D)順向時視為短路，逆向時視為開路。

( )　27. 一理想的電流源，其內阻應為？　(A)零　(B)無窮大　(C)隨負載而定 (D)固定值。

( )　28. 在偏壓電路的直流工作點，工作溫度改變會造成電晶體β值的變化， 下列何者最為穩定不受影響？　(A)固定偏壓電路　(B)集極回授偏壓 電路　(C)射極回授偏壓電路　(D)基極分壓偏壓電路。

( )　29. 若將二級共射極放大器使用直接耦合方式連接，即前級輸出端直接串 接後級輸入端，下列何者為這種串接放大器的缺點？　(A)靜態工作 點不穩定　(B)電路結構複雜　(C)低頻響應差　(D)電路成本高。

( )　30. 全波整流電路中，每只二極體的最大電流為10A，各串聯一只0.1Ω電 阻的目的，依下列敘述何者錯誤　(A)限流　(B)平衡兩個二極體所通 過的電流　(C)平衡兩個二極體所消耗的功率　(D)兩個二極體獲得熱 平衡。

( )　31. 溫度變化時，何者是穩定度最佳的偏壓方法？　(A)固定偏壓　(B)集 極回授偏壓　(C)基極分壓、射極自給偏壓　(D)射極回授偏壓。

( )　32. 在共射極CE組態放大器中，通常集極電流I_C會隨著基極電流I_B的增加 而產生什麼變化？　(A)穩定的增加　(B)先穩定增加，然後趨於飽和 (C)先增加再降下　(D)無關聯。

( )　33. 積體電路內之串級放大器電路大部分採用何種耦合方式？　(A)直接耦合　(B)電容耦合　(C)電阻耦合　(D)變壓器耦合。

( )　34. 有三級串接放大電路，如每一級受到耦合電容C_b影響，則總頻寬會？　(A)上升　(B)不變　(C)下降　(D)以上皆非。

( )　35. 已知輸出變壓器之初級阻抗為1600Ω，如其圈數比為10：1，則次級應接多少歐姆之揚聲器？　(A)20　(B)16　(C)8　(D)4Ω。

( )　36. 如圖所示，已知$V_{DS}=10V$，則V_{GS}為
(A)2.5
(B)−3.5
(C)−2.0
(D)−2.5　V。

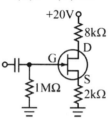

( )　37. 如圖所示之FET放大器電路中，$A_V=v_o(t)/v_i(t)$為小信號之電壓增益，試問移除旁路電容C_B後，其$|A_V|$與移除前比較有何不同？
(A)變小
(B)變大
(C)不受影響
(D)極性改變。

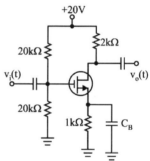

( )　38. 右圖所示之運算放大器電路中，V_Z為稽納二極體的崩潰電壓，若$V_Z=6V$，試問在正常工作下的I_f為何？
(A)2mA　　　(B)1.5mA
(C)1.25mA　　(D)1mA。

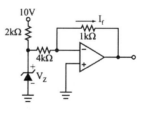

( )　39. 有一接面場效電晶體（JFET），其$I_{DSS}=6mA$，$V_{GS(OFF)}=-6V$。請問當直流偏壓$V_{GS}=-3V$時，其汲極電流I_D為何？　(A)18mA　(B)3mA　(C)1.5mA　(D)1mA。

( )　40. 增強型MOSFET的結構因素會造成臨界電壓V_T值的變化，請問以下何者對其影響最大？　(A)金屬導電層厚度　(B)半導體層的厚度　(C)二氧化矽的厚度　(D)金屬導電層的材質。

( )　41. 一個全波橋式整流電路，輸入之交流正弦波電壓為$16V_{p-p}$，則輸出之平均電壓約為多少？　(A)5.1V　(B)7.2V　(C)8.2V　(D)9.4V。

( )　42. RC串聯電路，若R＝680kΩ，C＝0.22μF，則時間常數約為　(A)1.5ms　(B)15ms　(C)150ms　(D)0.15ms。

( )　43. 假設有一電源交流信號$v_s(t)=10\sin 377t$V，若經橋式整流後，其輸出所得之漣波頻率為？　(A)60　(B)120　(C)240　(D)377　Hz。

( )　44. 某電容濾波器中，已知濾波電容值C為0.6μF，供給電流為3mA，若峰值整流電壓為185V，則此電路之輸出漣波有效值電壓為$V_{r(rms)}$　(A)12　(B)14　(C)16　(D)18　V。

( )　45. 某NPN型雙極性接面電晶體，若流入各極的電流取正值，且已知基極電流是0.2mA，集極電流是1.8mA，則射極電流值為何？　(A)1.8　(B)2　(C)－1.8　(D)－2　mA。

( )　46. 下列有關電晶體參數之關係式，何者錯誤？　(A)$\alpha = \dfrac{\beta}{\beta+1}$　(B)$\beta = \dfrac{\alpha}{1-\alpha}$　(C)$\gamma = \beta + 1$　(D)$\dfrac{1}{\beta} = 1 + \dfrac{1}{\alpha}$。

( )　47. 下列有關小信號交流分析過程中，何者錯誤？　(A)電壓源開路　(B)電流源開路　(C)電容器短路　(D)電感器開路。

( )　48. 下列何者為半加器之邏輯電路？

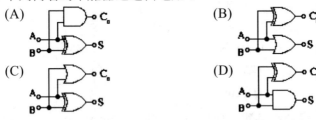

(A)　　　　　　　　　　(B)

(C)　　　　　　　　　　(D)

( )　49. $i=50\sin(377t-30°)$A，式中頻率為　(A)120Hz　(B)60Hz　(C)90Hz　(D)30Hz。

( )　50. 如圖所示，假設D為理想二極體，則電路中I之電流為？
　　(A)5　　　　　(B)2.5
　　(C)2　　　　　(D)0　mA。

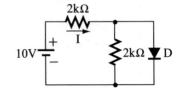

解答及解析

※答案標示為#者，表官方曾公告更正該題答案。

1. (C)。 (A)黑：無。
(B)紅：±2%。
(C)綠：±0.5%。
(D)橙：無。
故選(C)。

2. (D)。 場效電晶體靠單一種載子來傳導電流，故選(D)。

3. (C)。 電洞為電子脫離原子軌道所留下之空位，故選(C)。

4. (B)。 在N型半導體中，傳導電流的載子主要是電子，故選(B)。

5. (C)。 原子失去電子後，經游離將變成帶正電的離子，故選(C)。

6. (C)。 半導體材料的電阻係數會隨溫度的上升而下降，故選(C)。

7. (A)。 發光二極體LED正常工作時，通常是處於順向偏壓狀態，故選(A)。

8. (C)。 弗萊明右手定則中，食指所指的方向表示磁力線方向，故選(C)。

9. (B)。 二極體P-N接面的反向電阻會隨溫度的上升而減小，故選(B)。

10. (B)。 直接耦合放大器適於作交流放大，故選(B)。

11. (C)。 橋式全波整流電路中所使用的二極體數目為4個，故選(C)。

12. (B)。 濾波器的電容設計愈大，則其輸出漣波會愈小，故選(B)。

13. (D)。 $T = \dfrac{1}{f} = \dfrac{1}{f_i}$，故選(D)。

14. (C)。 二極體倍壓電路常使用於高電壓、低電流電路中，故選(C)。

15. (A)。 電晶體內部電流的大小主要由射−基極電壓V_{EB}來決定，故選(A)。

16. (B)。 正常偏壓下，$|I_E| = |I_C| + |I_B|$，故選(B)。

17. (A)。 作用區，$V_E > V_B > V_C$，故選(A)。

18. (B)。 CE組態特性同時具有電壓與電流放大作用，故選(B)。

19. (A)。 理想二極體V-I特性圖為(A)圖，故選(A)。

20. (A)。 $VR=\dfrac{V_{無載}-V_{滿載}}{V_{滿載}}\times100\%=\dfrac{30-25}{25}\times100\%=20\%$，故選(A)。

21. (A)。 射極隨耦器主要功用為阻抗匹配，故選(A)。

22. (D)。 (D)同相，故選(D)。

23. (B)。 $\beta=\dfrac{\alpha}{1-\alpha}=\dfrac{0.98}{1-0.98}=49$，$I_E=(1+\beta)I_B=50\times0.04=2(mA)$，故選(B)。

24. (A)。 (A)150:1，故選(A)。

25. (D)。 $5V_m$，倍壓5個二極體、5個電容，故選(D)。

26. (A)。 (A)順向時視為短路，逆向時視為開路，故選(A)。

27. (B)。 理想的電流源其內阻應為無窮大，故選(B)。

28. (D)。 基極分壓偏壓電路最為穩定不受影響，故選(D)。

29. (A)。 此種串接放大器的缺點為靜態工作點不穩定，故選(A)。

30. (A)。 串聯電阻的目的不包含限流，故選(A)。

31. (C)。 基極分壓、射極自給偏壓是穩定度最佳的偏壓方法，故選(C)。

32. (B)。 共射極CE組態放大器中，集極電流I_C隨著基極電流I_B的增加而先穩定增加，然後趨於飽和，故選(B)。

33. (A)。 串級放大器電路大部分採用直接耦合方式，故選(A)。

34. (C)。 受到耦合電容C_b影響，總頻寬會下降，故選(C)。

35. (B)。 $(\dfrac{1}{10})^2=\dfrac{R}{1600}$，$R=16\Omega$，故選(B)。

36. (C)。 $I_D=\dfrac{V_{DD}-V_{DS}}{R_D+R_S}=\dfrac{20-10}{8+2}=1mA$，$V_{GS}=-I_DR_S=-1\times2=-2V$，故選(C)。

37. (A)。 移開C_B後受R_S影響，$|A_V|$變小，故選(A)。

38. (B)。 $V=10\times\dfrac{4}{2+4}=6.67V>6V$　$\therefore V=V_Z=6V$，$I_f=\dfrac{6-0}{4}=1.5mA$，故選 (B)。

39. (C)。 $I_D=I_{DSS}(1-\dfrac{V_{GS}}{V_{GS(OFF)}})^2=6\times(1-\dfrac{-3}{-6})^2=1.5(mA)$，故選(C)。

40. (C)。 二氧化矽的厚度影響臨界電壓V_T最大，故選(C)。

41. (A)。 $V_{av}=\dfrac{2V_m}{\pi}=\dfrac{2\times8}{\pi}=5.1(V)$，故選(A)。

42. (C)。 $\tau=RC=680k\times0.22\mu=150(ms)$，故選(C)。

43. (B)。 $\omega=2\pi f=377$，$f=60Hz$，整流後$f'=2\times60=120(Hz)$，故選(B)。

44. (A)。 $V_{rms}=\dfrac{V_{DC}}{2\sqrt{3}RCf_0}=2.4\times\dfrac{I_{DC}}{C}=2.4\times\dfrac{3}{0.6}=12(V)$，故選(A)。

45. (D)。 $I_E=I_B+I_C=0.2+1.8=2mA(流出)$　$\therefore I_E=-2mA$，，故選(D)。

46. (D)。 (D)$\beta=\dfrac{\alpha}{1-\alpha}$，$\dfrac{1}{\beta}=\dfrac{1-\alpha}{\alpha}$，故選(D)。

47. (A)。 (A)電壓源短路，故選(A)。

48. (B)。 圖(B)為半加器邏輯電路，故選(B)。

49. (B)。 $\omega=2\pi f=377$，$f=60Hz$，故選(B)。

50. (A)。 $V=10\times\dfrac{2}{2+2}=5V$　$\therefore$二極體導通，$I=\dfrac{10}{2}=5(mA)$，故選(A)。

108年鐵路特考高員三級

一、下圖為一儀表放大器電路,圖中均為理想的運算放大器。

(一)假設$v_{I1} = v_{cm} - 0.5v_d$,$v_{I2} = v_{cm} + 0.5v_d$,$R'_4 = R_4$,請以差模電壓v_d、共模電壓v_{cm}及電阻$R_1 \sim R_4$來表示端點電壓v_{O1}、v_{O2}及v_O為多少?

(二)假設圖中電阻值大小為$R_1 = 10k\Omega$,$R_2 = 50k\Omega$,$R_3 = 30k\Omega$,$R_4 = 90k\Omega$,但$R'_4 = 93k\Omega$。請計算在輸出端v_O之共模拒斥比為多少?

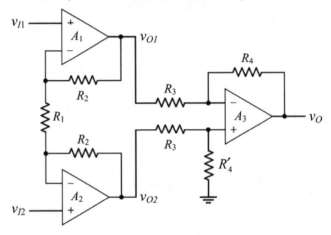

答:(一)放大器負迴授概念$v^+ = v^-$　∴先求$I_{R1} = \dfrac{v_{I2} - v_{I1}}{R_1}$

$$v_{O1} = v_{I1} - I_{R1}R_2 = v_{I1} - (\frac{v_{I2} - v_{I1}}{R_1}) \times R_2 = (1 + \frac{R_2}{R_1})v_{I1} - \frac{R_2}{R_1}v_{I2}$$

$$= (1 + \frac{R_2}{R_1})(v_{cm} - 0.5v_d) - \frac{R_2}{R_1}(v_{cm} + 0.5v_d) = v_{cm} - (0.5 + \frac{R_2}{R_1})v_d$$

$$v_{O2} = v_{I2} + I_{R1}R_2 = v_{I2} + (\frac{v_{I2} - v_{I1}}{R_1}) \times R_2 = (1 + \frac{R_2}{R_1})v_{I2} - \frac{R_2}{R_1}v_{I1}$$

$$= (1 + \frac{R_2}{R_1})(v_{cm} + 0.5v_d) - \frac{R_2}{R_1}(v_{cm} - 0.5v_d) = v_{cm} + (0.5 + \frac{R_2}{R_1})v_d$$

$$v_O = (v_{O2} - v_{O1}) \times \frac{R_4}{R_3} = [(v_{cm} + (0.5 + \frac{R_2}{R_1})v_d) - (v_{cm} - (0.5 + \frac{R_2}{R_1})v_d)] \times \frac{R_4}{R_3}$$

$$\Rightarrow v_O = \frac{R_4}{R_3}(1 + \frac{2R_2}{R_1})v_d$$

(二)將值代進去　$v_{O1} = v_{cm} - (0.5 + \frac{50}{10})v_d = v_{cm} - 5.5v_d$

$$v_{O2} = v_{cm} + 5.5v_d$$

因$R_4' = 93k\Omega$，$R_4 = 90k\Omega$

$$\therefore v_O = -\frac{R_4}{R_3}v_{O1} + (1 + \frac{R_4}{R_3})(v_{O2} \times \frac{R_4'}{R_3 + R_4'})$$

$$= -\frac{90}{30}(v_{cm} - 5.5v_d) + (1 + \frac{90}{30})(v_{cm} + 5.5v_d) \times \frac{93}{30 + 93}$$

$$\therefore v_O = \frac{2}{82}v_{cm} + \frac{2717}{82}v_d \quad \therefore A_{cm} = \frac{2}{82}，A_d = \frac{2717}{82}$$

$$CMRR = |\frac{A_d}{A_{cm}}| = 1358.5$$

二、圖中二極體以分段線性模型分析，假設二極體導通時導通電壓
$V_\gamma = 0.6V$，內阻為0Ω，截止時電流為0A。

(一)當輸入電壓V_I為2V，輸出電壓V_O值為多少？

(二)當輸入電壓V_I為5V，輸出電壓V_O值為多少？

(三)假設輸入電壓V_I在0V至10V間，請畫出輸出電壓V_O與輸入電壓V_I
之關係圖，並註明二極體D_1、D_2之工作狀態為導通或截止？

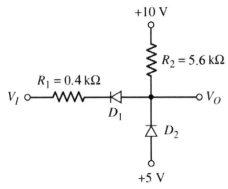

答：(一)判斷ON/OFF

$10 \times \dfrac{0.4}{5.6+0.4}=0.66$　　$V_1 \times \dfrac{5.6}{6}+0.66=V_O$

$V_1=2$時，D_2通，$V_O=4.4v$

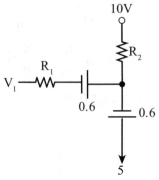

(二)$V_1=5$，D_1 ON，D_2 OFF

$V_O=10 \times \dfrac{0.4}{5.6+0.4}+(5+0.6) \times \dfrac{5.6}{5.6+0.4}=5.9V$

(三)

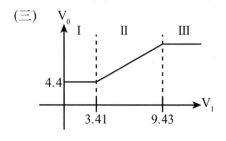

$\Rightarrow$

	I	II	III
D_1	ON	ON	OFF
D_2	ON	OFF	OFF

$V_O=10$，III區…(1)

$V_O=4.4$，I區…(2)

$V_O=1.23+0.93V_1$，II區…(3)

$V_1=3.41V$，$V_O=4.4$

$V_1=9.43V$，$V_O=10V$

三、下圖MOSFET放大器電路中，假設電路參數為$V_{DD}=12V$，$R_L=10k\Omega$，$R_S=0.5k\Omega$，$C_{C1}=C_{C2}=\infty$；電晶體參數為$V_{TN}=2V$，$K_n=0.5mA/V^2$，$\lambda=0$。

(一)令放大器之輸入阻抗為$R_{in}=200k\Omega$，電晶體直流電流大小為$I_{DQ}=2mA$且電晶體直流電壓值大小為$V_{DSQ}=5V$，請設計電阻R_1、R_2與R_D值分別為多少？

(二)計算此放大器電路之小訊號電壓增益$A_v=v_o/v_i$為多少？

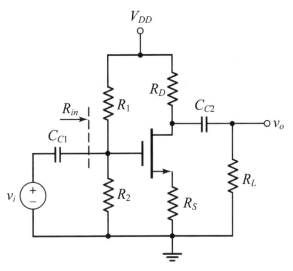

答：(一)$V_{DS} = V_{DD} - I_{DQ}(R_D + R_S)$

$\quad\quad 5 = 12 - 2 \times (R_D + 0.5)$

$\quad\quad R_D = 3k\Omega$

$\quad\quad I_D = k_N(V_{GS} - V_{TN})^2 \Rightarrow V_{GS} = 4V$

$\quad\quad V_G = I_D \times R_S \times V_{GS} = 5V$

$\quad\quad V_G = V_{DD} \times \dfrac{R_2}{R_1 + R_2}$, $\dfrac{R_2}{R_1 + R_2} \times \dfrac{5}{12}$

$\quad\quad 5 = 12 \times \dfrac{R_2}{R_1 + R_2}$

$\quad\quad R_{in} = R_1 // R_2 = 200 = \dfrac{R_1 R_2}{R_1 + R_2}$

$\quad\quad R_1 + R_2 = \dfrac{R_1 R_2}{200} \quad \therefore R_1 = 480k\Omega，R_2 \doteqdot 342.9k\Omega$

(二)$g_m = 2k_N(V_{GS} - V_{TN}) = 2$

$\quad\quad \dfrac{V_o}{V_i} = -\dfrac{R_D // R_L}{\dfrac{1}{g_m} + R_S} = -\dfrac{3//10}{\dfrac{1}{2} + 0.5} = -2.307 \doteqdot -2.31$

四、下圖為一BJT放大器電路，假設電路參數為$V_{CC}=12V$，$R_C=5k\Omega$，$R_1\|R_2=10k\Omega$，$R_S=1k\Omega$；電晶體參數為$I_{CQ}=1mA$，$\beta=100$，導通電壓$V_{BE}=0.7V$，熱電壓$V_T=26mV$。

(一)假設電容$C_C=1\mu F$，請問與C_C有關的轉折點頻率為多少？

(二)假設電晶體內部電容$C_\pi=10pF$、$C_\mu=1pF$，請問高頻的轉折點頻率為多少？

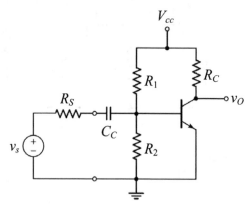

答：$g_m=\dfrac{I_C}{V_T}\doteqdot 38.46$

$r_\pi=\dfrac{V_T}{I_B}=\dfrac{26}{0.01}=2.6k\Omega$

$I_B=\dfrac{I_C}{\beta}=0.01mA$

(一)C_C看出去的電阻 $\Rightarrow R_S+(R_1//R_2//r_\pi)=1+(10//2.6)=3.06k\Omega$

$f=\dfrac{1}{2\pi R_C}=\dfrac{1}{2\pi\times 3.06k\times 1u}\doteqdot 52.01Hz$

(二)C_π看出去的電阻 $\Rightarrow R_\pi=R_S//R_1//R_2//r_\pi=1//10//2.6\doteqdot 0.67k\Omega$

C_μ看出去的電阻 $\Rightarrow R_\mu=R_\pi+R_C+g_m(R_\pi R_C)$
$$=0.67+5+38.46\times 0.67\times 5\doteqdot 134.5$$

$f=\dfrac{1}{2\pi(R_\pi C_\pi+R_\mu C_\mu)}\doteqdot 1.13MHz$

$C_\pi=10pF \quad C_\mu=1pF$

五、 下圖為CMOS邏輯閘電路，請回答下列問題：

(一)請以邏輯輸入A、B、C、D、E表示邏輯輸出Y

(二)承上，請畫出對應的PMOS邏輯電路。

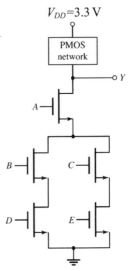

答：(一)往下看NMOS　$Y = \overline{A \cdot (BD + CE)}$

(二)PMOS　⇒

　　（並⇒串）

　　（串⇒並）

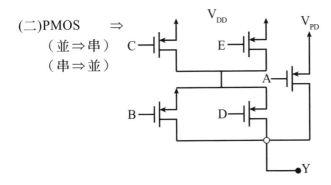

108年鐵路特考員級

一、如圖所示之電路，設二極體導
通電壓$V_\gamma = 0.7V$、$R_1 = 5k\Omega$、
$R_2 = 10k\Omega$、$V^+ = +5V$且
$V^- = -5V$。試求$v_1 = 3V$時，v_o、
i_{D1}及i_{D2}之值。

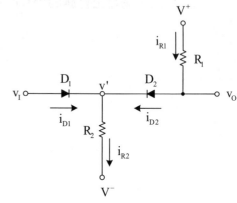

答：

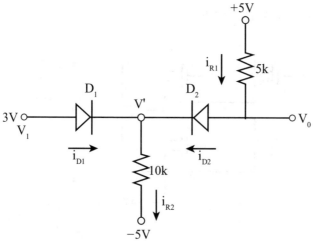

(一)若D_1通，D_2通

$V' = 3 - 0.7 = 2.3V$，$V_O = 2.3 + 0.7 = 3V$

$i_{R2} = \dfrac{2.3 - (-5)}{10} = 0.73mA$，$i_{R1} = i_{D2} = \dfrac{5-3}{5} = 0.4mA$

$i_{D1} + i_{D2} = i_{R2} \Rightarrow i_{D1} = i_{R2} - i_{D2} = 0.33mA$

(二)若D_1通，D_2不通

　　$V' = 3 - 0.7 = 2.3V$，$V_o = 5V \Rightarrow D_2$通（不合）

(三)若D_1不通，D_2通

　　$\begin{cases} i_{R1} = i_{D2} = i_{R2} \\ V' = V_O - 0.7 \end{cases} \Rightarrow \dfrac{5 - V_o}{5} = \dfrac{V_o - 0.7 - (-5)}{10} \Rightarrow V_O = 1.9V \Rightarrow D_1$通（不合）

(四)若D_1不通，D_2不通

　　$V' = -5V$（$\because$無構成迴路）$\Rightarrow$不合

二、如圖所示之電晶體電路，若電晶體工作
　　於主動區（active region），則基極至
　　射極電壓$V_{BE(on)} = 0.7V$，若電晶體工作
　　於飽和區（saturation region），則集極
　　至射極電壓$V_{CE(sat)} = 0.2V$，設電晶體之
　　$\beta = 100$，試求電流I_B、I_C及V_C之值。

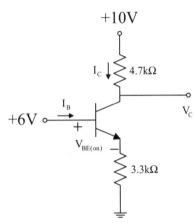

答：(一)若於主動區

　　　$V_E = V_B - V_{BE} = 6 - 0.7 = 5.3V$

　　　$I_E = \dfrac{5.3 - 0}{3.3} = 1.6mA$，$I_B = \dfrac{I_E}{1+\beta} = \dfrac{1.6}{1+100} = 0.016mA$

　　　$I_C = \dfrac{\beta}{1+\beta}I_E = \dfrac{100}{1+100} \times 1.6 = 1.58mA$

　　　$\Rightarrow V_C = 10 - I_C R_C = 10 - 1.58 \times 4.7 = 2.574V$

　　　$\Rightarrow V_{BC}$順偏（不合）

　　(二)若於飽和區

　　　$V_E = V_B - V_{BE} = 6 - 0.7 = 5.3V$

　　　$V_C = V_E + V_{CE} = 5.3 + 0.2 = 5.5V$

　　　$I_E = \dfrac{5.3 - 0}{3.3} = 1.6mA$，$I_C = \dfrac{10 - 5.5}{4.7} = 0.96mA$

　　　$I_B = I_E - I_C = 1.6 - 0.96 = 0.64mA$

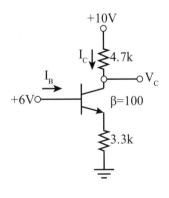

三、如圖所示之邏輯電路，試寫出輸出Y與
　　輸入A、B、C間的關係式。

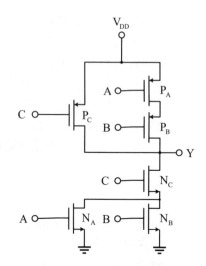

答：$Y = \overline{C \times (A+B)}$。

四、如圖所示之電路，設電路中採用理想運算放大器，且電阻R＝1kΩ，電
　　容器C＝1000μF。

　　(一)試求轉移函數$V_o(s)/V_i(s)$，其中$V_o(s)$及$V_i(s)$分別為$v_o(t)$及$v_i(t)$之拉
　　　　普拉氏轉換（Laplace transform）。

　　(二)若$v_i(t) = \sin(t)$V時，試求$v_o(t)$之穩態響應（steady-state response）。

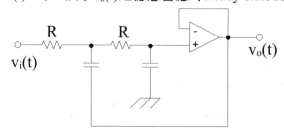

答：(一)

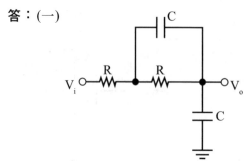

$$V_o = V_i \times \frac{\dfrac{1}{SC}}{R + (R // \dfrac{1}{SC}) + \dfrac{1}{SC}} = V_i \times \frac{\dfrac{1}{SC}}{R + \dfrac{R}{1 + SRC} + \dfrac{1}{SC}}$$

$$= V_i \times \frac{\dfrac{1}{S \times 10^3 \times 10^{-6}}}{10^3 + \dfrac{10^3}{1 + S \times 10^3 \times 10^3 \times 10^{-6}} + \dfrac{1}{S \times 10^3 \times 10^{-6}}} = V_i \times \frac{S+1}{S^2 \times 3S + 1}$$

$$\Rightarrow \frac{V_o(S)}{V_i(S)} = \frac{S+1}{S^2 + 3S + 1}$$

$$(二) V_o = V_i \times \frac{j+1}{j^2 + 3j + 1} = \frac{1}{3}(1-j) = \frac{1}{3} \times \sqrt{2} \angle -45° = \frac{\sqrt{2}}{3} \angle -45°$$

$$V_o(t) = \frac{\sqrt{2}}{3} \sin(t - 45°)(V)$$

五、如圖所示之電路，設電晶體
參數 $V_{TN} = 2V$、$\lambda = 0V^{-1}$、
$K_n = 0.2mA/V^2$。塀

(一)試求靜態汲極電流 I_{DQ} 和
汲-源級電壓 V_{DSQ}。

(二)試求小信號電壓增益
$A_v = V_o / V_s$。

(三)試求輸出阻抗 R_{of}。

答：(一) $I_D = K(V_{GS} - V_t)^2 = \dfrac{10 - V_{GS}}{8k}$

$$\Rightarrow 0.2 \times (V_{GS} - 2)^2 = \frac{10 - V_{GS}}{8k}$$

$$\Rightarrow V_{GS} = 3.9(V) \text{ or } -0.6(V)（不合）$$

$$I_D = \frac{10 - 3.9}{8k} = 0.76(mA)$$

$$V_{DSQ} = 10 - 0.76 \times 8 = 3.92(V)$$

(二) $g_m = 2\sqrt{KI_D} = 2\sqrt{0.2 \times 0.76} = 0.78mS$

$$\frac{V_G - V_o}{100k} = g_m \times V_G + \frac{V_o}{8k} \Rightarrow \frac{V_o}{V_G} = -5.7$$

$$R_M = \frac{100k}{1+5.7} = 14.9k\Omega$$

$$A_v = \frac{V_o}{V_s} = \frac{14.9}{10+14.9} \times (\frac{V_o}{V_G}) = \frac{14.9}{10+14.9} \times (-5.7) = -3.41(V/V)$$

(三)

$$I_o = \frac{V_o}{8} + \frac{V_o}{100+10} + g_m(V_o \times \frac{10}{100+10})$$

$$= \frac{V_o}{8} + \frac{V_o}{110} + 0.78 \times V_o \times \frac{10}{110}$$

$$\Rightarrow R_{of} = \frac{V_o}{I_o} = 4.9(k\Omega)$$

108年鐵路特考佐級

( )　1. 圖中輸入信號為弦波$v_i(t)=5\sin10t$伏特，二極體D_1之導通電壓為0.7V，導通電阻為0Ω。放大器（Amp）之增益為9V/V，輸入阻抗為無限大，輸出阻抗為0，則輸出$v_o(t)$之最大值為何？

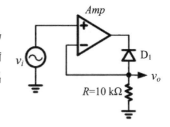

　　(A)5V　　　　　　(B)4.57V
　　(C)4.43V　　　　(D)4.3V。

( )　2. 一個NPN雙極性電晶體，$\beta=100$且操作在主動區（active region）。若集極對射極的電壓為5V，集極電流為1mA。熱電壓$V_T=0.025V$。求由基極視入的基射極小信號電阻r_π？　(A)25Ω　(B)50Ω　(C)2.5kΩ　(D)5kΩ。

( )　3. 將一個n-通道增強型MOSFET操作在飽和區，源極接地，以理想電流源注入100μA的汲極電流。
　　此電晶體$\mu_nC_{ox}=20\mu A/V^2$，W/L＝10，$V_t=0.5V$。若電晶體的爾利電壓（Early voltage）$V_A=20V$，問小信號增益大小的絕對值為多少？
　　(A)20　(B)40　(C)100　(D)200。

( )　4. 已知某一雙極性接面電晶體的互導為g_m、輸入阻抗為r_π、電流增益為β，試問下列何者正確？　(A)$r_\pi=g_m\beta$　(B)$\beta=g_mr_\pi$　(C)$g_m=\beta r_\pi$　(D)$r_\pi g_m\beta=1$。

( )　5. 如圖所示為一系列的方形脈波，其頻率為？

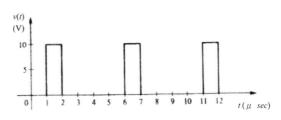

　　(A)300kHz
　　(B)250kHz
　　(C)200kHz
　　(D)150kHz。

( )　6. 在積體電路中，有關二氧化矽（SiO_2）的角色，下列敘述何者正確？
　　(A)它讓擴散物質通過　(B)它的熱傳導性高　(C)它可保護且使矽表面絕緣　(D)它可控制擴散物質的濃度。

( )　7. 有一雙極接面電晶體，其V_{BE}保持定值，若此電晶體射極與基極的接面積增為2倍時，其小信號輸出電阻（small signal output resistance）會如何？　(A)增大為原來的2倍　(B)不變　(C)減小為原來的一半　(D)減小為原來的4分之1。

( )　8. 下列那一種FET在閘極未加電壓時是沒有通道的？　(A)增強型MOSFET　(B)JFET　(C)P通道空乏型MOSFET　(D)N通道空乏型MOSFET。

( )　9. 如圖所示為一個理想CMOS開關電路，若輸入電壓V_i為負電壓（包含0伏特）時，則輸出電壓V_o應為多少伏特？
(A)V_{DD}　　　　　(B)$V_{DD}/2$
(C)$V_{DD}/3$　　　　(D)0。

( )　10. 圖為使用理想運算放大器之電路，若電壓增益$A_v = v_O/v_1 = -100$，$R_2 = R_4 = 100k\Omega$，$R_3 = 200k\Omega$，則R_1為多少？
(A)$5k\Omega$　　　　(B)$10k\Omega$
(C)$15k\Omega$　　　(D)$20k\Omega$。

( )　11. 關於P-N接面二極體之敘述，下列何者正確？　(A)順向偏壓時擴散電容（diffusion capacitance）較空乏電容（depletion capacitance）為大　(B)逆向偏壓增加時，接面之少數載子濃度增加　(C)逆向偏壓增加時，空乏區之寬度減少　(D)順向偏壓減少時，擴散電容增加。

( )　12. 如圖所示電路，U_1為理想運算放大器。已知電阻$R_1 = 1k\Omega$、$R_2 = 3k\Omega$、$R_3 = 1k\Omega$、$R_4 = 3k\Omega$。求在輸入端v_{I2}的等效輸入電阻R_{in2}約為多少？
(A)$1k\Omega$　　　　(B)$3k\Omega$
(C)$4k\Omega$　　　　(D)$8k\Omega$。

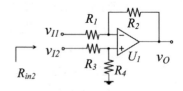

( )　13. 某pn接面二極體在固定電流順偏導通下，下列敘述何者正確？　(A)溫度變化與二極體兩端電壓降無關　(B)溫度愈高，二極體兩端電壓降愈高　(C)pn接面截面積愈大，二極體兩端電壓降愈低　(D)溫度與電壓關係為+2℃/mV。

( )　14. 如圖所示電路，若圖中輸入電壓為
　　　　$V_i = 5V$，假設二極體皆為理想二極
　　　　體，則輸出電壓V_o為多少？
　　　　(A)5V
　　　　(B)2.5V
　　　　(C)$-2.5V$
　　　　(D)$-5V$。

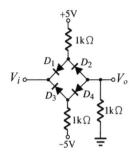

( )　15. 如圖所示之電路，假設二極體之壓降皆為0.7V，求其輸出電壓v_{out}之漣
　　　　波電壓（ripple voltage）值為何？
　　　　(A)12V
　　　　(B)3.51V
　　　　(C)2.92V
　　　　(D)0.324V。

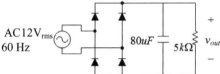

( )　16. 共源極接面場效電晶體（JFET）放大器的輸入電阻很大，是因為輸入
　　　　端為？　(A)未加電壓　(B)絕緣材質　(C)順向偏壓　(D)逆向偏壓。

( )　17. 圖示電路中，A_1及A_2為理想運算放大器，
　　　　$v_1 = 5\sin\omega t(V)$，問v_0的平均電壓約為若干？
　　　　(A)1.6V　　　　(B)3.2V
　　　　(C)4.8V　　　　(D)6.4V。

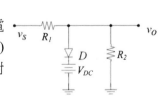

( )　18. 如圖所示二極體電路，假設二極
　　　　體導通電壓$V_{D0} = 0.7V$。已知電壓
　　　　$v_S(t) = 12\sin(120\pi t)V$、$R = 10k\Omega$、
　　　　$C = 47\mu F$。試求輸出電壓v_0的漣波電
　　　　壓（ripple voltage）值約為多少？
　　　　(A)2V　　　　(B)1V
　　　　(C)0.4V　　　　(D)0.1V。

( )　19. 如圖所示二極體電路，假設二極體導通電
　　　　壓$V_{D0} = 0.7V$。已知電壓$v_S(t) = 12\sin(120\pi t)$
　　　　V、$R_1 = 10k\Omega$、$V_{DC} = 5V$。若$R_2 = 20k\Omega$，對
　　　　於輸出電壓v_0的正及負電壓峰值（V_+及V_-）
　　　　約為多少？

(A)$V_+ = 5.7V$，$V_- = -12V$

(B)$V_+ = 12V$，$V_- = -5.7V$

(C)$V_+ = 5.7V$，$V_- = -8V$

(D)$V_+ = 8V$，$V_- = -5.7V$。

( )　20. 如圖所示之電路，輸入電壓v_i為一交流弦波，有效值為100V，頻率為60Hz，二極體皆為理想，求輸出之平均直流電壓值約為何？

(A)7V

(B)8V

(C)9V

(D)10V。

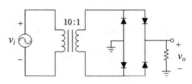

( )　21. 如圖所示之電路，二極體皆為理想，有關此電路之敘述，下列何者正確？

(A)C_1的耐壓為$2V_m$

(B)D_1的峰值反向電壓為V_m

(C)V_o之值為$2V_m$

(D)D_2的峰值反向電壓為$2V_m$。

( )　22. 如圖所示之電路，二極體導通之壓降為0.7V，$RC \gg v_i$之週期，求電路穩態時之V_3為何？　(A)4.3V　(B)5.7V　(C)9.3V　(D)12.7V。

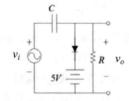

( )　23. 如圖所示之電路，其中電晶體之參數為$\beta = 100$，$V_A = \infty$，$V_T = 26mV$且$V_{BE(on)} = 0.7V$，求其小信號電壓增益值為何？

(A)-2.02

(B)-4.02

(C)-6.02

(D)-8.02。

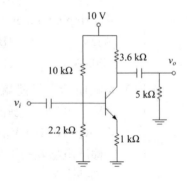

( ) 24. 假設圖中電晶體操作於飽和區，閘極與源極之
壓差為0.7V，且臨界電壓$V_{TH}=0.6V$。請問圖中
共閘極放大器之小訊號輸入電阻R_{IN}為何？
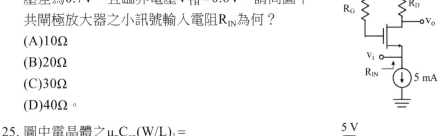
(A)10Ω
(B)20Ω
(C)30Ω
(D)40Ω。

( ) 25. 圖中電晶體之$\mu_nC_{ox}(W/L)_1=$
$\mu_nC_{ox}(W/L)_2=0.5mA/V^2$，臨界電壓
$V_T=0.8V$，若忽略通道調變效應，則$V_o=$？
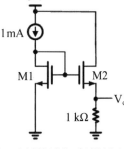
(A)0.54V
(B)0.84V
(C)1.24V
(D)2.24V。

( ) 26. 關於金氧半場效電晶體（MOSFET）的小信號模型，下列敘述何者錯誤？
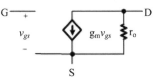
(A)在特定（W/L）的條件下，r_o與偏壓電流成正比
(B)在特定（W/L）的條件下，偏壓電流愈大則g_m愈大
(C)在特定（W/L）的條件下，元件的直流偏壓V_{GS}愈大則g_m愈大
(D)對共源級（common source）放大器而言，輸入阻抗為無窮大。

( ) 27. 圖中電晶體操作在主動區（active region），β=99，
$g_m=10mA/V$。直流偏壓為V_B，交流輸入信號為v_s，輸
出信號為v_o。下列敘述何者正確？
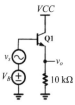
(A)屬共射級（common emitter）放大器
(B)為同相放大器
(C)$|v_o/v_s|=100$
(D)輸入阻抗<10kΩ。

( ) 28. 具有共射極電流增益β及爾利（Early）電壓V_A的電晶體，其輸入、輸出直流偏壓電流分別為I_{BQ}、I_{CQ}時，下列那一選項具有最大的小信號等效輸出電阻？　(A)$V_A=100V$，$\beta=100$，$I_{CQ}=2mA$　(B)$V_A=100V$，$\beta=80$，$I_{BQ}=0.02mA$　(C)$V_A=80V$，$\beta=50$，$I_{CQ}=2mA$　(D)$V_A=80V$，$\beta=80$，$I_{BQ}=0.04mA$。

( ) 29. 轉導（G_m）放大器之輸入與輸出阻抗特性之敘述，下列何者正確？(A)輸入應為低阻抗　(B)輸出應為高阻抗　(C)輸入阻抗與電流放大器之輸入特性相似　(D)輸出阻抗與電壓放大器之輸出特性相似。

( ) 30. 如圖所示為操作於主動模式（active mode）的雙極接面電晶體的π型小訊號等效電路，若g_m值增為兩倍，則r_π值會如何？
(A)增為$\sqrt{2}$倍　　(B)增為2倍
(C)減為一半　　(D)不變。

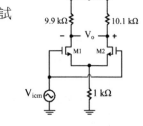

( ) 31. 當一n通道增強型MOSFET，工作於三極管區（Triode region）時，下列何者正確？　(A)$V_{DS}\geq V_{GS}-V_t$　(B)$V_{DS}\leq V_t$　(C)$V_{GD}\geq V_t$　(D)$V_t\leq0$。

( ) 32. 分析如圖之電路，若MOSFET皆操作在飽和區且轉導值g_m為1mA/V，忽略元件之輸出阻抗r_o，試求其共模增益$V_o/V_{icm}=$？
(A)$\dfrac{1}{10}$　　　　(B)$\dfrac{1}{15}$
(C)$-\dfrac{1}{10}$　　　(D)$-\dfrac{1}{15}$。

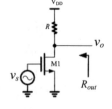

( ) 33. 圖中電晶體M1操作在飽和區（saturation region），輸出阻抗$r_o=10k\Omega$，轉導值$g_m=10mA/V$。若電阻$R=10k\Omega$，下列敘述何者正確？
(A)小信號增益$|v_o/v_s|=10$
(B)屬共汲極（common drain）放大器
(C)$R_{out}=5k\Omega$
(D)若電阻R值增加且電晶體M1維持操作在飽和區，$|v_o/v_s|$降低。

( ) 34. 圖示RC耦合串級放大電路的總電壓增益為
　　　60dB，將第1級放大電路的偏壓電阻值R_1
　　　與R_2均變為原來的2倍後，假設各級放大
　　　電路仍正常工作，總電壓增益約為多少？
　　　(A)200　　　　　(B)400
　　　(C)500　　　　　(D)1000。

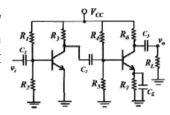

( ) 35. 如圖所示為一CMOS反相器，其負載為電容
　　　C_L。若輸入的信號v_i為方波，其高電位為
　　　V_{DD}、低電位為0，頻率為f，下列何者正確？
　　　(A)反相器負載電容C_L愈大功率消耗愈低
　　　(B)反相器操作頻率愈快，功率消耗愈大
　　　(C)反相器電晶體通道長度愈長，功率消耗愈小
　　　(D)反相器電源電壓V_{DD}愈低，功率消耗愈大。

( ) 36. 如圖電路，若輸入$v_i(t)$為方波電壓，則輸出$v_o(t)$是什麼波形？
　　　(A)正弦波
　　　(B)三角波
　　　(C)脈波
　　　(D)矩形波。

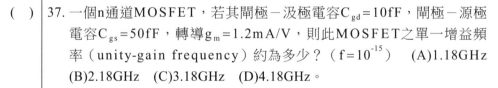

( ) 37. 一個n通道MOSFET，若其閘極－汲極電容$C_{gd}=10fF$，閘極－源極
　　　電容$C_{gs}=50fF$，轉導$g_m=1.2mA/V$，則此MOSFET之單一增益頻
　　　率（unity-gain frequency）約為多少？（$f=10^{-15}$）　(A)1.18GHz
　　　(B)2.18GHz　(C)3.18GHz　(D)4.18GHz。

( ) 38. 圖電路中雙極性接面電晶體之增益
　　　$\beta=100$，小訊號參數$r_\pi=1.44k\Omega$，則此
　　　電路之轉角頻率（corner frequency）
　　　約為多少？
　　　(A)23.2Hz
　　　(B)30.2Hz
　　　(C)37.2Hz
　　　(D)44.2Hz。

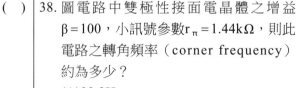
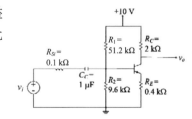

( )　39. 如圖為哈特來振盪器（Hartley Oscillator），已知
　　　　$L_1=0.05mH$和$L_2=0.01mH$和$C=60nF$，試求振盪頻
　　　　率f_o約為多少？
　　　　(A)1.414MHz　　(B)527kHz
　　　　(C)225kHz　　　(D)84kHz。

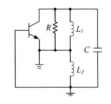

( )　40. 如圖所示之電路，其為何種濾波器？
　　　　(A)低通　　　　(B)帶通
　　　　(C)高通　　　　(D)全通。

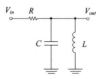

解答及解析

※答案標示為#者，表官方曾公告更正該題答案。

1. (B)。

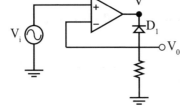

$$\begin{cases}(V_i-V_o)\times9=V\\V_o-V=0.7\end{cases}\Rightarrow 9V_i-10V_o=-0.7\Rightarrow -4.43V_o\leq4.57，-5\leq V_i\leq5，$$

故選(B)。

2. (C)。　$V_{CE}=5$，$I_C=1mA$，$V_T=0.025V$

$$I_B=\frac{I_C}{\beta}=\frac{1}{100}=0.01mA$$

$$r_\pi=\frac{V_T}{I_B}=\frac{0.025}{0.01}=2.5k\Omega，故選(C)。$$

3. (B)。　$I_D=\frac{1}{2}\times20\times10\times V_{OV}^2=0.1mA\Rightarrow V_{OV}=1V$

$$g_m=\frac{2I_D}{V_{OV}}=2\times\frac{0.1}{1}=0.2m，r_d=\frac{20}{0.1}=200k\Omega$$

$$A_V=|g_mr_d|=200\times0.2=40V/V，故選(B)。$$

4. (B)。　$\beta = g_m r_\pi$，故選(B)。

5. (C)。　$T = 5(\mu S)$　$f = \dfrac{1}{T} = 0.2 \times 10^6 = 200(kHz)$，故選(C)。

6. (C)。　SiO_2主要為保護且使矽表面絕緣，故選(C)。

7. (C)。　$r \propto \dfrac{1}{A} = \dfrac{1}{2}$，故選(C)。

8. (A)。　增強型MOSFET未加壓時，沒有通道，故選(A)。

9. (A)。　$V_i < 0 \Rightarrow$ PMOS ON，NMOS OFF　$\therefore V_O = V_{DD}$，故選(A)。

10. (A)。　$\begin{cases} \dfrac{V_I - 0}{R_1} = \dfrac{0 - V}{R_2} \\[3mm] \dfrac{0 - V}{R_2} = \dfrac{V - 0}{R_4} + \dfrac{V - V_o}{R_3} \end{cases} \Rightarrow \begin{cases} V = -\dfrac{R_2}{R_1} V_I = -\dfrac{100}{R_1} V_I \\[3mm] V = \dfrac{V_o}{5} \end{cases}$

$\Rightarrow \dfrac{V_o}{V_I} = -\dfrac{500}{R_1} = -100 \Rightarrow R_1 = 5k\Omega$，故選(A)。

11. (A)。　(B)濃度減小，(C)寬度增加，(D)擴散電容減小，故選(A)。

12. (C)。　$R_{in2} = 1 + 3 = 4k\Omega$，故選(C)。

13. (C)。　(A)有關，(B)溫度愈高，電壓降愈低，(D)$-2°C/mV$，故選(C)。

14. (C)。　D_1、D_3不通，若D_2、D_4皆通，

$\dfrac{5 - V_o}{1} = \dfrac{V_o - (-5)}{1} + \dfrac{V_o - 0}{1} \Rightarrow V_o = 0$（不合），

若D_2不通，D_4通，

$\dfrac{V_o - (-5)}{1} + \dfrac{V_o - 0}{1} = 0 \Rightarrow V_o = -2.5(V)$，故選(C)。

15. (D)。　$V_{r(p-p)} = \dfrac{V_{o(max)}}{2fRC} = \dfrac{12\sqrt{2} - (0.7 \times 2)}{2 \times 60 \times 5k \times 80\mu} = 0.324(V)$，故選(D)。

16. (D)。　JFET輸入電阻很大，是因為輸入端為逆向偏壓，故選(D)。

17. (C)。　$V_o = \dfrac{V_m}{\pi} + \dfrac{2V_m}{\pi} \cong 4.8(V)$，故選(C)。

18. (C)。 $V_{r(p-p)} = \dfrac{V_m}{fRC} = \dfrac{12}{60 \times 10 \times 10^3 \times 47 \times 10^{-6}} = 0.4(V)$，故選(C)。

19. (C)。 $V_S = 12V \Rightarrow V_o = 12 \times \dfrac{20}{10+20} = 8V > 5.7V \quad \therefore V_o = 5.7V$

$\qquad V_S = -12V \Rightarrow V_o = -12 \times \dfrac{20}{10+20} = -8V < 5.7V \quad \therefore V_o = -8V$

　　　故選(C)。

20. (C)。 $V_2 = 100 \times \dfrac{1}{10} = 10V \quad V_o = 10 - 0.7 = 9.3 \cong 9(V)$，故選(C)。

21. (D)。 (A)V_m，(B)$2V_m$，(C)$-2V_m$，故選(D)。

22. (B)。 $V_o = V_i \times \dfrac{R}{R + \dfrac{1}{SC}} = V_i \times \dfrac{S}{S + \dfrac{1}{RC}}$， $\because RC >> V_i \quad \therefore V_o \cong V_i$

　　　當$V_i \geq 5 + 0.7 = 5.7V$時，$V_o = V_3 = 5.7V$，故選(B)。

23. (A)。 $V_B = 10 \times \dfrac{2.2}{10+2.2} = 1.8V \qquad\qquad R_{BB} = 10//2.2 = 1.8k$

$\qquad I_B = \dfrac{1.8 - 0.7}{1.8 + (1+100) \times 1} = 0.01mA$

$\qquad r_\pi = \dfrac{0.026}{0.01} = 2.6k\Omega \qquad\qquad\qquad g_m = \dfrac{100}{2.6k} = 38.46mS$

$\qquad \dfrac{V_o}{V_i} = \dfrac{-2.6}{2.6 + (1+100) \times 1} \times 38.46 \times (3.6//5) \cong -2.02V/V$，故選(A)。

24. (A)。 $g_m = \dfrac{2 \times 5}{0.7 - 0.6} = 100mA/V \quad R_{in} = \dfrac{1}{g_m} = 10(\Omega)$

　　　故選(A)。

25. (A)。 $1 = \dfrac{1}{2} \times 0.5 \times (V_{GS} - 0.8)^2 \Rightarrow V_{GS} = 2.8V$， $-1.2V(不合)$，

$\qquad V_S = 1 \times I_{D2}$， $I_{D2} = \dfrac{1}{2} \times 5 \times (2.8 - I_{D2} - 0.8)^2$，

$\qquad I_{D2} = 0.54mA$， $7.46mA(不合)$，

$\qquad V_o = 1k \times 0.54m = 0.54(V)$，故選(A)。

26. (A)。 (A)成反比，故選(A)。

27. (B)。 (A)為共集極放大器，

$(C) \left| \dfrac{V_o}{V_s} \right| \cong 1$

(D)輸入阻抗>10kΩ，故選(B)。

28. (B)。 $(A)r_d = \dfrac{100}{2} = 50k\Omega$　　　　　　$(B)r_d = \dfrac{100}{1.6} = 62.5k\Omega$

$(C)r_d = \dfrac{80}{2} = 40k\Omega$　　　　　　$(D)r_d = \dfrac{80}{3.2} = 25k\Omega$

故選(B)。

29. (B)。 (A)高阻抗，(C)與電壓放大器相似，(D)與電流放大器相似，故選(B)。

30. (C)。 $r_\pi \propto \dfrac{1}{g_m} = \dfrac{1}{2}$，故選(C)。

31. (C)。 三極區時：$V_{GS} \geq V_t$，$V_{GD} \geq V_t$，故選(C)。

32. (D)。 $V_o^- = V_{icm} \times \dfrac{-1}{\dfrac{1}{1} + 2} \times 9.9 = V_{icm} \times (-3.3)$

$V_o^+ = V_{icm} \times \dfrac{-1}{\dfrac{1}{1} + 2} \times 10.1 = V_{icm} \times (-3.367)$

$\dfrac{V_o}{V_{icm}} = \dfrac{V_o^+ - V_o^-}{V_{icm}} = -\dfrac{1}{15}$，故選(D)。

33. (C)。 $(A) \dfrac{V_o}{V_s} = 50$，

(B)共源級放大器，

(D)在飽和區，$\left| \dfrac{V_o}{V_s} \right|$ 不會降低，

故選(C)。

34. (C)。 $60=20\log A_V$，$A_V=1000$

$A_V=g_{m1}\times R_3\times g_{m2}\times(R_G//R_L)$

R_1、R_2變2倍

$$I_{B1}'=\frac{V_{CC}\times\dfrac{R_2}{R_1+R_2}-0.7}{R_1//R_2}\Rightarrow I_B\propto I_C\propto g_m\Rightarrow g_{m1}'=\frac{1}{2}g_{m1}$$

$$I_{B2}'=\frac{V_{CC}\times\dfrac{R_5}{R_4+R_5}-0.7}{(R_4//R_5)+(1+\beta)R_7}\Rightarrow I_B不變\Rightarrow g_{m2}'=g_{m2}$$

$$\therefore A_V'=\frac{1}{2}\times A_V=\frac{1}{2}\times1000=500，故選(C)。$$

35. (B)。 $P=fCV^2$

(A)愈大，(C)愈大，(D)愈小，故選(B)。

36. (B)。 方波積分後得三角波，故選(B)。

37. (C)。 $f=\dfrac{g_m}{2\pi(C_{gs}+C_{gd})}=\dfrac{1.2m}{2\pi(50+10)f}=3.18(GHz)$，故選(C)。

38. (A)。 $R_{in}=51.2//9.6//(1.44+100\times0.4)=23k$

$f=\dfrac{1}{2\pi RC}=\dfrac{1}{2\pi\times(23+0.1)\times1\mu}=23.2Hz$，故選(A)。

39. (D)。 $f_o=\dfrac{1}{2\pi\sqrt{LC}}=\dfrac{1}{2\pi\sqrt{(0.05+0.01)m\times60n}}=84(kHz)$，故選(D)。

40. (B)。 此為帶通濾波器，故選(B)。

108年台鐵營運人員

(　) 1. 有一交流電之週期為0.1秒，則其頻率為多少？　(A)0.1Hz　(B)1Hz　(C)10Hz　(D)100Hz。

(　) 2. 台灣電力公司所供的市電110V，是指下列何種值？　(A)平均值　(B)有效值　(C)峰值　(D)峰對峰值。

(　) 3. 對於理想二極體，下列敘述何者正確？　(A)順向時視為短路，逆向時視為開路　(B)順向電阻等於無限大，逆向電阻為零　(C)順向電壓降無限大，逆向電流無限大　(D)順向電壓等於零，逆向電流無限大。

(　) 4. 所謂的半導體材料如矽、鍺等，是幾價元素？　(A)三價　(B)四價　(C)五價　(D)六價。

(　) 5. 當電晶體作為線性放大器時，其操作在哪一區？　(A)飽和區　(B)工作區　(C)截止區　(D)崩潰區。

(　) 6. 在OPA電路中，不可以將運算放大器的兩個輸入端（腳）視為同電位是那種電路？　(A)加法器　(B)反相放大器　(C)同相放大器　(D)比較器。

(　) 7. 某交流電壓為$v(t) = 110\sin(377t)$V，若使用交流電壓表量出的值應為多少？　(A)63.6V　(B)77.8V　(C)100V　(D)110V。

(　) 8. 若已知某電晶體的β值為99，則α值等於多少？　(A)0.1　(B)0.9　(C)0.99　(D)1。

(　) 9. 當二極體工作於逆向且將偏壓加大時，其空乏區的變化為何？　(A)不一定　(B)不變　(C)變小　(D)變大。

(　) 10. 在室溫為27°C時，電晶體的熱電壓V_T約為多少？　(A)16mV　(B)26mV　(C)36mV　(D)46mV。

(　) 11. 電晶體中的射極交流電阻r_e與基極交流電阻r_π，下列關係的敘述何者正確？　(A)$r_e = (1+\alpha)r_\pi$　(B)$r_\pi = (1+\alpha)r_e$　(C)$r_e = (\beta+1)r_\pi$　(D)$r_\pi = (\beta+1)r_e$。

(　) 12. 有一個三級串接的放大電路，其各級之分貝電壓增益分別為10dB、20dB及30dB，則其總分貝電壓增益為多少？　(A)50dB　(B)60dB　(C)120dB　(D)6000dB。

( )　13. 材質為矽的PN二極體，其障壁電壓大小約為多少？
　　　　(A)0.2V　(B)0.7V　(C)1.2V　(D)1.7V。

( )　14. 欲使N通道增強型MOSFET導通，則閘極與源極間的偏壓（V_{GS}）該如
　　　　何設計？　(A)不用管極性，有偏壓就可以　(B)負電壓　(C)小於臨
　　　　界電壓之正電壓　(D)大於臨界電壓之正電壓。

( )　15. 下列關於場效電晶體的敘述何者是正確的？　(A)閘極輸入阻抗相當
　　　　高　(B)接面場效電晶體JFET需要外加電壓才能建立通道存在　(C)
　　　　所有類型的MOSFET都需外加電壓才會有通道存在　(D)P通道的
　　　　MOSFET，其基板也是使用P型材質。

( )　16. 若右圖為運算放大器所組成之積分器電
　　　　路，若輸入電壓Vin為方波，則輸出電壓
　　　　Vout為那種波形？
　　　　(A)正弦波　　　　(B)方波
　　　　(C)三角波　　　　(D)脈衝波。

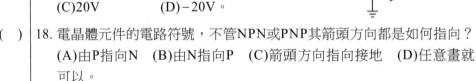

( )　17. 如右圖所示之OPA電路，若輸入電壓
　　　　$V_{in}=0.2V$，則輸出電壓V_{out}為多少？
　　　　(A)$-0.2V$　　　(B)$-2V$
　　　　(C)20V　　　　　(D)$-20V$。

( )　18. 電晶體元件的電路符號，不管NPN或PNP其箭頭方向都是如何指向？
　　　　(A)由P指向N　(B)由N指向P　(C)箭頭方向指向接地　(D)任意畫就
　　　　可以。

( )　19. 下列關於積分器或微分器之波形處理，敘述何者正確？　(A)正弦波
　　　　輸入積分器，則輸出為方波　(B)方波輸入微分器，則輸出為三角波
　　　　(C)三角波輸入積分器，則輸出為方波　(D)方波輸入積分器，則輸出
　　　　為三角波。

( )　20. 下列有關振盪器之敘述，何者正確？　(A)高頻振盪器一般採用RC電
　　　　路　(B)射頻振盪器一般採用LC電路　(C)振盪器是用來將交流電變成
　　　　直流電的裝置　(D)加上負回授是振盪器的必要條件。

( )　21. 下列何種振盪器的振盪頻率最穩定？　(A)考畢子振盪器　(B)韋恩電
　　　　橋振盪器　(C)RC相移振盪器　(D)石英晶體振盪器。

( )　22. 如右圖555計時器所組成之電路，
屬於何種電路？
(A)多穩態電路
(B)單穩態電路
(C)雙穩態電路
(D)無穩態電路。

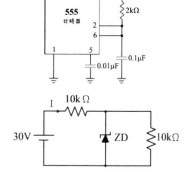

( )　23. 如右圖所示之電路，若ZD為10V之
稽納二極體，則I為多少？
(A)0.5mA　　　　(B)1mA
(C)1.5mA　　　　(D)2mA。

( )　24. 有關NPN與PNP電晶體的特性比較，關於下列之敘述何者正確？　(A)PNP電晶體主要是由電洞來傳導，NPN電晶體主要是由電子來傳導　(B)工作在主動區（工作區）時，不論是NPN或PNP電晶體，其基極至射極接面電壓（V_{BE}）都是逆向偏壓　(C)現今使用的電晶體大多數為2支腳元件　(D)PNP電晶體的頻率響應較NPN電晶體佳，適合在高頻電路使用。

( )　25. 電晶體開關電路的I_C電流由10%上升至90%所需要的時間稱之為何？
(A)上升時間　(B)平緩時間　(C)下降時間　(D)暫態時間。

( )　26. 交流電壓V(t)＝10sin(377t＋60°)V，交流電流i(t)＝10cos(377t－60°)A，試問V(t)與i(t)之相位為何？　(A)v(t)超前i(t)30°　(B)v(t)與i(t)同相　(C)v(t)落後i(t)30°　(D)v(t)超前i(t)60°。

( )　27. 將雙極性接面電晶體（BJT）設計為開關用途時，電晶體在哪些區操作？　(A)飽和區　(B)截止區與飽和區　(C)作用區與飽和區　(D)截止區與作用區。

( )　28. 於室溫下，若欲使電子由矽晶體共價鍵中釋放出來而成自由電子，所需之能量為？　(A)0.45eV　(B)0.78eV　(C)0.72eV　(D)1.1eV。

( )　29. 於純半導體內，加入雜質原子的過程稱為？　(A)鍵結　(B)漂移　(C)擴散　(D)摻雜。

( )　30. 對於達靈頓電路特點的描述，下列何者是錯誤的？　(A)輸出阻抗非常低　(B)輸入阻抗非常高　(C)電壓增益非常高　(D)電流增益非常高。

( ) 31. 有關理想運算放大器的敘述，下列何者錯誤？ (A)抵補電壓（V_{io}）為0 (B)輸入阻抗（Z_i）為∞ (C)轉動率（SR）為0 (D)輸出阻抗（Z_o）為0。

( ) 32. 在絕對零度（°K）時，在本質半導體之兩端加一電壓；若本質半導體並未發生崩潰，則在本質半導體內？ (A)有電子流，沒有電洞流 (B)有電子流也有電洞流 (C)沒有電子流，有電洞流 (D)沒有電子流也沒有電洞流。

( ) 33. 如右圖所示，請求出V_o為？
(A)8V   (B)12V
(C)14V   (D)6V。

( ) 34. 某矽二極體η＝2；熱電壓（thermal voltage）V_T＝25mV。順向電流為4mA，求其動態電阻值為？ (A)25.5Ω (B)6.25Ω (C)12.5Ω (D)15.5Ω25m。

( ) 35. 如右圖所示，若以直流電壓表量測輸出電壓V_o，其值應為？
(A)100V   (B)50V
(C)$50\sqrt{2}$ V   (D)$100\sqrt{2}$ V。

( ) 36. 電壓v＝$80\sqrt{2}\sin(214t+30°)$V，當t＝0秒時之瞬間電壓為多少？
(A)$25\sqrt{2}$ V (B)$40\sqrt{2}$ V (C)$50\sqrt{2}$ V (D)40V。

( ) 37. 日系BJT編號中，2SA××××應為哪一種元件？ (A)低頻用NPN (B)低頻用PNP (C)高頻用NPN (D)高頻用PNP。

( ) 38. 若NPN電晶體工作於作用區（active region），則射極（E）、基極（B）、集極（C）之電壓大小關係為何？ (A)$V_E>V_B>V_C$ (B)$V_C>V_B>V_E$ (C)$V_E>V_C>V_B$ (D)$V_B>V_C>V_E$。

( ) 39. 下列有關電晶體放大電路三種組態的敘述何者有誤？ (A)輸出阻抗：CB＞CE＞CC (B)輸入阻抗：CC＞CE＞CB (C)功率增益：CE＞CB＞CC (D)電壓增益：CE＞CB＞CC。

( ) 40. 為了防止繼電器的線圈在斷電的瞬間所產生之感應電勢損壞電晶體，所以時常會在繼電器的線圈兩端並聯什麼元件？ (A)電感 (B)電阻 (C)二極體 (D)電容。

( )　41. 下列積體電路中，元件數目最多的為何者？　(A)VLSI　(B)ULSI
　　　(C)MSI　(D)LSI。

( )　42. 下列關於BJT與FET之比較，何者錯誤？　(A)FET具有較高的溫度穩
　　　定特性　(B)FET是單載子元件；BJT是雙載子元件　(C)BJT的交換速
　　　度較快　(D)主要應用於線性放大電路，無論FET或BJT都不可偏壓於
　　　飽和區。

( )　43. 下列何者為二極體之編號？　(A)NE555　(B)1N60　(C)CS9013
　　　(D)74LS00。

( )　44. 運算放大器操作頻率f＝10kHz時，其開迴路增益A_{vo}＝100；當操作頻
　　　率升高f＝1000kHz時，試求出其開迴路增益A_{vo}＝？　(A)1　(B)10
　　　(C)100　(D)1000。

( )　45. N型半導體內之電洞為？　(A)少數載子，由摻雜所產生　(B)多數載
　　　子，由熱所產生　(C)多數載子，由摻雜所產生　(D)少數載子，由熱
　　　所產生。

( )　46. PN接面二極體，靠近P型側空乏區內的電荷為？　(A)電中性　(B)正
　　　電荷　(C)負電荷　(D)視摻雜濃度而定。

( )　47. 如右圖所示，R_1＝2kΩ，R_2＝8kΩ，R_3＝4kΩ，
　　　V_i＝2V。試求出其I_o電流為多少？
　　　(A)2mA
　　　(B)−2mA
　　　(C)3mA
　　　(D)−3mA。

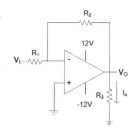

( )　48. 關於電子伏特（eV）的描述，正確者為何？　(A)為電阻單位　(B)為
　　　電流單位　(C)為能量單位　(D)為電壓單位。

( )　49. 雙極性接面電晶體（BJT）之射極（E）、基極（B）、集極（C）的
　　　摻雜濃度依大小分別為？　(A)C＞B＞E　(B)B＞C＞E　(C)C＞E＞B
　　　(D)E＞B＞C。

( )　50. 理想二極體接逆向偏壓時其等效視為？　(A)短路　(B)開路　(C)電容
　　　(D)電阻。

解答及解析

※答案標示為#者，表官方曾公告更正該題答案。

1. (C)。 $f = \dfrac{1}{T} = \dfrac{1}{0.1} = 10Hz$ ，故選(C)。

2. (B)。 市電一般指有效值，故選(B)。

3. (A)。 理想二極體順向時視為短路，逆向時視為開路，故選(A)。

4. (B)。 矽、鍺為四價元素，故選(B)。

5. (B)。 線性放大為工作區，故選(B)。

6. (D)。 比較器不能將兩個輸入端視為同電位，故選(D)。

7. (B)。 量出為有效值 $V_{rms} = \dfrac{110}{\sqrt{2}} = 77.8V$ ，故選(B)。

8. (C)。 $\alpha = \dfrac{\beta}{1+\beta} = 0.99$，故選(C)。

9. (D)。 逆向偏壓加大時，空乏區會變大，故選(D)。

10. (B)。 $V_T \cong 26mV$，故選(B)。

11. (D)。 $\dfrac{r_e}{r_\pi} = \dfrac{I_B}{I_E} = \dfrac{1}{1+\beta} = \dfrac{\alpha}{1-\alpha}$ ，故選(D)。

12. (B)。 $A = 10 + 20 + 30 = 60dB$，故選(B)。

13. (B)。 障壁電壓大小約為0.7V，故選(B)。

14. (D)。 $V_{GS} \geq V_t$，故選(D)。

15. (A)。 (B)JFET不需外加電壓，(C)空乏型不需外加電壓就有通道存在，(D)基板使用N型材質，故選(A)。

16. (C)。 此為一階低通，亦為積分器，方波積分為三角波，故選(C)。

17. (B)。 $V_{out} = V_{in} \times (-\dfrac{10}{1}) = 0.2 \times (-\dfrac{10}{1}) = -2V$ ，故選(B)。

18. (A)。 箭頭方向都是由P指向N，故選(A)。

19. (D)。餘弦波 $\overset{微分}{\Longleftarrow}$ 正弦波 $\overset{積分}{\Rightarrow}$ 負餘弦波，脈波 $\overset{微分}{\Longleftarrow}$ 方波 $\overset{積分}{\Rightarrow}$ 三角波，故選 (D)。

20. (B)。(A)RC電路用於低頻振盪，(C)不是用來將交流電變成直流電， (D)正回授，故選(B)。

21. (D)。石英晶體振盪器最穩定，故選(D)。

22. (D)。此為無穩態電路，故選(D)。

23. (D)。先看是否導通

$V = 30 \times \dfrac{10}{10+10} = 15V > 10V$ ，故ZD導通，$V = 10V$，

$I = \dfrac{30-10}{10} = 2mA$ ，故選(D)。

24. (A)。(B)順向偏壓，(C)3支腳元件，(D)NPN較佳，故選(A)。

25. (A)。上升時間，故選(A)。

26. (A)。$V(t) = 10\sin(377t + 60°) = 10\angle 60°$

$i(t) = 10\cos(377t - 60°) = 10\sin(377t + 30°) = 10\angle 30°$

$\dfrac{V(t)}{i(t)} = 30°$ ，故選(A)。

27. (B)。開關用途操作在飽和區與截止區，故選(B)。

28. (D)。1.1eV，故選(D)。

29. (D)。於純半導體內，加入雜質原子的過程稱為摻雜，故選(D)。

30. (C)。(C)電壓增益約為1，故選(C)。

31. (C)。(C)轉動率（SR）為∞，故選(C)。

32. (D)。絕對零度時，沒有能量，故沒有電子流也沒有電洞流，故選(D)。

33. (D)。$\begin{cases} D_{6V} \cdot D_{12V} 通 \\ D_{6V} 通，D_{12V} 不通， \\ D_{6V} 不通，D_{12V} 通 \end{cases}$ $\begin{cases} V_O = 6V = 12V (不合) \\ V_O = 6V (合) \\ V_O = 12V = 6V (不合) \end{cases}$ ，故選(D)。

34. (C)。 $r_d = \dfrac{\eta V_T}{I_D} = \dfrac{2 \times 25}{4} = 12.5\Omega$，故選(C)。

35. (C)。 此為半波整流濾波電路

$$V_o \cong \dfrac{V_m}{1 + \dfrac{1}{2fR_L C}} \xrightarrow{R_L \to \infty} V_o \cong V_m = 50\sqrt{2}V \text{，故選(C)。}$$

36. (B)。 $v(0) = 80\sqrt{2}\sin 30° = 40\sqrt{2}V$，故選(B)。

37. (D)。 2：三極體，S：半導體，A：高頻用PNP型電晶體，故選(D)。

38. (B)。 作用區：$V_{BE} > 0$，$V_{BC} < 0$，因此$V_C > V_B > V_E$，故選(B)。

39. (D)。 (D)電壓增益：CB > CE > CC，故選(D)。

40. (C)。 並聯二極體避免逆流，故選(C)。

41. (B)。 VLSI：10,001~100k個電晶體，　　ULSI：100,001~10M個電晶體，
MSI：101~1k個電晶體，　　　　LSI：1,001~10k個電晶體，
故選(B)。

42. (D)。 (D)FET可偏壓於飽和區，故選(D)。

43. (B)。 (A)NE555：IC　　　　　　　　(B)1N60：二極體
(C)CS9013：電晶體　　　　　　(D)74LS00：IC
故選(B)。

44. (A)。 $A_{Vo} = \dfrac{10k \times 100}{1000k} = 1$，故選(A)。

45. (D)。 N型半導體內之電洞為少數載子，由熱所產生，故選(D)。

46. (C)。 PN接面二極體，靠近P型側空乏區內的電荷為負電荷，故選(C)。

47. (B)。 $V_o = V_i \times (-\dfrac{R_2}{R_1}) = 2 \times (-\dfrac{8}{2}) = -8V$，$I_o = \dfrac{-8-0}{4k} = -2mA$，
故選(B)。

48. (C)。 eV為為能量單位，故選(C)。

49. (D)。 摻雜濃度：E > B > C，故選(D)。

50. (B)。 逆偏時視為開路，故選(B)。

109年台北捷運新進技術員

( )　1. 如圖所示的理想運算放大器，屬於何種？　(A)反相放大器　(B)非反相放大器　(C)微分器　(D)積分器。

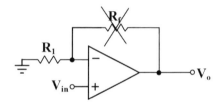

( )　2. 接續第1題，放大器增益為何？

(A)$1+\dfrac{Rf}{R1}$　(B)$-(1+\dfrac{Rf}{R1})$　(C)$\dfrac{Rf}{R1}$　(D)$-\dfrac{Rf}{R1}$。

( )　3. 接續第1題，$R_1=20k\Omega$，$R_f=100k\Omega$，量測到$V_o=60V$，推估V_{in}應該為多少伏特？　(A)+12　(B)-12　(C)+10　(D)-10。

( )　4. 如圖所示的理想放大器，$V_{in}=20V$，$R_1=10k\Omega$，當R_f壞掉，變成斷路，電壓V_o接近多少伏特？　(A)0　(B)$+\infty$　(C)$-\infty$　(D)以上皆非。

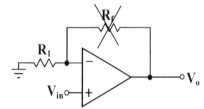

( )　5. 如圖所示的理想放大器，$V_{in}=20V$，$R_1=10k\Omega$，當R_f壞掉，變成短路，電壓V_o接近多少伏特？　(A)0　(B)$+\infty$　(C)$-\infty$　(D)20V。

( )　6. 如圖所示BJT電路，$V_{CC}=+20V$，$-V_{EE}=-20V$，$V_{BE(ON)}=0.7V$，$\beta=100$。當$V_C=+6V$，$I_C=+2mA$，電阻R_C為多少？　(A)7KΩ　(B)5KΩ　(C)3KΩ　(D)以上皆非。

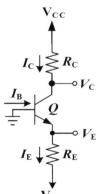

( )　7. 接續第6題，電流I_B為多少毫安培？　(A)0.01　(B)0.02　(C)0.03　(D)以上皆非。

( )　8. 接續第7題，電流I_E為多少毫安培？　(A)1.01　(B)2.02　(C)3.03　(D)以上皆非。

( ) 9. 接續第8題，電壓V_E為多少伏特？ (A)-20V (B)+0.7 (C)-0.7 (D)以上皆非。

( ) 10. 接續第9題，電阻R_E為多少？ (A)19.1Ω (B)9.55Ω (C)19.1KΩ (D)9.55KΩ。

( ) 11. 如圖所示矽二極體電路，輸出電壓v_o最高為多少伏特？ (A)+0.7 (B)-0.7 (C)v_i (D)0。

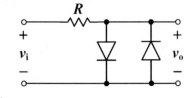

( ) 12. 接續第11題，輸出電壓v_o最低為多少伏特？ (A)+0.7 (B)-0.7 (C)v_i (D)0。

( ) 13. 如圖所示矽二極體電路，當右邊二極體壞掉，變成斷路，輸出電壓v_o最低為多少伏特？
(A)+0.7   (B)-0.7
(C)0   (D)v_i。

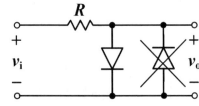

( ) 14. 下圖所示為何種電路？ (A)三相電路 (B)半波整流電路 (C)全波整流電路 (D)升壓電路。

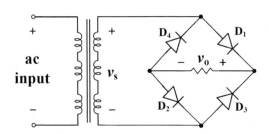

( ) 15. 接續第14題，當v_s正半週，下列何者正確？ (A)D_1導通、D_2導通 (B)D_1導通、D_2不導通 (C)D_1不導通、D_2導通 (D)D_1不導通、D_2不導通。

( ) 16. 接續第14題，每一個二極體導通電壓為V_D，有關v_s與v_o敘述，何者正確？ (A)v_o比v_s高$2V_D$ (B)v_o比v_s高V_D (C)v_s比v_o高$2V_D$ (D)v_s比v_o高V_D。

( ) 17. 接續第14題，每一個二極體承受的最大逆偏電壓，下列何者正確？ (A)v_s (B)$v_s - V_D$ (C)$v_s - 2V_D$ (D)$v_s - 3V_D$。

（　）18. 下圖所示二極體電路，當二極體D_2壞掉，變成斷路，下列何者正確？
(A)v_o電壓為0伏特　(B)v_o電壓為1.4伏特　(C)正半週功能正常　(D)負半週功能正常。

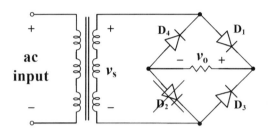

（　）19. 下圖所示BJT放大器，有關電晶體敘述，下列何者正確？　(A)操作於飽和區　(B)操作於主動區　(C)操作於三極管區　(D)操作於截止區。

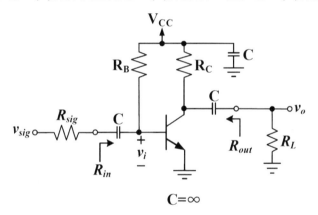

（　）20. 接續第19題，有關電晶體敘述，下列何者正確？　(A)V_{BE}順偏、V_{BC}逆偏　(B)V_{BE}順偏、V_{BC}順偏　(C)V_{BE}逆偏、V_{BC}順偏　(D)V_{BE}逆偏、V_{BC}逆偏。

（　）21. 接續第19題，通道調變電阻r_o，輸出端之小信號電阻R_{out}為何？　(A)$R_B//R_C//r_o$　(B)$R_B//r_o$　(C)$R_C//r_o$　(D)$R_B//R_C$。

（　）22. 接續第19題，輸入端之小信號電阻R_{in}為何？　(A)$R_B//R_C//r_\pi$　(B)$R_B//r_\pi$　(C)$R_C//r_\pi$　(D)$R_B//R_C$。

（　）23. 接續第19題，電晶體轉導g_m，通道調變電阻r_o，放大器增益(v_o/v_i)為何？　(A)$-g_m(r_o+R_C+R_L)$　(B)$+g_m(r_o+R_C+R_L)$　(C)$-g_m(r_o//R_C//R_L)$　(D)$+g_m(r_o//R_C//R_L)$。

(　) 24. 接續第19題，電壓V_{CC}加入旁路電容C，目的為何？　(A)增加增益 (B)降低電流　(C)充電　(D)形成小信號接地。

(　) 25. 下圖所示放大器電路，電晶體Q_1與Q_2，正確操作區域為何？ (A)Q_1飽和區，Q_2三極管區　(B)Q_1飽和區，Q_2飽和區　(C)Q_1三極管區，Q_2三極管區　(D)Q_1三極管區，Q_2飽和區。

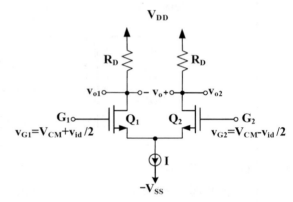

(　) 26. 接續第25題，操作於小信號差動模式，有關電晶體Q_1與Q_2源極端敘述，何者正確？　(A)Q_1高阻抗，Q_2高阻抗　(B)Q_1虛接地，Q_2虛接地 (C)Q_1虛接地，Q_2高阻抗　(D)Q_1高阻抗，Q_2虛接地。

(　) 27. 接續第25題，操作於小信號差動模式，半電路分析之單端增益(v_{o1}/v_{id})為何？　(A)$+g_m R_D$　(B)$-g_m R_D$　(C)$+1/2 g_m R_D$　(D)$-1/2 g_m R_D$。

(　) 28. 接續第25題，操作於小信號差動模式，半電路分析之單端增益(v_{o2}/v_{id})為何？　(A)$+g_m R_D$　(B)$-g_m R_D$　(C)$+1/2 g_m R_D$　(D)$-1/2 g_m R_D$。

(　) 29. 接續第25題，操作於小信號差動模式，整體差模增益($v_{o2}-v_{o1}$)/v_{id}為何？　(A)$+g_m R_D$　(B)$-g_m R_D$　(C)$+1/2 g_m R_D$　(D)$-1/2 g_m R_D$。

(　) 30. 下圖所示電路，操作於小信號共模模式，有關電晶體Q_1與Q_2源極端敘述，何者正確？ (A)Q_1虛接地，Q_2虛接地 (B)Q_1虛接地，Q_2阻抗為R_{SS} (C)Q_1阻抗為R_{SS}，Q_2阻抗為R_{SS} (D)Q_1阻抗為$R_{SS}S$，Q_2阻抗為R_{SS}。

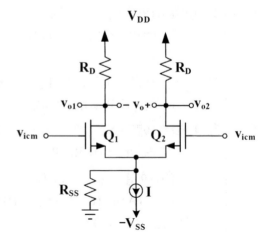

( ) 31. 接續第30題，半電路之共模增益為何？　(A)$+\dfrac{R_D}{2R_{SS}}$　(B)$-\dfrac{R_D}{2R_{SS}}$

(C)$+\dfrac{R_D}{R_{SS}}$　(D)$-\dfrac{R_D}{R_{SS}}$。

( ) 32. 接續第30題，整體電路之共模增益$A_{cm}=(v_{o2}-v_{o1})/v_{icm}$為何？　(A)0

(B)$+\dfrac{R_D}{R_{SS}}$　(C)$-\dfrac{R_D}{R_{SS}}$　(D)$+\dfrac{R_D}{2R_{SS}}$。

( ) 33. 放大器之共模拒斥比為何？　(A)$\left|\dfrac{A_{cm}}{A_d}\right|$　(B)$\left|\dfrac{A_d}{A_{cm}}\right|$　(C) A_d+A_{cm}

(D) A_d-A_{cm}。

( ) 34. 有關放大器共模拒斥比敘述，何者正確？　(A)比值為1　(B)比值為0
(C)越大越好　(D)越小越好。

( ) 35. 有關放大器輸入端的雜訊，可以視為下列何項？　(A)共模　(B)差模
(C)電壓源　(D)接地。

( ) 36. 差模放大器比單端放大器，具有哪一項優勢？　(A)低電壓　(B)低電
流　(C)高信號雜訊比　(D)低功率消耗。

( ) 37. 下圖所示的放大器輸出級，Q_N導通電
壓$V_{BE(on)}=+0.5V$，Q_P導通電壓$V_{BE(on)}=-0.5V$。當輸入$v_I=0$，電晶體狀態為何？
(A)Q_N關閉、Q_P打開　(B)Q_N關閉、Q_P關
閉　(C)Q_N打開、Q_P打開　(D)Q_N打開、
Q_P關閉。

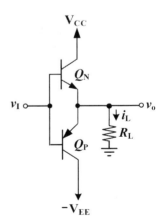

( ) 38. 接續第37題，此結構屬於何類型放大器
(A)class C　(B)class AB　(C)class A　(D)
class B。

( ) 39. 接續第37題，輸出波型為何？

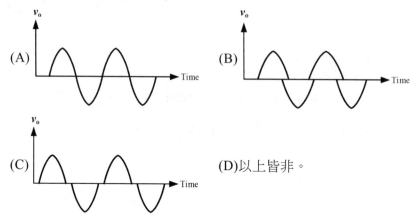

(A)

(B)

(C)

(D)以上皆非。

( ) 40. 下圖所示的串接放大器電路，忽略通道調變效應（$r_o=\infty$），$V_{BE(on)}=0.7V$，$V_{TH}=25mV$，求第二級BJT之基極端偏壓電流為多少？
(A)$1\mu A$ (B)$10\mu A$ (C)$100\mu A$ (D)以上皆非。

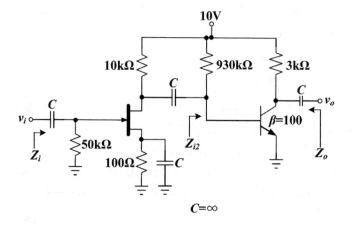

( ) 41. 接續第40題，第二級輸入阻抗Z_{i2}為多少仟歐姆？ (A)250 (B)25 (C)2.5 (D)0.25。

( ) 42. 接續第40題，第二級電壓增益為何？ (A)-121 (B)+121 (C)-12.1 (D)+12.1。

( )　43. 下圖所示迴授放大器電路，放大器開路增益A_v=-100V/V，迴授電容C_f=10pF，採用密勒定理(Millier's theorem)，將迴授電容C_f以電容C_1與C_2取代，如下圖所示，請問電容C_1為多少pF？　(A)1010　(B)101　(C)10.1　(D)1.01。

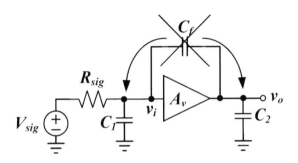

( )　44. 接續第43題，請問電容C_2為多少pF？　(A)1010　(B)101　(C)10.1　(D)1.01。

( )　45. 接續第43題，有關放大器頻率響應，輸入端的電容C_1與電阻R_{sig}會產生何項？　(A)極點　(B)零點　(C)原點　(D)無窮遠點。

( )　46. 如圖所示考畢子（Colpitts oscillator）振盪器，Z_1為哪一種元件？　(A)電感　(B)電容　(C)電阻　(D)二極體。

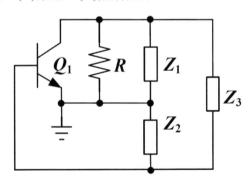

( )　47. 接續第46題，Z_3為哪一種元件？　(A)電感　(B)電容　(C)電阻　(D)二極體。

( )　48. 接續第46、47題，振盪頻率f_o為？　(A)$\dfrac{1}{2\pi\sqrt{C_3(L_1+L_2)}}$　(B)$\dfrac{1}{2\pi\sqrt{L_3(C_1+C_2)}}$　(C)$\dfrac{1}{2\pi\sqrt{C_3(\dfrac{L_1L_2}{L_1+L_2})}}$　(D)$\dfrac{1}{2\pi\sqrt{L_3(\dfrac{C_1C_2}{C_1+C_2})}}$。

( )　49. 如圖所示下拉式數位邏輯網路，輸出Y與輸
　　　 入A、B、C、D的布林代數式為何？

(A) $\overline{Y} = A \cdot B \cdot (C + D)$

(B) $Y = A \cdot B \cdot (C + D)$

(C) $\overline{Y} = (A + B) + C \cdot D$

(D) $Y = (A + B) + C \cdot D$ 。

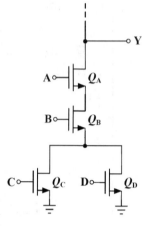

( )　50. 如圖所示數位邏輯網路，輸出Y與輸入
　　　 A、B的布林代數式為何？

(A) $Y = \overline{AB}$

(B) $Y = \overline{A} + \overline{B}$

(C) $Y = \overline{A + B}$

(D)以上皆非。

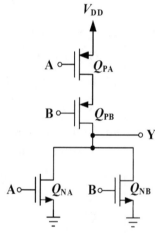

解答及解析

1. (B)。 列節點方程：

$$\frac{V_{in}}{R_1} = \frac{V_0 - V_{in}}{R_f} \rightarrow V_{in}\left(\frac{1}{R_1} + \frac{1}{R_f}\right) = \frac{1}{R_f} \times V_0$$

$$\Rightarrow \frac{V_0}{V_{in}} = \left(1 + \frac{R_f}{R_1}\right) > 1 \text{，因此為 ”非反相放大器”。}$$

2. (A)。 承上推導，選(A)。

3. (C)。 $R_1 = 20k$，$R_f = 100k \rightarrow \dfrac{V_0}{V_{in}} = (1 + \dfrac{100}{20}) = 6 = \dfrac{60}{V_{in}}$

$\Rightarrow V_{in} = 10(V)$

4. (B)。 $V_0 = \lim\limits_{R_f \to \infty} V_{in}(1 + \dfrac{R_f}{R_1}) = \infty$

5. (D)。 $V_0 = \lim\limits_{R_f \to 0} V_{in}(1 + \dfrac{R_f}{R_1}) = V_{in} = 20(V)$

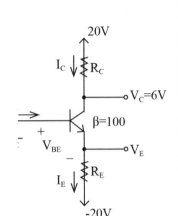

6. (A)。 $\dfrac{20 - 6}{R_C} = I_C = 2mA$

$\Rightarrow R_C = 7k\Omega$

7. (B)。 $I_B = \dfrac{1}{\beta} \times I_C = \dfrac{1}{100} \times 2mA = 0.02mA$

8. (B)。 $I_E = I_C + I_B = 2.02mA$

9. (C)。 $V_B = 0$，$V_{BE} = 0.7 \rightarrow V_E = -0.7(V)$

10. (D)。 $I_E = 2.02m = \dfrac{V_E - (-20)}{R_E}$

$\rightarrow R_E = \dfrac{-0.7 + 20}{2.02m} = 9.55\ K\Omega$

11. (A)。

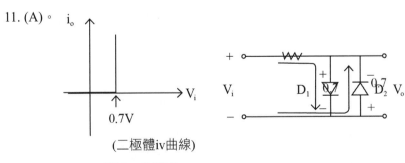

（二極體iv曲線）

$\Rightarrow \max\{V_o\} = 0.7(V)$

12. (B)。 承上，$\min\{V_o\} = -0.7(V)$

13. (D)。 ∵ D_2斷路，∴ V_i為負時，D_2路徑不存在 $\Rightarrow V_i = V_0$

14. (C)。 V_S為 $\begin{vmatrix} 正 \\ 負 \end{vmatrix}$ 值，電流可徑由 $\begin{vmatrix} D_1、D_2 \\ D_3、D_4 \end{vmatrix}$ 形成迴路

$\Rightarrow$ ac input無論正半週或負半週均可整流，此乃一"全波整流"電路。

15. (A)。 承14題說明，正半週D_1、D_2導通，D_3、D_4 off。

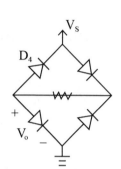

16. (C)。 $v_s - V_{D1} - v_o - V_{D_2} = v_s - v_o - 2V_D = 0$ (KVL)

，其中$V_{D1} - V_{D_2} \equiv V_D$

$\Rightarrow v_s - v_o = 2V_D$，選(C)。

17. (B)。 以正半週時，D_4上之偏壓為例：

$V_{D_4} = v_s - V_D$ (V)

18. (D)。 D_2斷路，致使僅負半週功能正常。

19. (B)。 BJT三種工作模式：

(一) $\boxed{cut \cdot off}$ $V_{BE} < 0$，$V_{BC} < 0$

$I_B = I_C = 0$

(二) $\boxed{active}$ $V_{BE} > 0$，$V_{BC} < 0$

$I_B = \dfrac{1}{\beta} \times I_C$

(三) $\boxed{satuation}$ $V_{BE} > 0$，$V_{BC} > 0$

$V_{CE(SET)} \cong 0.2V$，$I_C = I_{C(SET)}$

本題，∵ $I_B \ll I_C$ ∴ $V_C (= V_{CC} - I_C \times R_C) < V_B (= V_{CC} - I_B \times R_B)$

$\Rightarrow \begin{cases} V_{BC} < 0 \\ V_{BE} > 0 \end{cases}$，BJT在$\boxed{active區}$

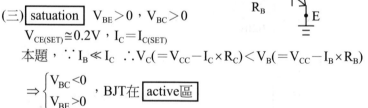

20. (A)。 承上題，

$V_{BE} > 0$，$V_{BC} < 0$，

故選(A)

21. (C)。 $R_{out} = R_C /\!/ r_o$

22. (B)。 $R_{in} = R_B /\!/ r_\pi$

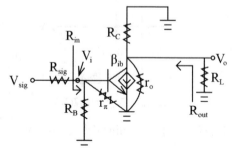

23. (C)。　$i_b = \dfrac{v_i}{r_\pi} \Rightarrow v_o = -\beta i_b \times (R_C // r_o // R_L)$

$\qquad = -\beta(\dfrac{v_i}{r_\pi}) \times (v_o // r_o // R_L)$

$\qquad \Rightarrow \dfrac{v_o}{v_i} = -g_m(v_o // R_C // R_L)\ g_m$

24. (D)。　旁路電容，使電源小訊號雜訊接地，俾濾除之。

25. (B)。

作為差動放大器使用，必須使Q_1、Q_2保持在飽和區，避免訊號失真。

26. (B)。　小訊號模式下，輸入差動訊號，將導致V_P成為定值，而可被認為一交流接地狀態，術語稱為虛接地（Virtual ground）

27. (D)。　$V_{o1} = -(\dfrac{V_{id}}{2} \Big/ \dfrac{1}{g_m}) \times R_D$

$\qquad \Rightarrow \dfrac{V_{o1}}{V_{id}} = -\dfrac{1}{2} g_m R_D$

28. (C)。　$V_{o2} = -[(-\dfrac{V_{id}}{2}) \Big/ \dfrac{1}{g_m}] \times R_D$

$\qquad \Rightarrow \dfrac{V_{o2}}{V_{id}} = \dfrac{1}{2} g_m R_D$

29. (A)。$V_{o2} - V_{o1} = \frac{1}{2}g_m R_D \times V_{id} - (-\frac{1}{2}g_m R_D) \times V_{id} = g_m R_D \times V_{id}$

$$\Rightarrow \frac{V_{o2} - V_{o1}}{V_{id}} = g_m R_D$$

30. (D)。

小訊號視為**斷路**

並聯

31. (B)。$V_{out.cm} = -(\dfrac{V_{in.cm}}{\dfrac{1}{g_m} + 2R_{ss}}) \times R_D$

$$\Rightarrow \frac{V_{out.cm}}{2_{in.cm}} = -\frac{g_m R_D}{1 + 2g_m R_{SS}} \cong -\frac{g_m R_D}{2g_m R_{SS}} = -\frac{R_D}{2R_{SS}}$$

32. (A)。$V_{o1} = V_{in.cm} = V_{o2} \Rightarrow A_{cm} = (V_{o2} - V_{o1})/V_{icm} = 0$

33. (B)。共模排斥比(CMRR) $\triangleq \left| \dfrac{差模增益(A_d)}{共模增益(A_{cm})} \right|$，數值越大表示對共模成份雜訊抵抗能力越佳。

34. (C)。承上，選(C)。

35. (A)。雜訊同時自兩輸入端進入電路，因此可視為"共模訊號"。

36. (C)。差動（模）放大器具有(1)降低雜訊影響（高訊號雜訊比）、(2)提供大訊號振幅的優點。

37. (B)。此為一class B放大器 $\Rightarrow$ 約50%週期導通
當 $V_I = 0$（ie無輸入時）Q_1、Q_2 均off。

38. (D)。承上，選擇(D)。

39. (C)。

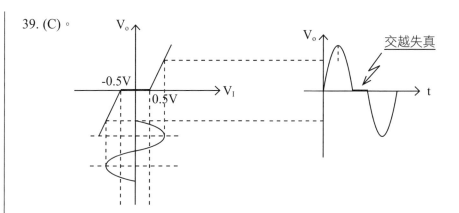

40. (B)。$I_B = \dfrac{10-0.7}{930k} = 0.01mA = 10uA$

41. (C)。$r_\pi = \dfrac{V_{TH}}{I_B} = \dfrac{25m}{10u}$

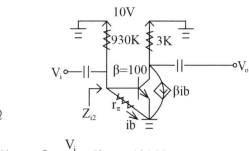

$$= \dfrac{25m}{0.01m} = 2.5k\,\Omega$$

$Z_{i2} = 930k // 2.5k \cong 2.5k\,\Omega$

42. (A)。$\dfrac{V_i}{r_\pi} = i_b \rightarrow V_o = 0 - \beta\, i_b \times 3k = -\beta \times \dfrac{V_i}{r_\pi} \times 3k \cong -121\, V_i$

$$\Rightarrow \dfrac{V_o}{V_i} \cong -121$$

43. (A)。米勒定律：

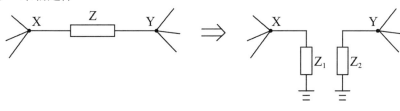

$$\Rightarrow Z_1 = \dfrac{Z}{(1-A_V)} \quad , \quad A_V = \dfrac{V_V}{V_X}$$

$$Z_2 = \frac{Z}{(1 - \frac{1}{A_V})}$$

本題：

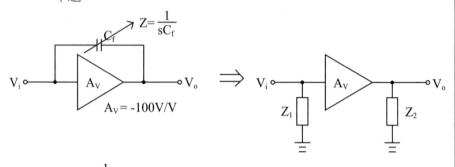

$A_V = -100\text{V/V}$

$$Z_1 = \frac{\frac{1}{SC_f}}{(1+100)} = \frac{1}{S(1+100)C_f}$$

$$Z_2 = \frac{\frac{1}{SC_f}}{(1+100)} = \frac{1}{S(1+\frac{1}{100})C_f}$$

$$\Rightarrow C_1 = (1+100) \times 10\text{pF} = 1010\text{pF}$$

44. (C)。承上，$C_2 = (1 + \frac{1}{100}) \times 10\text{pF} = 10.1\text{pF}$

45. (A)。

$$V_{sig} \times \frac{\frac{1}{SC_1}}{R_{sig} + \frac{1}{SC_1}} \times A_V = V_o$$

$$\Rightarrow \frac{V_o}{V_{sig}} = \frac{1}{7 + S\,R_{sig} \cdot C_i}$$

上式，分母部分產生極點

46. (B)。典型Colpitts振盪器共振部如右，

共振頻率為 $f_0 = \dfrac{1}{2\pi\sqrt{L \times (\dfrac{C_1 C_2}{C_1 + C_2})}}$

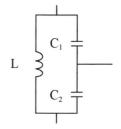

對應本題電路圖可得知，Z_1 為電容。

47. (A)。點上，Z_3 為電感。

48. (D)。承上，$f_0 = \dfrac{1}{2\pi\sqrt{L_3 \times (\dfrac{C_1 C_2}{C_1 + C_2})}}$

49. (A)。下拉式，並接為"or"，串接為"and"，輸出為"反相"
　　　 $\rightarrow \overline{Y} = (C + D) \cdot A \cdot B$

50. (C)。$\overline{Y} = A + B \rightarrow \overline{\overline{Y}} = \overline{(A+B)} \rightarrow Y = \overline{A+B}$

109年台電新進雇用人員

( ) 1. 假設電晶體的α參數由0.99變化到0.98，則β參數之變化為何？ (A)由49變化到88 (B)由49變化到99 (C)由88變化到49 (D)由99變化到49。

( ) 2. 有關二極體的順向偏壓接法，下列何者正確？ (A)P端接電源的正極，N端接電源的正極 (B)P端接電源的負極，N端接電源的負極 (C)P端接電源的正極，N端接電源的負極 (D)P端接電源的負極，N端接電源的正極。

( ) 3. 有關共基極(CB)放大器之敘述，下列何者正確？ (A)電流增益小於1 (B)電壓增益小於1 (C)高輸入電阻 (D)低輸出電阻。

( ) 4. 小林想設計一個穩定電壓的全波整流輸出電路，其輸出的直流平均電壓V_{DC}=3.7V，則其輸入的交流正弦波的峰對峰值電壓約為何？ (A)4V (B)6V (C)8V (D)12V。

( ) 5. 某P通道增強型MOSFET，導電參數K=0.5mA/V^2，臨界電壓V_T=-2V，試求V_{GS}=-5V時，I_D值為何？ (A)6mA (B)4.5mA (C)2mA (D)0.5mA。

( ) 6. 如右圖所示，若V_i=10 sin(ωt)V，二極體為理想狀態，試求流過負載的峰值電流為何？ (A)0.1mA (B)0.4mA (C)2mA (D)5mA。

( ) 7. 如右圖所示，試求集極電流的飽和值為何？
(A)2.96mA
(B)3.96mA
(C)4.96mA
(D)5.96mA。

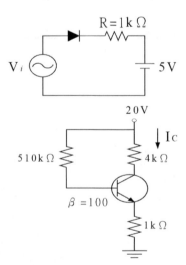

( )　8. 有關微分器、積分器之敘述，下列何者正確？　(A)方波通過積分器後之輸出波形為三角波　(B)三角波通過積分器後之輸出波形為方波　(C)方波輸入微分器後之輸出波形為三角波　(D)三角波輸入微分器後之輸出波形為正弦波。

( )　9. 有關JFET特性之敘述，下列何者有誤？　(A)$V_{GS}=0$時，$I_D=I_{DSS}$　(B)N通道的夾止(pinch-off)電壓V_P是負值　(C)在歐姆區操作時，$|V_{DS}|>|V_{GS}-V_P|$　(D)閘極電流趨近於零。

( )　10. 有關逆向偏壓接面電容之敘述，下列何者正確？　(A)隨逆向偏壓降低而增加　(B)隨逆向偏壓升高而增加　(C)由逆向飽和電流決定　(D)隨順向偏壓降低而增加

( )　11. 某電晶體電路測得電流增益為200，集極電流為10mA，試求射極電流為何？　(A)9.9mA　(B)9.95mA　(C)10mA　(D)10.05mA。

( )　12. 有關石英晶體之敘述，下列何者有誤？　(A)晶體的品質因數Q值非常高　(B)溫度升高時晶體穩定性變差　(C)晶體產生的共振頻率非常準確　(D)晶體對時間具有非常高的穩定性。

( )　13. 若要將小信號電壓及電流都放大，可採用下列何種放大電路？　(A)雙極性接面電晶體的共集極放大電路　(B)雙極性接面電晶體的共射極放大電路　(C)場效電晶體的共閘極放大電路　(D)場效電晶體的共汲極放大電路。

( )　14. 已知一放大電路電壓增益A_v為10，電流增益A_i為10，則其功率增益A_p為多少分貝(dB)？　(A)10　(B)20　(C)30　(D)1000。

( )　15. 某NPN電晶體的β=100，集極電流為0.8A，基極電流為12mA，則電晶體處於何種區域模式？　(A)主動模式　(B)截止模式　(C)飽和模式　(D)反相主動模式。

( )　16. 二極體接逆向偏壓時，其逆向飽和電流I_s之敘述，下列何者正確？　(A)與逆向偏壓成反比　(B)與逆向偏壓成正比　(C)與溫度成反比　(D)與溫度成正比。

( )　17.如右圖所示,該反相放大器之電壓增益
　　　　V_o/V_i為多少分貝(dB)?
　　　　(A)+20
　　　　(B)+10
　　　　(C)-10
　　　　(D)-20。

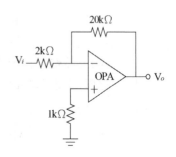

( )　18.如右圖所示,若$V_{GS}=-2.5V$,
　　　　$R_S=2.5k\Omega$,則V_{DS}為何?
　　　　(A)8.5V
　　　　(B)9.5V
　　　　(C)10.5V
　　　　(D)11.5V。

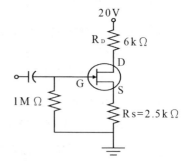

( )　19.有關R-C濾波器之敘述,下列何者有誤?　(A)對同一負載而言,R值
　　　　越大,其輸出端漣波越小　(B)電容量越大,輸出漣波越小　(C)使用
　　　　全波整流時,R-C濾波器之濾波效果較使用半波整流時為佳　(D)對
　　　　同一R-C濾波器而言,負載電流越大,輸出電壓越大。

( )　20.類比開關的功能是控制類比信號通過或不通過。下列何種半導體元件
　　　　不適合作為類比開關使用?　(A)二極體　(B)N通道金氧半場效電晶
　　　　體　(C)P通道金氧半場效電晶體　(D)互補型金氧半場效電晶體。

( )　21.下列何種雙極性接面電晶體電路組態,適合於高頻放大器應用?
　　　　(A)共集極電路　(B)共基極電路　(C)共射極電路　(D)具共射極電阻
　　　　之共射極電路。

( )　22.針對大電流負荷之濾波應採用何種濾波器較佳?　(A)電阻輸入濾波
　　　　器　(B)電阻電容濾波器　(C)電容輸入濾波器　(D)電感濾波器。

( )　23.產生擴散電流之原因為何?　(A)半導體內出現溫差　(B)半導體內出
　　　　現外加電壓　(C)半導體內載子濃度不同　(D)半導體內載子濃度相
　　　　同。

( )　24. 如右圖所示，該濾波器為何種
　　　形態？
　　　(A)高通
　　　(B)低通
　　　(C)帶通
　　　(D)帶拒。

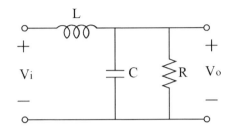

( )　25. 如右圖所示，該二極
　　　體為理想的二極體，
　　　則電路輸出電壓Vo為
　　　何？　(A)2V　(B)5V
　　　(C)8V　(D)10V。

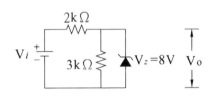

( )　26. 變容二極體(varactor)常作為電容使用，係應用下列何者改變其電容
　　　量？　(A)頻率　(B)溫度　(C)電壓　(D)電流。

( )　27. 稽納二極體(Zener Diode)利用逆壓
　　　崩潰區電壓幾乎固定的性質，來
　　　達到穩壓效果，如右圖所示，該
　　　稽納二極體之崩潰電壓V_z=8V，當
　　　V_i=10V時，V_o為何？
　　　(A)10V　(B)8V　(C)6V　(D)4V。

( )　28. 有關n型半導體材料之敘述，下列何者正確？　(A)內部大部分是帶
　　　正電荷可以游動的雜質離子(ions)　(B)內部大部分是帶負電荷可以
　　　游動的雜質離子(ions)　(C)內部大部分是帶正電荷可以游動的載子
　　　(carriers)　(D)內部大部分是帶負電荷可以游動的載子(carriers)。

( )　29. 一個P型半導體帶有的靜電荷為何？　(A)電中性　(B)正電荷　(C)負
　　　電荷　(D)視加入之雜質種類而定

( )　30. 某串級放大器輸入電壓為0.01sin(t)V，第一級、第二級與第三級電
　　　壓增益分別為29dB、6dB、5dB，則第三級輸出電壓有效值為何？
　　　(A)7.07V　(B)1.414V　(C)1V　(D)0.707V。

( )　31. 關於雙極性接面電晶體(BJT)射極基極介面為逆向偏壓，集極基極介
　　　面為逆向偏壓時，請問BJT處於何種區域模式？　(A)主動模式　(B)
　　　截止模式　(C)飽和模式　(D)反相主動模式。

( )　32. BJT直流工作特性曲線因受爾利效應(Early effect)影響，導致I_c值在順向作用區(forward active region)時，會隨著V_{CE}值增加而產生何種變化？　(A)增加　(B)減少　(C)不變　(D)不一定。

( )　33. NMOS較PMOS之應用更為廣泛，其原因為何？　(A)NMOS製程較為簡單　(B)電子比電洞具有較大的移動率　(C)電子比電洞具有較小的移動率　(D)電子比電洞具有較大的擴散常數。

( )　34. 一周期性脈波訊號其正峰值為+10V，負峰值為-2V。若此信號的平均值為+2.8V，則工作週期(duty cycle)為何？　(A)80%　(B)70%　(C)50%　(D)40%。

( )　35. 兩個二極體p極相連是否可以作為BJT放大器使用？　(A)是，可正常作為放大器使用　(B)否，須改為n極相連　(C)否，因基極寬度過大，載子容易復合，集極電流無法受控　(D)否，因基極寬度過大，載子不易復合，集極電流無法受控。

( )　36. 增強型NMOS的V_{DS}=4V，元件參數K_n=0.5mA/V^2，臨限電壓V_t=2V，I_D=2mA，若忽略通道長度調變效應，V_{GS}值為何？　(A)-2V　(B)4V　(C)4.5V　(D)5V。

( )　37. 一功率放大器之直流輸入功率為100W，交流輸出功率為86W，其類型為何？　(A)A類　(B)B類　(C)C類　(D)AB類。

( )　38. 如右圖所示電路，其中V_z=6V(忽略稽納二極體電阻)，且15mA≤I_z≤90mA時，稽納二極體(Zener Diode)才有穩壓作用，在下列R_s電阻的範圍，何者可使稽納二極體產生穩壓作用？　(A)60Ω≤R_s≤120Ω　(B)60Ω≤R_s≤150Ω　(C)50Ω≤R_s≤120Ω　(D)50Ω≤R_s≤150Ω。

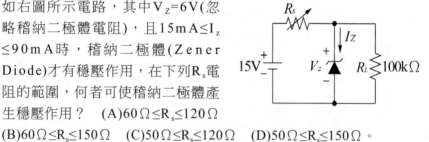

( )　39. 相對於單級放大器，有關串級放大器的增益與頻寬之描述，下列何者正確？　(A)增益變大，頻寬變寬　(B)增益變大，頻寬變窄　(C)增益變小，頻寬變寬　(D)增益變小，頻寬變窄。

( )　40. 在絕對零度($0°K$)時，於本質半導體之兩端加一電壓，若本質半導體並未發生崩潰，則在本質半導體內狀態為何？　(A)有電子流，沒有電洞流　(B)有電子流也有電洞流　(C)沒有電子流，有電洞流　(D)沒有電子流也沒有電洞流。

( )　41. 某矽二極體之PN接面於25°C時，其逆向飽和電流為5nA，當此PN接面溫度上升至65°C時，其逆向飽和電流為何？　(A)80nA　(B)40nA　(C)20nA　(D)10nA。

( )　42. NPN電晶體工作於主動區，其射極流出的電子有0.125%在基極與電洞結合，其餘99.875%被集極收集，則此電晶體之 β 值為何？　(A)199　(B)299　(C)399　(D)799。

( )　43. 如右圖所示，假設兩顆理想二極體具有完全一樣之特性，且並未發生崩潰，請問何者所跨的壓降較大？　(A)D_1　(B)D_2　(C)一樣　(D)無法確定。

( )　44. 假設$V(t)=V\sin(\omega t)$的均方根值為v_1，當$V(t)$通過一個理想全波整流器後，其輸出電壓之均方根值為v_2，則v_1/v_2為何？　(A)0.5　(B)0.707　(C)1　(D)2。

( )　45. 下列何者是達靈頓(Darlington)放大電路之特點？　(A)輸入阻抗低　(B)輸出阻抗高　(C)電流增益低　(D)電壓增益略小於1。

( )　46. 電壓 $V = 80\sqrt{2}\sin(214t+30°)V$，當 $t = 0$ 秒時瞬間電壓為何？　(A)$25\sqrt{2}V$　(B)$40\sqrt{2}V$　(C)$50\sqrt{2}V$　(D)$40V$。

( )　47. 有關電子伏特(eV)之描述，下列何者正確？　(A)能量單位　(B)電流單位　(C)電阻單位　(D)電壓單位。

( )　48. 如下【圖1】、【圖2】所示，小清、小州想利用方波作為輸入訊號並輸出三角波，試問其正確電路名稱，並計算該三角波在0至$\frac{1}{4}$週期前之斜率為何？　(A)積分器、$\dfrac{-5}{RC}$　(B)積分器、$\dfrac{5}{RC}$　(C)微分器、$\dfrac{-5}{RC}$　(D)微分器、$\dfrac{5}{RC}$。

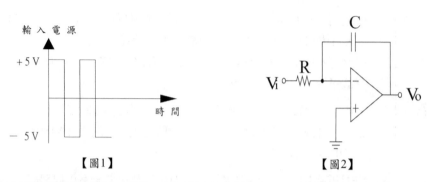

【圖1】　　　　　　　　　　　　【圖2】

( )　49. 有關理想放大器之描述，下列何者有誤？　(A)開路電壓增益趨近無窮大　(B)輸入阻抗趨近無窮大　(C)輸出阻抗趨近無窮大　(D)頻帶寬度趨近無窮大。

( )　50. 若一電源頻率為60Hz，經半波整流後，輸出電壓之漣波頻率為何？(A)120Hz　(B)60Hz　(C)30Hz　(D)50Hz。

解答及解析

※答案標示為#者，表官方曾公告更正該題答案。

1. (D)。 $\alpha = \dfrac{\beta}{1+\beta} = 0.99 \rightarrow \beta = 99$; $\alpha = \dfrac{\beta}{1+\beta} = 0.98 \rightarrow \beta = 49.5$

故本題 β 範圍為49.5～99

2. (C)。 順偏接法為P端正，N端負。

3. (A)。 共基放大器特性，(1)低Rin，高Rout、(2)高Av、(3)Ai＜1

4. (D)。 全波整流之平均值$V_{av} = \dfrac{2}{\pi} \cdot V_m = 3.7V \rightarrow V_m = 5.8(V)$

⇒峰對峰值＝11.62≅12(V)

5. (B)。 $I_D = \dfrac{1}{2}k(V_{SG} - |V_T|)^2 = \dfrac{1}{2} \times 0.5m \times (5-2)^2 = 2.25mA \cong 2mA$

官方雖公告為(B)，但其解似有誤，應選(C)。

6. (D)。 $V_{i.max}=10V \rightarrow I_{max}=\dfrac{10-5}{1k}=5mA$

7. (B)。 設BJT為 $\boxed{\text{SAT}}$ ：

$I_C=\dfrac{20-(V_E+0.2)}{4k}$ ， $I_E=\dfrac{V_E}{1k}$ ， $I_B=\dfrac{20-(V_E+0.7)}{510k}$

$\Rightarrow I_E=I_C+I_B$

$\rightarrow \dfrac{V_E}{1k}=\dfrac{20-(V_E+0.2)}{4k}+\dfrac{20-(V_E+0.7)}{510k}$

$\rightarrow V_E=3.98V$

$\rightarrow I_C=\dfrac{20-(V_E+0.2)}{4k}\cong 3.96mA$

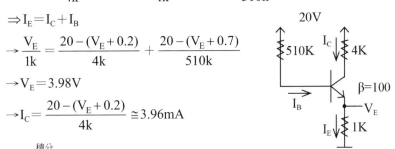

8. (A)。 方波 $\overset{\text{積分}}{\Rightarrow}$ △波

$\because$

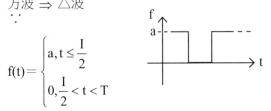

$f(t)=\begin{cases} a, t\le \dfrac{I}{2} \\[2mm] 0, \dfrac{I}{2} < t < T \end{cases}$

$a \in$ constant

$\Rightarrow \displaystyle\int_0^T f(t)dt=\begin{cases} at, t\le \dfrac{T}{2} \\[2mm] 0, \dfrac{T}{2} < t < T \end{cases}$

9. (C)。 在歐姆區操作$|V_{DS}|\ll |V_{GS}-V_P|$

10. (A)。 $\because$逆偏壓↑ ⇒空乏區↑ ⇒接面電容↓，此時載子更難越過接面。
$\therefore$逆偏壓↓ ⇒接面電容↑

11. (D)。 $I_E=(\dfrac{\beta+1}{\beta})I_C=\dfrac{201}{200}\times 10m=10.05mA$

12. (B)。 石英受溫度參數影響相對輕微，因而頻率特性穩定。
仍然會受到影響，T↑⇒石英晶格
產生變化⇒Q值漂移⇒改變頻率
勉強可選(B)

13. (B)。 共射極組態A_v及A_i間＞1

14. (B)。 $A_P=10\log(A_v\times A_i)=20dB$

15. (C)。 $\dfrac{I_C}{I_B}=\dfrac{0.8}{12m}=66.67<\beta\Rightarrow$工作於 $\boxed{SAT}$

16. (D)。 T↑⇒逆向飽和電流I_S↑

17. (A)。 $V_0=0-(\dfrac{V_i-0}{2k})\times 20k=-10V_i$

$\Rightarrow A_V=\dfrac{V_0}{V_i}=-10$

轉為dB⇒$20\log|A_V|=20dB$

18. (D)。 ∵$I_1=0$
∵$V_G=0\Rightarrow V_S=2.5V$
$\Rightarrow I_S=\dfrac{V_S}{2.5k}=\dfrac{2.5}{2.5k}=1mA=I_D$
$\rightarrow V_D=20-I_D\times 6k=20-1m\times 6k=14V$
$\rightarrow V_{DS}=V_D-V_S=14-2.5=11.5(V)$

19. (D)。 ∵漣波電壓峰對峰值$V_{r(p.p)}=\dfrac{V_m}{f\cdot C\cdot R_L}$

$\Rightarrow\begin{cases}R\uparrow,V_{r(p.p)}\downarrow\\C\uparrow,V_{r(p.p)}\downarrow\end{cases}$

∴(A)、(B)正確
全波整流漣波因數＜半波整流⇒全波整流濾波效果優於半波
故(C)正確
⇒選(D)

20. (A)。 二極體並無法另以風號控制啟用，不適合做為開關使用。

21. (B)。 共基組態：輸入電容不受米勒效應（米勒效應會限制頻寬）影響，特別適用高頻應用。

22. (D)。 電感濾波器，為利用電流流壓電感產生電磁效應平滑輸出電流 ⇒ 適用於大電流濾波需求。

23. (C)。 因載子濃度不同，濃度高處往濃度低處擴散，形成擴散電流。

24. (B)。 V_i頻率低$sL\downarrow \cap \dfrac{1}{SC}\uparrow$，

訊號容易自V_i流至V_0⇒低通

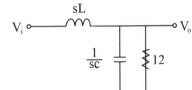

25. (B)。 (i) 先忽略二極體：

$V_A=10\times\dfrac{1}{1+1}=5(V)$

⇒D_1、D_2均off

(ii)$V_0=V_A=5V$

26. (C)。 變容器係以電壓控制 空乏電容，均和類比電路中VCO，即為應用。

27. (C)。 (i) 先忽略二極體，

計算$V_A=V_i\times\dfrac{3}{2+3}=6V$

尚未連崩潰電壓。

(ii) $V_0=V_A=6V$

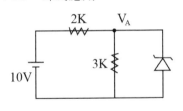

28. (D)。 n type半導體係以電子(帶負電)為主要載子。

29. (A)。 無論p或n type半導體，均為電中性，只是電子或電洞較容易在半導體內移動。

30. (D)。 $V_{in.rms}=\dfrac{0.01}{\sqrt{2}}=7.07\times10^{-3}V$

$dB_{total}=29+6+5=40=20\log A_{V.total}$

$A_{V.total}=10^2=100$

⇒$V_{0.rms}=V_{in.rms}\times100=0.707\ V$

31. (B)。 BJT電晶體，當EB接面逆偏，且CB接面逆偏時，電晶體截止。

32. (A)。

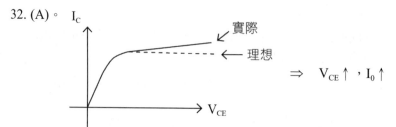

$$\Rightarrow \quad V_{CE}\uparrow ，I_0\uparrow$$

33. (B)。 NMOS較常用，主要是因為NMOS以"電子"為傳導載子，又"電子"比之"電洞"有較大移動率，反應至實際電路，相同尺寸的NMOS其負載電流＞PMOS。

34. (D)。 設工作週期為t，週期時間為1，則

$$\frac{1}{1}[10(t)+(-2)(1-t)]=2.8$$

$$\rightarrow t=0.4=40\%$$

35.(C)。 兩二極體串聯，相當於有極寬的"基極"，自C進入之電子，一進入"基極"非常高機率遭電洞"複合"殆盡，並無機會流至E極，亦即透過B極控制接面勢能進而控制電流機制失效。

36. (B)。 $I_D=\mu_n C_{ox}(\frac{W}{L})[(V_{GS}-V_t)V_{DS}-\frac{1}{2}V_{DS}^2]=2mA$

$$=0.5[(V_{GS}-2)\times4-8]$$

$$=V_{QS}=5V \quad \leftarrow此題官方答案應有誤，正確應為(D)。$$

37. (C)。 僅class C AP的$\frac{P_0}{P_{i.dc}}$可≥80%

38. (A)。 將穩壓狀態下V_z、I_z回代：

(i) $V_z=6V$，

$\overset{KCL}{I_z=15mA} \Rightarrow R_s=120\Omega$

(ii)$V_z=6V$，

$\overset{KCL}{I_z=90mA} \Rightarrow R_s=60\Omega$

$\Rightarrow 60\Omega \leq R_s \leq 120\Omega$

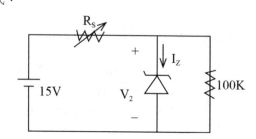

39. (B)。　串接數級放大器固使增益↑
（∵ A total＝$A_1 \times A_2 \times \cdots \times A_n$），
卻使截止頻率影響疊加

$$(f_{L(n)}=\frac{f_L}{\sqrt{2^{\frac{1}{n}}-1}} \quad , f_{H(n)}=f_H \times \sqrt{2^{\frac{1}{n}}-1}) \Rightarrow BW\downarrow$$

40. (D)。　絕對零度時，電子無法獲得足夠能量進入"導電帶"，
從而不會產生自由電子與電洞⇒無電子流也無電洞流。

41. (A)。　二極體逆向飽和電流，每增10℃，上升倍

$$\Rightarrow 逆向飽和電流 I_s\big|_{T=65^o}=5n \times 2^{\frac{65-25}{10}}=5n \times 16=80nA$$

42. (D)。　$\frac{\beta}{\beta+1}=99.875\% \rightarrow \beta=799$

43. (B)。　理想二極，"順偏"形同短路，"逆偏"形同開路
固此D_1上跨壓＝0V，D_2上跨壓＝10V

44. (C)。　$V_i \equiv V(t)=V\sin(wt) \rightarrow V_{i.rms}=V_1=\frac{V}{\sqrt{2}}$

$$V_0=|V\sin(wt)| \rightarrow V_{0.rms}=V_2=\frac{V}{\sqrt{2}}$$

$$\Rightarrow \frac{V_1}{V_2}=1$$

45. (D)。

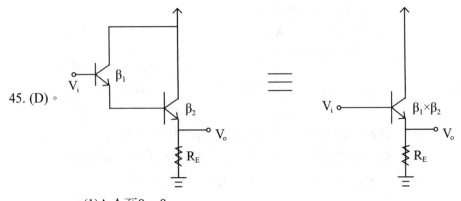

$\Rightarrow$(1)$A_i \uparrow$ 至$\beta_1 \times \beta_2$

(2)R_E換算至B極數量級倍增，故$R_{in} \uparrow$

(3)$A_V < 1$

46. (B)。 $V(0^+) = 80\sqrt{2}\sin(0 + 30^\circ) = 80\sqrt{2} \times \frac{1}{2} = 40\sqrt{2}$

47. (A)。 1電子伏特$\cong 1.602 \times 10^{-19}$(J)，由此可知，此為一"能量"單位

48. (A)。 方波 $\xrightarrow{\text{(積分)}}$ △波，又$\because$圖2電路 $\dfrac{V_0}{V_i} = \dfrac{-1}{SRC}$，故斜率為負

$\therefore$選(A)

49. (C)。 理放大器：(1)$A_V \to \infty$、(2)$R_{in} \to \infty$、(3)$R_{out} \to 0$、(4)$BW \to \infty$

50. (B)。 半波整流輸出頻率＝輸入頻率→漣波頻率不變，仍為60Hz

109年台灣菸酒從業評價職位人員

( )　1. 電子學未來發展將朝向下列何種趨勢？　(A)高密度、高消耗功率　(B)高密度、低消耗功率　(C)低密度、高消耗功率　(D)低密度、低消耗功率。

( )　2. 下列何種二極體其V-I特性曲線中具有「負電阻區」特性？　(A)發光二極體(LED)　(B)光二極體(Photo Diode)　(C)蕭特基二極體(Schottky Diode)　(D)透納二極體(Tunnel Diode)。

( )　3. 如圖所示電路，R_s=400Ω且使用16Ω喇叭，若要達到「阻抗匹配」的效果，則變壓器初級與次級線圈之圈數比(N1：N2)為何？
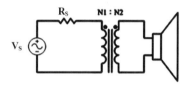
(A)800：20　(B)220：110　(C)200：40　(D)100：32。

( )　4. 電晶體若工作在飽和區，下列何者錯誤？　(A)$\beta I_B > I_{C(SAT)}$　(B)$V_{CE(SAT)}$=0.2V　(C)$I_E > I_C + I_B$　(D)常應用在數位電路。

( )　5. 一般直流放大器(DC Amplifier)其交連方式為何？　(A)採RC耦合　(B)採直接耦合　(C)採電感器耦合　(D)採變壓器耦合。

( )　6. 有關達靈頓(Darlington)電路特性，下列敘述何者錯誤？　(A)溫度特性極佳　(B)電流增益很大　(C)電壓增益小於1　(D)適合做為緩衝器(Buffer)、電流放大使用。

( )　7. 下列何者非屬FET相對於BJT的優點？　(A)有極高輸入阻抗　(B)溫度特性佳，不會有熱跑脫現象　(C)單位面積容量大，適合製作 VLSI　(D)增益與頻帶寬度乘積大，高頻響應良好。

( )　8. 能在不需外加任何信號即可產生一連串脈波輸出之振盪器為何？　(A)單穩態多諧振盪器　(B)雙穩態多諧振盪器　(C)無穩態多諧振盪器　(D)石英晶體振盪器。

( )　9. 下列何種積體電路(IC)可以當作定時器(Timer)使用？　(A)NE565　(B)NE556　(C)LM324　(D)uA741。

( )　10. 如圖所示波形，工作週期(Duty cycle)D為何？
　　　(A)33.33%
　　　(B)50.00%
　　　(C)66.67%
　　　(D)100.0%。

( )　11. 如圖所示電路，若稽納二極體為理
　　　想，且$V_z=6V$，若$V_i=12V$，則V_o
　　　為何？
　　　(A)3V
　　　(B)6V
　　　(C)9V
　　　(D)12V。

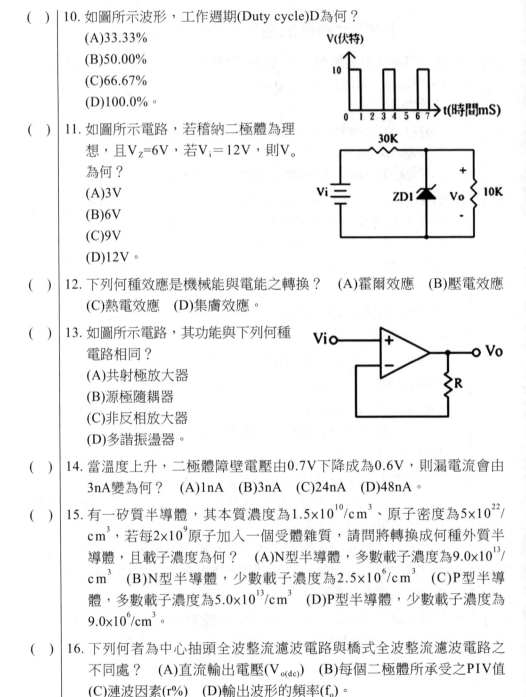

( )　12. 下列何種效應是機械能與電能之轉換？　(A)霍爾效應　(B)壓電效應
　　　(C)熱電效應　(D)集膚效應。

( )　13. 如圖所示電路，其功能與下列何種
　　　電路相同？
　　　(A)共射極放大器
　　　(B)源極隨耦器
　　　(C)非反相放大器
　　　(D)多諧振盪器。

( )　14. 當溫度上升，二極體障壁電壓由0.7V下降成為0.6V，則漏電流會由
　　　3nA變為何？　(A)1nA　(B)3nA　(C)24nA　(D)48nA。

( )　15. 有一矽質半導體，其本質濃度為$1.5 \times 10^{10}/cm^3$、原子密度為$5 \times 10^{22}/$
　　　cm^3，若每2×10^9原子加入一個受體雜質，請問將轉換成何種外質半
　　　導體，且載子濃度為何？　(A)N型半導體，多數載子濃度為$9.0 \times 10^{13}/$
　　　cm^3　(B)N型半導體，少數載子濃度為$2.5 \times 10^6/cm^3$　(C)P型半導
　　　體，多數載子濃度為$5.0 \times 10^{13}/cm^3$　(D)P型半導體，少數載子濃度為
　　　$9.0 \times 10^6/cm^3$。

( )　16. 下列何者為中心抽頭全波整流濾波電路與橋式全波整流濾波電路之
　　　不同處？　(A)直流輸出電壓($V_{o(dc)}$)　(B)每個二極體所承受之PIV值
　　　(C)漣波因素(r%)　(D)輸出波形的頻率(f_o)。

( )　17. 如圖所示電路，若Q1與Q2電晶體特性
相同，β=100，且V_{BE}=0.7V，則I電流
為何？
(A)4.15mA
(B)4.50mA
(C)8.30mA
(D)9.00mA。

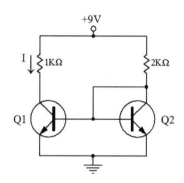

( )　18. 如圖所示電路，假設二極體為理想，當V_i=-5V
時，則輸出電壓V_o為何？
(A)3.8V
(B)0V
(C)-3.8V
(D)-5V。

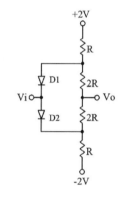

( )　19. 如圖所示截波電路，假設二極體為
理想，若V_i輸入電壓為0～50V，請
問下列何種二極體導通(ON)、截止
(OFF)狀態是不會發生的？　(A)D1
OFF、D2 OFF　(B)D1 OFF、D2
ON　(C)D1 ON、D2 OFF　(D)D1
ON、D2 ON。

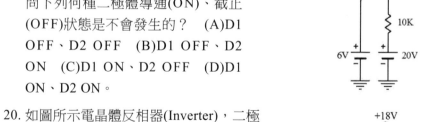

( )　20. 如圖所示電晶體反相器(Inverter)，二極
體D為理想、電晶體飽和電壓為0V，
假設輸入電壓V_i=5V，且電路正常工
作，下列敘述何者正確？
(A)二極體D導通(ON)
(B)I_B＝0.33mA
(C)I_C＝4.09mA
(D)h_{FE}之最小值為12.2。

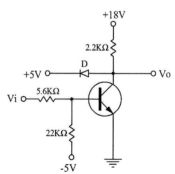

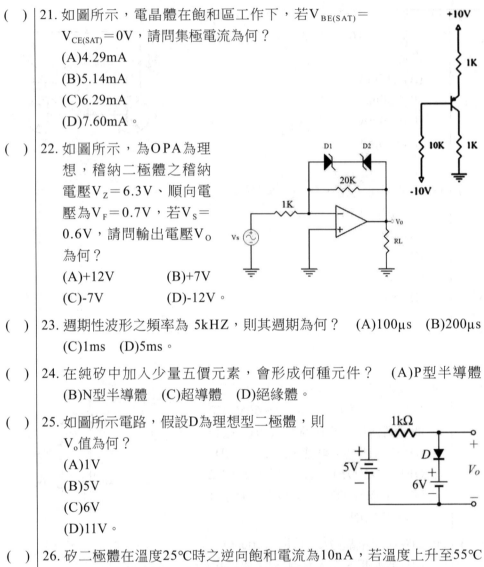

( )　21. 如圖所示，電晶體在飽和區工作下，若$V_{BE(SAT)}=$
$V_{CE(SAT)}=0V$，請問集極電流為何？
(A)4.29mA
(B)5.14mA
(C)6.29mA
(D)7.60mA。

( )　22. 如圖所示，為OPA為理
想，稽納二極體之稽納
電壓$V_Z=6.3V$、順向電
壓為$V_F=0.7V$，若$V_S=$
$0.6V$，請問輸出電壓V_O
為何？
(A)+12V　　　(B)+7V
(C)-7V　　　(D)-12V。

( )　23. 週期性波形之頻率為 5kHZ，則其週期為何？　(A)100μs　(B)200μs
(C)1ms　(D)5ms。

( )　24. 在純矽中加入少量五價元素，會形成何種元件？　(A)P型半導體
(B)N型半導體　(C)超導體　(D)絕緣體。

( )　25. 如圖所示電路，假設D為理想型二極體，則
V_o值為何？
(A)1V
(B)5V
(C)6V
(D)11V。

( )　26. 矽二極體在溫度25°C時之逆向飽和電流為10nA，若溫度上升至55°C
時，逆向飽和電流變為多少？　(A)30nA　(B)80nA　(C)3.33nA
(D)1.25nA。

( )　27. 電晶體當開關使用時，當電晶體完全導通，則其：　(A)$I_B \fallingdotseq 0$　(B)
$I_C \fallingdotseq 0$　(C)$I_E \fallingdotseq 0$　(D)$V_{CE} \fallingdotseq 0$。

( )　28. 電晶體(BJT)放大電路三組態中，下列何種組態的輸入電壓信號與輸出電壓信號相位相差180°？　(A)共集極組態　(B)共射極組態　(C)共基極組態　(D)共集極與共基極組態均會。

( )　29. 有一電晶體放大器在工作區時，其$I_B = 50\mu A$，$I_C = 10mA$，則β值為何？　(A)0.95　(B)2　(C)200　(D)500。

( )　30. FET不具備下列何項元件之功用？　(A)開關　(B)放大　(C)電阻　(D)整流。

( )　31. 如圖中OPA為理想運算放大器$V_{cc}=15V$，輸入信號：V_{in}為三角波，其峰值為10mV、平均值為0，則V_{out}為何？　(A)峰值為15V方波　(B)峰值為15V三角波　(C)峰值為10mV三角波　(D)輸出為0，沒有波形產生。

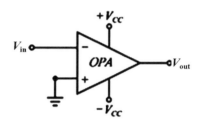

( )　32. 如圖所示，求電流I之大小為何？
(A)1mA
(B)2.5mA
(C)5mA
(D)5.5mA。

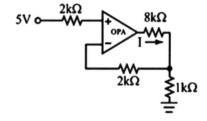

( )　33. 如圖所示電路，射極旁路電容器C_E之主要功能為何？
(A)提高偏壓穩定度
(B)提高輸入阻抗
(C)保護電晶體(避免射極電流過大而燒毀)
(D)提高交流信號的電壓增益。

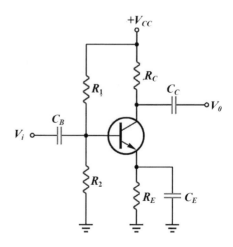

( ) 34. 如圖所示為下列何種電路？ 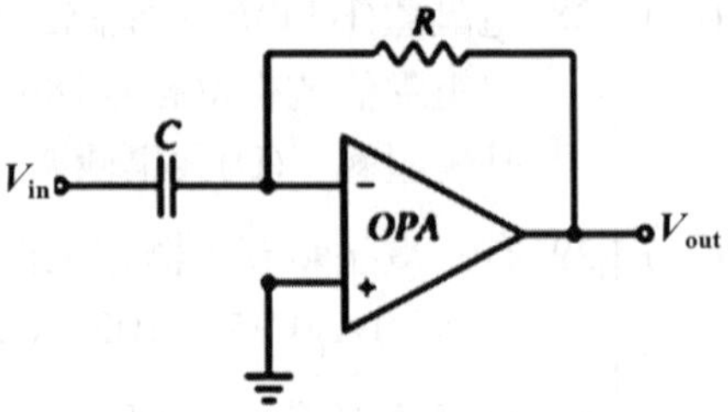
(A)微分器
(B)反相器
(C)比較器
(D)積分器。

( ) 35. 雙極性電晶體(BJT)放大器三種組態中，共集極放大器之特點為何？
(A)電壓增益最小　(B)輸入阻抗最小　(C)輸出阻抗最大　(D)電流增益最小。

( ) 36. 如圖所示，求電壓增益$A_V=V_o/V_i$為何？ 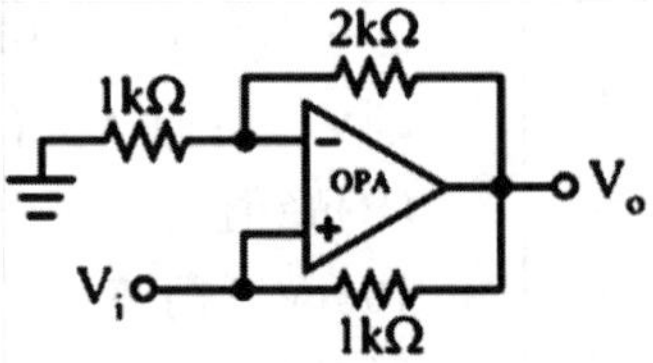
(A)2
(B)3
(C)-1
(D)-0.5。

( ) 37. 如圖所示之電路為下列何種濾波電路？　(A)帶通濾波器　(B)帶拒濾波器　(C)高通濾波器　(D)低通濾波器。

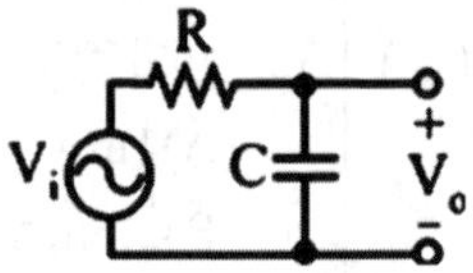

( ) 38. 正反器可由下列何種電路來組成？　(A)史密特觸發器　(B)無穩態多諧振盪器　(C)單穩態多諧振盪器　(D)雙穩態多諧振盪器。

( ) 39. 下列何者為N通道場效電晶體(FET)之電荷載子？　(A)主載子為電洞、副載子為電子　(B)主載子為電子、副載子為電洞　(C)電子　(D)電洞。

( ) 40. 如圖所示電路（假設C、R_L值均很大），V_i為AC100V、60Hz正弦波，則V_o約為何？ 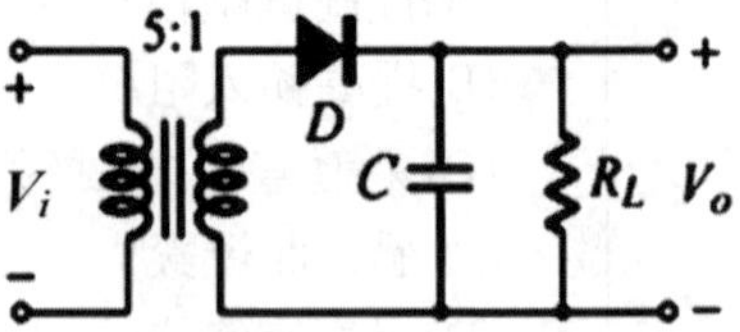
(A)28V
(B)20V
(C)7V
(D)90V。

( ) 41. 如圖所示電路,假設D為理想二極體,
輸入信號(V_i)為5kHz、峯對峯值為20V
之方波(其平均值為0V),則輸出電壓
V_o的平均值為何?
(A)0V　　　　(B)-11V
(C)-6V　　　　(D)-2V。

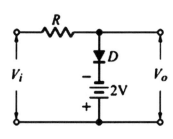

( ) 42. 如圖所示電路,電晶體為矽質材料,工
作於正常線性放大區域,求I_C值為何?
(A)1mA　(B)2mA　(C)3mA　(D)4mA。

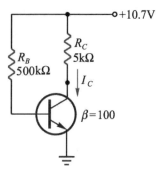

( ) 43. 有關振盪器的敘述,下列何者錯誤?
(A)石英晶體振盪器的輸出頻率最穩定
(B)RC相移振盪器至少需3級RC電路來做
相移　(C)哈特萊振盪器的輸出是高頻方
波　(D)韋恩電橋振盪器輸出是低頻弦
波。

( ) 44. 如圖所示之電路,射極電壓V_C約為何?
(A)3V
(B)6.6V
(C)9.1V
(D)15.5V。

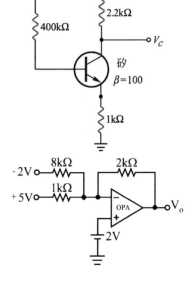

( ) 45. 如圖所示電路,求V_o大小為何?
(A)-3V
(B)-4V
(C)2V
(D)5V。

( )　46. 兩級串接放大電路，其電流增益分別為A_{i1}=100，A_{i2}=150，若負載阻抗為1kΩ，第一級輸入阻抗為150kΩ，求電路總電壓增益的db值為何？　(A)20db　(B)30db　(C)40db　(D)100db。

( )　47. 有關場效電晶體，下列敘述何者正確？　(A)P通道空乏型MOSFET，閘極加上正電壓時，通道寬度變小　(B)N通道增強型MOSFET，閘極不加電壓時，通道內有電子，可供汲、源(D、S)極導通　(C)MOSFET當開關使用時，轉換速率較雙極性電晶體快是其優點　(D)FET構造較雙極性電晶體複雜，所以製成積體電路時，其包裝密度較低。

( )　48. 當NPN電晶體操作於飽和區時，下列敘述何者正確？　(A)V_{BE}>0，V_{BC}<0，V_{CE}>0　(B)V_{BE}<0，V_{BC}>0，V_{CE}>0　(C)V_{BE}<0，V_{BC}>0，V_{CE}<0　(D)V_{BE}>0，V_{BC}>0，V_{CE}>0。

( )　49. 如圖所示OPA電路，輸入信號V_i=2+0.1sin(ωt+θ)V，假設ωC值趨近於無限大，則V_o為何？
(A)2+0.1sin(ωt+θ)V
(B)2+0.3sin(ωt+θ)V
(C)6+0.3sin(ωt+θ)V
(D)6+0.1sin(ωt+θ)V。

( )　50. 如圖所示之電路（矽電晶體），V_C約為多少？
(A)0.2V
(B)9.5V
(C)12.3V
(D)20V。

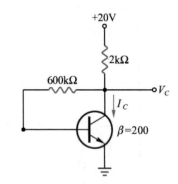

解答及解析

※答案標示為#者，表官方曾公告更正該題答案。

1. (B)。 電子電路主要發展方向為
$$\begin{cases} 高密度 \to 減小體積。 \\ 低功耗 \to 節能。 \end{cases}$$

2. (D)。

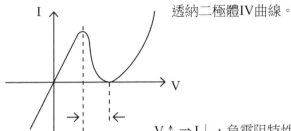

透納二極體IV曲線。

$V\uparrow \Rightarrow I\downarrow$，負電阻特性

3. (C)。 $R_L=(\dfrac{N_1}{N_2})^2\times 16=R_S=400$

$\Rightarrow \dfrac{N_1}{N_2}=\dfrac{20}{4}=\dfrac{200}{40}$

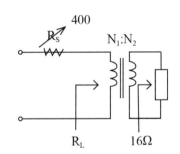

4. (C)。

不會違反KCL，

ie $I_B+I_C=I_E$

(SAT)

5. (B)。 DC放大，採直接耦合，否則使用
(1)電容耦合　　　　　　　　　(2)電感耦合

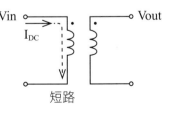

6. (A)。

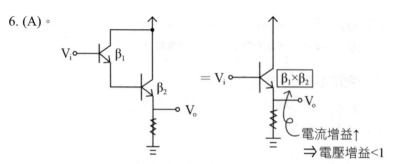

  (i)Darlington組態 CC組態①當輸入緩衝②高R_i，低R_0

7. (D)。 BJT相較FET，有著(1)增益頻寬乘積較大、(2)高頻特性好之優點

8. (C)。 無穩態多諧振盪器，當加上電源後，電路及自主產生振盪，而無法處於一穩定狀態。

9. (B)。 NE556為timer IC。

10. (A)。 $D = \dfrac{1}{3} = 33.33\%$

11. (A)。 假設傳納二極體未超過崩潰電壓(V_z=6V)，形同開路：

$$\to V_0 = V_i \times \frac{10}{30+10} = 12 \times \frac{1}{4} = 3(V)，確實 < V_z，假設正確。$$

12. (B)。 壓電材料或元件，係能將"電" ⇌ "機械能" 轉換之元件。

13. (B)。 R上無電流 ⇒ $V_i = V_0$ ⇒ $V_i \uparrow$ 則 $V_0 \uparrow$，即為一隨耦（追隨）器功能。

14. (D)。 矽 障壁電壓，每上升1°C會下降2.5mV

  本題障壁電壓由0.7→0.6 ⇒ 上升 $\dfrac{0.1}{2.5m} = 40°C$

  二極體漏流，每上升10°C，漏電流增1倍。
  已知升溫40°C，且原漏電流為3nA，則升溫後漏電流為：

$$3nA \times 2^{\frac{40}{10}} = 48nA$$

15. (D)。 加入受體 ∴此為一P type，排除(1)、(2)

本題每2×10^9個原子加入一受體雜質

→電洞濃度 ≡ P = $\dfrac{5 \times 10^{22}}{2 \times 10^9}$ = $2.5 \times 10^{13}/cm^3$，排除(3)

→(本質濃度)^2 = $(1.5 \times 10^{10})^2$ = 電洞濃度 × 電子濃度

→N = $9 \times 10^6/cm^3$

P型半導體之多數載子   P型半導體之少數載子

16. (B)。

	全波整流	
	中間抽頭	橋式
二極體	2個	4個
V_{av}	$\dfrac{2}{\pi} \cdot V_m$	$\dfrac{2}{\pi} \cdot V_m$
V_{rms}	$\dfrac{1}{\sqrt{2}} V_m$	$\dfrac{1}{\sqrt{2}} V_m$
漣波因素	0.483	0.483
二極體逆向峰值電壓(PIV)	$2V_m$	$1V_m$

17. (A)。 $I_{REF} = \dfrac{9 - 0.7}{2k} = 4.15mA \cdots ①$

$I = \beta I_B \cdots ②$

KCL：$I_B + (I_{REF} - I_B) = (\beta + 1)I_B$

$\Rightarrow I_B = \dfrac{I_{REF}}{\beta + 1} \cdots ③$

由①、②、③

$I = (\dfrac{\beta}{\beta + 1}) \times I_{REF} \cong I_{REF} = 4.15mA$

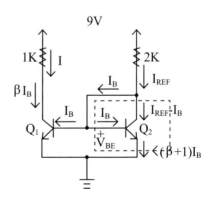

18. (C)。 (i) 不考慮二極體時，X、Y點電壓為：

$$V_X = 2 - \frac{2-(-2)}{R+2R+2R+R} \times R = \frac{4}{3}(V)$$

$$V_Y = 2 - \frac{2-(-2)}{R+2R+2R+R} \times (R+2R+2R)$$

$$= \frac{-4}{3}(V)$$

(ii) 若考慮二極體，且$V_i = -5(V)$，
則D_1 on，但是D_2 off。

(iii) 原電路可改寫為：

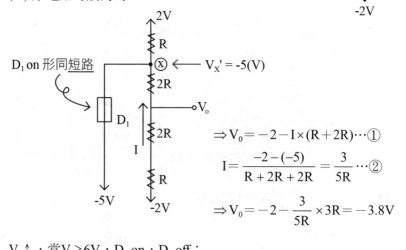

$$\Rightarrow V_0 = -2 - I \times (R+2R) \cdots ①$$

$$I = \frac{-2-(-5)}{R+2R+2R} = \frac{3}{5R} \cdots ②$$

$$\Rightarrow V_0 = -2 - \frac{3}{5R} \times 3R = -3.8V$$

19. (B)。 $V_i \uparrow$，當$V_i \geq 6V$，D_1 on，D_2 off；
$V_i \uparrow$，當$V_i \geq 20V$，D_1 on，D_2 on
因此本題並不會出現D_1 off，D_2 on之態樣。

20. (B)。 (i) 假定工作於 FA

$$I_B = \frac{5-0.7}{5.6} - \frac{0.7-(-5)}{22} = 0.51mA$$

又典型$\beta \cong 100 \to I_C = 51mA$

$$\Rightarrow V_0 = 18 - 2.2 \times 51$$

$$= -94.2(V)（不合）$$

(ii) 依題示BJT正常工作，且由(i)得知不在 FA

故BJT應處 SAT ；又$V_{CE(SAT)}=0(V)$

$$\rightarrow I_C = \frac{18-0}{2.2k} = 8.18mA$$

$$\rightarrow h_{FE}\Big|_{min} = \beta\,min = \frac{I_C}{I_B} = 16.03$$

(iii)又∵$V_{CE(SAT)}=0$

∴D off

(iv) 本題似無符合解

21. (A)。 $\dfrac{10-V_E}{1k} = \dfrac{V_E-(-10)}{10k} + \dfrac{V_E-0}{1k}$

$$\rightarrow V_E = \frac{30}{7} \cong 4.29(V)$$

$$\rightarrow I_C = \frac{V_E}{1k} = 4.29mA$$

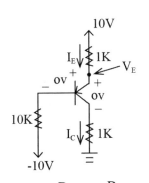

22. (C)。 (i) 先忽略二極體

$$I_S = \frac{0.6-0}{1} = 0.6mA$$

$V_0' = 0 - I_S \times 20k$

$= -12(V)$

(ii) Ⓖ到V_0之壓降為

12(V)，是支持D_1之

順向壓降($V_F=0.7V$)

及D_2之崩潰壓降($V_Z=6.3V$)

$V_F=0.7V$　$V_Z=0.3V$

(iii)$V_0 = 0 - 0.7 - 6.3 = -7(V)$

23. (B)。 $T = \dfrac{1}{f} = \dfrac{1}{5k} = 0.2\ ms = 200\ \mu s$

24. (B)。 五價雜質，將導致多一個自由電子→形成N type半導體。

25. (B)。 (i) 先忽略二極體，
輸出電壓$V_0 \equiv V_0' = 5V$，
顯然不足開啟二極體。
(ii) 爰D形同開路 $\Rightarrow V_0 = 5V$

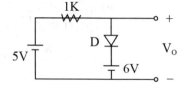

26. (B)。 逆向飽和電流(I_S)，每上升10度，增加1倍。

$$\Rightarrow 本題 I_S \bigg|_{55°C} = 10n \times 2^{\frac{55-25}{10}} = 80nA$$

27. (D)。 所謂開關之概念，我們期待當Q"導通"或"
作動"時，燈泡亮$\Rightarrow V_{CE} \cong 0(V)$
易言之，當開關用之BJT，其"導通"的概
念，與當放大器時，並不相同。

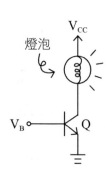

28. (B)。 共射組態，會使$V_i \& V_0$相差1個負號，即180°的
相位差。

29. (C)。 $\beta \triangleq \dfrac{I_C}{I_B} = \dfrac{10mA}{50uA} = \dfrac{10000uA}{50uA} = 200$

30. (D)。 單一FET，典型功能為(1)開關、(2)放大、(3)電阻（於deep triode
region可當壓控電阻），並無整流功能。

31. (A)。 本電路可當「比較器」；

當 $\begin{vmatrix} V_{in} > 0 \\ V_{in} \leq 0 \end{vmatrix}$ （比較基準），則$V_{out}\begin{vmatrix} 高態 \\ 低態 \end{vmatrix}$ 輸出，最$\begin{vmatrix} 大值為15V \\ 小 & -15V \end{vmatrix}$

$\Rightarrow$ 產生峰值為15mV的方波輸出。

32. (C)。 $I_1 = 0 \Rightarrow V_1 = 5V = V_2$

$$\Rightarrow I = \frac{V_2 - 0}{1} = 5mA$$

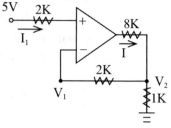

33. (D)。 emitter degenerations
　　　　↓
R_E會使放大器代性區延展，但卻
使電壓增益↓，反過來說，以電
容旁路R_E，即增加電壓增益。

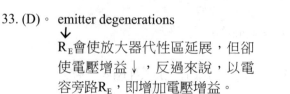

34. (A)。

$$V_0 = 0 - \frac{V_{in} - 0}{\frac{1}{SC}} \times R = -V_{in} \cdot SCR$$

$$\Rightarrow \frac{V_0}{V_{in}} = -SCR$$

35. (A)。　共集放大器，$V_{in} \cong V_0$，即電壓增益幾乎為1（ie無放大效果）但具有高R_{in}，低R_{out}，是很好的輸入級。

36. (B)。　$V_o = V_i - \dfrac{0 - V_i}{1k} \times 2k = 3V_i$

$$\Rightarrow A_v = \frac{V_o}{V_i} = 3$$

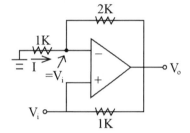

37. (D)。（法一）

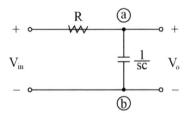

$$V_0 = V_{in} \times \frac{\frac{1}{SC}}{R + \frac{1}{SC}} = V_{in} \times \frac{1}{1 + SRC}$$

$\Rightarrow \in$ 低通濾波器

（法二）

頻率↑ $\Rightarrow$ ⓐ、ⓑ端阻抗↓

$\Rightarrow V_{in}$訊號流不到V_0端，即僅低頻訊號容易流通。

38. (D)。　雙穩態多諧振盪器具有2個穩定狀態，故可作為記憶電路，又稱正反器。

39. (C)。　FET載子單一，n型即為"電子"。

40. (A)。 $V_i" = \dfrac{V_i}{5} = \dfrac{100\sin(2\pi \times 60\,t)}{5} = 20\sin(377t)$

半波整流，

$V_{0.av} = \dfrac{20}{\pi} = 6.4V$

$V_{0.rms} = \dfrac{20}{2} = 10V$ ⎬ 假定D理想

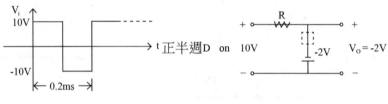

題意不甚清楚，若C相當大，
則ⓐ、ⓑ端在低頻訊號，即形同短路⇒頻率↑，$V_0 \to 0$
⇒故本題無合適答案

41. (C)。 峰對峰值為20V；$f_{in} = 5kHz$，平均值＝0，方波，則：

正半週D on

負半週D off

$\Rightarrow V_{0.av} = \dfrac{1}{0.2m} \times [(-2) \times 0.1m + (-10) \times 0.1m] = -6(V)$

42. (B)。 $I_B = \dfrac{10.7 - 0.7}{500k} = 0.02mA$

$\to I_C = \beta\, I_B = 2mA$

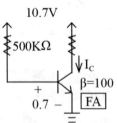

43. (C)。 哈特萊振盪器輸出係弦波。

44. (C)。假定BJT運作在 $\boxed{\text{FA}}$

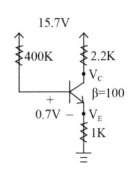

$$I_B = \frac{15.7 - V_E - 0.7}{400k}$$

$$I_E = \frac{V_E}{1k}$$

$$\Rightarrow I_C = I_B + I_E = \beta\,I_B$$

$$= \frac{15}{400k} + \frac{399V_E}{400k} = 100 \times \frac{15.7 - V_E}{400k}$$

$$\Rightarrow 15 + 399V_E = 1500 - 100V_E$$

$$\Rightarrow V_E = 2.96(V)，I_E = 2.96mA$$

$$\Rightarrow V_C = 15.7 - I_E \times 2.2k \cong 9.19(V)，確實在 \boxed{\text{FA}}$$

45. (A)。$I_3 = I_1 + I_2$

$$= \frac{-2-2}{8k} + \frac{5-2}{1k} = 2.5mA$$

$$\Rightarrow V_0 = 2 - I_3 \times 2k = 2 - 5$$

$$= -3V$$

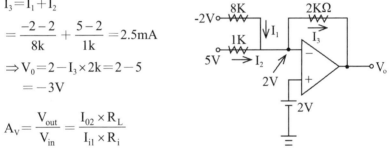

46. (C)。$A_V = \dfrac{V_{out}}{V_{in}} = \dfrac{I_{02} \times R_L}{I_{i1} \times R_i}$

$$I_{i2} = I_{01}$$

$$= \frac{I_{02}}{I_{i2}} \times \frac{I_{i2}}{I_{i1}} \times \frac{R_L}{R_i} = A_{i1} \times A_{i2} \times \frac{1}{150} = 100 \Rightarrow 20\log A_V = 40dB$$

第一級　第二級

47. (A)。P通道空乏型MQSFET，以離子佈植植入通道，
當$V_G \uparrow$，通道寬度↓

48. (D)。飽和區條件，$V_{BE} > 0$(順偏)；$V_{BC} > 0$(順偏)；$V_{CE} > 0$

49. (B)。

$$V_i = 2 + 0.1\sin(wt+A)$$

　　dc　　　ac

$V_{0.dc}=2$，C相當於斷路

$V_{0.ac}=V_{i.ac}-\dfrac{0-V_{i.ac}}{5k}\times 10k$

$=3V_{i.ac}=0.3\sin(wt+\theta)$

$\Rightarrow V_0=V_{0.dc}+V_{0.ac}=2+0.3\sin(wt+\theta)V$

50. (C)。　假定在 $\boxed{FA}$

$I_B=\dfrac{V_C-0.7}{600k}$，$I_C=200I_B$

$V_C+(I_B+I_C)2k=V_C+201\,I_B\times 2k$

$=V_C+201\times 2k\times\dfrac{V_C-0.7}{600k}=20$

$\Rightarrow V_C\cong 12.3(V)$，且符合假設。

109年台灣菸酒從業職員

一、已知：圖所示BJT放大器，假設 β =100，v_{BE}=0.7V，V_T=25mV。請回答下列問題（未列出計算過程者，不予計分）

(一)I_{BQ} = ?   (二)I_{CQ} = ?

(三)r_π= ?   (四)R_{ib} = ?

(五)$A_v = v_o/v_s$ = ?

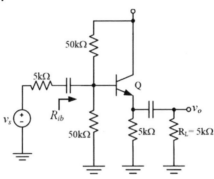

答：直流分析：

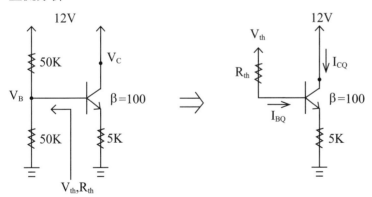

(i) $V_{th} = 12 \times \dfrac{50}{50+50} = 6V$

$R_{th} = 50k // 50k = 25k\,\Omega$

(ii) $V_a = 12V > V_B$ BJT@ $\boxed{FA}$

(一)$I_{BQ} = \dfrac{V_{th} - 0.7}{R_{th} + (1+\beta) \cdot 5k} = 0.01mA$

(二)$I_{CQ} = \beta \times I_{BQ} = 100 \times 0.01m = 1mA$

(三)$r_\pi = \dfrac{V_T}{I_{BQ}} = \dfrac{25m}{0.01m} = 2.5 \, k\Omega \Rightarrow r_e = \dfrac{r_\pi}{(1+\beta)} = 0.025 \, k\Omega$

交流分析：

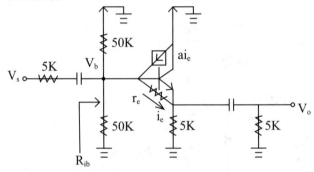

(四)$R_{ib} = 50k//50k(r_e + 5k//5k)(1+\beta)$
$= 22.77k\Omega$

(五)$V_b = V_s \times \dfrac{R_{ib}}{5k + R_{ib}} = 0.82V_s \cdots ①$

$V_0 = V_b \times \dfrac{5k//5k}{r_e + 5k//5k}$

$① = 0.82V_s \times \dfrac{2.5k}{0.025k + 2.5k}$

$\cong 0.81V_s$

$\Rightarrow \dfrac{V_0}{V_s} = 0.81 < 1$

二、已知圖所示電路，假設運算放大器為理想元件，BJT之 β 值非常大
　　（ β =∞)，$R_1=R_2=R_3=R$，$R_C=R/3$。請求當$V_s=5V$時，V_o值為何？（未列
　　出計算過程者，不予計分）

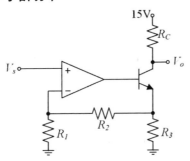

答：(i) $I_1=\dfrac{5}{R}$ ，$I_2=I_1=\dfrac{5}{R}$

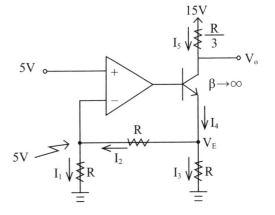

　　　$V_E=5+I_2\times R$

　　　$=5+\dfrac{5}{R}\times R=10V$

　　　$\Rightarrow I_3=\dfrac{V_E}{R}=\dfrac{10}{R}$

　　　$\Rightarrow I_4=I_3+I_2=\dfrac{15}{R}$

　(ii) 假定BJT在 FA ：

　　　$\because \beta\to\infty \quad \therefore \alpha=1$ ，即$I_5=I_4=\dfrac{15}{R}$

　　　$\Rightarrow V_0=15-\dfrac{R}{3}\times I_5=15-\dfrac{R}{3}\times\dfrac{15}{R}=10V$

　　　$\Rightarrow V_{BC}>0$ ，BJT應在 SAT

　(iii) $V_0=V_E+V_{CE(SAT)}=10+0.2=10.2V$

三、已知：圖所示電路，假設運算放大器為理想元件，$R_2/R_1=100$，$R_4/R_3=99$。請回答下列問題：

(一)請以輸入電壓v_1、v_2來表示輸出電壓$v_o=$？

(二)差模增益(differential-mode gain)$A_d=$？

(三)共模增益(common-mode gain)$A_{cm}=$？

(四)共模拒斥比(common-mode rejection ratio)CMRR=？

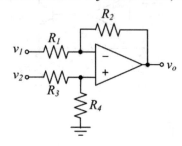

答：(一)

$$I_1 = V_2 \times \frac{R_4}{R_3 + R_4}$$

$$\Rightarrow V_A = V_2 - I_1 \times R_3$$

$$= V_2 (1 - \frac{R_3 R_4}{R_3 + R_4})$$

$$I_2 = \frac{V_1 - V_B}{R_1} \quad , \quad V_A = V_B$$

$$\Rightarrow V_0 = V_B - I_2 \times R_2 = V_B - \frac{R_2}{R_1} \times (V_1 - V_B)$$

$$\Rightarrow V_0 = V_2 (1 - \frac{R_3 R_4}{R_3 + R_4}) - \frac{R_2}{R_1} V_1 + \frac{R_2}{R_1} \times V_2 (1 - \frac{R_3 R_4}{R_3 + R_4})$$

$$= V_2 (1 - \frac{R_3 R_4}{R_3 + R_4})(1 + \frac{R_2}{R_1}) - \frac{R_2}{R_1} V_1 \cdots ①$$

$$\because \frac{R_2}{R_1} = 100 \quad , \quad \frac{R_4}{R_s} = 99$$

$$\therefore ① : V_0 = V_2(1 - \cfrac{1}{\cfrac{R_4}{R_3} + \cfrac{R_2}{R_4}})(1 + \cfrac{R_2}{R_1}) - \cfrac{R_2}{R_1}V_1$$

$$\Rightarrow V_0 = 99.98V_2 - 100V_1 \cdots ②$$

(二)設$V_1 = \cfrac{V_i}{2}$ ，$V_2 = -\cfrac{V_i}{2}$ 代入②

$$V_0 = -99.98 \times \cfrac{V_i}{2} - 100 \times \cfrac{V_i}{2} = -99.99Vi$$

$$\Rightarrow Ad = \cfrac{V_0}{V_i} = -99.99$$

(三)設$V_1 = V_2 = V_{cm}$代入②：

$$V_0 = (99.98 - 100)V_{cm} = -0.02V_{cm}$$

$$\Rightarrow A_{cm} = \cfrac{V_0}{V_{cm}} = -0.02$$

(四)$CMRR = 20\log|\cfrac{Ad}{Acm}| \cong 73.97dB$

四、已知：圖所示電路，假設二極體皆為理想元件。
　　請回答下列問題：
　　(一)請說明D_1、D_2之操作狀態（導通或截止）？
　　(二)I=？（未列出計算過程者，不予計分）
　　(三)V_o=？（未列出計算過程者，不予計分）

答：

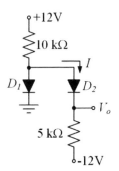

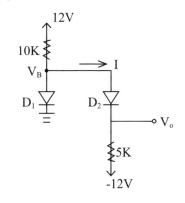

(一)

  (i) 忽略二極體(i_e開路)，

     判斷跨壓：$V_B=12V$，$V_0=-12V$

     D_1部分：跨壓＝$V_B=12V$

     D_2部分：跨壓＝$V_B-V_0=12-(-12)=24V$

  (ii) 再將跨壓大的接回：D_2理想且順偏⇒D_2 on且形同短路

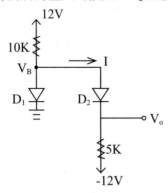

$$\Rightarrow V_0{'}=\frac{12-(-12)}{10k+5k}\times 5k+(-12)$$

$$=-4V=V_B{'}$$

$$\Rightarrow D_1逆偏\Rightarrow D_1\ off$$

$$\Rightarrow 本題D_1\ off，D_2\ on$$

(二)$I=\dfrac{12-(-12)}{10k+5k}=1.6mA$

(三)$V_0=-12+I\times 5k=-4V$

110年台電新進雇用人員

( )　1. 二極體若加順向偏壓，則會產生下列何種情形？　(A)障壁電壓降低，空乏區寬度減小　(B)障壁電壓增加，空乏區寬度減小　(C)障壁電壓增加，空乏區寬度增加　(D)障壁電壓降低，空乏區寬度增加。

( )　2. 在稽納二極體中，有關崩潰電壓的敘述，下列何者正確？　(A)崩潰電壓發生在順向偏壓區　(B)崩潰電壓會破壞稽納二極體　(C)具正溫度係數，溫度愈高崩潰電壓愈高　(D)崩潰電壓大概為定值。

( )　3. 有關PN接面二極體的敘述，下列何者有誤？　(A)溫度上升時，障壁電壓上升　(B)二極體加順向偏壓後，空乏區變窄　(C)矽二極體的障壁電壓較鍺二極體高　(D)溫度上升時，漏電流上升。

( )　4. 如右圖所示之全波整流電路，若欲產生平均值3.18V(伏特)之直流電壓輸出，試求二極體之峰值反向電壓(PIV)值最接近下列何者？
(A)5 V　　　　　(B)10 V
(C)6.36 V　　　　(D)20 V。

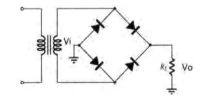

( )　5. 發光二極體(LED)之所以能產生不同顏色，最主要受下列何者影響？　(A)外加電壓　(B)外加電壓之頻率　(C)周遭溫度　(D)材料能帶間隙。

( )　6. 如右圖所示之橋式全波整流電路，次級線圈電壓V_i峰對峰值(V_{p-p})為 50 V之交流電壓，若二極體為理想元件，則輸出電壓之平均值最接近下列何者？　(A)15.9 V　(B)17.7 V　(C)31.8 V　(D)35.4 V。

( )　7. 下列何者會有負電阻值區域？　(A)透納二極體　(B)步級回復二極體　(C)蕭特基二體體　(D)光耦合器。

( )　8. 二極體逆向電流係由少數載子電流與下列何者所組成？　(A)雪崩效應　(B)表面漏電流　(C)順向電流　(D)稽納電流。

( )　9. 電晶體偏壓時，若將集極與射極對調，使得基極對射極接面為逆向偏壓，而基極對集極接面為順向偏壓，則有關電晶體之敘述，下列何者正確？　(A)耐壓降低，增益提高　(B)耐壓提高，增益降低　(C)耐壓及增益皆降低　(D)耐壓及增益皆提高。

( )　10. 電晶體作為開關使用，若開關未導通時，則此電晶體工作於輸出特性曲線的何區域？　(A)飽和區　(B)順向偏壓工作區　(C)反向偏壓工作區　(D)截止區。

( )　11. 若NPN電晶體應用於工作區，則有關電晶體偏壓情形，下列敘述何者正確？　(A)B-E極加順偏，B-C極加逆偏　(B)B-E極加順偏，B-C極加順偏　(C)B-E極加逆偏，B-C極加逆偏　(D)B-E極加逆偏，B-C極加順偏。

( )　12. 如右圖所示，共射極電路若$V_{CC} = 12$ V，$V_{CE} = 6$ V，$V_{BE} = 0.7$ V，$R_B = 390$ kΩ，$R_C = 2$ kΩ，則電晶體之 β 值最接近下列何者？
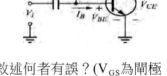
(A)104　　　　(B)123
(C)133　　　　(D)145。

( )　13. 有關金氧半場效電晶體(MOSFET)，下列敘述何者有誤？(V_{GS}為閘極至源極之電壓)
(A)空乏型MOSFET本身結構中並無通道存在
(B)空乏型N通道MOSFET其V_{GS}可接負電壓或正電壓
(C)增強型P通道MOSFET其V_{GS}若接正電壓，則無法建立通道
(D)增強型N通道MOSFET臨界電壓V_T之值為正。

( )　14. 有關場效電晶體，下列敘述何者有誤？(I_D為汲極電流，I_G為閘極電流)
(A)場效電晶體的輸入阻抗大於雙接面電晶體
(B)場效電晶體的主要型式有接面場效應(JFET)、空乏型MOSFET、增強型MOSFET
(C)場效電晶體以控制通道之寬度達到控制I_D大小之目的
(D)對場效電晶體的I_D影響最大的是I_G。

( )　15. 如右圖所示，當V_{GS} = -5 V時，I_{DSS} = 25 mA及
　　　　$V_{GS(off)}$ = -10 V，求偏壓時之R_s值為何？
　　　　(A)625 Ω
　　　　(B)750 Ω
　　　　(C)800 Ω
　　　　(D)1,000 Ω。

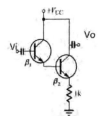

( )　16. 接面場效應電晶體(JFET)之汲極與源極間，通道的有效寬度會隨著
　　　　V_{GS}逆向偏壓增加而減小，而當V_{GS}逆向偏壓夠大，致使通道寬度降為
　　　　零，此時的V_{GS}值稱為何種電壓？　(A)夾止電壓　(B)崩潰電壓　(C)
　　　　峰值反向電壓　(D)截止電壓。

( )　17. 為使一差動放大器的共模拒斥比(CMRR)變大，下列敘述何者正確？
　　　　(A)減少基極電阻　(B)減少射極電阻　(C)加大射極電阻　(D)加大集
　　　　極電阻。

( )　18. 如右圖所示之串級電路，已知$\beta_1 = \beta_2 = 50$，則此
　　　　放大器的電流增益為何？
　　　　(A)5
　　　　(B)50
　　　　(C)100
　　　　(D)2,500。

( )　19. 頻寬相同的各放大器加以串接，則串接後下列敘述何者正確？　(A)
　　　　總電壓增益大於單級增益，總頻寬等於單級頻寬之總和　(B)總電壓
　　　　增益大於單級增益，總頻寬等於單級頻寬之乘積　(C)總電壓增益大
　　　　於單級增益，總頻寬小於單級頻寬　(D)總電壓增益等於單級增益之
　　　　總和，總頻寬等於單級頻寬。

( )　20. 在各種耦合放大電路中，下列何者之頻率響應最差？　(A)RC耦合
　　　　(B)電感耦合　(C)變壓器耦合　(D)直接耦合。

( )　21. 一般功率放大器之最高功率轉換效率，其大小依序為何？　(A)A類
　　　　≧AB類≧B類　(B)A類≧B類≧AB類　(C)AB類≧B類≧A類　(D)B
　　　　類≧AB類≧A類。

( )　22. 有一功率放大器的直流電壓為20 V，操作電流為500 mA，交流輸出功率為0.875 W，則此放大器之效率為何？　(A)15.75 %　(B)12.75 %　(C)8.75 %　(D)5.75 %。

( )　23. 某功率電晶體電路輸出級為AB類放大器，有關導通角度之敘述，下列何者正確？　(A)導通角度為360°　(B)180°<導通角度<360°　(C)90°<導通角度<180°　(D)導通角度<90°。

( )　24. 如右圖所示，下列敘述何者有誤？
(A)為共集極放大器
(B)電壓增益值約為-5
(C)為射極隨耦器
(D)其交流等效電路在集極是接地。

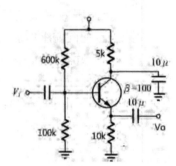

( )　25. 若NMOS場效電晶體之汲極與源極電壓V_{DS}>閘極與源極電壓V_{GS}>臨界電壓V_{th}，則下列敘述何者正確？　(A)NMOS操作在非飽和區　(B)NMOS操作在飽和區　(C)NMOS操作在截止區　(D)NMOS操作在飽和區及非飽和區交界處。

( )　26. 如右圖所示為一理想運算放大器，若其飽和電壓為±10 V，V_S = 1 mV，則V_O為何？
(A)10 V　　　(B)-10 V
(C)100 mV　　(D)-100 mV。

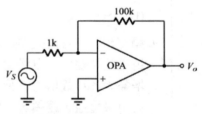

( )　27. 有一差動放大器之共模增益為0.2，差模增益為500，試求其共模拒斥比(CMRR)為何？　(A)0.004　(B)100　(C)2,500　(D)5,000。

( )　28. 有一理想差動放大器，若電壓增益值A_d = 100，兩端輸入電壓V_1 = 20 mV，V_2 = -10 mV，則輸出電壓V_O為何？　(A)3 V　(B)2 V　(C)1 V　(D)-1 V。

( )　29. 如右圖所示之V_{in}為三角波，則V_{out}為何？
(A)三角波　　　(B)方波
(C)正弦波　　　(D)脈衝波。

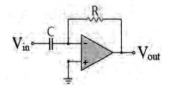

( ) 30. 下列何者可作為電路的方波產生器？　(A)無穩態多諧振盪器　(B)單穩態多諧振盪器　(C)雙穩態多諧振盪器　(D)RC相移振盪器。

( ) 31. 有關多諧振盪器之敘述，下列何者有誤？　(A)單穩態多諧振盪器的輸出狀態包括一種穩定狀態和一種暫時狀態　(B)雙穩態多諧振盪器之工作情形有如數位電路的正反器　(C)無穩態多諧振盪器有一個輸入觸發信號　(D)多諧振盪器之輸出波形為非正弦波。

( ) 32. 下列何者為正弦波振盪器？　(A)施密特振盪器　(B)考畢子振盪器　(C)單穩態多諧振盪器　(D)雙穩態多諧振盪器。

( ) 33. 有一脈波頻率為2 kHz，脈波寬度時間為0.3 ms，試求其工作週期為何？　(A)30 %　(B)40 %　(C)50 %　(D)60 %。

( ) 34. 如右圖所示之理想放大器，試求其工作週期 ($V_O > 0$之週期占比)？
(A)$\frac{1}{2}$　(B)$\frac{1}{3}$　(C)$\frac{2}{3}$　(D)1。

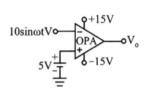

( ) 35. 有一串級放大電路之各級電壓增益值分別為1倍、10倍及100倍，若不考慮各級負載效應，則其總電壓增益分貝值(dB)為何？　(A)20 dB　(B)40 dB　(C)60 dB　(D)80 dB。

( ) 36. 分析運算放大器電路時，兩輸入端常被視為虛擬短路，其意義為何？　(A)兩輸入端需各自接地　(B)兩輸入端的電壓相等　(C)需將兩輸入端連在一起　(D)兩輸入端的輸入阻抗為零。

( ) 37. 如右圖所示之放大器電路，試問C_1和C_2耦合(coupling)電容會衰減放大器頻率響應的頻段為何？
(A)沒有影響　(B)高頻段
(C)中頻段　(D)低頻段。

( ) 38. 如右圖所示之方形脈波，其頻率為何？
(A)300 kHz
(B)250 kHz
(C)200 kHz
(D)150 kHz。

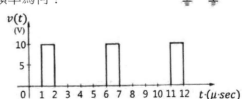

( ) 39. 如右圖所示之放大器，若$R_1 = 100 \text{ k}\Omega$，$R_2$
= 10 kΩ，R = 100 kΩ，求由A端看入之
輸入電阻R_i為何？
(A)1 MΩ　　　(B)-1 MΩ
(C)2 MΩ　　　(D)-2 MΩ。

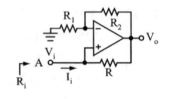

( ) 40. 有一共射極放大器之電壓增益分貝值為20 dB，其後串接射極隨耦
器，求總電壓增益分貝值(dB)為何？　(A)10 dB　(B)20 dB　(C)30
dB　(D)40 dB。

( ) 41. 理想差動放大器之共模拒斥比(CMRR)為何？　(A)∞　(B)0　(C)1
(D)介於0～1之間。

( ) 42. 有一運算放大器之轉動率(slew rate)為0.628 V/μs，若此運算放大器
之輸出電壓峰值為10 V，則此運算放大器在輸出不允許失真的情況
下，輸入所能允許之正弦波最高頻率為多少？(π = 3.14)　(A)10 kHz
(B)20 kHz　(C)30 kHz　(D)40 kHz。

( ) 43. 有關555計時IC的控制電壓腳(第5腳)，下列敘述何者有誤？　(A)可改
變輸出之電壓大小　(B)可改變輸出之振盪頻率　(C)可改變內部上比
較器之參考電位　(D)可改變內部下比較器之參考電位。

( ) 44. 積體電路內之串級放大器電路，大部分採用何種耦合方式？　(A)電
阻耦合　(B)電容耦合　(C)直接耦合　(D)變壓器耦合。

( ) 45. 如右圖所示電路，已知R = 20 Ω，C = 16 μF，
則此濾波器的截止頻率最接近下列何者？
(A)400 Hz　　　(B)500 Hz
(C)600 Hz　　　(D)700 Hz。

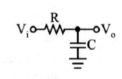

( ) 46. 如右圖所示之方波振盪器電路，下列敘
述何者有誤？　(A)對實際OPA而言，
V_o之峰對峰值接近2 V_{CC}　(B)對實際
OPA而言，V_o之工作週期(duty cycle)約
為50 %　(C)隨C之數值增加，則振盪
頻率會下降　(D)隨R_2之數值增加，則
振盪頻率會增加。

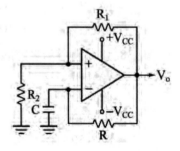

( )　47. 有一濾波器之電壓增益值為 $A_v(\omega) = \dfrac{j\omega RC}{1 + j\omega RC}$，試問此為何種濾波器？

(A)低通　(B)高通　(C)帶通　(D)帶拒。

( )　48. 如右圖所示為一理想運算放大器，其飽
和電壓為±15 V，若稽納(Zener)二極體
之崩潰電壓為6 V，則I值為何？

(A)0 A　　　　(B)3 mA

(C)6 mA　　　(D)9 mA。

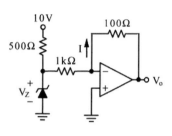

( )　49. 有一濾波器在截止頻率的情況下，其功率增益為中頻功率增益之多少
倍？　(A)0 倍　(B)0.125 倍　(C)0.25 倍　(D)0.5 倍。

( )　50. 如右圖所示為一理想運算放大器，若V_i = -3 V時，則OPA之V_o為何？

(A)15 V

(B)-15 V

(C)30 V

(D)-30 V。

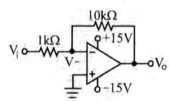

解答及解析

※答案標示為#者，表官方曾公告更正該題答案。

1. (A)。 二極體「順向偏壓」⇒障壁電壓↓，且空乏區寬度↓⇒選(A)。

2. (D)。

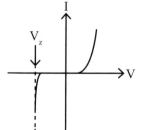

稽納二極體崩潰電壓近乎定值
⇒選(D)。

3. (A)。

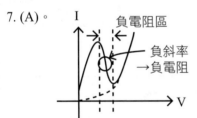

切入電壓$\cong$障壁電壓

T↑ ⇒切入電壓↓ ⇒障壁電壓↓
⇒選(A)。

4. (B)。　全波整流平均值$V_{av}=\dfrac{2}{\pi}\times V_m \rightarrow V_m=\dfrac{\pi}{2}\times V_{av}=\dfrac{\pi}{2}\times3.18=5(V)$

又中間抽頭變壓器全波整流器之$PIV=2V_m=10V \Rightarrow$選(B)

5. (D)。　發光二極體依使用材料能階高低,決定發光波長,因此選用不同
材料,即可發出不同顏色⇒選(D)。

6. (A)。　$V_{P-P}=50V$,則$V_m=\dfrac{V_{P-P}}{2}=25V$

$\rightarrow V_{av}\big|_{弦波}=\dfrac{2}{\pi}\times V_m=15.9V$,選(A)。

7. (A)。

透納二極體V-I曲線可發現,
存在一段負電阻區。
⇒選(A)。

8. (B)。　二極體逆偏電流由少數載子,受內建電場驅動漂移越過PN接面
之漂移電流,以及與二極體製作技術相關的表面漏電流組成⇒選
(B)。

9. (C)。　由於射集摻雜↑ ⇒電流增益↑,一般而言,BJT三區域摻雜由高
至低排列為:E>C>B
今將射、集極交換使用,則同義射極摻雜↓ ⇒電流增益↓;集極
摻雜↑ ⇒自由載體濃↑ ⇒BC接面更容易被打穿⇒耐壓↓
⇒選(C)。

10. (D)。　電晶體作為開關,操作於「截止區」&「飽和區」
⇒選(D)。　　　　　　　(off)　　　　　(on)

11. (A)。 電晶體應用於工作區（即順向主動區），則BC逆偏，BE順偏⇒
選(A)。

12. (A)。

$$I_B = \frac{12 - V_{RE}}{R_B} = \frac{12 - 0.7}{390K} = 0.03mA$$

$$I_C = \frac{12 - V_{CE}}{R_C} = \frac{12 - 6}{2} = 3mA$$

$$\rightarrow \beta = \frac{I_C}{I_B} = 100，選(A)。$$

13. (A)。 比之所謂增強型MOSFET，空乏型MOSFET即在該元件製造時，
預先植入通道。 ⇒選(A)

14. (D)。 $I_D = \frac{1}{2}\mu_o C_{ox}(\frac{W}{L})[V_{DS}(V_{GS} - V_{th}) - V_{DS}^2]$為$V_{GS}$之函數，而非$I_D$之函數，
即I_D與I_B無關，選(D)。

15. (C)。

$$\begin{cases} I_D = \frac{I_{DSS}}{V_P^2}(V_{GS} - V_P)^2 \\ V_D = V_{QS(off)} = -10V \end{cases}$$

$$\Rightarrow I_D = \frac{25m}{10^2}(-5+10)^2 = 6.25mA$$

$$= \frac{0 - V_{GS}}{R_S} = \frac{5}{R_S}$$

$$\Rightarrow R_S = 0.8k\Omega，選(C)。$$

16. (D)。 (1) JFET以偏壓控制PN接面空乏區寬度，以調控電流通道，當V_{GS}
逆向偏壓足夠大，導致空乏區完全將電流通道塞滿閉塞，則此
時V_{GS}稱為截止電壓（cutoff voltage）。

(2) 當V_{GS}為定值（如$V_{GS}=0$），JFET通道並非固定不變，而係受
V_{DS}影響，$V_{DS}\uparrow\Rightarrow$D極空乏區持續$\uparrow\Rightarrow$掐住電流通道入口。若
$V_{DS}\uparrow$直至通道入口完全閉塞，此時V_{DS}稱為夾止電壓（pinch-
off voltage）。

⇒本題屬(1)類，選(D)。

17. (C)。 $CMRR \cong gmR_{EE}$，$R_{EE} \uparrow \Rightarrow CMRR \uparrow$
　　　　$\Rightarrow$選(C)。

18. (D)。 達靈達頓組態，電流增益＝$\beta_1 \times \beta_2 = 50 \times 50 = 2500$
　　　　$\Rightarrow$選(D)。

19. (C)。 (1) 放大器串接，則增益相乘，不失一般地，$A_{v1} \times A_{v2} \times A_{v3} \cdots\cdots$
　　　　　　最後串接放大增益，通常遠大於單級。

　　　　(2) 放大器串接 $\begin{cases} \text{低頻效能部分，受到耦合或旁路電容影響} \\ \rightarrow \text{低頻效能衰減} \\ \text{高頻效能部分，受到各級寄生電容影響} \\ \rightarrow \text{高頻效能衰減} \end{cases}$

　　　　$\Rightarrow$整體觀察，頻寬$\downarrow$，選(C)。

20. (C)。 變壓器耦合，其線圈上阻抗，寄生電容量級均大，十分不利電路整體頻域效能。
　　　　$\Rightarrow$選(C)。

21. (D)。 功率放大器理論效率：A$\rightarrow$50％，B$\rightarrow$78％，AB則介於A、B類放大器間。
　　　　$\Rightarrow$選(D)。

22. (C)。 效率 $\eta = \dfrac{P_{AC}}{P_{DC}} = \dfrac{P_{AC}}{I_{DC} \times V_{DC}} = \dfrac{0.875}{20 \times 500m} = 8.75\%$
　　　　$\Rightarrow$選(C)。

23. (B)。 AB類放大器導通角度介於A類（360°）、B類（180°）間。
　　　　$\Rightarrow$選(B)。

24. (B)。 共集放大器，又稱電壓隨耦器$\rightarrow \Delta V_i \cong \Delta V_o \Rightarrow A_v \cong 1$
　　　　$\Rightarrow$選(B)。

25. (B)。 $V_{GS} > V_{th}$，則MQS on；$V_{DS} > V_{GS} > V_{GS} - V_{th}$，則MQS工作在飽和區$\Rightarrow$選(B)。

26. (D)。

$V_o = 0 - (\dfrac{V_s - 0}{1K}) \cdot 100K$

$\rightarrow \dfrac{V_o}{V_s} = -100(V/V)$，選(D)。

27. (C)。　$CMRR = \dfrac{A_d}{A_{CM}} = \dfrac{500}{0.2} = 2500$，選(C)。

28. (A)。　$V_o = (V_1 - V_2) \times A_d = (20m + 10m) \times 100 = 3V$
　　　　　$\Rightarrow$ 選(A)。

29. (B)。

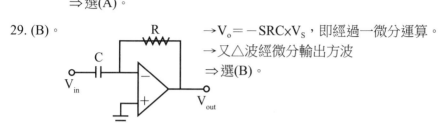

　　　　　$\rightarrow V_o = -SRC \times V_s$，即經過一微分運算。
　　　　　$\rightarrow$ 又△波經微分輸出方波
　　　　　$\Rightarrow$ 選(B)。

30. (A)。　無穩態多諧振盪電路，能在不需外來交流訊號下，本身即在高
　　　　　態、低態間轉換，因此輸出"方波"。
　　　　　$\Rightarrow$ 選(A)。

31. (C)。　同上說明，無穩態多諧振盪器，並不需外來觸發訊號。
　　　　　$\Rightarrow$ 選(C)。

32. (B)。　除考畢子振盪器（Colpitts Oscillator）輸出為弦波外，其餘皆為方
　　　　　波輸出。
　　　　　$\Rightarrow$ 選(B)。

33. (D)。　工作週期≒脈波寬度／脈波週期＝脈波寬度×脈波頻率％
　　　　　$= 2m \times 2k = 4\%$
　　　　　$\Rightarrow$ 選(D)。

34.(C)。　特別注意V自負端輸入，因此V＝10sinωt＞5時，不導通
　　　　　$\rightarrow \sin\omega t > \dfrac{1}{2} \rightarrow 30° < \omega t < 150°$
　　　　　$\rightarrow$ 不通佔比 $= \dfrac{150° - 30°}{360°} = \dfrac{1}{3}$
　　　　　$\rightarrow$ 導通佔比 $= \dfrac{2}{3}$，選(C)。

35. (C)。　$Av_1 = 1$，$Av_2 = 10$，$Av_3 = 100$，
　　　　　則$A = Av_1 \times Av_2 \times Av_3 = 10^3 = 20\log 10^3 = 60dB$
　　　　　$\Rightarrow$ 選(C)。

36. (B)。　虛短路意義即兩輸入端電壓相等 $\Rightarrow$ 選(B)。

37. (D)。 耦合電容影響電路低頻效能表現 ⇒ 選(D)。

38. (C)。 $f = \dfrac{1}{T} = \dfrac{1}{(6-1)\mu s} = 200KHz$，選(C)。

39. (B)。

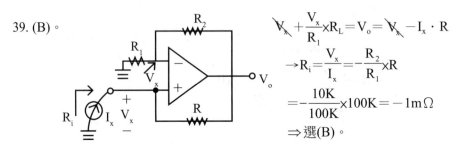

$$\cancel{V_x} + \dfrac{V_x}{R_1} \times R_L = V_o = \cancel{V_x} - I_x \cdot R$$

$$\rightarrow R_i = \dfrac{V_x}{I_x} = -\dfrac{R_2}{R_1} \times R$$

$$= -\dfrac{10K}{100K} \times 100K = -1m\Omega$$

$$\Rightarrow 選(B)。$$

40. (B)。 射極隨耦器電壓增益$\cong 1$，因此理論上任何電路串接射極隨耦器，
總電壓增益不變。
⇒ 選(B)。

41. (A)。 理想差動放大器$A_{CM} = 0 \rightarrow CMRR = \dfrac{Ad}{Acm} = \infty$
⇒ 選(A)。

42. (A)。 正弦波最高頻率$f_{max} = \dfrac{S.R.}{2\pi V_m} = \dfrac{0.628 \times 10^6}{2\pi \times 10} = 10KHz$

43. (A)。 pin5可依其輸入電壓不同，改變其內比較器參考電壓，繼而改變
輸出訊號頻率。

44. (C)。 IC內通常採「直接耦合」，主要目的為避免增加電容，影響頻率
響應效能；其次，耦合電容容量大，須佔用較大晶片面積，因此
會有製造成本的考量。
⇒ 選(C)。

45. (B)。 $f_H = \dfrac{1}{2\pi RC} = \dfrac{1}{2\pi \times 20 \times 16 \times 10^{-6}} = 497.4Hz$
⇒ 選(B)。

46. (D)。 $f = \dfrac{1}{2\pi RC \ln(1 + \dfrac{2R_2}{R_1})}$，因此$R_L \uparrow \Rightarrow$ 分母項 $\downarrow \Rightarrow f \downarrow$
⇒ 選(D)。

47. (B)。 $\lim\limits_{\omega\to\infty} Av(\omega) = \lim\limits_{\omega\to\infty} \dfrac{j\omega RC}{1+j\omega RC} = \lim\limits_{\omega\to\infty} \dfrac{1}{\dfrac{1}{j\omega RC}+1} = 1 = \dfrac{V_o}{V_i}$

→其意義即高頻時（$\omega\to\infty$），V_i訊號而容易通過

→HPF，選(B)。

48. (C)。

設若二極未崩潰→$V_x = 10 \times \dfrac{1K}{500+1K}$

$= 6.6V$→假設錯誤→二極體崩潰

→$I = \dfrac{V_x - 0}{1K} = \dfrac{V_z}{1K} = \dfrac{6}{1K} = 6mA$

⇒選(C)。

49.(D)。　「截止頻率」又稱「半功率點」，

顧名思義，功率為中頻功率之$\dfrac{1}{2}$

⇒選(D)。

50.(A)。　$V_o = 0 - (\dfrac{V_i - 0}{1K}) \times 10K = -\dfrac{-3V}{1K} \times 10K = 30V$

但$V_{SAT}^{+} = 15V$，因此$V_{o(SAT)} = 15V$

⇒選(A)。

110年經濟部所屬事業機構新進職員

(　) 1. 若一齊納二極體(Zener Diode)在25 ℃時崩潰電壓為15 V，溫度係數為 0.02 % / ℃，若溫度上升至60 ℃，求崩潰電壓為何？　(A)15.235 V (B)15.2 V　(C)15.135 V　(D)15.105 V。

(　) 2. 下列何者不是二極體常見的功用？　　(A)濾波　(B)保護　(C)整流 (D)截波。

(　) 3. 對一PN二極體施加逆向偏壓，有關逆向飽和電流I_s的敘述何者有誤？ (A)逆向偏壓時會產生極小的逆向飽和電流I_s(約10^{-15}A)　(B)I_s由少數 載子數量控制　(C)溫度越高，I_s會下降　(D)Junction面積增加會使I_s 上升。

(　) 4. 有關NPN接面之BJT電晶體，下列敘述何者有誤？　(A)基極-射極、 基極-集極接面皆施予順向偏壓，電晶體將工作於飽和區　(B)當基極 電流逐漸下降為0，電晶體將進入截止區　(C)在飽和區工作之電晶 體，若持續對基極-集極增加順向偏壓，增益參數β會上升　(D)一般 BJT之電壓增益參數β會隨著接面溫度T_j上升而增加。

(　) 5. 如右圖之電路，假設$I_o = 10\ \mu A$， BJT Q_1、Q_2、Q_3的電流增益β均為 100，$V_T = 25$ mV，且厄利電壓(Early Voltage)$|V_A| = 25$ V，求R_o的電阻值為 多少？
(A)13.51 MΩ　　(B)23.51 MΩ
(C)33.51 MΩ　　(D)43.51 MΩ。

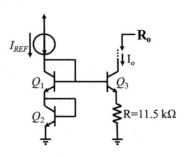

(　) 6. 如右圖之JFET共源極放大器電 路，若$V_{GS} = 15$ V時，反向漏 電流$I_{GSS} = 60$ nA，由信號源看 入之輸入阻抗為何？　(A)30 MΩ　(B)15 MΩ　(C)14.15 MΩ (D)3.75 MΩ

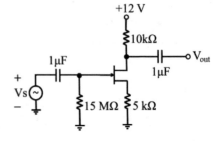

( )　7. 對一MOSFET以一固定的V_{GS}電壓操作於飽和區，在V_{DS} = 4 V時，i_D = 2 mA，且V_{DS} = 6 V時，i_D = 2.05 mA，請問其厄利電壓(Early Voltage) $|V_A|$為多少？　(A)70 V　(B)76 V　(C)80 V　(D)86 V。

( )　8. 下列何種邏輯閘具有最短的傳遞延遲時間？　(A)ECL　(B)CMOS (C)TTL　(D)N-MOS。

( )　9. 在積體電路中，NMOS的基體(B)端應與下列何者相接？　(A)汲極 (Drain)　(B)最低電壓點　(C)源極(Source)　(D)最高電壓點。

( )　10. FET場效電晶體相較於BJT電晶體的特性敘述，下列何者有誤？　(A) FET是單極性裝置　(B)FET具有高電流驅動能力　(C)FET可作為對稱性的雙向開關　(D)FET較無雜訊產生。

( )　11. 對基本放大器增加負回授後，下列特性敘述何者有誤？　(A)雜訊對電路的影響降低　(B)頻寬增加　(C)放大器的增益會衰減　(D)增益與頻寬的乘積提高。

( )　12. 由CMOS FET組成傳輸閘(Transmission Gate)時，組成元件為下列何者？　(A)只有NMOS　(B)只有PMOS　(C)NMOS + PMOS　(D) JFET。

( )　13. 有一差動放大器，其兩輸入電壓分別為V_{i1} = 50 μV，V_{i2} = 40 μV，共模拒斥比CMRR = 40 dB，差模增益 A_d = 250，則下列何者正確？ (A)差模輸入電壓V_d = 5 μV　(B)共模增益A_c = 2.5　(C)共模輸入電壓 V_c = 90 μV　(D)輸出電壓V_o = 5.25 mV。

( )　14. 如右圖所示電晶體電路，假設輸入信號 V_s為交流小信號且無直流成分，又電晶體的r_o可忽略，則右圖之輸入電阻R_{in} 為何？
(A)r_π + (R_E // R_L)
(B)r_e + (R_E // R_L)
(C)r_π + (1 + β)(R_E // R_L)
(D)r_e + (1 + β)(R_E // R_L)

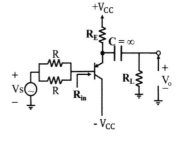

( ) 15. 如右圖所示電路,已知FET參數g_m = 1
mS,r_d = 20 kΩ,若此電路具回授
(Feedback)的狀態,下列敘述何者有誤?
(A)此為串串(series- series)回授型態
(B)回授因子(Feedback factor) β 為0.47
kΩ (C)開迴路增益(Open loop gain)A為
0.66 mA / V (D)$\frac{V_{out}}{V_s}$為-10。

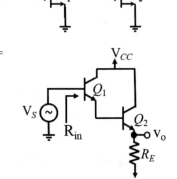

( ) 16. 如右圖電路,已知CMOS反向電路的
V_{TN} = 0.8 V,V_{TP} = -0.8 V且K_n = K_p,
假設v_{01} = 4 V時,請問v_1的電壓值為多
少?
(A)1.55 V (B)2.40 V
(C)2.86 V (D)3.75 V。

( ) 17. 如右圖達靈頓電路中,假設每個晶體 β =
100,R_E = 500 Ω,則R_{in}輸入電阻為何?
(A)500 Ω
(B)3.2 MΩ
(C)5.1 MΩ
(D)8.5 MΩ。

( ) 18. 串級(Cascade)電晶體組態中,為求得最大電壓增益,通常使用下列何
者放大器組態作為第二級放大器? (A)共集極 (B)共基極 (C)共
射極 (D)共源極。

( ) 19. 4 級串級放大器,若每一級截止頻率都相同,即f_L = 200 Hz,f_H = 50
kHz,則該4級串級放大器之頻寬B應為何? (A)11.3 kHz (B)21.3
kHz (C)49.7 kHz (D)50.3 kHz。

( )　20. 某一電晶體電路的I_C = 1.5 mA、V_T = 0.025 V、f_T = 956.4 MHz，其中
　　　C_π = 9 pF(EB接面電容)，試求C_μ(CB接面電容)值為多少？　(A)1 pF
　　　(B)3 pF　(C)5 pF　(D)6 pF。

( )　21. 有一AB類放大器電路如右圖，試求
　　　其最大的交流負載功率$P_{o(max)}$為何？
　　　(A)3 W
　　　(B)5 W
　　　(C)12 W
　　　(D)20 W。

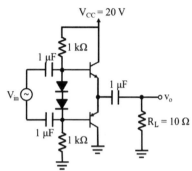

( )　22. 右圖所示電路是理想的運算放大
　　　器，若運算放大器進入飽和狀
　　　態，V_s可能為下列何者？
　　　(A)0 V
　　　(B)3 V
　　　(C)6 V
　　　(D)9 V。

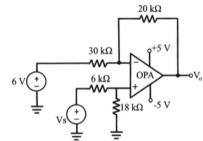

( )　23. 運算放大器電路如右圖所示，
　　　輸入電阻R_{in}為下列何者？
　　　(A)-1.5 R
　　　(B)-R
　　　(C)R
　　　(D)1.5 R。

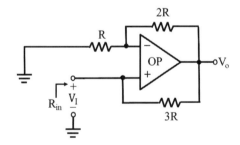

( )　24. 如右圖所示電路，OP1與OP2工
　　　作電壓V_{CC} = ±15 V，則下列敘
　　　述何者有誤？
　　　(A)V_{o2}輸出範圍為-3至3 V
　　　(B)回授因子(Feedback factor)
　　　　　β = 0.25
　　　(C)振盪週期5 ms
　　　(D)V_{o2}輸出為三角波訊號。

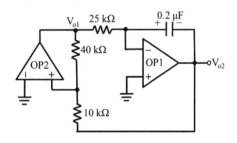

( ) 25. 右圖電路為下列何種電路？

(A)TTL或閘(OR)

(B)TTL反或閘(NOR)

(C)ECL或閘(OR)

(D)ECL反或閘(NOR)。

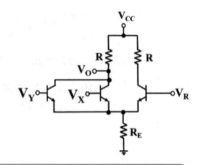

解答及解析

※答案標示為#者，表官方曾公告更正該題答案。

1. (D)。 $V_z' = V_{zo} + \Delta V_z = V_{zo} + [V_{zo} \times \frac{0.02}{100} \times (60-25)]$

$= 15[1 + \frac{0.02}{100} \times (60-25)] = 15.105(V)$

⇒選(D)。

2. (A)。 二極體多用於(1)保護；(2)整流；(3)截波，故選(A)。

※本題事實上應無正確解，整流或截波，事實上即廣義濾波。

3. (C)。 T↑，逆向飽和電流I_s↑

⇒選(C)。

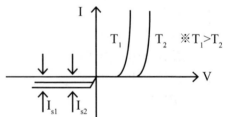

4. (C)。 $\alpha \triangleq \frac{I_C}{I_E}$, $\beta \triangleq \frac{\alpha}{1-\alpha}$

$\to V_{BC}↑ \Rightarrow I_C↓ \Rightarrow \alpha↓ \Rightarrow \beta↓$

故選項(C)描述顯然相反，因此選(C)。

5. (A)。

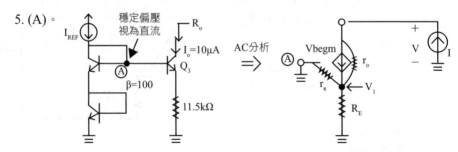

$$\begin{cases} V' = I \times (r_\pi \;/\!/\; R_E) \\ \dfrac{V - V'}{r_o} + (0 - V')gm = I \end{cases}$$

$$\rightarrow R_o = \frac{V}{I} = r_o + (r_\pi /\!/ R_E)(1 + gm r_o)$$

$\cong 13.5M\Omega$，選(A)。

其中$r_o = \dfrac{V_A}{I_o} = \dfrac{25}{10\mu} = 2.5M\Omega$

$gm = \dfrac{I_o}{V_r} \cong \dfrac{10\mu}{25m} = 0.4m$

$r_\pi = \dfrac{\beta}{gm} = 250K\Omega$

$R_E = 11.5K\Omega$。

6. (C)。

依題示：

∵ JFET $I_G \neq 0$，

$\cap I_G\big|_{V_{GS} = 15V} = I_{GSS} = 60nA$

$\therefore R_{GS} = \dfrac{V_{GS}}{I_{GSS}} + 5K \cong 250M\Omega$

$\rightarrow R_{in} = 15M /\!/ 250M = 14.15M\Omega$
選(C)。

※用目測即可判斷：$R_{in} = 15M /\!/$（有限但極大的電阻）必然<
$15M\Omega$，且十分接近$15M\Omega$
→選(C)。

7. (B)。 $i_D = K(V_{GS} - V_t)^2 (1 + \dfrac{V_{DS}}{V_A})\cdots\cdots(1)$

已知$V_{DS} = 4V$，$i_D = 2mA$；$V_{DS} = 6V$，$i_D = 2.05mA$，分別代入(1)

$$\Rightarrow \begin{cases} 2m = K(V_{GS} - V_t)^2(1 + \dfrac{4}{V_A}) \cdots\cdots\cdots(2) \\ 2.05m = K(V_{GS} - V_t)^2(1 + \dfrac{6}{V_A}) \cdots\cdots(3) \end{cases}$$

$\Rightarrow \dfrac{(2)}{(3)} : 0.976(1 + \dfrac{6}{V_A}) = 1 + \dfrac{4}{V_A}$

→$V_A \cong 76V$，選(B)。

8. (A)。 工作速度ECL＞TTL＞NMQS≅CMQS →選(A)。

9. (B)。 臨界電壓$V_{th}=\begin{cases} V_{th}(V_{SB})，V_{SB}>0 \leftarrow 差 \\ 近乎常數，V_{SB}\leq 0 \leftarrow 優 \end{cases}$

　　　　 (B)端直接接(S)端非最佳方式，是因即使(B)直接連(S)，連接導線上之壓降，仍導致V_s稍＞V_B⇒$V_{SB}\neq 0$
　　　　 →(B)應連接系統最低電壓（PMQS則為最高電壓），故選(B)。

10. (B)。 BJT具有電子與電洞一種載子負責傳導，FET僅一種，因此BJT電流驅動能力優於FET！
　　　　 →選(B)。

11. (D)。 基本放大器：(1)SNR↑雜訊抵抗力↑
　　　　　　　　　　　　 (2)BW↑，但Gain↓
　　　　　　　　　　　　 (3)增益頻寬乘積不變。
　　　　 →選(D)。

12. (C)。 CMOS：Complementary MOS（互補式金氧半）
　　　　 顧名思義，即由特性互補之NMOS、PMOS共同組成之電子電路。
　　　　 →選(C)。

13. (B)。 $CMRR\cong 20\log\left|\dfrac{A_d}{\Lambda_{CM}}\right|=40dB$，$A_d=250$

　　　　 →$A_{CM}=2.5(V/V)$
　　　　 →$V_d=V_{i1}-V_{i2}=10\mu V$
　　　　　 $V_{CM}=\dfrac{V_{i1}-V_{i2}}{2}=45\mu V$
　　　　 ⇒$V_{out}=A_d\times V_d+A_{CM}\times V_{CM}=2.6125mV$
　　　　 →選(B)。

14. (C)。

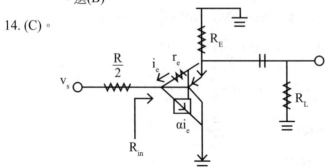

$R_{in} = (1+\beta)[r_e + (R_E /\!/ R_L)]$
$= (1+\beta)r_e + (1+\beta)(R_E /\!/ R_L)$
$= r_\pi + (1+\beta)(R_E /\!/ R_L)$
→選(C)。

15. (D)。

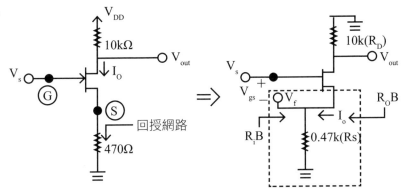

(1) 本題，以電阻對"電流"取樣後，再以"電壓"形式回授輸入端，因此為串串回授。

(2) $R_iB = R_oB = R_s = 0.47K\,\Omega$

且 $I_o \cdot R_s = V_f \to \dfrac{V_f}{I_o} = \beta = R_s = 0.47K\,\Omega$

(3) 重新繪製無回授電路：

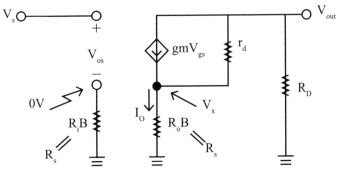

⇒開路增益回授

$A = \dfrac{I_o}{V_s} = \dfrac{gmrd}{rd + R_D + R_S} = \dfrac{1\times 10}{20 + 10 + 0.47} = 0.66mA/V$

⇒閉迴路增益

$A_f = \dfrac{A}{1 + \beta A} = 0.5mA/V$

$$\Rightarrow \frac{V_{out}}{V_s} = -A_f \cdot R_D = -0.5 \times 10 = -5V/V$$

綜合分析，(D)不合，故選(D)。

16. (B)。

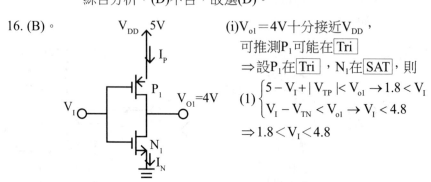

(i) $V_{o1} = 4V$ 十分接近 V_{DD}，
可推測 P_1 可能在 Tri
$\Rightarrow$ 設 P_1 在 Tri，N_1 在 SAT，則

(1) $\begin{cases} 5 - V_I + |V_{TP}| < V_{o1} \to 1.8 < V_I \\ V_I - V_{TN} < V_{o1} \to V_I < 4.8 \end{cases}$

$\Rightarrow 1.8 < V_I < 4.8$

(ii) $\because I_p = \frac{1}{2} K_p [2(5 - V_I + |V_{TP}|)(5-4) - (5-4)^2]$

$= I_N = \frac{1}{2} K_n (V_I - V_{TN})^2$，且 $K_p = K_n$

$\therefore 2(5 - V_I - 0.8) - 1 = (V_I - 0.8)^2$

$\to V_I = 2.41$ 或 -2.81（負不合），且 V_I 滿足(1)

$\Rightarrow$ 故選(B)。

17. (C)。 $R_{in} \cong (1 + \beta)^2 \times R_E = 101^2 \times 500 = 5.1M\Omega$

$\Rightarrow$ 選(C)。

18. (AORC)。目的為追求最大電壓增益之第二級，應採用共射放大器（高電壓增益，且高 R_{in}）$\Rightarrow$ 故選(C)。

19. (B)。 $f_{L \cdot n} = \frac{f_L}{\sqrt{2^{1/n} - 1}}$，$f_{H \cdot n} = f_H \sqrt{2^{\frac{1}{n}} - 1}$

依題示，4級串連 $\Rightarrow \begin{cases} f_{L \cdot 4} = \dfrac{200}{\sqrt{2^{\frac{1}{4}} - 1}} \cong 0.46KHz \\ f_{H \cdot 4} = 50K\sqrt{2^{\frac{1}{4}} - 1} \cong 21.75KHz \end{cases}$

$\Rightarrow BW = f_{H \cdot 4} - f_{L \cdot 4} = 23.1KHz$

$\Rightarrow$ 選(B)。

20. (A)。　$gm = \dfrac{I_C}{V_T} = 60m$

　　　　$\therefore \omega_T = 2\pi f_T = \dfrac{gm}{C\pi + C\mu}$

　　　　$\therefore C\mu = \dfrac{gm}{2\pi f_T} - C\pi = 1pf$，選(A)。

21. (B)。　AB放大器$P_{max} = \dfrac{V_o^2 \cdot max}{2R_L} = (\dfrac{V_{CC}}{2})^2 / 2R_L = 5W$，選(B)。

22. (D)。　(1) 由重疊定理

$$\begin{cases} V_{o1} = 0 - \dfrac{6-0}{30K} \times 20K = 4(V)，V_s \text{ 短路} \\ V_{o2} = [(V_s \times \dfrac{18K}{6K+18K} - 0) / 30K] \times 20K + V_s \times \dfrac{18K}{6K+18K} \end{cases}$$

　　　6V電壓短路

　　　$\Rightarrow V_o = V_{o1} + V_{o2} = 1.25V_s - 4$

　　　(2)若OP在飽和區，則$-4 + 1.25V_s > 5$（V）

　　　　$\Rightarrow V_s > 7.2$（V），故選(D)。

23. (A)。

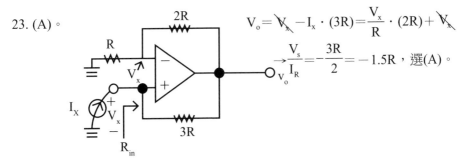

$V_o = V_x - I_x \cdot (3R) = \dfrac{V_x}{R} \cdot (2R) + V_x$

$\rightarrow \dfrac{V_s}{I_R} = -\dfrac{3R}{2} = -1.5R$，選(A)。

24. (A)。　(i)

$\dfrac{V_{o1} - 0}{40} = \dfrac{0 - V_{o2}}{10}$

$\Rightarrow V_{o2} = -\dfrac{1}{4} \times V_{o1} \cdots\cdots(1)$

$$\because \max\{V_{o1}\}=15V，\max\{V_{o1}\}=-15V$$
$$\therefore \max\{V_{o2}\}=3.75V，\max\{V_{o1}\}=-3.75V$$

(ii) $\beta=\dfrac{10K}{40K}=0.25$

(iii)週期$=4\beta RC=4\times0.25\times25K\times0.2\mu F=5ms$

(iv)V_{o2}為$\triangle$波輸出

$\Rightarrow$綜上討論，選(A)。

25. (D)。

V_x	V_Y	V_o
0	0	1
0	1	0
1	0	0
1	1	0

$\Rightarrow$ECL nor gate，選(D)。

111年台北捷運新進技術員

( )　1. 右圖所示的理想運算放大器，
開迴路電壓增益為何？

(A)0　　　　　　(B)$-\dfrac{Rf}{R1}$

(C)$1+\dfrac{Rf}{R1}$　　(D)∞。

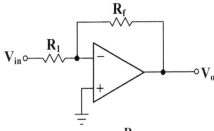

( )　2. 右圖所示的理想運算放大器，
輸入端電壓差$(V_+ - V_-)$為何？

(A)0　　　　　　(B)$-\dfrac{Rf}{R1}$

(C)$1+\dfrac{Rf}{R1}$　　(D)∞。

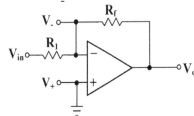

( )　3. 右圖所示的理想運算放
大器，輸入端電阻R_{in1}為
何？

(A)0

(B)R_f

(C)R_1

(D)∞。

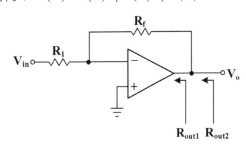

( )　4. 接續第3題，輸入端電阻R_{in2}為何？　(A)0　(B)R_f　(C)R_1　(D)∞。

( )　5. 接續第3題，輸入端電阻R_{in3}為何？　(A)0　(B)R_f　(C)R_1　(D)∞。

( )　6. 右圖所示的理想運算放大
器，輸出端電阻R_{out1}為何？

(A)0　　　　　　(B)R_f

(C)R_1　　　　　(D)∞。

( )　7. 接續第6題，輸出端電阻R_{out2}
為何？　(A)0　(B)R_f　(C)
R_1+R_f　(D)∞。

( )　8. 下圖所示的兩級運算放大器,電壓增益為何? 　(A)$\dfrac{R2}{R1} \times \dfrac{R4}{R3}$

(B)$-\left(\dfrac{R2}{R1} \times \dfrac{R4}{R3}\right)$　(C)$\left(1+\dfrac{R2}{R1}\right) \times \dfrac{R4}{R3}$　(D)$-\left(1+\dfrac{R2}{R1}\right) \times \dfrac{R4}{R3}$。

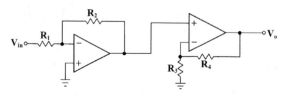

( )　9. 右圖所示BJT偏壓電路,BJT操作於飽和區條件為何? 　(A)V_{BE}順偏、V_{BC}逆偏　(B)V_{BE}順偏、V_{BC}順偏　(C)V_{BE}逆偏、V_{BC}順偏　(D)V_{BE}逆偏、V_{BC}逆偏。

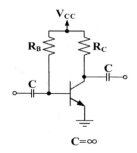

( )　10. 接續第9題,BJT操作於主動區條件為何? 　(A)V_{BE}順偏、V_{BC}逆偏　(B)V_{BE}順偏、V_{BC}順偏　(C)V_{BE}逆偏、V_{BC}順偏　(D)V_{BE}逆偏、V_{BC}逆偏。

( )　11. 接續第9題,BJT操作於截止區條件為何? 　(A)V_{BE}順偏、V_{BC}逆偏　(B)V_{BE}順偏、V_{BC}順偏　(C)V_{BE}逆偏、V_{BC}順偏　(D)V_{BE}逆偏、V_{BC}逆偏。

( )　12. 右圖所示電阻之電阻值為7.3MΩ±5%,其色碼由左至右為何? 　(A)藍紅黃金　(B)藍紅黃銀　(C)紫橙綠金　(D)紫橙綠銀。

( )　13. 右圖所示BJT放大器架構為何? 　(A)共基極放大器　(B)共射極放大器　(C)共集極放大器　(D)共閘極放大器。

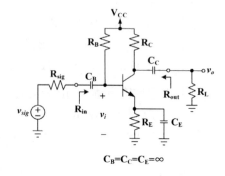

( )　14. 接續第13題,正確的電晶體操作區間,下列何者正確? 　(A)主動區　(B)反向主動區　(C)三極管區　(D)飽和區。

( )　15. 接續第13題，偏壓電阻Rc太大，對輸出信號，有何影響？　(A)頻率降低　(B)正半週失真　(C)負半週失真　(D)正負半週皆失真　。

( )　16. 接續第13題，偏壓電阻Rc太小，對輸出信號，有何影響？　(A)頻率變快　(B)正半週失真　(C)負半週失真　(D)正負半週皆失真。

( )　17. 接續第13題，有關電阻R_E，可提供電路何種機制？　(A)正回授　(B)負回授　(C)正負回授　(D)負正回授。

( )　18. 接續第13題，如有溫度變化，造成射極偏壓電流上升，過一段時間後，下列何者正確？　(A)集極偏壓電流上升、射極偏壓電流下降　(B)集極偏壓電流下降、射極偏壓電流上升　(C)集極偏壓電流上升、射極偏壓電流上升　(D)集極偏壓電流下降、射極偏壓電流下降。

( )　19. 接續第13題，電容C_E的主要作用為何？　(A)電晶體射極端，產生小信號地　(B)降低放大器雜訊　(C)增加放大器增益　(D)直流充電。

( )　20. 接續第13題，輸入端之小信號電阻R_{in}為何？　(A)$R_B//\{(1+\beta)r_e\}$　(B)$R_B//\{(1+\beta)(r_e+R_E)\}$　(C)$R_B//\{r_e/(1+\beta)\}$　(D)$R_B//\{(r_e+R_E)/(1+\beta)\}$。

( )　21. 接續第13題，電晶體轉導g_m，放大器電壓增益(v_o/v_i)為何？　(A)$+(R_C//R_L)/(r_e+R_E)$　(B)$-(R_C//R_L)/(r_e+R_E)$　(C)$+g_m(R_C//R_L)$　(D)$-g_m(R_C//R_L)$。

( )　22. 右圖所示BJT放大器，當C_E壞掉，變成斷路，輸入端之小信號電阻R_{in}為何？
(A)$R_B//\{(1+\beta)r_e\}$
(B)$R_B//\{(1+\beta)(r_e+R_E)\}$
(C)$R_B//\{r_e/(1+\beta)\}$
(D)$R_B//\{(r_e+R_E)/(1+\beta)\}$。

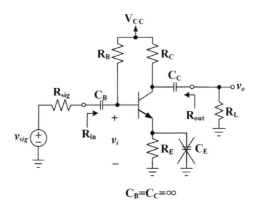

( )　23. 接續第22題，電晶體轉導g_m，放大器電壓增益$(A_v=v_o/v_i)$為何？　(A)$+(R_C//R_L)/(r_e+R_E)$　(B)$-(R_C//R_L)/(r_e+R_E)$　(C)$+g_m(R_C//R_L)$　(D)$-g_m(R_C//R_L)$。

( )　24. 比較第13題與第22題的BJT放大器。當C_E壞掉，變成斷路，輸入端之小信號電阻R_{in}如何變化？　(A)變∞　(B)不變　(C)變大　(D)變小。

( )　25. 比較第13題與第22題的BJT放大器。當C_E壞掉，變成斷路，放大器電壓增益($A_v=v_o/v_i$)如何變化？　(A)變∞　(B)不變　(C)變大　(D)變小。

( )　26. 右圖所示BJT放大器，當C_E與R_C皆壞掉，變成斷路。電晶體轉導g_m，放大器電壓增益($A_v=v_o/v_i$)的絕對值為何？
(A)0
(B)∞
(C)$g_m R_L$
(D)$R_L/(r_e+R_E)$。

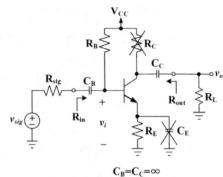

( )　27. 右圖所示電容，其電容值範圍為何？
(A)4.5μF~5.5μF
(B)4.75μF~5.25μF
(C)4.5pF~5.5pF
(D)4.75pF~5.25pF。

( )　28. 右圖所示MOS放大器，電晶體Q_1與Q_2之轉導$g_{m1}=g_{m2}=g_m$，通道調變電阻$r_{o1}=r_{o2}=r_o$，使用理想電流源I偏壓。問此放大器架構為何？
(A)共源極放大器
(B)共閘極放大器
(C)共汲極放大器
(D)共基極放大器。

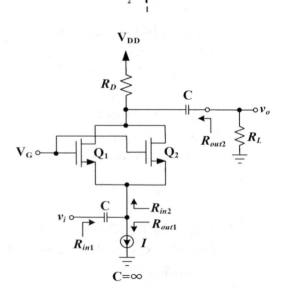

( )　29. 接續第28題，電晶體Q_1與Q_2正確操作區域為何？　(A)Q_1飽和區，Q_2三極管區　(B)Q_1三極管區，Q_2三極管區　(C)Q_1飽和區，Q_2飽和區 (D)Q_1三極管區，Q_2飽和區。

( )　30. 接續第28題，理想電流源的電阻R_{out1}為何？　(A)∞　(B)0　(C)r_o (D)I。

( )　31. 接續第28題，輸入電阻R_{in2}為何？　(A)g_m　(B)$\dfrac{1}{g_m}$　(C)$\dfrac{2}{g_m}$　(D)$\dfrac{1}{2g_m}$。

( )　32. 接續第28題，小信號電阻R_{out2}為何？　(A)$r_o//R_D$　(B)$\dfrac{r_o}{2}//R_D$　(C)$2r_o//R_D$　(D)$\dfrac{2}{r_o}//R_D$。

( )　33. 接續第28題，放大器電壓增益($A_v=v_o/v_i$)為何？　(A)$\dfrac{1}{g_m}(R_D//R_L)$　(B)$g_m(R_D//R_L)$　(C)$2g_m(R_D//R_L)$　(D)$\dfrac{2}{g_m}(R_D//R_L)$。

( )　34. 附圖所示MOS放大器，當R_L壞掉，變成斷路。放大器電壓增益如何變化？　(A)變大　(B)變小　(C)不變　(D)變小後變大。

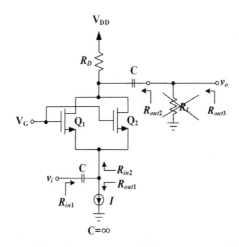

( )　35. 接續第34題，輸出電阻R_{out3}如何變化？　(A)不變　(B)變小　(C)變大 (D)變小後變大。

( )　36. 下圖所示MOS放大器，當電晶體Q₂壞掉，變成斷路。放大器電壓增益
如何變化？　(A)不變　(B)變小後變大　(C)變大　(D)變小。

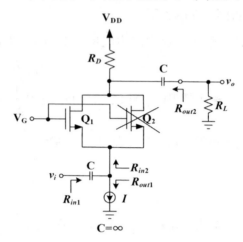

( )　37. 接續第36題，輸入電阻Rin₂如何變化？　(A)變小　(B)變大　(C)變小
後變大　(D)不變。

( )　38. 右圖所示電路，形式為何？
(A)升壓　(B)降壓　(C)全波整流
(D)半波整流。

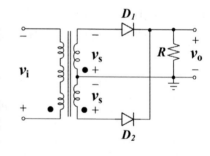

( )　39. 接續第38題，當vᵢ正半週，下列何
者正確？　(A)D₁不導通、D₂導通
(B)D₁導通、D₂不導通　(C)D₁導
通、D₂導通　(D)D₁不導通、D₂不
導通。

( )　40. 接續第38題，每一個二極體導通電壓為V_D，有關v_s與v_o敘述，何者正
確？　(A)v_o比v_s高$2V_D$　(B)v_o比v_s高V_D　(C)v_s比v_o高$2V_D$　(D)v_s比
v_o高V_D。

( )　41. 右圖電路，當二極體D2壞掉，變成
斷路，仍具有何者功能？　(A)升
壓　(B)降壓　(C)全波整流　(D)半
波整流。

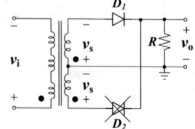

( )　42. 接續41題，當v_i為正半週弦波，輸出電壓v_o波形，下列何者正確？
(A)方波　(B)0V　(C)正半週弦波　(D)負半週弦波。

( )　43. 右圖所示信號產生電路，
輸出波形為何？
(A)三角波
(B)方波
(C)正弦波
(D)餘弦波。

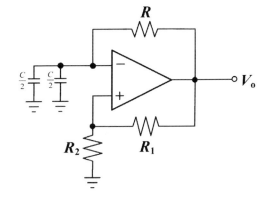

( )　44. 接續第43題，輸出信號的
頻率為何？
(A)$\dfrac{1}{2RC\ln\left(\dfrac{R_1+2R_2}{R_1}\right)}$

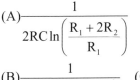

(B)$\dfrac{1}{RC\ln\left(\dfrac{R_1+2R_2}{R_1}\right)}$　(C)$\dfrac{1}{2RC\ln\left(\dfrac{R_2+2R_1}{R_2}\right)}$　(D)$\dfrac{1}{RC\ln\left(\dfrac{R_2+2R_1}{R_2}\right)}$。

( )　45. 接續第43題，一個電容壞掉，變成
斷路，如右圖所示，輸出信號的頻
率有何變化？
(A)不變
(B)變小
(C)變大
(D)不一定。

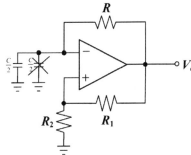

( )　46. 右圖所示數位邏輯網路，輸出Y與輸入A、
B、C、D的布林代數式為何？
(A)$Y = A \cdot B \cdot C \cdot D$
(B)$\overline{Y} = A \cdot B \cdot C \cdot D$
(C)$Y = A + B + C + D$
(D)$\overline{Y} = A + B + C + D$。

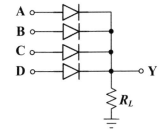

(　　) 47. 下圖所示上拉式數位邏輯網路，輸出Y與輸入C、D、E、F的布林代數
式為何？　(A)$\overline{Y} = \overline{C} + \overline{D} + \overline{E} + \overline{F}$　(B)$\overline{Y} = \overline{C} + \overline{F} \cdot (\overline{D} + \overline{E})$　(C)$Y = \overline{C}$
$+ \overline{D} + \overline{E} + \overline{F}$　(D)$Y = \overline{C} + \overline{F} \cdot (\overline{D} + \overline{E})$。

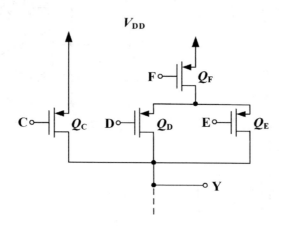

(　　) 48. 接續第47題，電晶體Q_D壞
掉，變成斷路，如右圖所
示，輸出信號為何？
(A)$Y = \overline{C} + \overline{(F+E)}$
(B)$\overline{Y} = \overline{C} + \overline{(F+E)}$
(C)$Y = C + \overline{(F+E)}$
(D)以上皆非。

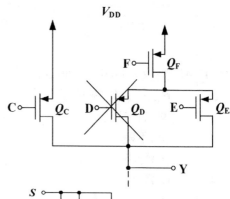

(　　) 49. 右圖所示數位傳輸閘邏輯網
路，R=5 kΩ，下列敘述，何者
正確？　(A)當 S = 1，輸出
Y = A ⊕ B　(B)當 S = 0，輸出
Y = A ⊕ B　(C)當 S = 0，輸出
Y = A + B　(D)當 S = 1，輸出
Y = A+B。

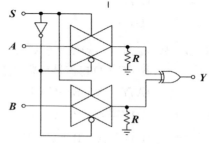

(　) 50. 接續第49題，當傳輸閘G_2壞掉，
變成斷路，下列敘述何者正確：
(A)當S=0，A=0，B=1，輸出Y=1
(B)當S=0，A=0，B=1，輸出Y=0
(C)當S=1，A=0，B=1，輸出Y=1
(D)當S=1，A=0，B=1，輸出Y=0。

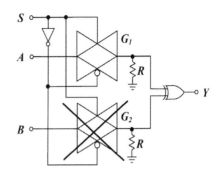

———— 解答及解析 ————

※答案標示為#者，表官方曾公告更正該題答案。

1. (D)。 注意所求者為"開迴路" gain，又理想OP gain為∞
⇒選(D)。

2. (A)。 v_- & v_+間虛短路→$v_+ - v_- = 0(V)$⇒選(A)。

3. (D)。 理想OP，輸入電阻$R_{in1} = \infty$⇒選(D)。

4. (B)。 公告答案有誤，∵理想OP虛短路的因素，R_{in2}應=0，選(A)。

5. (C)。 ∵虛短路接地，∴$R_{in3} = R_1$，選(C)。

6. (D)。 公告答案有誤，理想OP輸出阻抗$R_{out} = 0$，選(A)。

7. (B)。 公告答案有誤，$R_{out2} = R_f // R_{out1} = 0$，選(A)。

8. (D)。

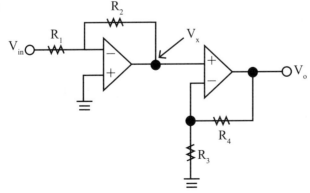

(i) $O - \dfrac{V_{in}}{R_1} \times R_2 = V_x$

$\rightarrow \dfrac{V_x}{V_{in}} = -\dfrac{R_2}{R_1}$

(ii) $\dfrac{V_x}{R_3} \times R_4 + V_x = V_o$

$\rightarrow (1 + \dfrac{R_4}{R_3}) = \dfrac{V_o}{V_x}$

(iii) $\dfrac{V_o}{V_{in}} = \dfrac{V_o}{V_x} \times \dfrac{V_x}{V_{in}} = (-\dfrac{R_2}{R_1}) \times (1 + \dfrac{R_4}{R_3})$

$\Rightarrow$ 選(D)。

9. (B)。 BJT操作於 $\boxed{飽和區}$ 條件 $\begin{cases} V_{BE}順偏 \\ V_{BC}順偏 \end{cases} \Rightarrow$ 選(B)。

10. (A)。 BJT操作於 $\boxed{主動區}$ 條件 $\begin{cases} V_{BE}順偏 \\ V_{BC}逆偏 \end{cases} \Rightarrow$ 選(A)。

11. (D)。 BJT操作於 $\boxed{截止區}$ 之條件為 $\begin{cases} V_{BE}逆偏 \\ V_{BC}逆偏 \end{cases} \Rightarrow$ 選(D)。

12. (C)。 $7.3M\Omega \pm 5\% = \underbrace{73}_{紫橘} \times \underbrace{100K\Omega}_{綠} \underbrace{\pm 5\%}_{金} \Rightarrow$ 選(C)。

13. (B)。 輸出於集極,輸入於基極,此為典型共射極放大器,選(B)。

14. (A)。 BJT用放大器應操作於順向主動區,俾得到線性可預測的放大結果,及較高放大增益 $\Rightarrow$ 選(A)。

15. (C)。 $R_C \uparrow \Rightarrow V_{O \cdot DC} \downarrow$,致使負半週時,可能進入三極區造成失真 $\Rightarrow$ 選(C)。

16. (B)。 $R_C \downarrow \Rightarrow V_{O \cdot DC} \uparrow$,致使正半週時,可能進入三極區造成失真 $\Rightarrow$ 選(B)。

17. (B)。 $I_C \downarrow \Rightarrow V_{RE} \downarrow \Rightarrow V_{BE} \uparrow \Rightarrow I_C \uparrow$,提供負回授功能 $\Rightarrow$ 選(B)。

18. (D)。 $T \uparrow \Rightarrow V_{BE} \downarrow \Rightarrow I_E \downarrow \Rightarrow I_C$,選(D)。

19. (A)。 C_E的目的為產生小訊號接地,選(A)。

20. (A)。　小訊號等效電路：

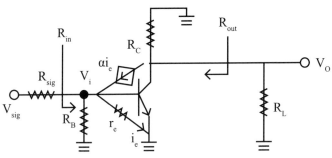

$R_{in} = R_B // (1 + \beta) r_e$

$(\dfrac{V_i}{r_e}) \cdot \alpha \cdot (R_C // R_L) = -V_o$，$\alpha \cong 1$

$\Rightarrow \dfrac{V_o}{V_i} = -g_m (R_C // R_L)$

$\Rightarrow$ 選(A)。

21. (D)。　如上分析，選(D)。

22. (B)。　$R_{in} = R_B // (r_e + R_E)(1 + \beta)$，選(B)。

23. (B)。　$(\dfrac{V_i}{r_e + R_E}) \cdot \alpha \cdot (R_C // R_L) = -V_o$

$\Rightarrow \dfrac{V_o}{V_i} = -(R_C // R_L)/(r_e + R_E)$，$\alpha \cong 1$

$\Rightarrow$ 選(B)。

24. (C)。　$R_{in} \uparrow = R_B // (1 + \beta)(r_e + R_E \uparrow)$，選(C)。

25. (D)。　由$|\dfrac{V_o}{V_i}| = (R_C // R_L)/(r_e + R_E)$，$R_E$由0變化至$> 0$，顯見$|\dfrac{V_o}{V_i}| \downarrow$

$\Rightarrow$ 選(D)。

26. (A)。　R_C開路$\Rightarrow$BJT off$\Rightarrow A_v = 0$，選(A)。

27. (B)。　$\underline{50\ 5\ J} = \underline{50 \times 10^{\overset{5}{}}}$p $\underline{F \pm 5\%}$ $\Rightarrow$ 選(B)。

28. (B)。　S極輸入，D極輸出，此為一共閘放大器$\Rightarrow$選(B)。

29. (C)。　為使放大器處於高效及線性狀態，Q_1、Q_2均應操作於飽和區$\Rightarrow$選(C)。

30. (A)。 理想電流稱之阻抗為∞，選(A)。

31. (D)。

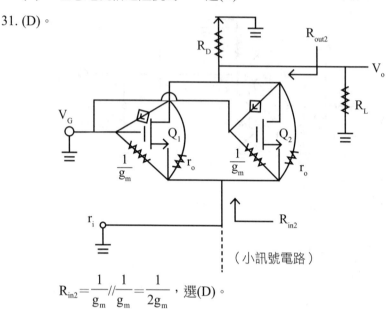

（小訊號電路）

$$R_{in2} = \frac{1}{g_m} // \frac{1}{g_m} = \frac{1}{2g_m} \text{，選(D)。}$$

32. (B)。 承上，$R_{out2} = r_o // r_o // R_D = \frac{V_o}{2} // R_D$，選(B)。

33. (C)。 $V_i / (\frac{1}{2g_m}) \times (R_D // R_L) = V_o \to A_v = \frac{V_o}{V_i} = 2gm(R_D // R_L)$，選(C)。

34. (A)。 承上，$R_L \to \infty$，則 $R_D // R_L \big|_{R_L \to \infty} = R_D$，數值↑ $\Rightarrow A_v ↑$，選(A)。

35. (C)。 原 $R_{out3} = R_{out2} // R_D$，今 $R_D \to \infty$，則 $R_{out3} = R_{out2}$，數值↑，選(C)。

36. (D)。 A_V 由 $2gm(R_D // R_L) \to gm(R_D // R_L)$，數值↓，選(D)。

37. (B)。 R_{in2} 由 $\frac{1}{2g_m} \to \frac{1}{g_m}$，數值↑，選(B)。

38. (C)。 $D_2 \cdot D_1$ 分別負責 V_i 正負半週之導通，故此為一全波整流器，選(C)。

39. (A)。 V_i 正半週，電流自一次側 "•" 流入，於二次側 "•" 流出 $\to D_1$ off，D_2 on，選(A)。

40. (D)。 V_s 經過二極體，電壓減少 V_D 後 $= V_o$
因此邏輯上可描述為 "V_s 比 V_o 高 V_D"，故選(D)。

41. (D)。原電路D_2、D_1分別負責V_i正負半週之導通，今D_2故障，僅一半之週期導通，即僅具半波整流功能。
⇒故選(D)。

42. (B)。承上，由於D_2負責正半週導通，因此V_i正半週$V_O=0$
⇒故選(B)。

43. (B)。R_1、R_2形成此電路"正迴授"網路，使其輸出如同史密特觸發器之行為，產生方波輸出。
⇒選(B)。

44. (A)。$f=\dfrac{1}{2RC\ln(1+2\times\frac{R_2}{R_1})}=\dfrac{1}{2RC\ln(\frac{R_1+2R_2}{R_1})}$，選(A)。

45. (C)。$f=\dfrac{1}{2RC\ln(1+2\times\frac{R_2}{R_1})}\rightarrow\dfrac{1}{2R(\frac{C}{2})\ln(1+2\times\frac{R_2}{R_1})}$，數值↑，選(C)。

46. (C)。A～D任一為高電位，則Y為高電位，此即or運算
⇒$Y=A+B+C+D$，選(C)。

47. (D)。並接→nor，串接→nand
⇒$Y=\overline{C}+\overline{F}\cdot(\overline{D}+\overline{E})$，選(D)。

48. (A)。$Y=\overline{C}+(\overline{F}\cdot E)=\overline{C}+(\overline{F+E})$，選(A)。

49. (A)。

若S＝1，經過反相器後，則＝0
⇒傳輸閘on
⇒$Y=A\oplus B$，選(A)。

低態開啟

S

50. (D)。G_2故障，因此B訊號毋庸討論，自G_2輸入端，經由R接地，恆獲得0之輸入
→因此，當S＝1 G_1 on　$Y=A\oplus O$
→若A＝0，則Y＝0，選(D)。

111年台電新進雇用人員

( )　1. 一稽納二極體，溫度40 ℃時，崩潰電壓為8 V，溫度30 ℃時，崩潰電壓為7.8 V，試求此稽納二極體40 ℃時之溫度係數為何？　(A)0.10 %/℃　(B)0.15 %/℃　(C)0.25 %/℃　(D)0.33 %/℃。

( )　2. 使用一交直流電表測量一濾波電路的輸出訊號，獲得35 V直流電壓及5 V峰值之交流電壓，試求其漣波百分比約為何？　(A)7.10 %　(B)8.6 %　(C)9.3 %　(D)10.1 %。

( )　3. 下列敘述何者正確？　(A)全波整流之r %較半波整流大　(B)r %愈大電路愈穩定　(C)VR %愈大電路愈穩定　(D)全波整流輸出頻率較半波整流高。

( )　4. 某橋式整流器之負載電阻為10 KΩ，假設輸入電源為V_i=120sin(2 π×60 t)，若要使整流後之漣波電壓$V_{r(p-p)}$限制在3 V內，試求其並聯之最少電容值為何？　(A)25.6 μF　(B)33.4 μF　(C)45.2 μF　(D)54.5 μF。

( )　5. 某BJT共射極組態工作於主動區，直流偏壓基極電流為10 μA，集極電流為1 mA，且熱電壓V_T=25 mV，試求BJT之射極交流電阻r_e約為何？　(A)68.4 Ω　(B)55.7 Ω　(C)24.7 Ω　(D)8.4 Ω。

( )　6. 如右圖所示矽質電晶體電路，若β=100，R_C=2 KΩ，R_1=10 KΩ，R_2=15KΩ，V_{CC}=15 V，V_C=5 V時，試求其I_B為何？
(A)25 μA
(B)50 μA
(C)75 μA
(D)100 μA。

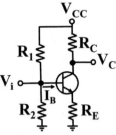

( )　7. 操作於飽和區之JFET放大電路，其I_{DSS}=6 mA，夾止電壓(pinch - off voltage)V_P=-3 V，若電路工作點之V_{GS}=-1.5 V，試求其電路之互導gm約為何？　(A)2 mS　(B)2.5 mS　(C)3 mS　(D)4.5 mS。

( )　8. 某一正回授放大器電路形成之振盪器，其回授增益β=0.01，欲輸出振幅穩定之正弦波，試求其放大器之電壓增益|Av|應調整為何？　(A)50　(B)75　(C)100　(D)150。

( )　9. 如右圖所示，有一放大器的小
訊號等效電路，若h_{fe}=200，
h_{ie}=1 KΩ，R_L=2 KΩ，試求其
電壓增益A_v為何？　(A)-400
(B)-200　(C)200　(D)400。

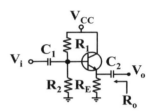

( )　10. 運算放大器輸出方波信號時，若信號在5 μs內由-5 V變動到+5 V，試
求其轉動率為何？　(A)2 V/μs　(B)4 V/μs　(C)5 V/μs　(D)10 V/
μs。

( )　11. 如右圖所示，已知V_{CC}= 12 V，R_1= 100
KΩ，R_2= 100 KΩ，R_E= 10 Ω，h_{ie}=$r_π$=1
KΩ，h_{fe}=β= 99，試求其輸出阻抗R_o約為
何？　(A)5 Ω　(B)10 Ω　(C)990 Ω　(D)1
KΩ。

( )　12. 如右圖所示，電晶體工作於
作用區，β=99，r_e=30 Ω。
若此放大電路之電壓增益
A_v=100，試求其R_C約為何？
(A)2.1 KΩ　(B)4.3 KΩ　(C)6.4 KΩ　(D)8.6 KΩ。

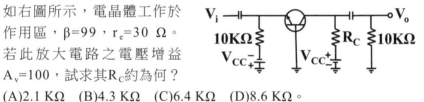

( )　13. 關於變壓器耦合放大器之敘述，下列何者正確？　(A)效率較RC耦合
放大器低　(B)容易以積體電路實現　(C)不容易實現阻抗匹配　(D)
頻率響應不佳。

( )　14. 關於達靈頓(Darlington)電路之敘述，下列何者有誤？　(A)可用NPN
及PNP電晶體混合組成　(B)輸入阻抗很高　(C)電流增益小於1　(D)
可用兩電晶體組成。

( )　15. 如右圖所示疊接(Cascode)放大器，相較於共源
(CS)放大器，下列何者有誤？
(A)輸入電阻大約相同
(B)電晶體偏流大約相同
(C)頻寬大約相同
(D)電壓增益大約相同。

( ) 16. 於主動區工作之電晶體電流增益α=0.95，若射極電流I_E=10 mA，漏電流I_{CBO}=5 μA，試求其集極電流I_C值為何？　(A)9.005 mA　(B)9.505 mA　(C)10.005 mA　(D)10.505 mA。

( ) 17. 未加偏壓之BJT，其物理特性之敘述，下列何者有誤？　(A)各極的寬度：W_C>W_E>W_B　(B)各極的電阻係數：E<B<C　(C)接面的電容量：C_{B-E}>C_{B-C}　(D)接面的空乏區寬度：W_{B-E}>W_{B-C}。

( ) 18. 有一增強P通道MOSFET，已知臨界電壓V_T=-2.5，若汲極電壓V_D=4 V，源極電壓V_S=8 V，直流閘極電壓V_G=3 V，試問其MOSFET應處於何種工作區？　(A)飽和區　(B)歐姆區　(C)截止區　(D)逆向工作區。

( ) 19. 在一N通道增強型MOSFET共源極放大電路中，其中MOSFET之V_T= 2 V，K= 2 mA/V^2，若要使MOSFET工作於飽和區，以獲得I_D=18 mA時，試求其V_{GS}電壓為何？　(A)2 V　(B)3 V　(C)5 V　(D)9 V。

( ) 20. 如右圖所示電路，其中Q_1與Q_2的臨界電壓分別為 1 V和-1 V時，Q_1、Q_2工作狀態為何？　(A)Q_1工作在歐姆區、Q_2工作在截止區　(B)Q_1與Q_2皆工作在截止區　(C)Q_1工作在截止區、Q_2工作在歐姆區　(D)Q_1與Q_2皆工作在歐姆區。

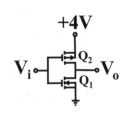

( ) 21. 一共基極放大器，在室溫下之熱電壓V_T=26 mV，已知其電壓增益為20，若直流工作點I_{EQ}=2 mA，試求其小訊號r_e電阻為何？　(A)13 Ω　(B)26 Ω　(C)40 Ω　(D)52 Ω。

( ) 22. 某矽製二極體之PN接面於5 ℃時，其逆向飽和電流為5 nA，當此PN接面溫度上升至35 ℃時，試求其逆向飽和電流為何？　(A)50 nA　(B)40 nA　(C)30 nA　(D)20 nA。

( ) 23. 如右圖所示，當V_{DS}= 5 V，試求其V_{GS}值為何？
(A)-4 V
(B)-2 V
(C)5 V
(D)10 V。

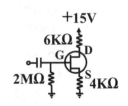

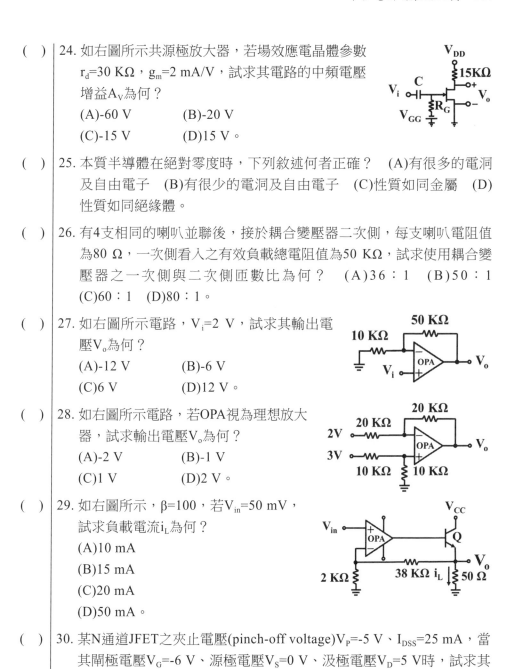

( )　24. 如右圖所示共源極放大器,若場效應電晶體參數 r_d=30 KΩ, g_m=2 mA/V,試求其電路的中頻電壓 增益A_V為何?

(A)-60 V (B)-20 V

(C)-15 V (D)15 V。

( )　25. 本質半導體在絕對零度時,下列敘述何者正確? (A)有很多的電洞 及自由電子 (B)有很少的電洞及自由電子 (C)性質如同金屬 (D) 性質如同絕緣體。

( )　26. 有4支相同的喇叭並聯後,接於耦合變壓器二次側,每支喇叭電阻值 為80 Ω,一次側看入之有效負載總電阻值為50 KΩ,試求使用耦合變 壓器之一次側與二次側匝數比為何? (A)36:1 (B)50:1 (C)60:1 (D)80:1。

( )　27. 如右圖所示電路,V_i=2 V,試求其輸出電 壓V_o為何?

(A)-12 V (B)-6 V

(C)6 V (D)12 V。

( )　28. 如右圖所示電路,若OPA視為理想放大 器,試求輸出電壓V_o為何?

(A)-2 V (B)-1 V

(C)1 V (D)2 V。

( )　29. 如右圖所示,β=100,若V_{in}=50 mV, 試求負載電流i_L為何?

(A)10 mA

(B)15 mA

(C)20 mA

(D)50 mA。

( )　30. 某N通道JFET之夾止電壓(pinch-off voltage)V_P=-5 V、I_{DSS}=25 mA,當 其閘極電壓V_G=-6 V、源極電壓V_S=0 V、汲極電壓V_D=5 V時,試求其 汲極電流I_D為何? (A)0 mA (B)5 mA (C)7 mA (D)10 mA。

( )　31. 如右圖所示，某R_C相移振盪器，為一理想運算
放大器，若R=650 Ω，C=0.01 μf，欲維持電
路振盪，試求其電阻R_f最小值約為何？
(A)13 KΩ　　　　(B)19 KΩ
(C)25 KΩ　　　　(D)41 KΩ。

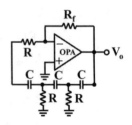

( )　32. 關於石英晶體及石英晶體振盪器之敘述，下列何者有誤？　(A)石英
晶體可設計為脈波振盪電路　(B)振盪器的輸出頻率穩定　(C)石英晶
體具有壓電效應特性　(D)石英晶體厚度愈薄，振動頻率愈低。

( )　33. 二極體電晶體邏輯電路中，其電晶體工作在哪幾區？　(A)飽和區、
工作區及截止區　(B)飽和區及工作區　(C)工作區及截止區　(D)飽
和區及截止區。

( )　34. 橋式整流電路中，其輸出電壓平均值為75 V，若負載為純電阻，試求
每個二極體之逆向峰值電壓(PIV)約為何？　(A)236 V　(B)118 V
(C)78 V　(D)59 V。

( )　35. 如右圖所示電路，若V_Z=5 V，試求稽
納二極體的消耗功率為何？
(A)120 mW　　　　(B)240 mW
(C)375 mW　　　　(D)480 mW。

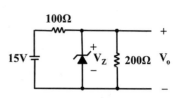

( )　36. 關於555 IC振盪電路，下列何者有誤？　(A)無法改接成單穩態振盪器
(B)可當無穩態振盪器　(C)內含兩個比較器　(D)內含一個輸出緩衝
器。

( )　37. 下列何種摻雜的改變行為，可增加BJT電晶體的電流增益β？　(A)基
極與射極摻雜濃度均降低　(B)基極摻雜濃度增加，射極摻雜濃度降
低　(C)基極與射極摻雜濃度均增加　(D)基極摻雜濃度降低，射極摻
雜濃度增加。

( )　38. 關於自由電子與價電子之敘述，下列何者有誤？　(A)自由電子的能
階大於價電子的能階　(B)自由電子位於傳導帶　(C)自由電子成為價
電子會釋放能量　(D)價電子位於原子核最內層之電子軌道。

( )　39. 平均值為110 V之正弦波、方波與三角波，在相同負載下，其產生之功率之大小次序，分別為何？　(A)三角波>正弦波>方波　(B)正弦波>方波>三角波　(C)方波>正弦波>三角波　(D)三角波>方波>正弦波。

( )　40. 使用信號產生器產生某一正弦波電壓，另使用三用電表的ACV檔測量時可得到1 V的電壓值，若改用示波器測量峰對峰值，試求其最接近下列何者電壓？　(A)1 V　(B)2 V　(C)1.414 V　(D)2.828 V。

( )　41. 有一簡單電路如右圖所示，若輸入電壓V_i為一正弦波 $220\sin120\pi t$，試求其經流R_L之電流頻率為何？　(A)60 Hz　(B)90 Hz　(C)120 Hz　(D)240 Hz。

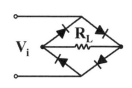

( )　42. 有兩個特性完全相同的電晶體，連接成如右圖之電路，該兩晶體的特性如下：$V_{BE}=0.7$ V，$\beta=200$，$V_T=25$ mV，若逆向飽和電流不計入，試求其Q_1電晶體的I_{C1}約為何？　(A)0.25 mA　(B)0.5 mA　(C)1 mA　(D)1.25 mA。

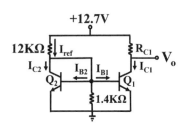

( )　43. 若半導體之本質載子濃度為1.5×10^{10} cm^{-3}，同時摻雜鎵原子(濃度為 1×10^{15} cm^{-3})及砷原子(濃度為8×10^{15} cm^{-3})，試求其半導體內電洞濃度約為何？　(A)3×10^4 cm^{-3}　(B)1×10^{15} cm^{-3}　(C)7×10^{15} cm^{-3}　(D)8×10^{10} cm^{-3}。

( )　44. 使用三用電表之電阻檔測量二極體時，二極體順向電阻假設為R_1、逆向電阻假設為R_2，則下列敘述何者正確？　(A)R_1的值非常小，R_2的值非常大　(B)R_1的值非常大，R_2的值非常小　(C)R_1及R_2的值均非常小　(D)R_1及R_2的值均非常大。

( )　45. 如右圖所示，$V_i=1.2\sin(\Omega t)$V，二極體切入電壓$V_i=0.6$ V，試問其ωt在何角度範圍內，負載電阻R_L有電流通過？　(A)$0°\sim180°$　(B)$30°\sim120°$　(C)$30°\sim150°$　(D)$45°\sim135°$。

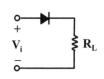

( )　46. 如右圖所示電路為一理想B類推挽式放大
器，R_L=10 Ω，試求其最大信號輸出功率
為何？
(A)16 W　　　(B)20 W
(C)24 W　　　(D)32 W。

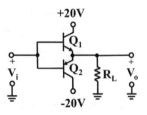

( )　47. 某全波整流器，其濾波電容為40 μF，負載電流為40 mA，峰值濾波電
壓為100 V，若電源頻率為60 Hz，試求其濾波器的直流電壓約為何？
(A)50 V　(B)75 V　(C)96 V　(D)100 V。

( )　48. 一直流電源無載時電壓為30 V，內阻為2 Ω，滿載電流為2.5 A，試求
其電壓調整率為多少？　(A)5 %　(B)10 %　(C)20 %　(D)40 %。

( )　49. 下列電路，何者為運算放大器之主要輸入結構？　(A)達靈頓電路
(B)差動電路　(C)光耦合電路　(D)RC耦合電路。

( )　50. 如右圖所示，假設4K_1=K_2，臨界電壓V_{t1}=V_{t2}=2 V，試求
其V_o值為何？
(A)1 V　　　(B)2 V
(C)4 V　　　(D)6 V。

解答及解析

※答案標示為#者，表官方曾公告更正該題答案。

1. (C)。
$$\left.\begin{array}{l} 40°C \to V_Z = 8V \\ 30°C \to V_Z = 7.8V \end{array}\right\} 減少10°C，\Delta V_Z = 0.2V$$
$\Rightarrow$ 溫度係數 $=\dfrac{0.2V/8}{10°C}=0.25\%／°C$，選(C)。

2. (D)。 漣波百分比 $r=\dfrac{V_{r(rms)}}{V_{dc}}=\dfrac{5/\sqrt{2}}{35}=0.101=10.1\%$，選(D)。

3. (D)。　（半波）　$\Rightarrow$全波整流輸出頻率較半
波整流高，選(D)。
（全波）

4. (B)。　漣波電壓 $V_{r(p-p)} = \dfrac{V_m}{2fR_LC} = \dfrac{120}{2 \times 60 \times 10 \times C} \overset{希望為}{=\!=\!=} 3V$

　　　　 $\rightarrow C = 33.33\mu F$，選(B)。

5. (C)。　$r_e = \dfrac{V_T}{I_E} = \dfrac{V_T}{I_C + I_B} = \dfrac{25mV}{1.01mA} = 24.75\Omega$

　　　　 $\Rightarrow$ 選(C)。

6. (B)。

$I_C = \dfrac{15-5}{2} = 5mA$

$\rightarrow I_B = \dfrac{1}{\beta} \times I_C = 50\mu A$

$\Rightarrow$ 選(B)。

7. (A)。　$I_D = \dfrac{I_{DSS}}{V_P{}^2}(V_{GS} - V_P)^2 \Rightarrow gm = \dfrac{\partial I_D}{\partial V_{GS}} = \dfrac{I_{DSS}}{V_P{}^2} \cdot 2(V_{GS} - V_P)$

　　　　 $= \dfrac{6}{(-3)^2} \times 2 \times [-1.5-(-3)]$

　　　　 $= 2ms$，選(A)。

8. (C)。　回授電路產生振盪之條件為：

　　　　 (1)$|\beta A| \geq 1$

　　　　 (2)$\angle \beta A(jw) = 0°$

　　　　 $\rightarrow$ 已知 $\beta = 0.01$，則 $|A|$ 必 $\geq \dfrac{1}{0.01} = 100$，選(C)。

9. (A)。

$\begin{cases} i_1 = \dfrac{V_i}{1K} \\ V_o = -200i_1 \times 2K \end{cases}$

$\rightarrow A_V = \dfrac{V_o}{V_i} = -400$

$\Rightarrow$ 選(A)。

10. (A)。 回轉率SR（slew rate）$=\dfrac{\Delta V}{\Delta Tr}=\dfrac{5-(-5)}{5\mu}=2V／\mu s$，選(A)。

11. (A)。

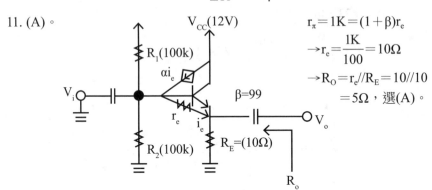

$r_\pi=1K=(1+\beta)r_e$

$\rightarrow r_e=\dfrac{1K}{100}=10\Omega$

$\rightarrow R_O=r_e//R_E=10//10$

$\qquad =5\Omega$，選(A)。

12. (B)。

$i_e=\dfrac{0-V_i}{r_c}$

$\rightarrow V_o=0-\alpha i_e\times(R_c//10K)$

$\rightarrow V_o=-(\dfrac{\beta}{\beta+1})\dfrac{0-V_i}{r_e}\times(R_c//10K)$

$=0.99\times\dfrac{V_i}{30}\times(R_c//10K)$

$\rightarrow \dfrac{V_o}{V_i}=\dfrac{0.99}{30}\times(R_c//10K)=100$

$\rightarrow R_C\cong4.348K\Omega$

$\Rightarrow$選(B)。

13. (D)。 變壓耦合，將由於變壓器本身的電感性質，造成頻率響應不佳，選(D)。

14. (C)。

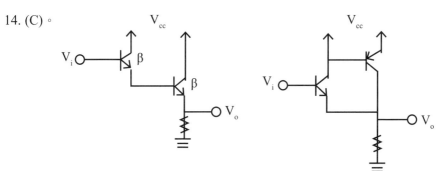

電流增益β→β*β，大幅提升，(A)描述顯然錯誤
⇒選(C)。

15. (C)。

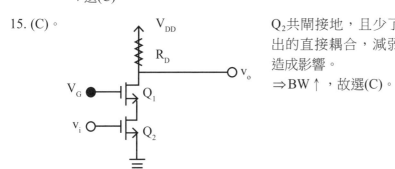

Q_2共閘接地，且少了輸入到輸出的直接耦合，減弱米勒效應造成影響。
⇒BW↑，故選(C)。

16. (B)。 $I_C = \alpha I_E + I_{CBO} = 0.95 \times 10m + 5\mu = 9.505mA$
⇒選(B)。

17. (D)。 空乏區寬度與摻雜濃度"反比"，又BJT中參雜濃度依序為E＞C＞B，因此$W_{BC} > W_{BE}$，故選(D)。

18. (A)。

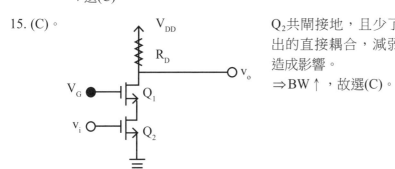

$V_{SG} = 8 - 3 = 5 > |V_T|$，且$V_{SG} + |V_T| = 7.5 > V_D$，因此可得知該PMQS處於飽和區。
⇒選(A)。

19. (C)。 $I_D = K(V_{GS} - V_T)^2 = 2(V_{GS} - 2)^2 = 18mA$
→$V_{GS} = 5(V)$，選(C)。

20. (#)。 題目資訊不足（V_i、V_o值未知），無法判斷。公告本題無解。

21. (A)。　$r_e = \dfrac{V_T}{I_{EQ}} = \dfrac{26}{2} = 13\Omega$，選(A)。

22. (B)。　當溫度上升10°C，二極體逆向飽和電流I_S上升1倍：

$$\rightarrow I_S(T_2) = I_S(T_1) \times 2^{\frac{T_2-T_1}{10}}$$

$$\rightarrow I_S(35°C) = I_S(5°C) \times 2^{\frac{35-5}{10}} = 5n \times 2^3 = 40nA，選(B)。$$

23. (A)。

$4I_D + V_{DS} + 6I_D = 10I_D + 5 = 15$

$\rightarrow I_D = 1mA$

$\rightarrow V_x = I_D \times 4K = 4V$

$\rightarrow V_{GS} = V_x - 0 = -4V$，選(A)。

24. (B)。

$-[V_i/(\dfrac{1}{gm})] \times (15K//rd) = V_o$

$\rightarrow \dfrac{V_o}{V_i} = -gm \times (15K//r_d)$

$= -2 \times 10 = -20$（V/V）

$\Rightarrow$ 選(B)。

25. (D)。　絕對零度時，不存在可運動之載子$\Rightarrow$如同絕緣體。

　　　　$\Rightarrow$ 選(D)。

26. (B)。　4支喇叭並聯$\rightarrow$電阻值$=20\Omega$

又1次側與2次側匝數比$n^2 = \dfrac{50K}{20} = 2500$

$\rightarrow n = 50 \Rightarrow$選(B)。

27. (D)。

$(\dfrac{V_i}{10} \times 50) + V_i = V_o$

$\to \dfrac{V_o}{V_i} = 6(V/V)$

$\to V_o = 6 \times V_i = 12(V)$，$V_i = 2V$

$\Rightarrow$ 選(D)。

28. (C)。

由重疊定理：

$V_{OV} = 0 - (\dfrac{2}{20K}) \times 20K = -2V$

$V_{OV} = [3 \times (\dfrac{10}{10+10}) / \cancel{20K}] \cdot \cancel{20K}$

$\qquad + 3 \times (\dfrac{10}{10+10})$

$\qquad = 3V$

$\to V_o = V_{0.2V} + V_{0.3V} = -2 + 3 = 1V$

$\Rightarrow$ 選(C)。

29. (C)。

$i_1 = \dfrac{V_{in}}{2K} = \dfrac{50m}{2K} = 0.025mA$

$V_o = V_{in} + i_1 \times 38K$

$\qquad = 50m + 0.025m \times 38K = 1V$

$\Rightarrow i_L = \dfrac{V_o}{50} = 20mA$，選(C)。

30. (A)。　$V_{GS} = -6 - 0 = -6 < V_P$，JFET截止$\Rightarrow I_D = 0mA$，選(A)

31. (B)。　RC相位移振盪器$Av > -29$，$Av = \dfrac{-Rf}{R}$

$\qquad \to R_f > 29 \times R = 29 \times 0.65K = 18.85K\Omega$，選(B)。

32. (D)。　石英振盪器之石英體，厚度越薄，振盪頻率越高

$\qquad \Rightarrow$ 選(D)。

33. (D)。　二極體於邏輯電路中，扮演開角色，即僅導通，R導通二狀態$\Rightarrow$
工作於飽和、截止二區，選(D)。

34. (B)。 $PIV = \frac{\pi}{2} \times V_{dc.rms} = \frac{\pi}{2} \times 75 \cong 118V$，選(B)

35. (C)。

假設二極體未崩潰

$\rightarrow V_o = 15 \times \frac{200}{200+100} = 10V > V_z$

$\rightarrow$ 假設錯誤

$\rightarrow V_o = V_z = 5V$

$\Rightarrow$ 流經二極體電流 $I_z = \frac{15-5}{100} - \frac{5}{200} = 0.075A$

$\rightarrow P = V_z \times I_z = 375mW$，選(C)。

36. (A)。 IC555本為單穩態輸出電路，選(A)。

37. (D)。 電流增益β的提升方式：
    (1)增加射極參雜
    (2)降低基極參雜
    (3)縮小基極寬度

38. (D)。 「價電子」為原子「最外層」電子，故選(D)。

39. (A)。 (i) 相同負載下 $\because P = \frac{V^2}{Z}$ $\therefore$ P與V^2成正比，V為電壓之有效值。

    (ii) 正弦波之有效值 $= \frac{V_m}{\sqrt{2}} = \frac{(\frac{\pi}{2}V_{avg})}{\sqrt{2}} = \frac{\frac{\pi}{2} \times 110}{\sqrt{2}} = 122.18$（V）

    方波之有效值 $= \frac{V_m}{1} = \frac{V_{avg}}{1} = \frac{110}{1} = 110$（V）

    △波之有效值 $= \frac{V_m}{\sqrt{3}} = \frac{(2V_{avg})}{\sqrt{3}} = \frac{2 \times 110}{\sqrt{3}} = 127$（V）

    (iii)由(i)、(ii)功率大小：△波＞正弦波＞方波，選(A)。

40. (D)。三用電錶量測結果為r.m.s值

$$\rightarrow V_{rms} = \frac{V_m}{\sqrt{2}} = 1 \rightarrow V_{P-P} = 2V_m = 2.828（V），選(D)。$$

41. (#)。

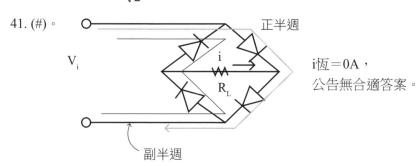

i恆＝0A，
公告無合適答案。

42. (B)。

$$I_{ref} = \frac{12.7 - 0.7}{12K} = 1mA$$

$$I_g = \frac{0.7}{1.4K} = 0.5mA$$

$$I_{C1} \cong I_{C2}$$

$$\rightarrow I_{ref} = I_{C2} + I_{B1} + I_{B2} + I_g$$

$$= I_{C2} + \frac{1}{\beta} \times I_{C2} + \frac{1}{\beta} I_{C1} + I_g$$

$$= (1 + \frac{2}{\beta}) I_{C1} + I_g$$

$$\rightarrow 1mA = (1 + \frac{2}{200}) I_{C1} + 0.5mA$$

$$\rightarrow I_{C1} \cong 0.495mA，選(B)。$$

43. (A)。 加了 $\begin{cases} 3價原子（鎵）1 \times 10^{15} cm^{-3} \\ 5價原子（砷）8 \times 10^{15} cm^{-3} \end{cases} \Rightarrow$ 摻雜後為N型

(ii) 由電中性定理 $N_D + p_o = N_A + n_o \cdots\cdots(1)$

且 $p_o \cdot n_o = n_i^2 \cdots\cdots(2)$

$$\rightarrow p_o(N_D - N_A + p_o) = n_i^2$$

$$\rightarrow p_o^2 + p_o(N_D - N_A) - n_i^2 = 0$$

$$\rightarrow p_o^2 + p_o \cdot 7 \times 10^{15} - (1.5 \times 10^{10})^2 = 0$$

$$\rightarrow p_o = 3 \times 10^4 cm^{-3}，選(A)。$$

44. (A)。 二極體 $\begin{cases} 順偏 \to 趨近短路 \to 阻抗極小 \\ 逆偏 \to 趨近開路 \to 阻抗極大 \end{cases}$

$\Rightarrow$ 選(A)。

45. (C)。 當 $V_i = 1.2\sin(\omega t) > 0.6V$，可使二極體導通

$\to \sin(\omega t) > \dfrac{0.6}{1.2} = \dfrac{1}{2}$

$\to 30° < \omega t < 150°$，選(C)。

46. (B)。 B類放大器 $P_{L(max)} = \dfrac{V_m^2}{2R_L}$，$V_m$ 為 $V_{o.max} \cong V_{CC} = 20V$

$R_L = 10\Omega \to R_{L(max)} = \dfrac{20^2}{2 \times 10} = 10$（W）故選(B)。

47. (C)。 $V_{dc} = V_m - \dfrac{4.17 I_{dc}}{C}$，$V_m$ 為整流後峰值電壓，I_{dc} 為負載電流（mA）

$\to V_{dc} = 100 - \dfrac{4.17 \times 40}{40} = 95.83V$，選(C)。

48. (C)。 $V.R \triangleq \dfrac{無載 - 滿載}{滿載} \times 100\%$

已知 $\begin{cases} 無載電壓 = 30V；3 \\ 滿載電壓 = 30 - 2 \times 2.5 = 25 \end{cases}$

$\to V.R. = \dfrac{30 - 25}{25} = 0.2 = 20\%$，選(C)。

49. (B)。 運算放大器主要輸入結構為 "差動電路"。

$\Rightarrow$ 選(B)。

50. (D)。

$\because Q_1 、 Q_2$ 工作於 $\boxed{SAT}$

$\to I_{D_1} = K_1(V_o - V_{t_1})^2 = I_{D_2} = K_2(10 - V_o - V_{t_2})^2 \cdots\cdots(1)$

已知 $4K_1 = K_2$，$V_{t_1} = V_{t_2} = 2V$

$\to \cancel{K_1}(V_o - 2)^2 = 4\cancel{K_1}(10 - V_o - 2)^2$

$\to V_o - 2 = 2(8 - V_o) = 16 - 2V_o$

$\to V_o = 6V$，選(D)。

111年台灣菸酒從業評價職位人員

( )　1. 下列選項中何者存在於二極體PN接面的空乏區域內？　(A)正離子和負離子　(B)自由電子和負離子　(C)自由電子和電洞　(D)只有電洞。

( )　2. 當我們運用三用電表的歐姆檔來測量二極體是否為良品時，如果測試棒交替量測二極體的接腳後，三用電表指針皆顯示為低電阻，請問該二極體的狀態為下列何者？　(A)斷路　(B)短路　(C)無法判斷　(D)正常。

( )　3. 下列關於雙極性接面電晶體（BJT）之敘述何者錯誤？　(A)摻雜濃度最高的是射極　(B)集極摻雜濃度升高，可提高逆向崩潰電壓　(C)射極接面空乏區寬度小於集極接面空乏區寬度　(D)射極和集極摻雜濃度不同，不可對調使用。

( )　4. 下列哪一個組態的雙極性接面電晶體（BJT）放大電路有最大的電壓增益，且能將輸入信號反相輸出？　(A)共基極　(B)共射極　(C)共集極　(D)共基極、共射極或共集極皆可。

( )　5. 下列何者為dBm之基本定義？
(A)$10\log\frac{P_o}{1mW}\Big|R_L=600\,\Omega$　　　　(B)$20\log\frac{P_o}{1mW}\Big|R_L=600\,\Omega$
(C)$20\log\frac{P_o}{1mW}\Big|R_L=50\,\Omega$　　　　(D)$10\log\frac{P_o}{1mW}\Big|R_L=50\,\Omega$。

( )　6. 石英晶體運用下列何種效應可以產生高精度的振盪頻率？
(A)電流效應　(B)壓電效應　(C)電壓效應　(D)電磁效應。

( )　7. 試求右圖所示電路之輸入電阻R_i為多少歐姆？
(A)$1k\Omega$
(B)$10M\Omega$
(C)$15M\Omega$
(D)$20M\Omega$。

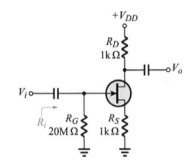

( )　8. 下列哪一種組態的場效電晶體（FET）放大電路功率增益為最大？
(A)共閘極　(B)共汲極　(C)共源極　(D)含源極電阻之共源極。

( )　9. 某臨界電壓$V_T=1V$、元件參數$K=0.3mA/V^2$的N通道增強型金屬氧化
物半導體場效電晶體（EMOSFET）放大電路，若其工作於夾止區、
$V_{GS}=4V$，則轉移電導g_m為多少 mA/V？　(A)2.4 mA/V　(B)1.8 mA/
V　(C)1.2 mA/V　(D)0.8 mA/V。

( )　10. 源極隨耦器為下列哪一種放大電路？　(A)共閘極放大電路　(B)共源
極放大電路　(C)共汲極放大電路　(D)共射極放大電路。

( )　11. 金屬氧化物半導體場效電晶體（MOSFET）疊接放大器分別由哪
兩種組態為第一級與第二級所組成？　(A)共源極（CS）、共閘極
（CG）　(B)共源極（CS）、共汲極（CD）　(C)共閘極（CG）、
共汲極（CD）　(D)共集極（CC）、共基極（CB）。

( )　12. 若欲將右圖所示放大電路之工作點（Q點）移向A點，請問執行下列
何種動作可以辦到？

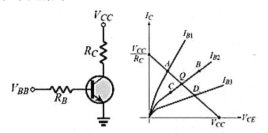

(A)增加R_B電阻值　(B)減小R_B電阻值　(C)增加R_C電阻值　(D)減小R_C
電阻值。

( )　13. 如右圖所示為理想運算放大器（OPA）應用電路，若輸入電壓（V_i）
為3.5V，則輸出電壓（V_o）為多少伏特（V）？

(A)-17.5V

(B)17.5V

(C)-15V

(D)15V。

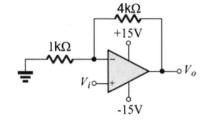

( ) 14. 下列由雙極性接面電晶體（BJT）所組成的達靈頓電路，何者為正確接法？

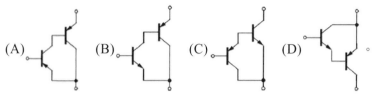

(A)　　　(B)　　　(C)　　　(D)

( ) 15. 下列何者為N通道空乏型金屬氧化物半導體場效電晶體（DMOSFET）的符號？

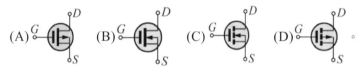

(A)　　　(B)　　　(C)　　　(D)

( ) 16. 下列電子材料中，何者不是常用來製作半導體元件的材料？
(A)鍺（Ge）　(B)矽（Si）　(C)鈉（Na）　(D)磷（P）。

( ) 17. 判斷半導體材料能否產生自由電子的能隙（energy gap）大小，常用的單位是什麼？　(A)伏特V　(B)庫倫C　(C)瓦特W　(D)電子伏特eV。

( ) 18. 波爾原子模型中，離原子核最遠的最外層軌道之電子，稱為？
(A)束縛電子　(B)自由電子　(C)價電子　(D)負離子。

( ) 19. 有關半導體材料及元件內的電子與電洞，下列敘述何者錯誤？　(A)電子脫離原子軌道所留下之空位稱為電洞　(B)自由電子移動的速度和電洞移動的速度是一樣的　(C)價電子脫離原子結構後，形成自由電子　(D)P型半導體內的主要導電載體為電洞。

( ) 20. 在P通道電晶體MOSFET如所示，下列敘述何者正確？　(A)必須在柵極（gate, G）施加較源極（source, S）正電壓，才會進入飽和區　(B)P通道內負責主要導電的電荷載體為電子　(C)P通道內負責主要導電的電荷載體為正電的電子　(D)P通道內負責主要導電的電荷載體為電洞。

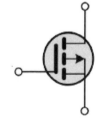

( ) 21. 某電路中的一個二極體其20℃的熱當電壓$V_T=25mV$，順向直流工作點電壓$V_{DQ}=0.7V$，電流$I_{DQ}=2.5mA$，則交流動態電阻r_d為多少？
(A)280Ω　(B)140Ω　(C)100Ω　(D)10Ω。

( )　22. 右圖所示的變壓器其變壓比為
　　　10：2，將變壓器的中央位置接
　　　地，構成中央抽頭接地全波整流
　　　電路，輸入電壓V_i=100sin100t，
　　　則所用的二極體的尖峰逆向電壓
　　　PIV為多少伏特？
　　　(A)10　　　　　(B)14.14
　　　(C)20　　　　　(D)28.28。

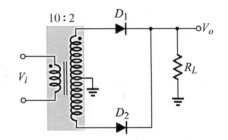

( )　23. 稽納二極體最常應用於何種電路中？　(A)放大電路　(B)整流電路
　　　(C)穩壓電路　(D)檢波電路。

( )　24. 有一個濾波電路，在輸出端測量得到的電壓平均值V_{dc}=15V，漣
　　　波電壓有效值為$V_{r(rms)}$=0.5V，則本濾波電路的漣波因數為多少？
　　　(A)1.66%　(B)3.33%　(C)6.66%　(D)30%。

( )　25. 有關理想運算放大器OPA特性，下列敘述何者錯誤？　(A)輸入阻抗
　　　無窮大　(B)輸出阻抗為0　(C)共模拒斥比CMRR為0　(D)輸入電流
　　　為0。

( )　26. 右圖所示的運算放大器
　　　電路中，R_f=100kΩ，
　　　R_1=10kΩ；假若輸入電壓
　　　v_i=2 mV，則OPA的輸出電
　　　壓為多少？
　　　(A)-22mV
　　　(B)20mV
　　　(C)22mV
　　　(D)200mV。

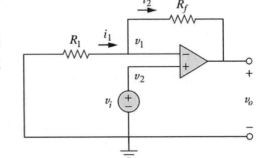

( )　27. LED發光的顏色主要與下列何者有關？　(A)外加電壓大小　(B)通過
　　　的電流大小　(C)所使用的材料之能帶間隙　(D)外加電壓頻率。

( )　28. 電晶體工作於線性放大電路狀態時，其射極電流I_E、基極電流I_B、集
　　　極電流I_C的關係為？　(A)$I_B=I_E+I_C$　(B)$I_C=\beta \times I_E$　(C)$I_E=\beta \times I_C$　(D)
　　　$I_C=\beta \times I_B$。

( ) 29. 右圖的正弦交流電壓波型,其頻
率為多少?
(A)10Hz
(B)20Hz
(C)50Hz
(D)50rad。

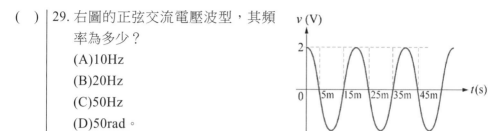

( ) 30. 在本質半導體中,由於外加電壓而產生的電流,稱為:
(A)漂移電流 (B)擴散電流 (C)電子流 (D)漏電流。

( ) 31. 有一P通道增強型MOSFET,該晶體的臨界電壓$V_T=-3V$,當輸入電
壓$V_{GS}=-5V$時,MOSFET工作於夾止飽和區,參數$k=0.5mA/V^2$,則
輸出的直流偏壓電流I_{DQ}為何? (A)1.0mA (B)2.0mA (C)–2.0mA
(D)–1.0mA。

( ) 32. 在N型半導體中主要的多數導電載體為? (A)帶正電的電子 (B)帶
負電的電子 (C)帶正電的電洞 (D)帶負電的電洞。

( ) 33. 右圖所示的變壓器電路,$N_1:N_2=5:1$,假設在輸入端V_1施加10V的直流
電,則輸出端的電壓為多少?
(A)0.4V
(B)2.0V
(C)50V
(D)0V。

( ) 34. 右圖所示的電晶體放大電路,集極電流I_C為多
少安培?
(A)0.1mA
(B)0.107mA
(C)5.0mA
(D)10.0mA。

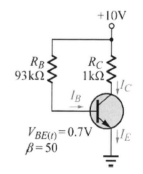

( ) 35. 有一正弦波電壓$v(t)=100\sin(5,000t)mV$,則此
交流電壓的有效值為:
(A)141V (B)100V (C)70.7V (D)50V。

( )　36. 由電晶體所組成的達靈頓對放大電路，下列敘述何者錯誤？　(A)電壓放大率接近於1、但小於1　(B)輸入阻抗高、輸出阻抗低　(C)電壓放大率遠大於1，但功率放大率小於1　(D)電流放大率大於1。

( )　37. 右圖方塊內由電感及電容所組成的濾波電路，是屬於：　(A)高頻通過的高通濾波器（high-pass filter）　(B)低頻通過的低通濾波器（low-pass filter）　(C)某一頻段通過的帶通濾波器（band-pass filter）　(D)某一頻段無法通過的帶斥濾波器（band-reject filter）。

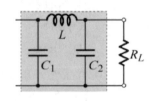

( )　38. 右圖所示由理想運算放大器OPAMP、電阻及電容所構成的電路，下列選項何者正確？

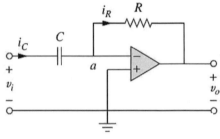

(A)$v_0 = -RC\dfrac{dv_i}{dt}$

(B)$v_0 = -\dfrac{1}{RC}\displaystyle\int_0^t v_i(t)dt$

(C)$v_0 = -\dfrac{1}{RC}v_i$

(D)$v_0 = -RCv_i$。

( )　39. 目前最常用的白光發光二極體LED，主要是靠什麼方法發出白光？　(A)藍光二極體搭配黃色螢光粉　(B)藍光二極體搭配紅色螢光粉　(C)紅光二極體搭配黃色螢光粉　(D)紅光二極體搭配白色螢光粉。

( )　40. 右圖所示符號，分別代表什麼電子元件？

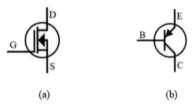

(a)　　　　　(b)

(A)(a)是P通道增強型MOSFET；(b)是NPN電晶體

(B)(a)是P通道空乏型MOSFET；(b)是NPN電晶體

(C)(a)是N通道增強型MOSFET；(b)是PNP電晶體

(D)(a)是N通道空乏型MOSFET；(b)是PNP電晶體。

( ) 41. 二極體的PN接合面有空乏層（depletion layer）存在，下列敘述何者錯誤？　(A)二極體施加順向偏壓時，空乏區變小　(B)二極體施加逆向偏壓時，空乏區變大　(C)空乏層中沒有電場的存在　(D)二極體施加逆向偏壓越大，二極體的接面電容越小。

( ) 42. 右圖所示的電晶體，假設BE接面與BC接面的障壁電壓分別為$V_{BE}=0.7V$及$V_{BC}=0.5V$，在此偏壓狀態下的電晶體處於何種工作狀態？　(A)截止狀態　(B)線性放大工作狀態　(C)飽和狀態　(D)BE接合面為導通狀態；BC接合面為截止狀態。

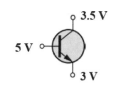

( ) 43. 右圖所示的理想稽納二極體電路，則輸出電壓V_o為何？
(A)$V_o=9.0V$　　(B)$V_o=5.0V$
(C)$V_o=4.5V$　　(D)$V_o=10V$。

( ) 44. 承第43題，流過1kΩ的電流$I_{1kΩ}$及負載10kΩ的消耗電功率P分別為多少？　(A)$I_{1kΩ}=1.0mA$；$P=10mW$　(B)$I_{1kΩ}=4.5mA$；$P=202.5mW$　(C)$I_{1kΩ}=5.5mA$；$P=2.025mW$　(D)$I_{1kΩ}=5.5mA$；$P=302.5mW$。

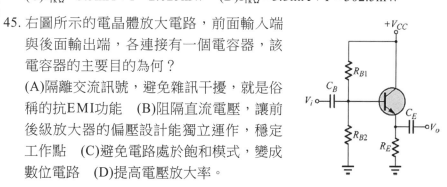

( ) 45. 右圖所示的電晶體放大電路，前面輸入端與後面輸出端，各連接有一個電容器，該電容器的主要目的為何？
(A)隔離交流訊號，避免雜訊干擾，就是俗稱的抗EMI功能　(B)阻隔直流電壓，讓前後級放大器的偏壓設計能獨立運作，穩定工作點　(C)避免電路處於飽和模式，變成數位電路　(D)提高電壓放大率。

( ) 46. 右圖所示的電晶體放大電路，其中的電晶體結構與接線方式，又稱為什麼電路？　(A)共射極放大電路　(B)共基極放大電路　(C)施密特觸發電路　(D)達靈頓對電晶體放大電路。

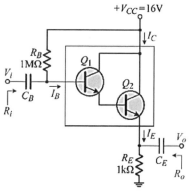

(　　) 47. 電晶體放大電路的三種組態：共射極放大電路CE、共基極放大電路CB、共集極放大電路CC，三種組態放大電路的輸入阻抗大小順序為何？　(A)CC＞CB＞CE　(B)CC＞CE＞CB　(C)CE＞CC＞CB　(D)CB＞CE＞CC。

(　　) 48. 右圖所示由理想運算放大器OPAMP所組成的電路中，±V_{CC}=±15V，R_f=200kΩ，R_1=20kΩ，輸入電壓V_s=2V，則倒相輸入端V_A的電壓為多少？　(A)0V　(B)2V　(C)–15V　(D)5/11V。

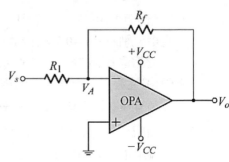

(　　) 49. 右圖所示的理想二極體電路中，則下列選項中，何者是輸出電壓正確的波形？

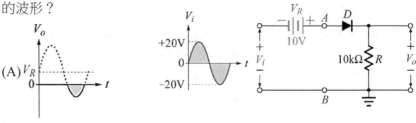

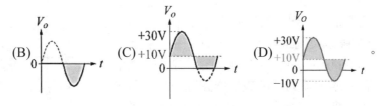

(　　) 50. 右圖由理想運算放電器OPA所組成的電路中，輸入電壓$v_a=10mV$，$v_b=20mV$，$v_c=30mV$，$R_a=200kΩ$，$R_b=40kΩ$，$R_c=50kΩ$，$R_f=200kΩ$，則輸出電壓v_o為何？
(A)60mV
(B)230mV
(C)–240mV
(D)–230mV。

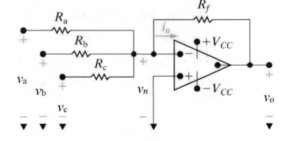

解答及解析

※答案標示為#者，表官方曾公告更正該題答案。

1. (A)。 二極體PN接面的空乏區域內有正離子和負離子。

2. (B)。 交替量測皆為低電阻，表示保持導通狀態，故應為短路。

3. (B)。 集極摻雜濃度升高，會降低逆向崩潰電壓。

4. (B)。 共射極路有最大的電壓增益，且能將輸入信號反相輸出。

5. (A)。 dBm之定義為$10\log\frac{P_o}{1mW}\Big|R_L=600\Omega$。

6. (B)。 石英晶體運用壓電效應可產生高精度的振盪頻率。

7. (D)。 $R_i=20M+1k//1k\cong 20M\Omega$。

8. (C)。 共源極功率增益為最大。

9. (B)。 $g_m=\frac{i_d}{v_{gs}}=2K(V_{gs}-V_t)=2\times0.3m\times(4-1)=1.8mA/V$。

10. (C)。 源極隨耦器為共汲極放大電路。

11. (A)。 共源極(CS)、共閘極(CG)。

12. (B)。 由Q點移到A點，須從I_{B2}移到I_{B1}，即提高I_B，故應減小R_B。

13. (D)。 $\frac{0-3.5}{1}=\frac{3.5-V_o}{4}$，$V_o=17.5V>15V$，$\therefore V_o=15V$。

14. (B)。 為達靈頓電路接法。

15. (B)。 為N通道空乏型金屬氧化物半導體場效電晶體符號。

16. (C)。 鈉非製作半導體元件之材料。

17. (D)。 能隙大小單位為eV。

18. (C)。 離原子核最遠的最外層軌道之電子，稱為價電子。

19. (B)。 自由電子移動的速度和電洞移動的速度是不一樣的。

20. (D)。 P通道內負責主要導電的電荷載體為電洞。

21. (D)。 $r_d = \dfrac{25}{2.5} = 10\Omega$。

22. (C)。 $PIV = 100 \times \dfrac{2}{10} = 20V$。

23. (C)。 稽納二極體最常應用於穩壓電路中。

24. (B)。 漣波因數 $= \dfrac{V_{r(rms)}}{V_{dc}} = \dfrac{0.5}{15} \times 100\% = 3.33\%$。

25. (C)。 共模拒斥比CMRR為無限大。

26. (C)。 $\dfrac{0-2m}{10k} = \dfrac{2m-v_o}{100k}$，$v_o = 22mV$。

27. (C)。 LED發光的顏色主要與材料之能帶間隙有關。

28. (D)。 $I_E = I_B + I_C$，$I_E = (1+\beta)I_B$，$I_c = \beta I_B$。

29. (C)。 $f = \dfrac{1}{(45-25)m} = 50Hz$。

30. (C)。 電子流。

31. (B)。 $I_d = k(V_{SG} + V_T)^2 = 0.5(5-3)^2 = 2mA$。

32. (B)。 N型半導體中主要的多數導電載體為帶負電的電子。

33. (D)。 輸入為直流電，所以輸出端電壓為0V。

34. (C)。 $I_C = \beta I_B = 50 \times \dfrac{10-0.7}{93k} = 5mA$。

35. (C)。 $V_{rms} = \dfrac{100}{\sqrt{2}} = 70.7mV$。

36. (C)。 電壓放大率小於1，但功率放大率大於1。

37. (B)。 此為低頻通過的低通濾波器。

38. (A)。 $v_o = -v_R = -i_c R = -RC\dfrac{v_i}{t}$，$v_o = -RC\dfrac{dv_i}{dt}$。

39. (A)。 藍光二極體搭配黃色螢光粉。

40. (D)。 (a)是N通道空乏型MOSFET；(b)是PNP電晶體。

41. (C)。 空乏層中有電場的存在。

42. (C)。 BE、BC兩端皆為順向偏壓，故為飽和狀態。

43. (C)。 $10 \times \dfrac{10}{10+1} = 9.09V > 4.5V$，$\therefore V_o = 4.5V$。

44. (C)。 $I_{1k\Omega} = \dfrac{10-4.5}{1k} = 5.5mA$，$P_{10k\Omega} = \dfrac{4.5^2}{10k} = 2.025mW$。

45. (B)。 電容器的主要目的為阻隔直流電壓，讓前後級放大器的偏壓設計能獨立運作，穩定工作點。

46. (D)。 此為達靈頓對電晶體放大電路。

47. (B)。 輸入阻抗：CC＞CE＞CB。

48. (D)。 $V_o = -\dfrac{200}{20} \times 2 = -20V$，$-15 \leq V_o \leq 15$，$\therefore V_o = -15V$，

$\dfrac{2-V_A}{20k} = \dfrac{V_A-(-15)}{200k}$，$V_A = \dfrac{5}{11}V$。

49. (C)。 $V_{AB} = 10+V_i$，$-10 \leq V_{AB} \leq 30$，經過二極體後低於的訊號會被濾掉，故為(C)。

50. (D)。 $v_o = \left(-\dfrac{200k}{200k} \times 10m\right) + \left(-\dfrac{200k}{40k} \times 20m\right) + \left(-\dfrac{200k}{50k} \times 30m\right) = -230mV$。

111年經濟部所屬事業機構新進職員

( )　1. 在未外加偏壓的情況下，有關PN接面二極體空乏區之敘述，下列何者正確？　(A)P、N兩側空乏區的寬度，與其所摻雜的雜質濃度成正比　(B)矽質材料製成的二極體障壁電位比鍺質材料的二極體低　(C)所形成的障壁電位，在空乏區N側的電位比P側的電位低　(D)空乏區會抑制擴散電流。

( )　2. 如右圖所示電路，已知D_1、D_2皆為理想二極體，若V_1=6V，V_2=5V，試求I_o之值為何？　(A)2mA　(B)2.2mA　(C)2.5mA　(D)3mA。

( )　3. 如右圖所示電路，已知稽納二極體之稽納電壓V_Z=9V，試求通過負載電阻R_L上，電流I_L之值為何？　(A)0mA　(B)2mA　(C)3mA　(D)5mA。

( )　4. 如右圖所示之理想變壓器電路，D為理想二極體，R_L=20Ω，V_i= 126sin(337t)V，則V_o平均值約為何？　(A)10V　(B)20V　(C)30V　(D)40V。

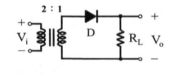

( )　5. 若右圖中之電路可輸出6.5kHz之振盪波形，則電阻值R應為何？　(A)3MΩ　(B)6.5MΩ　(C)10MΩ　(D)100MΩ。

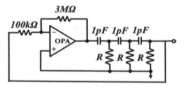

( )　6. 有一差動放大器之兩端輸入訊號分別為V_1=4V，V_2=-4V時，其輸出為80V，若輸入改為V_1=5V，V_2=3V時，其輸出為32V，則此差動放大器之共模增益Ac為下列何者？　(A)1　(B)2　(C)3　(D)4。

( )　7. 有關BJT電晶體之敘述，下列何者有誤？　(A)電晶體三種組態放大電路中，以共射極CE組態的功率增益最高　(B)集極接合面寬度比射極接合面寬度大　(C)NPN型電晶體BJT工作於順向主動區時，集極電流與基極電流成正比　(D)電晶體BJT電路符號中之箭號是代表集極，其指示的方向為電流的方向。

( ) 8. 如右圖所示之電路，若$h_{re}=h_{oe}=0$，$h_{ie}=r_\pi=$ 2kΩ，$h_{fe}=\beta=99$，則A點與接地間的輸入阻抗Z_i為何？
(A)3kΩ
(B)5kΩ
(C)203kΩ
(D)205kΩ。

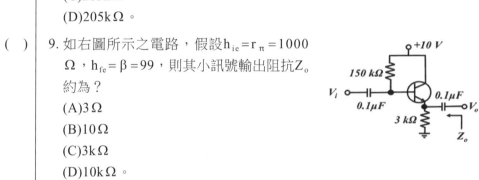

( ) 9. 如右圖所示之電路，假設$h_{ie}=r_\pi=1000$ Ω，$h_{fe}=\beta=99$，則其小訊號輸出阻抗Z_o約為？
(A)3Ω
(B)10Ω
(C)3kΩ
(D)10kΩ。

( ) 10. 射極隨耦器（Emitter Follower）屬於何種負回授放大電路？ (A)並串（電流並聯）回授 (B)串串（電流串聯）回授 (C)並並（電壓並聯）回授 (D)串並（電壓串聯）回授。

( ) 11. 在具有射極電阻及射極旁路電容的共射極放大電路中，下列敘述何者正確？ (A)對直流的工作點而言，旁路電容為負回授的電路 (B)直流電流會從旁路電容通過，可增加直流的電壓增益 (C)交流的電壓增益會受到射極直流電流大小的影響 (D)若將旁路電容移除，直流的工作點會明顯改變。

( ) 12. 下列何者是造成射極隨耦器（Emitter Follower）有良好高頻響應之原因？ (A)無米勒效應（Miller Effect） (B)有厄利效應（Early Effect） (C)輸出阻抗大 (D)電壓增益大。

( ) 13. 如右圖所示之電路，已知Q_1 FET的$V_{T1}=3V$，且$K_1=0.1mA/V^2$，Q_2 FET的$V_{T2}=2V$，且$K_2=0.9mA/V^2$，試求V_o之值為何？
(A)$V_o=6.5V$ (B)$V_o=8V$
(C)$V_o=9V$ (D)$V_o=10V$。

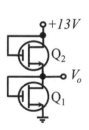

( ) 14. 已知某N通道空乏型MOSFET之夾止電壓$V_{GS(off)}$=-7V，若此MOSFET工作於飽和區，且閘極對源極電壓V_{GS}為0V時，汲極電流為18mA，試問當閘極對源極V_{GS}電壓為-3.5V時，汲極電流I_D為何？
   (A)3.75mA　(B)4.5mA　(C)5mA　(D)6.25mA。

( ) 15. 如右圖所示，已知$r_d = \infty$，$g_m = 5mS$，則電壓增益A_V值為何？
   (A)-50
   (B)-10
   (C)45
   (D)150。

( ) 16. 在CMOS邏輯電路中，下列敘述何者正確？　(A)NMOS導通時PMOS關閉，NMOS關閉時PMOS導通　(B)NMOS與PMOS同時導通且同時關閉　(C)PMOS永遠導通，由NMOS的導通狀態決定輸出　(D)NMOS永遠導通，由PMOS的導通狀態決定輸出。

( ) 17. 如右圖所示，MOSFET數位電路輸入與輸出的關係為何？
   (A)$Y = \overline{A}B + A\overline{B}$
   (B)$Y = AB + \overline{AB}$
   (C)$Y = AB + \overline{A}\overline{B}$
   (D)$Y = \overline{AB}$。

( ) 18. 如右圖所示之運算放大電路，若OPA為理想放大器，求輸出電壓V_o為何？
   (A)7V　　　　(B)9V
   (C)13V　　　(D)15V。

( ) 19. 如右圖所示之運算放大電路，若OPA為理想放大器，試求輸出電壓V_o為何？
   (A)-6V
   (B)-2V
   (C)2V
   (D)10V。

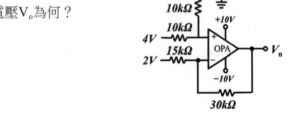

( )　20. 右圖為一個三級的串級放大
　　　電路，已知該串級放大電路
　　　的總功率增益$A_{PT}=100dB$，
　　　試求該放大電路中的A_{v3}為
　　　何？　(A)40　(B)80　(C)100
　　　(D)125。

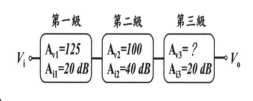

( )　21. 如右圖所示之電路，已知$K=0.75mA/V^2$，
　　　臨界電壓$V_T=2V$，試求此電路互導g_m為何？
　　　(A)0.5mS
　　　(B)1mS
　　　(C)2mS
　　　(D)3mS。

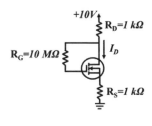

( )　22. 有關各類耦合電路之敘述，下列何者有誤？
　　　(A)低頻響應最佳的電路是直接耦合串級放大電路
　　　(B)阻抗匹配最佳的電路是變壓器耦合串級放大電路
　　　(C)體積最小最適合作IC的電路是直接耦合串級放大電路
　　　(D)溫度穩定性最佳的電路是直接耦合串級放大電路。

( )　23. 如右圖所示之電路，其功能為下列何者？
　　　(A)波型整形電路
　　　(B)非反向放大電路
　　　(C)無穩態電路
　　　(D)單穩態電路。

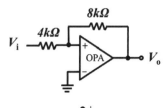

( )　24. 右圖為一差動放大器，若$R_C=50k\Omega$，
　　　$R_E=200k\Omega$，電晶體的小信號參
　　　數$\beta_0=10$，$g_m=4mS$，當$V_1=0V$，
　　　$V_2=3mV$時，試求V_{o2}為何？
　　　(A)-300mV
　　　(B)-200mV
　　　(C)200mV
　　　(D)300mV。

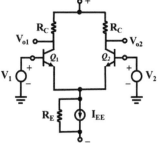

(　　) 25. 右圖為一低通放大濾波器，若其電壓增益A = -5且高頻截止頻率
　　　　$f_h = 7.96Hz$，試求電容C_F為何？
　　　　(A)$0.02\mu F$
　　　　(B)$0.2\mu F$
　　　　(C)$2\mu F$
　　　　(D)$20\mu F$。

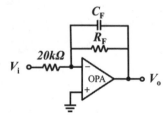

解答及解析

※答案標示為#者，表官方曾公告更正該題答案。

1. (D)。 (A)P、N兩側空乏區的寬度，與其所摻雜的雜質濃度成反比。
　　　　(B)矽質材料製成的二極體障壁電位比鍺質材料的二極體高。
　　　　(C)所形成的障壁電位，在空乏區N側的電位比P側的電位高。

2. (B)。 (1) 若D_1' ON，D_2 OFF，$V_o = \dfrac{2}{1+2} \times 6 = 4V \Rightarrow D_2$ ON(不合理)

　　　　 (2) 若D_1' OFF，D_2 ON，$V_o = \dfrac{2}{1+2} \times 5 = \dfrac{10}{3} \Rightarrow D_1$ ON(不合理)

　　　　 (3) 若D_1' ON，D_2 ON，$I_o = \dfrac{V_o - 0}{2k} = \dfrac{6 - V_o}{1k} + \dfrac{5 - V_o}{1k}$，$V_o = 4.4V$，

　　　　　　 $I_o = 2.2mA$。

3. (B)。 $V_L = 14 \times \dfrac{3}{3+4} = 6V < 9V$，$\therefore V_L = 6V$，$I_L = \dfrac{6}{3k} = 2mA$

4. (B)。 $V_o = 126\sin(337t) \times \dfrac{1}{2} = 63\sin(337t)$，$V_{oav} = \dfrac{63}{\pi} = 20V$

5. (C)。 震盪頻率

　　　　 $\omega = \dfrac{1}{\sqrt{6}RC} \Rightarrow R = \dfrac{1}{\sqrt{6}C\omega} = \dfrac{1}{\sqrt{6} \times 1 \times 10^{-12} \times 2 \times \pi \times 6.5k} = 10M\Omega$

6. (C)。 $V_o = A_c V_c + A_d V_d$，$V_c = \dfrac{V_1 + V_2}{2}$，$V_d = V_1 - V_2$

　　　　 $\begin{cases} 80 = A_c \times 0 + A_d \times 8 \\ 32 = A_c \times 4 + A_d \times 2 \end{cases} \Rightarrow A_c = 3$，$A_d = 10$

7. (D)。　(D)電晶體BJT電路符號中之箭號是代表射極，其指示的方向為電流的方向。

8. (D)。　$Z_i = 3k + r\pi + (\beta + 1) \times 2k = 3k + 2k + 200k = 205k\Omega$

9. (B)。　$Z_o = 3k \, / \, / \dfrac{r\pi}{\beta + 1} = 3k \, / \, / \dfrac{1000}{99 + 1} \cong 10\Omega$

10. (D)。　射極隨耦器(共集極)屬於串並(電壓串聯)回授。

11. (C)。　(A)(B)(D)直流電路時，旁路電容視為開路，因此旁路電容對其直流電路不會有任何影響。

12. (A)。　射極隨耦器因為沒有電壓增益，因此無米勒效應。

13. (C)。　$V_{GD1} = 0V < V_{T1}$，$V_{GD2} = 0V < V_{T2}$，故Q1、Q2位於飽和區。

$$i_D = k_2 \left(V_{GS2} - V_{T2} \right)^2 = k_1 \left(V_{GS1} - V_{T1} \right)^2$$
$$\Rightarrow 0.9[(13 - V_o) - 2]^2 = 0.1(V_o - 3)^2$$
$$\Rightarrow V_o = 15V(不合)、9V$$

14. (B)。　$I_D = K \left(V_{GS} - V_T \right)^2 = \dfrac{I_{DSS}}{V_T^{\,2}} \left(V_{GS} - V_T \right)^2$

$$= \dfrac{18m}{(-7)^2} \times \left[-3.5 - (-7) \right]^2 = 4.5mA$$

15. (A)。　$\dfrac{v_o}{v_i} = -\dfrac{g_m v_{gs} \times \left(R_D \, / \, / R_L \right)}{v_{gs}} = -\dfrac{5 \times v_{gs} \times (15 \, / \, / 30)}{v_{gs}} = -50$

16. (A)。　NMOS導通時PMOS關閉，NMOS關閉時PMOS導通。

17. (A)。

A	B	Y
0	0	0
0	1	1
1	0	1
1	1	0

此為XOR Gate，故 $Y = \overline{A}B + A\overline{B}$

18. (C)。 $V_o = \left[\left(-\frac{20}{5} \times 1\right) \times \left(-\frac{10}{5}\right)\right] + \left[(-5) \times \left(-\frac{10}{10}\right)\right] = 13V$

19. (C)。 $V_o = -\frac{30}{15} \times 2 + 4 \times \frac{1}{2} \times \left(1 + \frac{30}{15}\right) = 2V$

20. (B)。 $A_v(dB) = 20\log_{10} A_v$，$A_i(dB) = 20\log_{10} A_i$，$A_i = 10^{A_i(dB)/20}$

 $A_{i1} = 10$，$A_{i2} = 100$，$A_{i3} = 10$，

 $A_{PT} = 10^{10} = 125 \times 10 \times 100 \times 100 \times A_{v3} \times 10$，$A_{v3} = 80$

21. (D)。 $\begin{cases} I_D = \dfrac{10 - V_D}{1k} = 0.75(V_{GS} - 2)^2 = 0.75(V_G - V_S - 2)^2 \\ V_D = V_G \end{cases} \Rightarrow$

 $I_D = 3$、$\dfrac{16}{3}(不合)mA$，$g_m = 2\sqrt{KI_D} = 2\sqrt{0.75I_D} = 3mS$

22. (D)。 (D)直接耦合串級放大電路很容易受溫度影響，故溫度穩定性不佳。

23. (A)。 (B)非反向放大電路。

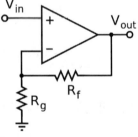

 (C)(D)電路有電容。

24. (A)。 差動放大器公式如下圖

 $\begin{cases} V_1 = V_{BE} + \dfrac{v_d}{2} = 0 \\ V_2 = V_{BE} - \dfrac{v_d}{2} = 3mV \end{cases}$，$v_d = -3mV$，$V_{BE} = \dfrac{3}{2}mV$

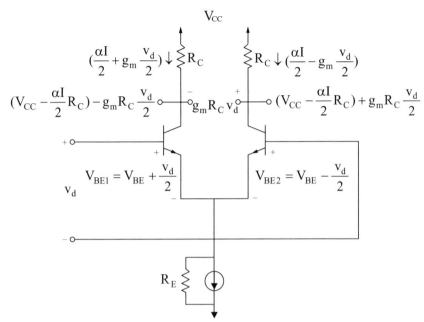

將其做小信號後，公式如下圖

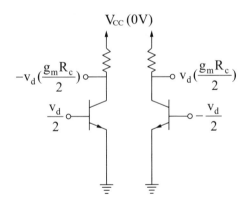

$$\therefore v_{o2} = \frac{g_m R_c}{2} v_d = \frac{4m \times 50k}{2} \times (-3m) = -300mV$$

25. (B)。 $A = -5 = -\dfrac{R_F}{20k}$ ， $R_F = 100k\Omega$ ， $f_h = \dfrac{1}{2\pi R_F C_F}$ ，

$$C_F = \frac{1}{2\pi R_F f_h} = \frac{1}{2\pi \times 100k \times 7.96} = 2 \times 10^{-7}\,F = 0.2\mu F$$

112年台灣菸酒從業評價職位人員

( )　1. 若$I_B=80\mu A$，$I_E=8mA$，則電晶體之直流增益β為何值？
　　　(A)0.01　　　　(B)0.99　　　　(C)99　　　　(D)100。

( )　2. 下列有關雙極性接面電晶體(BJT)的敘述，何者錯誤？
　　　(A)寬度大小為C>E>B　　　　(B)摻雜濃度大小為E>B>C
　　　(C)B極功能為控制載子流量　　(D)E極功能為接收載子。

( )　3. 如圖所示，假設電晶體$\beta=100$、
　　　VBE(sat)=0.8V、VCE(sat)=0.2V，欲
　　　使電晶體進入飽和狀態，則RC最小值
　　　為何？。
　　　(A)100Ω
　　　(B)113Ω
　　　(C)200Ω
　　　(D)227Ω。

( )　4. 已知有一電晶體電路，電晶體交流轉移電導$g_m=60mA/V$、$r_\pi=2.5K\Omega$、
　　　VT=25mV，則該電路直流偏壓電流$I_{CQ}=$？
　　　(A)1mA　　　　(B)1.5mA　　　　(C)2mA　　　　(D)2.5mA。

( )　5. 有關雙極性接面電晶體放大器的敘述，下列何者正確？
　　　(A)輸入端為基極，則一定是共極級放大器
　　　(B)共基極放大器電流增益大約為1
　　　(C)共集極放大器輸入電壓信號與輸出電壓信號反相
　　　(D)共射極放大器可用來放大電壓信號，並有低輸出阻抗的特性。

( )　6. 如圖所示電晶體放大電路，若電容
　　　C3故障開路，則下列何者錯誤？
　　　(A)輸入阻抗變小
　　　(B)輸出阻抗變大
　　　(C)電流增益變小
　　　(D)電壓增益變小。

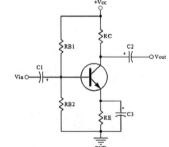

( )　7. 直接耦合串級放大器的優點為何？
(A)穩定性最好　　　　　　　　(B)頻寬最寬
(C)高頻響應最好　　　　　　　(D)適於阻抗匹配。

( )　8. 有關MOSFET與BJT的敘述，下列何者錯誤？
(A)MOSFET之製造密度較低　　　(B)MOSFET之輸入電阻較大
(C)MOSFET之轉移電導較小　　　(D)BJT之操作速度較快。

( )　9. 如圖所示電路，運算放大器之飽和電壓為±12V，下列何者正確？
(A)若Vi=+4V則Vo=+12V
(B)若Vi=+4V則Vo=-12V
(C)若Vi=-2V則Vo=+8V
(D)若Vi=2V則Vo=+6V。

( )　10. 如圖所示之電路，欲使電壓增益為–10，且輸入電阻為20kΩ。則R1及R2之值各約為何？
(A)R1=2.5kΩ，R2=25kΩ
(B)R1=20kΩ，R2=200kΩ
(C)R1=25kΩ，R2=2.5kΩ
(D)R1=200kΩ，R2=20kΩ。

( )　11. 運算放大器輸出方波信號時，若信號在20μs內由–10V變動到+10V，則其迴轉率(slewrate)為何？
(A)0.5V/μs　　　(B)1V/μs　　　(C)5V/μs　　　(D)10V/μs。

( )　12. 理想運算放大器的正常輸入電壓Vi(+)與反向輸入電壓Vi(–)大小相等、相位相同，則輸出電壓Vo=？
(A)0V　　　　　(B)Vi(+)　　　(C)Vi(-)　　　(D)電源電壓。

( )　13. 方波若加入積分器後，會產生出什麼波形？
(A)方波　　　　(B)脈波　　　　(C)三角波　　　(D)正弦波。

( )　14. 若要實現A+BC之開關邏輯特性，則開關應如何連接？
(A)B、C開關並聯後再和A開關串聯
(B)B、C開關串聯後再和A開關並聯
(C)A、B開關串聯後再和C開關並聯
(D)A、B開關並聯後再和C開關串聯。

( )　15. 如圖所示電晶體共基極放大電路，
已知 $V_{BE}=0.7V$、$\beta=100$、熱電壓
$V_T=26mV$，求該電路電壓增益$A_v=$？
(A)3
(B)99
(C)149
(D)200。

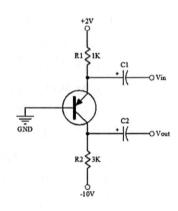

( )　16. 有一理想三級串級放大器電路，第一級電壓增益為－10，第二級放大
器電壓增益為100，第三級放大器電壓增益為20dB，則此放大器在不
考慮相位下，總電壓增益為何？
(A)50dB　　　　(B)80dB　　　　(C)20000　　　　(D)100000。

( )　17. 如圖所示之電路，假設OPA為理
想，V1=3V、V2=-2V，求其輸出電
壓為何？
(A)－8V　　　　(B)－2V
(C)＋2V　　　　(D)＋8V。

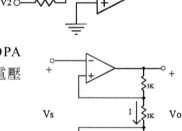

( )　18. 如圖所示為儀表放大電路，假設兩個OPA
均為理想，若Vs=3V，試求其輸出電壓
Vo？
(A)Vo=3V
(B)Vo=6V
(C)Vo=9V
(D)Vo=12V。

( )　19. 如圖所示之電路，假設OPA為理想，若
Vi=4V，運算放大器的飽和電壓為±13V，
則VA為何？
(A)-4V　　　　(B)0V
(C)3V　　　　(D)4V。

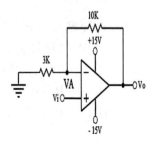

(　) 20. 如圖電路中，U1為理想運算放大
器，若R1=1kΩ、R2=10kΩ、
R3=5kΩ、R4=50kΩ，V1=8V、
V2=7V，試求Vo=？
(A)-15V
(B)-10V
(C)1V
(D)15V。

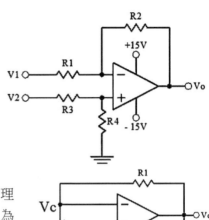

(　) 21. 如圖所示之電路，假設OPA為理
想，運算放大器的飽和電壓為
±13V，R1=R2=R3下列何者錯誤？
(A)正回授因數β為0.5
(B)Vc為三角波，振幅為±6.5V
(C)振盪週期為$2R_1C_1\ln(3)$秒
(D)Vo為方波，振幅為±10V。

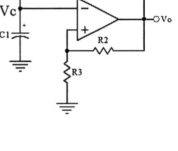

(　) 22. 有關二極體的特性，下列何者正確？
(A)順向偏壓其電壓超過切入電壓，二極體的順向電阻很小
(B)矽二極體的順向切入電壓低於鍺二極體的順向切入電壓
(C)二極體逆向偏壓時其逆向飽和電流（漏電流）與溫度無關
(D)逆向偏壓其電壓低於崩潰電壓，二極體的逆向電阻為零。

(　) 23. 中間抽頭式二極體整流電路如圖所
示，若交流側電壓Vs=12V（有效
值），則二極體D1的逆向峰值電壓
(peak inverse voltage, PIV)為何？
(A)12V　　　　(B)24V
(C)$12\sqrt{2}$ V　　(D)$24\sqrt{2}$ V。

(　) 24. 雙極性接面電晶體(BJT)操作於截止區其接面的偏壓，下列何者正確？
(A)基極與射極接面為逆向偏壓，基極與集極接面為逆向偏壓
(B)基極與射極接面為順向偏壓，基極與集極接面為逆向偏壓
(C)基極與射極接面為逆向偏壓，基極與集極接面為順向偏壓
(D)基極與射極接面為順向偏壓，基極與集極接面為順向偏壓。

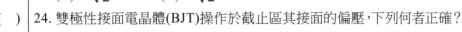

( )　25. 有關雙極性接面電晶體(BJT)的放大電路的型態，下列何者正確？
　　　　(A)共集極放大電路其輸入端為集極，輸出端為射極
　　　　(B)共基極放大電路其輸入端為射極，輸出端為集極
　　　　(C)共基極放大電路其輸入端為基極，輸出端為射極
　　　　(D)共集極放大電路其輸入端為射極，輸出端為基極。

( )　26. 某交流電壓的時間函數$e_s(t)=100\sqrt{2}\sin(314t)V$，此交流電壓的頻率約
　　　　為何？　(A)314Hz　(B)157Hz　(C)100Hz　(D)50Hz。

( )　27. 週期性的脈波電壓如圖所示，若最大值為10V，則此電壓的平均值為
　　　　何？　(A)1.5V　(B)2.5V　(C)5.0V　(D)7.5V。

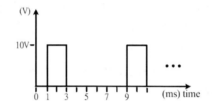

( )　28. 如圖所示的電路為何種濾波器？
　　　　(A)高通濾波器
　　　　(B)低通濾波器
　　　　(C)帶通濾波器
　　　　(D)帶拒濾波器。

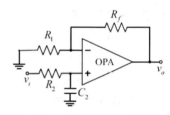

( )　29. 某放大器的電壓增益為100，此電壓增益為多少dB（分貝）？
　　　　(A)100dB　(B)80dB　(C)60dB　(D)40dB。

( )　30. 有關N通道加強型MOSFET在飽和區操作，V_t為臨界電壓(threshold
　　　　voltage)，V_{GS}為閘極-源極電壓，K為MOSFET參數，汲極電流I_D為何？
　　　　(A)$I_D=K(V_{GS}-V_t)^2$　　　　　　　(B)$I_D=K(V_{GS}-V_t)$
　　　　(C)$I_D=3K(V_{GS}-V_t)^2$　　　　　　(D)$I_D=3K(V_{GS}-V_t)$。

( )　31. 有關N通道加強型MOSFET在飽和區操作，V_t為臨界電壓(threshold
　　　　voltage)，V_{GS}為閘極-源極電壓，K為MOSFET參數，轉移電導（互
　　　　導）g_m為何？
　　　　(A)$g_m=K(V_{GS}-V_t)^2$　　　　　　　(B)$g_m=K(V_{GS}-V_t)^3$
　　　　(C)$g_m=3K(V_{GS}-V_t)^2$　　　　　　(D)$g_m=2K(V_{GS}-V_t)$。

( ) 32. 有關理想運算放大器的特性，下列何者正確？
(A)輸入阻抗為零，開迴路電壓增益為無窮大
(B)輸出阻抗為零，開迴路電壓增益為無窮大
(C)共模拒斥比為零，開迴路電壓增益為無窮大
(D)輸入阻抗為零，開迴路電壓增益為零。

( ) 33. 有關MOSFET放大電路的敘述，下列何者正確？
(A)共閘極放大電路其輸入端為源極，輸出端為汲極
(B)共汲極放大電路其輸入端為源極，輸出端為閘極
(C)共閘極放大電路其輸入端為汲極，輸出端為閘極
(D)共汲極放大電路其輸入端為汲極，輸出端為源極。

( ) 34. 理想運算放大器的電壓隨耦器如圖所示，其電壓增益 $\dfrac{V_o}{V_i}$ 為何？

(A)-0.5
(B)-1
(C)1
(D)0.5。

( ) 35. 有關P型半導體與N型半導體的敘述，下列何者正確？
(A)P型半導體的多數載子為電子
(B)N型半導體為本質半導體摻雜三價元件
(C)P型半導體為本質半導體摻雜五價元件
(D)N型半導體的多數載子為電子。

( ) 36. 運算放大器所組合電路如圖所示，
此電路的名稱為何？
(A)微分電路
(B)積分電路
(C)除法電路
(D)乘法電路。

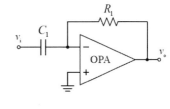

( ) 37. 有關MOSFET作為線性放大器需操作於何區？
(A)歐姆區　　　　　　　　(B)截止區
(C)飽和區　　　　　　　　(D)三極區。

( ) 38. 雙極性接面電晶體(ＢＪＴ)的直流偏壓電路如圖所示，若ＢＪＴ切入電壓$7V_{BE}=0.7V$，$\beta=100$，$V_{BB}=5.7V$，$V_{CC}=10V$，$R_C=2k\Omega$，$R_B=200k\Omega$，則直流偏壓的集極電流I_C為何？
(A)10mA (B)5mA
(C)2.5mA (D)1mA。

( ) 39. 橋式整流電路如圖所示，若交流側輸入電壓有效值ＥＳ為100V，則輸出電壓平均值約為何？
(A)141.4V (B)100V
(C)90V (D)63.6V。

( ) 40. 如圖所示電路，二極體為理想特性，若$V_{DD}=6V$，$R_1=1k\Omega$，則電流I_R為何？
(A)2mA
(B)3mA
(C)4mA
(D)6mA。

( ) 41. 雙極性接面電晶體(BJT)的直流偏壓電路如圖所示，若BJT的$\beta=100$，$R_C=500\Omega$，$V_{CC}=10V$，$I_B=1mA$，則下列何者正確？
(A)電晶體操作於主動區
(B)電晶體操作於飽和區
(C)電晶體操作於截止區
(D)電晶體集極電流$I_C=100mA$。

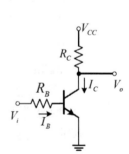

( )　42. 如圖所示之理想運算放大電路，
　　　　R₁=R₂=10kΩ，R_f=R₃=20kΩ，若
　　　　V₁=2V、V₂=3V，則在正常操作
　　　　其輸出電壓V₀為何？
　　　　(A)2V
　　　　(B)4V
　　　　(C)5V
　　　　(D)6V。

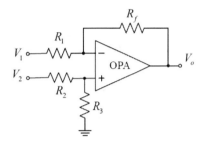

( )　43. 由MOSFET組成數位邏輯閘如圖，此
　　　　為何邏輯閘？
　　　　(A)及閘(AND gate)
　　　　(B)或閘(OR gate)
　　　　(C)反及閘(NAND gate)
　　　　(D)反或閘(NOR gate)。

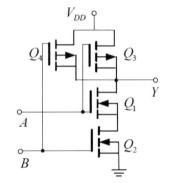

( )　44. 雙極性接面電晶體(BJT)操作
　　　　於主動區其T型小信號模式如
　　　　圖所示，BJT的β=50，熱電壓
　　　　V_T=25mV，若直流偏壓的集極
　　　　電流I_C=1.2mA，則轉移電導（互
　　　　導）g_m為何？
　　　　(A)28mA/V　(B)48mA/V
　　　　(C)68mA/V　(D)88mA/V。

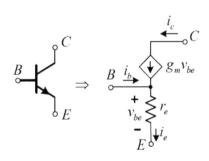

( )　45. 雙極性接面電晶體(BJT)在主動
　　　　區操作其混合π型小信號模式如
　　　　圖所示，BJT的β=100，熱電壓
　　　　V_T=25mV，若直流偏壓時的電流
　　　　I_B=25μA，則電阻rπ為何？
　　　　(A)500Ω　　　　(B)1.0kΩ
　　　　(C)1.5kΩ　　　　(D)2.0kΩ。

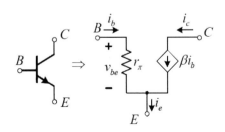

( ) 46. 共射極放大電路如圖所示，BJT
的 β=50、切入電壓 $V_{BE}=0.7V$、
$R_C=2k\Omega$、$V_{CC}=12V$，若直流偏壓的
$V_{CE}=6C$，則電阻 R_B 約為何？
(A)88kΩ
(B)188kΩ
(C)288kΩ
(D)388kΩ。

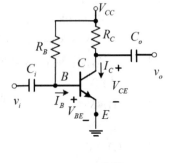

( ) 47. 共源極放大電路如圖所示，若MOSFET
小信號模式的轉移電導 $g_m=2mA/V$、輸
出電阻 $r_d=50k\Omega$，忽略電容 C_D 及 C_G 效

應，則小信號的電壓增益 $\dfrac{v_o}{v_i}$ 為何？

(A)-100 　　　(B)-75
(C)-50 　　　(D)-25。

( ) 48. 理想運算放大電路如圖所示，若輸入電壓 $v_i=0.1\sin(250t)V$，輸出電壓
$v_o=2.0\sin(250t)V$，則電阻 R_1 為何？
(A)10kΩ 　　　　　　　　　(B)5kΩ
(C)4kΩ 　　　　　　　　　(D)2kΩ。

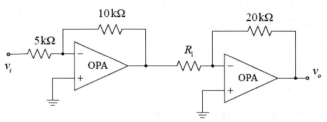

( ) 49. 反相輸入型施密特(Schmitt)觸發器如圖
所示，$R_1=1k\Omega$，$R_2=9k\Omega$，輸出的飽
和電壓約$_{sat}$為±10V，此遲滯(hysteresis)
電壓 V_H 為何？
(A)2V 　(B)3V 　(C)4V 　(D)5V。

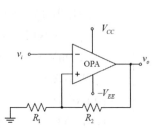

( )｜50. 考畢子振盪器(Colpitts oscillator)如圖所示，電路的振盪頻率f_o為何？

(A)$f_o = \dfrac{1}{2\pi\sqrt{L_1 + C_T}}$ ，$C_T = \dfrac{C_1 C_2}{C_1 + C_2}$

(B)$f_o = \dfrac{1}{2\pi\sqrt{L_1 C_T}}$ ，$C_T = \dfrac{C_1 C_2}{C_1 + C_2}$

(C)$f_o = \dfrac{1}{2\pi\sqrt{L_1 C_T}}$ ，$C_T = \dfrac{C_1 + C_2}{C_1 C_2}$

(D)$f_o = \dfrac{1}{2\pi\sqrt{L_1 + C_T}}$ ，$C_T = \dfrac{C_1 + C_2}{C_1 C_2}$ 。

解答及解析

※答案標示為#者，表官方曾公告更正該題答案。

1. (C)。 $(1+\beta)I_B = I_E \Rightarrow \beta = \dfrac{I_E}{I_B} - 1 = \dfrac{8m}{80\mu} - 1 = 99$

⇒選(C)

2. (D)。 (A)正確，BJT寬度大小C>E>>B。

(B)正確，BJT摻雜濃度E>B>C。

(C)正確，$I_C \cong I_s \times e^{\frac{V_{BE}}{V_T}}$ $V_B\uparrow \Rightarrow V_{BE}\uparrow \Rightarrow I_C\uparrow$，即B極能控制載子流量。

(D)錯誤，E極之功能為將自由電子射入基極。
⇒選(D)

3. (D)。 $I_C \cong I_s \times e^{\frac{V_{BE}}{V_T}}$ ，設BJT處於FA與SAT邊界，則：

$\rightarrow I_{c(SAT)} = I_s e^{\frac{V_{BE(SAT)}}{V_T}} = I_s \cdot e^{\frac{0.8}{0.025}}$

$= \dfrac{12 - V_{CE(SAT)}}{R_c} = \dfrac{11.8}{R_c}$

且 $I_{B(SAT)} = \dfrac{6 - V_{BE(SAT)}}{10k} = \dfrac{6 - 0.8}{10k} = 0.52m$

$\rightarrow I_{B(SAT)} \times \beta = I_{C(SAT)} = 52m = \dfrac{11.8}{R_c}$

$\rightarrow R_c \cong 0.22k\Omega$

$\Rightarrow$ 選(D)

4. (B)。 $g_m = \dfrac{I_{CQ}}{V_T} = 60m = \dfrac{I_{CQ}}{25m}$

$\rightarrow I_{CQ} = 1.5mA$

$\Rightarrow$ 選(B)

5. (B)。 (A)錯誤,輸入端為基極,可能為CE,CC放大器。

(B)正確$\Rightarrow \dfrac{I_o}{I_m} = \alpha \cong 1$。 $\Rightarrow$ 選(B)

(C)錯誤,CE輸出入相位相反。

(D)錯誤,CC具有低r_{out}。

6. (#)。 (A)或(B)均給分。

C_3開路,使AC分析無法忽視R_E效果,形成所謂有射極degeneration 的CE放大器,其效應為:

(1)$V_{out} = G_m \cdot V_{in}$,且$R_E$夠大,$G_m$幾乎為定值。即兩者呈線性關係。

(2)$R_{out} \uparrow$,$R_{in} \downarrow$。

$\Rightarrow$ 選(A)、(B)

7. (B)。 直耦合低至0HZ,高至射頻,均可提供良好訊號傳遞,頻寬最 大。 $\Rightarrow$ 選(B)

8. (A)。 (A)錯誤,MOSFET製造密度高,因此成本$\downarrow$而成為主流。

(B)正確。MOS之$R_{in} \rightarrow \infty >$ BTT之輸入電阻

(C)正確,MOS之$g_m <$ BJT之g_m。

(D)正確,BJT寄生電容小$\rightarrow$截止頻率高,即適合高頻(高速)之 應用。

MOS寄生電容大$\rightarrow$截止頻率低,即適合一般頻率之應用。

$\Rightarrow$ 選(A)

9. (A)。　V_o理論上$4V+\dfrac{4}{2k}\times6k=16V$，

但已知該運算放大器飽和電壓為±12V，

故$V_{o,max}=12V$

⇒選(A)

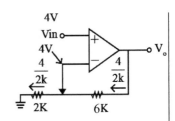

10.(B)。　反相放大器→$\dfrac{V_o}{V_{in}}=-\dfrac{R_2}{R_1}=-10$（V／V）

且$R_{in}=R_1=20k\to R_2=200k$

⇒選(B)

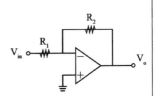

11.(B)。　SR≜運算放大器之電壓轉換速率=$\dfrac{V_0^{+}-V_0^{-}}{\Delta t}$

$=\dfrac{+10-(-10)}{20\mu s}=1(V／\mu s)$

⇒選(B)

12.(A)。　$V_o=\dfrac{A_V\underbrace{(V_i(+)-V_i(-))}_{0}}{}=0V$⇒選(A)

13.(C)。　方波$\xrightarrow{微分}$△波⇒選(C)

14.(B)。

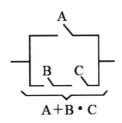

A+B・C

15.(C)。　$i_e=\dfrac{+V_{in}}{r_e}\to V_{out}=\alpha i_e \cdot 3k=\alpha\times\dfrac{V_{in}}{r_e}\times3k$

$\to A_V=\dfrac{V_{out}}{V_{in}}=\dfrac{\alpha\times3k}{r_e}=\dfrac{\alpha\times3k}{V_T/I_{EQ}}$

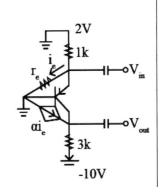

$$\because I_{EQ} = \frac{2 - V_{BE}}{R_1} = \frac{2 - 0.7}{1k} = 1.3mA$$

$$且 \alpha = \frac{\beta}{1 + \beta} = \frac{100}{101}$$

$$\therefore A_v = \frac{100}{101} \times \frac{3k}{0.025 / 1.3m} = 154.45(V / V)$$

⇒選擇最接近值(C)

16.(B)。 $A_{v3} = 20 \log x = 20dB \rightarrow x = 10$

$\rightarrow A_{v,total} = 10 \times 1000 \times 10 = 10^4 \equiv 20 \log 10^4 = 80dB$

⇒選(B)

17.(A)。 $I = \frac{V_1 - 0}{50k} + \frac{V_2 - 0}{100k} = \frac{3}{50k} + \frac{-2}{100k} = 0.04mA$

$\rightarrow V_0 = 0 - 200k \times I = -8V$

⇒選(A)

18.(C)。 $I = \frac{V_o}{9k}$ ， $V_s = I \times 6k - I \times 3k = I \times 3k$

$\rightarrow V_s = \frac{3k}{9k} \times V_o$

$\rightarrow \frac{V_o}{V_s} = \frac{9}{3} = 3(V / V)$ ， $\because V_s = 3$

$\rightarrow V_o = 9V$

⇒選(C)

19.(C)。 理論上 $V_o = (\frac{V_A - 0}{3k}) \times 10k + V_A$ ， $V_A = V_i = 4V$

$\rightarrow V_o = 17.3V >$ 飽和值

$\rightarrow V_{o,max} = 15V$

$\rightarrow \frac{V_{o,max} - V_A}{10k} = \frac{V_A - 0}{3k}$

$\rightarrow V_A \cong 3V \Rightarrow$ 選(C)

20.(B)。　$\dfrac{V_x - 0}{50k} = \dfrac{7 - V_x}{5k} \rightarrow V_x = \dfrac{70}{11} \cdots\cdots$①

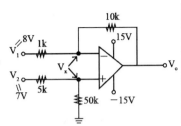

$V_o = V_x + (\dfrac{V_x - 8}{1k}) \times 10k = 11V_x - 80 \overset{①}{=} -10V$

⇒選(B)

21.(D)。　$\beta = \dfrac{R_3}{R_2 + R_3} = 0.5$

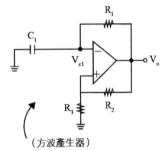

$T = 2R_1 \cdot C_1 \cdot \ln(\dfrac{1+\beta}{1-\beta}) = 2R_1C_1\ln(3)$

$V_c = \pm V_{SAT} \times \beta = \pm 13 \times 0.5 = \pm 6.5$

$V_o = \pm V_{SAT} = \pm 13V$

⇒選(D)

（方波產生器）

22.(B)。　(A)正確，$\triangle V_o$ 小幅變化 $\triangle I \uparrow \rightarrow \dfrac{\triangle V_o}{\triangle I} \cong 0$，因此順向電阻極小。

(B)錯誤，矽二極體切入電壓>鍺二極體。
(C)錯誤，溫度對二極體特性曲線影響如左圖。
(D)錯誤，尚未達崩潰電壓，則二極體不導通，即電阻∞。
⇒選(B)

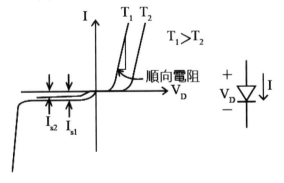

23.(D)。　$V_{s,rms} = 12V \rightarrow V_{s,max} = 12\sqrt{2}$ V

又中間抽頭$PIV = 2 \times V_{s,max} = 24\sqrt{2}$ V⇒選(D)

24.(A)。　於cut之條件，$V_{BE} < 0$，$V_{CB} > 0$⇒選(A)

25.(B)。 CB放大器，由E極輸入，C極輸出⇒選(B)

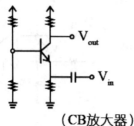

（CB放大器）

26.(D)。 $e_s(t)=100\sqrt{2}\sin(314t)=100\sqrt{2}\sin(2\pi f\times t)$
$\rightarrow 2\pi f=314 \rightarrow f=50Hz \Rightarrow$選(D)

27.(B)。 $V_{av}=\dfrac{10\times 2}{8}=2.5V \Rightarrow$選(B)

28.(B)。 $V_0=V_{in}\times\dfrac{\dfrac{1}{SC_2}}{R_2+\dfrac{1}{SC_2}}+\left(\dfrac{V_{in}\times\dfrac{\dfrac{1}{SC_2}}{R_2+\dfrac{1}{SC_2}}-0}{R_1}\right)\times R_f$

$=(1+\dfrac{R_f}{R_1})\times V_{in}\times\dfrac{1}{1+SR_2C_2}$

$\rightarrow$S↑，則V_0↓，此為低通濾波器特性。⇒選(B)

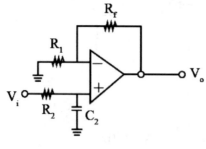

29.(D)。 $100(V/V)\equiv 20\log100=20\times 2=40dB\Rightarrow$選(D)

30.(A)。　$I_D = \dfrac{1}{2}k_n(\overset{k}{\dfrac{W}{L}})[2(V_{GS}-V_t)V_{DS}-V_{DS}^2]$為MOS在三極區之特性方程。

V_{DS}逐漸上升，達$V_{DS}=V_{GS}-V_t$時，進入飽和區。

$\rightarrow I_D=\dfrac{1}{2}K_n(\dfrac{W}{L})(V_{GS}-V_t)^2$ ，$\therefore K \triangleq \dfrac{1}{2}K_n(\dfrac{W}{L})$

$=K(V_{GS}-V_t)^2$

31.(D)。　承上$I_D=K(V_{GS}-V_t)^2$

$\rightarrow g_m \triangleq \dfrac{\partial I_D}{\partial V_{GS}}=2K(V_{GS}-Vt)\Rightarrow$選(D)

32.(B)。　理想OPA之基本特性，考生請記憶：
(A)$R_{in}=\infty$ ，(B)$R_{out}=0$，(C)$A_{open}=\infty$，(D)CMRR$=\infty \Rightarrow$選(B)

33.(A)。　CG放大器電路，其輸入端為S極，輸出端為D極$\Rightarrow$選(A)

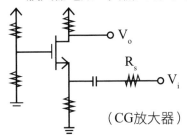

（CG放大器）

34.(B)。　$V_i \overset{虛短路}{=} V_0 \rightarrow \dfrac{V_o}{V_i}=1$

35.(D)。　P型多數載子為電洞，N型多數載子為電子。

（參雜3價）　　　（參雜5價）

$\Rightarrow$選(D)

36.(A)。　$V_o = \dfrac{0-V_i}{\dfrac{1}{SC_1}} \times R_1+0V=V_i \cdot SC \cdot R$

$\rightarrow \dfrac{V_o}{V_1}=-SR_1C_1 \rightarrow$微分電路

37.(C)。 MOSFET共有四種操作模式 $\begin{cases} 截止 \\ 深三極區（即歐姆區） \\ 三極區 \\ 飽和區 \end{cases}$ →作為放

大器，應操作於「飽和區」。
⇒選(C)

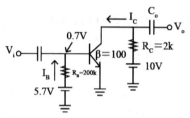

38.(C)。 $I_B = \dfrac{5.7\text{-}0.7}{200k} = 0.025mA$

$\rightarrow I_c = \beta \times I_B = 2.5mA$
⇒選(C)

39.(B)。 橋式整流器 $V_{av} = \dfrac{2V_m}{\pi}$ ， $V_{rms} = \dfrac{V_m}{\sqrt{2}}$

已知有效值 $V_{rms} \equiv E_s = 100V$，則 $V_m = 100\sqrt{2}$ V

$\rightarrow V_{av} = \dfrac{2}{\pi} \times V_m = \dfrac{2}{\pi} \times 100\sqrt{2} = 90V \Rightarrow$ 選(B)

40.(C)。 假設一顆二極體均on→導致 D_1 on時 D_2 應off之矛盾

$\rightarrow$ 假設 D_1 on D_2 off $\rightarrow I_R = \dfrac{6\text{-}2}{1k} = 4mA$

$\rightarrow$ 代回電路檢驗 $V_x = 2V$， D_1 on， D_2 off，假設正確
⇒選(C)

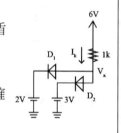

41.(B)。 假設操作於FA→∵ $I_B = 1mA$， $I_C = 100mA$
$\rightarrow V_o = V_{CC} - I_C \times R_C = -40V$，假設錯誤
$\rightarrow$ 工作於飽和區⇒選(B)

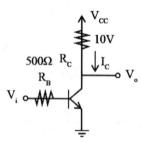

42.(A)。 $i_2 = \dfrac{V_2 - V_x}{R_2} = \dfrac{3 - V_x}{10k} = i_3 = \dfrac{V_x - 0}{R_s} = \dfrac{V_x}{20k}$

$\rightarrow V_x = 2V$

$\rightarrow V_o = (\dfrac{V_x - V_1}{R_1}) \times R_f + V_x = 2V \Rightarrow$ 選(A)

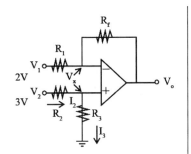

43.(C)。 $\overline{A \times B} = Y \rightarrow$ 此為-NAND$\Rightarrow$選(C)

44.(B)。 $g_m = \dfrac{I_C}{V_T} = \dfrac{1.2m}{0.025} = 48(A/V)$

45.(B)。 $V_\pi = \dfrac{V_T}{I_B} = \dfrac{0.025}{25 \times 10^{-6}} = 1k\Omega \Rightarrow$選(B)

46.(B)。 $I_B = \dfrac{12 - 0.7}{R_B} = \dfrac{11.3}{R_B}$

$I_C = \dfrac{12 - V_{CE}}{R_C} = \dfrac{12 - 6}{2k} = 3mA$

$\because I_C = \beta I_B = 50 \times \dfrac{11.3}{R_B} = 3mA$

$\therefore R_B = 188.33k\Omega \Rightarrow$選(B)

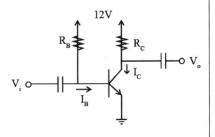

47.(C)。 $\dfrac{v_o}{v_i} = -g_m(r_d // 50k) = -2m \times 25k = -50(V/V) \Rightarrow$選(C)

48.(D)。 $\dfrac{v_o}{v_i} = \left(-\dfrac{10k}{5k}\right) \times \left(-\dfrac{20k}{R_1}\right) = \dfrac{20\sin(250t)}{0.1\sin(250t)} = 200$

$\rightarrow R_1 = 2k\Omega \Rightarrow$選(D)

49.(A)。 $V_H = 2 \times \dfrac{R_1}{R_1 + R_2} \times V_{SAT} = \dfrac{2}{1+9} \times 10 = 20V \Rightarrow$選(A)

50.(B)。 Colpitts oscillator頻率公式：$f_0 = \dfrac{1}{2\pi\sqrt{L(\dfrac{C_1 C_2}{C_1 + C_2})}} \Rightarrow$選(B)

112年台灣菸酒從業職員

一、如圖所示之二極體電路，假設二極體導通時，採用0.7V之定電壓模型，請回答下列問題：

(一) D_1、D_2是導通或截止狀態？為什麼？

(二) I_{D2}= ？

(三) I_{D1}= ？

(四) V_o= ？

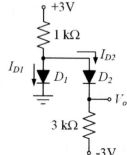

答： 假設D_1 on，D_2 on，則：$I_{D2}+I_{D1}=\dfrac{0-(-3)}{3k}+I_{D1}=\dfrac{3-0.7}{1k}$

→I_{D1}=1.3mA，代回後D_1、D_2皆順偏，假設正確，

⇒(一)D_1＆D_2皆導通，理由如上。

(二) $I_{D2}=\dfrac{0-(-3)}{3k}=1mA$

(三) I_{D1}=1.3mA

(四) V_o=0V

二、如圖所示之電路，假設運算放大器為理想元件，BJT之β值非常大($\beta=\infty$)，$R_1=R_2=R_3=1k\,\Omega$，$R_C=R/2$，若V_s=3V，請列式計算下列問題：

(一) I_C= ？

(二) V_o= ？

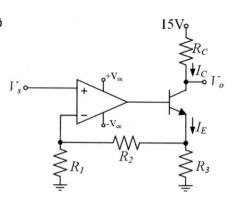

答： 設電晶體在FA區，∵$\beta=\infty$∴$I_C=I_E$

$I_E=I_F+\dfrac{V_s+I_F\times R_2}{R_3}$

$=\dfrac{V_s-0}{R_1}+\dfrac{V_s+I_F\times R_2}{R_s}$

$$= \frac{3}{1k} + \frac{3 + \frac{3}{1k} \times 1k}{1k}$$

$$=9mA=I_C$$

$$\to V_o=15 - 9m \times \frac{R}{2}$$

※題目似有缺漏，「R」之值未知，無法計算。

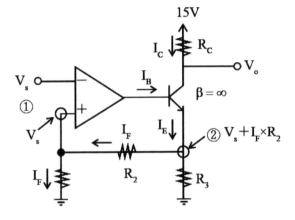

三、如圖所示之BJT電路，若$V_{BE}=0.7V$，電路正常工作，請列式計算下列問題：

(一) $I_E=$ ？

(二) $I_B=$ ？

(三) $I_C=$ ？

(四) $\beta=$ ？

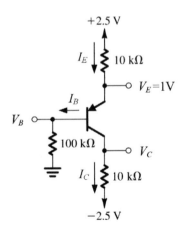

答：$I_E = \dfrac{2.5-1}{10k} = 0.15mA$

$V_B = V_E - 0.7 = 0.3V$

$\rightarrow I_B = \dfrac{0.3}{100k} = 0.0003mA$

$\because I_E = (1+\beta)I_B \quad \therefore \beta = \dfrac{I_B}{I_E} - 1 = 499$

$\rightarrow I_C = I_E - I_B = 0.1497mA$

$\Rightarrow$(一)$I_E = 0.15mA$

(二) $I_B = 0.0003mA$

(三) $I_C = 0.1497mA$

(四) $\beta = 500$

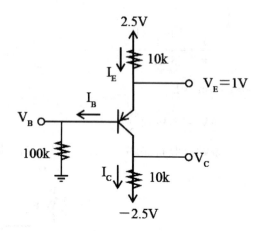

四、如圖所示之MOSFET電路，若$I_D=$
$0.4mA$，$V_{tn}=0.8V$，$k_n = 5mA/V^2$，
$V_A = 40V$，**請列式計算下列問題：**

(一) $V_{ov}=$?

(二) $V_{GS}=$?

(三) $g_m=$?

(四) $r_o=$?

(五) $v_o/v_s=$?

答：$I_D = \dfrac{1}{2} \cdot k_n(V_{GS}-V_{tn})^2(1+\dfrac{V_{DS}}{V_A})$……(1)

(1)：$\dfrac{1}{r_o} \triangleq \dfrac{\partial I_D}{\partial V_{DS}} = \dfrac{1}{2}k_n(V_{GS}-V_{tn})^2 \times \dfrac{1}{V_A}$

$\rightarrow r_o = \dfrac{V_A}{\dfrac{1}{2}k_n(V_{GS}-V_{tn})^2}$ ……(2)

(1)：$g_m \triangleq \dfrac{\partial I_D}{\partial V_{GS}} = k_n(V_{GS}-V_{tn})(1+\dfrac{V_{DS}}{V_A})$……(3)

本題$V_A \neq \infty$，即有二次效應，但R_S卻未知，無法計算。

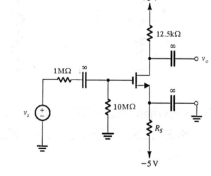

112年經濟部所屬事業機構新進職員

( )　1. 霍爾效應（Hall Effect）使用在半導體測試中，主要用來決定下列何者？
(A)半導體內電流　　　　　(B)半導體型式（n或p）
(C)半導體內磁場　　　　　(D)半導體溫度。

( )　2. 有一理想矽質PN接面的二極體，在溫度為18°C時（V_T=25mV），其逆向偏壓的飽和電流為I_S=2×10^{-14}A且n=1，請問在順向偏壓+0.6V時的電流值為何？　(A)0.53mA　(B)1.06mA　(C)1.44mA　(D)2.88mA。

( )　3. 有關PN接面的二極體，下列敘述何者有誤？
(A)矽二極體的障壁電壓（Barrier Potential）較鍺二極體高
(B)二極體加順向偏壓後，空乏區變窄
(C)溫度上升時，障壁電壓上升
(D)溫度上升時，漏電流上升。

( )　4. 如圖所示之二極體電路圖，若各二極體均為理想二極體，下列敘述何者有誤？
(A)當V_I=0V時，V_A=4V，V_O=4V
(B)當V_I=6V時，V_A=6V，V_O=6V
(C)當V_I=8V時，V_A=8V，V_O=8V
(D)當V_I=12V時，V_A=12V，V_O=12V。

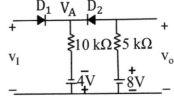

( )　5. 一般BJT電晶體作為線性放大器，電晶體必須施加適當偏壓，使工作點（Operation Point）落在下列何種區域，可獲得較佳之放大倍率？
(A)作用區（Active Region）
(B)反向作用區（Reversed Active Region）
(C)截止區（Cut-off Region）
(D)飽和區（Saturation Region）。

( )　6. 如圖所示之ＢＪＴ電晶體分壓器偏壓電路圖，若電晶體β_{DC}=80，V_{BE}=0.7V，請問V_C為何？
(A)2V　　　　　　(B)4.3V
(C)5V　　　　　　(D)8.6V。

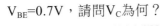
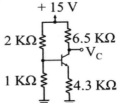

( )　7. 有關BJT與FET之比較，下列敘述何者正確？
(A)BJT製作面積比FET小
(B)一般來說，FET作為放大器的雜訊較大
(C)BJT是雙載子元件，FET是單載子元件
(D)FET不會發生爾利效應(Early Effect)。

( )　8. 有一BJT在環境溫度為25℃時，具最大散熱功率PDO為2W，最大接面溫度為150℃，請問當環境溫度上升至50℃時，可安全散熱之最大功率為何？　(A)1.2W　(B)1.6W　(C)2W　(D)2.4W。

( )　9. 有關如何有效降低增強型NMOS電晶體的V_T（Threshold Voltage）值，下列敘述何者正確？
(A)降低基體（Substrate）的濃度N_A）
(B)降低源極（Source）區域的濃度(N_D)
(C)降低汲極（Drain）區域的濃度(N_D)
(D)降低閘極（Gate）區域的ε_{ox}/t_{ox}(ε_{ox}：矽氧化層的電容介電係數；tox：矽氧化層的厚度)。

( )　10. 有關MOSFET之敘述，下述何者有誤？　(A)增強型n通道MOSFET之臨界電壓值為正　(B)增強型p通道MOSFET之V_{GS}若接正電壓，則無法建立通道　(C)空乏型n通道MOSFET之V_{GS}可接正電壓或負電壓　(D)空乏型MOSFET本身結構中並無預設通道存在。

( )　11. 有關JFET自給偏壓（Self - Bias）電路，若希望工作點（Operating Point）設定在轉換特性曲線的中點，意即$I_D=\frac{1}{2}I_{DSS}$，下列哪一種方式可達成？
(A)$V_{GS}=V_{GS(off)}/2$　　　　　　　　(B)$V_D=V_{DD}/2$
(C)$V_{GS}=V_{GS(off)}/3.4$　　　　　　　(D)$V_D=V_{DD}/3.4$。

( )　12. 有一空乏型n通道MOSFET，$K_n' W/L=2mA/V^2$，V=-3V，其源極與閘極均接地。下列敘述何者有誤？（忽略通道長度調變效應）
(A)當V=0.1V，操作區為三極管區(Triode Region)，$I_D=0.59mA$
(B)當V=1V，操作區為三極管區(Triode Region)，$I_D=5mA$
(C)當V=3V，操作區為飽和區(Saturation Region)，$I_D=9mA$
(D)當V=5V，操作區為飽和區(Saturation Region)，$I_D=10mA$。

（　）13. 有關MOS電流鏡和BJT電流鏡的比較，下列敘述何者有誤？
　　　　(A)MOS電流鏡無β效應（有限β值效應）
　　　　(B)通常MOS電流鏡的$V_{Omin}=V_{GS}-V_t=V_{Ov}$比BJT電流鏡的$V_{Omin}=V_{CEsat}$大
　　　　(C)MOS電流鏡r_o的影響比BJT電流鏡小（有限r_o值效應）
　　　　(D)Wilson電流鏡的電路可降低BJT電流鏡有限β值效應及增加輸出電阻值。

（　）14. 如圖所示之主動負載CE放大器，定電流源I由一PNP電晶體組成。令I＝0.2mA，兩電晶體之|VA|＝40V，β＝200，V_T=25mV，下列敘述何者有誤？
　　　　(A)R_i=25.13KΩ
　　　　(B)r_o=400KΩ
　　　　(C)g_m=8mA/V
　　　　(D)電壓增益Av為-800。

（　）15. 如圖所示之電流轉換器電路圖，所有電晶體β=80，假設二極體與電晶體飽和電流I_s相同，V_T=25mV，n=1，V_S=2V，R=1KΩ，請問I_o為何？
　　　　(A)1.93mA
　　　　(B)1.95mA
　　　　(C)1.97mA
　　　　(D)1.99mA。

（　）16. 有一個一階運算放大器，其直流增益為10^6，且有一極點於10rad/s時，零點為無窮大，若使用電阻將其組成非反向放大器，直流增益為100，請問非反向放大器之極點為何？
　　　　(A)10rad/s　　　　　　　　(B)10^2rad/s
　　　　(C)10^5rad/s　　　　　　　(D)10^6rad/s。

（　）17. 請問下列多級放大器耦合類別中，最佳低頻響應為何？
　　　　(A)電阻電容耦合　　　　　　(B)直接耦合
　　　　(C)變壓器耦合　　　　　　　(D)電感耦合。

( ) 18. 如圖所示之簡單音頻放大器電路圖，若
要得到較低的轉角頻率f_L=50Hz，請問
C耦合電容值為何？

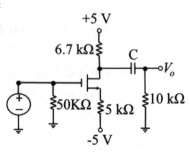

(A)0.0191μF

(B)0.0477μF

(C)0.191μF

(D)0.477μF。

( ) 19. 有關負回授與非負回授運算放大器之比較，下列敘述何者有誤？

(A)負回授運算放大器輸入與輸出電壓呈現180°反相

(B)負回授運算放大器可提高閉迴路電壓增益

(C)負回授運算放大器可依需求調整電路以達到控制輸入、輸出阻抗
之目的

(D)負回授運算放大器可得到較大的頻寬。

( ) 20. 如圖所示之並聯-串聯式(Shunt-Series)負
回授放大電路，電晶體參數g_{m1}=g_{m2}=6mA/
V，若忽略爾利效應(Early Effect)及基體
效應(Body Effect)，電阻R_S=R_D=10KΩ
及R_F=80KΩ，請問電流放大倍數A_f=I_o/I_s
為何？

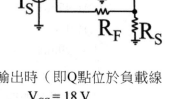

(A)-5.9　　　　(B)-8.9

(C)-12.9　　　　(D)-15.9。

( ) 21. 如圖所示之A類放大電路，能有最大功率輸出時（即Q點位於負載線
中間處），請問電阻值R_B約為多少？

(A)23.1kΩ

(B)34.6kΩ

(C)51.9kΩ

(D)69.2kΩ。

V_{CC} = 18 V

150 Ω

R_B

v_o

v_i

β = 80

V_{BE} = 0.7 V

( ) 22. 設計一個哈特萊振盪器（Hartley Oscillator），振盪頻率為100kHz，
電感L_1=L_2=0.2mH，請問電容C為何？

(A)6.33nF　　　　　　　　(B)12.67nF

(C)25.33nF　　　　　　　　(D)500nF

( )｜23. 有一由運算放大器及3組RC電路組成之相移振盪器，假設所有電阻均
為R、所有電容均為C，下列敘述何者有誤？
(A)因使用3組RC電路，總相位移180°
(B)須使用反相放大

(C)回授信號衰減為 $\dfrac{1}{20}$

(D)振盪頻率為 $\dfrac{1}{2\pi\sqrt{6}RC}$ 。

( )｜24. 兩端輸入的CMOS XOR邏輯閘，至少需由多少顆電晶體組成？
(A)3　　　　(B)4　　　　(C)6　　　　(D)8。

( )｜25. 有關CMOS反相器（Inverter）之功率消耗，下列敘述何者有誤？
(A)其動態功率消耗與頻率成正比
(B)其動態功率消耗與負載電容成正比
(C)其動態功率消耗與操作電壓一次方成正比
(D)切換過程可能形成導通電流之功率消耗。

解答及解析

※答案標示為#者，表官方曾公告更正該題答案。

1. (B)。　在半導體上外加一穩定電流，並於垂直方向加上磁場，則載子即
由於磁力作用，傾向集中於半導體一側，如此即產生電壓差。又
因p、n半導體載子極性不同，將導致上開電壓差極性於p、n半導
體上相反，如此即能用於區分半導體型式。⇒選(B)

2. (A)。　順偏0.6V，則 $I_{(0.6)}=I_S(e^{\frac{0.6}{1\times0.025}}-1)\cong I_S\cdot\frac{0.6}{1\times0.025}=0.53mA\Rightarrow$選(A)

3. (C)。　(A)「矽」障壁電壓>「鍺」障壁電壓，因此漏電流較小，為更好
的半導體材料。
(B)加順向偏壓，空乏區寬度↓，載子因而有機會越過接面，形成
傳導電流。
(C)溫度↑，障壁電壓↓，導致漏電流↑，因而產生額外能耗，甚
至誤動作。

4. (D)。 (A)正確。$V_A(O^-)=-4V$，$V_O(O^-)=8V$，當$V_I(O^+)=0V$，則D_1 off，D_2 on

  $\rightarrow[V_A(O^+)-(-4)]/10K=[V_O(O^+)-8]/5K$，$V_A(O^+)=V_O(O^+)$

  $\rightarrow V_A(O^+)=V_O(O^+)=4V$

  (B)(C)正確。$V_A(O^-)=-4V$，$V_O(O^-)=8V$，當$V_I(O^+)=6V(8V)$，則D_1 on，D_2 on

  $\rightarrow V_A(O^+)=V_O(O^+)=6V(8V)$。

  (D)錯誤。$V_A(O^-)=-4V$，$V_O(O^-)=8V$，當$V_I(O^+)=12V$，則D_1 on，D_2 off

  $\rightarrow V_A(O^+)=12$，但$V_O(O^+)=8V$。⇒選(D)

5. (A)。 BJT須適當偏壓，使工作點落於「作用區」（或稱「主動區」），即可獲較佳放大倍率。⇒選(A)

6. (D)。 $V_B=0.7+81i_b\times4.3k$

  $\rightarrow$KCL：$\dfrac{15-V_B}{2k}=i_b+\dfrac{V_B-0}{k}$

  $\rightarrow15-V_B=i_b\times2k+2V_B$

  $\rightarrow i_b=0.0123mA$

  $\rightarrow V_C=15\ 6.5k\times i_b\times80=8.6V$

  ⇒選(D)

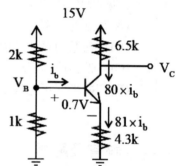

7. (C)。 (A)BJT製作面積>FET。

  (B)BJT漏電流較FET大，產生雜訊亦較多。

  (C)BJT具有電子＆電洞二種載子，傳導電流大；FET則僅能靠電子傳遞訊號，傳導電流也相對較小⇒選(C)。

  (D)BJT＆FET均受Early Effect影響。

8. (B)。 可安全散熱之最大功率,通常可依下列接面處關係式,手算估得：

  $T_j=T_a+R_{th}\times P$

  T_j：接面溫度

  T_a=環境溫度

  R_{th}=基板電阻係數

  P：可安全散熱之最大功率

  已知,當$T_j=150°$，$T_a=25°$，$P=2W\rightarrow R_{th}=62.5$

→當T_j=150°，T_a=50°，R_{th}=62.5→P=1.6W

⇒選(B)

9.(A)。　基體摻雜N_A，是決定V_T的主要因素。i若N_A↑，接面處要施以更高的電壓，才能反轉，產生通道，即V_T↑。

相對的N_A↓則V_T↓。

⇒選(A)

10.(D)。　空乏型MOSFET，於D、S極間，預先植入通道，使電晶體在V_{gs}=0V即可導通，選(D)

11.(C)。　JFET：I_D=$I_{DSS}(1-\dfrac{V_{GS}}{V_P})^2$=$\dfrac{1}{2}I_{DSS}$

→$1-\dfrac{V_{GS}}{V_P}=\dfrac{\pm 1}{\sqrt{2}}$　，其中V_p=$V_{GS(off)}$

→V_{GS}=$V_{GS(off)}(1\pm\dfrac{1}{\sqrt{2}})$，「+」不合$\cong V_{GS(off)}$×0.293=$V_{GS(off)}$/3.4

⇒選(C)

12.(D)。　V_{gs}=0>V_t→$\begin{cases}截止(\times) \\ 三極<V_{ds}，V_{gs}-V_t \to V_{ds}-V_t \\ 飽和，V_{ds}>V_{gs}-V_t \to V_{ds}-V_t\end{cases}$

由此關係式判斷$\begin{cases}(A)(B)V_{ds}<-Vt'Q工作在三極 \\ (C)(D)V_{ds}<-Vt'和Q工作在飽和\end{cases}$

∵$I_{D (三極)}=\overset{2mA/V^2}{\underset{K_n'(\frac{W}{L})}{}}\times\dfrac{1}{2}[2(V_{gs}-V_t)V_{ds}-V_{ds}^2]$

=$2\times\dfrac{1}{2}[2\times 3\times V_{ds}-V_{ds}^2]$=$6V_{ds}-V_{ds}^2$

∴(A)V_D=0.1V→V_D=0.59mA；(B)V_D=1V→I_D=5mA

∵$I_{D (飽和)}=k_n'(\dfrac{W}{L})\times\dfrac{1}{2}\times V_{ds}^2$=$V_{ds}^2$

∴(C)V_D=3V→I_D=9mA；(D)V_D=5V→I_D=25mA

⇒選(D)

13.(C)。 (A)MOS電流鏡無β效應（$\because \dfrac{i_d}{i_g} \to \infty$）。

(B)BJT：$V_{BE}>0$，$V_{CB}=V_{CE}-V_{BE}=0$時位於飽和區邊界

　　$\to V_{CE(SAT)}=V_{Omin}=V_{BE}$

　　MOS：$V_{GD}=V_t$時位於三極區，飽和區邊界

　　$\to V_{GS}-V_{DS}=V_t$

　　$\to V_{ov} \triangleq V_{GS}-V_t=V_{Omin}=V_{DS}$，$V_{DS}$通常$>V_{BE}$

(C)MOS電流鏡無β值有限問題。唯一考量系r_0，影響重大。

(D)Wilson架構本系為提高β、r_0而開發。

$\Rightarrow$選(C)

14.(B)。 Q_1：$g_{m1}=\dfrac{I_{CQ}}{V_T}=\dfrac{0.2m}{0.025}=8mA/V$

$r_{\pi 1}=\dfrac{V_T}{I_{BQ}}=\dfrac{V_T}{I_{CQ}/\beta}=25k$

$r_{o1}=\dfrac{V_A}{I_{CQ}}=\dfrac{40}{0.2m}=200k=r_{o2}$

$\to R_i=r_{\pi 1}\cong 25k\Omega$

$r_o=r_{o1}//r_{o2}=100k\Omega$

$A_V=-g_{m1}\times r_o=-800(V/V) \Rightarrow$選(B)

15.(B)。 $I_o=I_C=I_{s \cdot Q3}\times e^{\frac{V_{be \cdot Q3}}{V_T}}$，$I_D=I_{s \cdot D1}\times e^{\frac{V_{D1}}{V_T}}$

$\because$全部電晶體、二極體飽和電流相同，且$V_{be}=V_{D1}=0.7V$

$\therefore I_o=I_s \cdot e^{\frac{0.7}{V_T}}=I_D$

$\to I_R=I_D+I_B=I_D+\dfrac{I_C}{\beta}=I_D+\dfrac{I_o}{\beta}=\left(\dfrac{1+\beta}{\beta}\right)I_o \cdots\cdots$(a)

又$I_F=\dfrac{V_x}{1k}=2mA=\left(\dfrac{1+\beta}{\beta}\right)\times I_R$

$\to I_R=\left(\dfrac{1+\beta}{\beta}\right)\times I_F \cdots\cdots$(b)

(a)$\cap$(b)：$I_o=\left(\dfrac{1+\beta}{\beta}\right)^2\times I_F=\left(\dfrac{80}{1+80}\right)^2\times 2mA=1.95mA \Rightarrow$選(B)

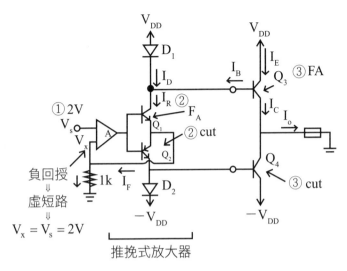

16.(C)。　∵增益×頻寬=定值

$$\therefore \underbrace{\frac{10^6 \times 10}{原放大器}}_{} = \underbrace{\frac{100 \times P}{非反向放大器}}_{} \to P = 10^5 \text{rad/s}$$

⇒選(C)

17.(B)。　低頻響應優劣，依序為：

直接耦合 > $\begin{matrix} 變壓器耦合 \\ 電感耦合 \end{matrix}$ >RC 耦合

∵即使頻率低至0Hz，仍可傳遞。
⇒選(B)

18.(C)。　由C看入之等效電阻=6.7k+10k=16.7k

$$\to W_L = 2\pi f_L = \frac{1}{C \times 16.7k} = 2\pi \times 50Hz$$

$$\to C = 1.91 \times 10^{-7} F$$

$$= 0.191uF$$

⇒選(C)

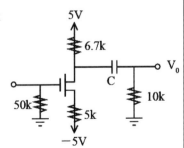

19.(B)。　(A)正確，負回授V_o & V_1呈反相。
　　　　(B)(C)(D)：運算放大器本身為一高電壓增益放大器，但BW太小，因此通常組成負回授組態，犧牲些許增益，換得BW擴張，並可調整輸入等效阻抗。⇒選(B)

20.(B)。 $R_A=R_F+R_S=90k$

$R_B=R_F//R_S=8.87k$

$\beta=-\left(\dfrac{R_S}{R_S+R_F}\right)=-0.11$

$\because -I_S \times R_A \times g_{m1} \times R_D=V_x \cdots\cdots(1)$

且 $\dfrac{V_x}{g_{m2}+R_B}=I_o \cdots\cdots(2)$

(1)代入(2)：$\dfrac{-I_s \times R_A \times g_{m1} \times R_D}{\dfrac{1}{g_{m2}}+R_B}=I_o$

$\rightarrow A_{I,open}$：$\dfrac{I_o}{I_s}=\dfrac{g_{m1} \times g_{m2} \times R_D \times R_A}{1+g_{m2}R_B}=-\dfrac{6m \times 6m \times 10k \times 90k}{1+6m \times 8.89k}=596.2$

$\rightarrow A_{I,close}=\dfrac{I_0}{I_s}\bigg|_{close}=\dfrac{A_{I,open}}{1+A_{I,open}\times\beta}=-8.95(\dfrac{A}{A})$

⇒選(B)

21.(A)。 $V_{CC}-I_C \times 150=V_0=V_{CE}$

當$V_{0,min}=0$，電晶體位於SAT

$\rightarrow V_{CC}-I_{C(SAT)} \times 150=V_{0,min}=0$

$\rightarrow I_{C(SAT)}=120mA=I_{C,max}$

$\rightarrow I_{CQ}=\dfrac{I_{C,max}}{2}=60mA=\beta \times I_{BQ}=80I_{BQ}$

$\rightarrow I_{BQ}=0.75mA$

$\rightarrow V_{CC}-I_{BQ} \times R_B=0.7 \Rightarrow R_B=23.06k\Omega$

⇒選(A)

22.(A)。 Hartley振盪器之頻率為$f=\dfrac{1}{2\pi\sqrt{(L_1+L_2)C}}=100KHz$

其中$L_1=L_2=0.4mH$，因此$C=6.33nF$

⇒選(A)

23.(C)。　(A) 正確，∵產生振盪∴總位移必為180°，即3組RC網路，每組提供60°。

　　　　(B)正確，須使用反相放大器俾產生180°之相位移，加上RC網路，總共有0°或360°之相移，以符合巴克豪森準則。

　　　　(C)錯誤，回授因數 $\beta = \dfrac{-1}{29}$，即回授信號衰減為 $\dfrac{1}{29}$。

　　　　(D)正確，$f = \dfrac{1}{2\pi\sqrt{6} \times RC}$。

　　　　⇒選(C)

24.(D)。　→須8顆電晶體。

　　　　⇒選(D)

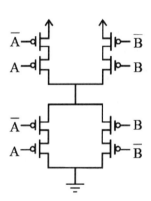

25.(C)。　ＣＭＯＳ反相器理想靜態動耗=0，僅轉換過程中，由於有電流導通，因此產生功率消耗，稱為「動態功耗」。

　　　　→高態、低態轉換次數越頻繁（即頻率↑），動態功耗↑

　　　　→$P_{動態功耗} = f \cdot (V_{DD})^2 \cdot C_L$

　　　　⇒選(C)

112年鐵路特考佐級

( ) 1. 相較於Si、GaAs半導體材料，SiC、GaN具備下列何種特性？
(A)窄能隙　　　　　　　　　(B)低遷移率
(C)高崩潰電壓　　　　　　　(D)低導熱率。

( ) 2. 有關矽二極體材料之敘述，下列何者錯誤？　(A)施體（Donor）雜質具有5個價電子　(B)經過摻雜（Doping）處理的半導體稱為本質（Intrinsic）半導體　(C)N型材料的多數載子是電子　(D)P型材料的少數載子是電子。

( ) 3. 下列何種情況元件的整體阻抗較低，易有較大電流發生？　(A)偏壓為零的二極體　(B)絕緣體　(C)順向偏壓且超過切入（cut-in）電壓的二極體　(D)逆向偏壓二極體。

( ) 4. NPN雙極性接面電晶體之特性，下列敘述何者正確？　(A)集極的主要載子濃度值高於基極的主要載子濃度值，也同時高於射極的主要載子濃度　(B)集極的主要載子濃度值高於基極的主要載子濃度值，但是卻低於射極的主要載子濃度　(C)集極的主要載子濃度值低於基極的主要載子濃度值，但是卻高於射極的主要載子濃度　(D)集極的主要載子濃度值低於基極的主要載子濃度值，也同時低於射極的主要載子濃度。

( ) 5. NPN雙極性接面電晶體，α=0.96，在主動區操作，下列何者錯誤？
(A)β=24　(B)電流比值I_B/I_E=25　(C)V_{CE}>0　(D)電子流方向由射極到集極。

( ) 6. 雙極性接面電晶體，基極和射極的順向導通電壓V_{BE}=0.7V，基極和集極的順向導通電壓V_{BC}=0.5V，各極提供的電壓如圖示，下列何者是在逆向主動區模式？
(A)V_C=4.8V，V_B=3.2V，V_E=1.6V
(B)V_C=3.0V，V_B=3.5V，V_E=5.2V
(C)V_C=3.8V，V_B=5.5V，V_E=3.6V
(D)V_C=5.3V，V_B=3.4V，V_E=4.8V。

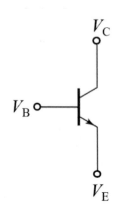

( ) 7. P通道加強型金氧半場效電晶體（MOSFET）的閘-源極電壓（V_{GS}）在下列何種情況才能形成通道？（VT為臨界電壓）　(A)$V_{GS}>V_T>0$　(B)$V_T>V_{GS}>0$　(C)$0>V_T>V_{GS}$　(D)$0>V_{GS}>V_T$。

( ) 8. 下列有關「絕緣閘雙極性電晶體（IGBT）」之特性敘述何者錯誤？　(A)具有雙極性接面電晶體（BJT）的輸出特性　(B)與金氧半場效電晶體（MOSFET）相同，為電壓控制電流源元件　(C)其三個端點的名稱分別為閘極、集極、射極　(D)相較於雙極性接面電晶體（BJT）而言，其切換速度較慢。

( ) 9. 當增強型N通道MOSFET的汲極和源極間的通道呈線性電阻特性，下列何者錯誤？　(A)V_{GS}值大於臨界電壓值V_{TH}　(B)V_{GD}值大於臨界電壓值V_{TH}　(C)通道載子濃度受V_{GS}值影響　(D)汲極和源極間等效電阻值R_{DS}和閘極電壓值V_{GS}成正比。

( ) 10. 一低通濾波器，若時間常數很大時，此濾波器可作為下列何種應用？　(A)微分器　(B)積分器　(C)高通濾波器　(D)帶通濾波器。

( ) 11. 如圖所示之電路，$R_1=1k\Omega$且$R_2=4k\Omega$，電源電壓$v_s(t)=V_S cos(2000t)$ V。運算放大器的輸出電壓限制於±15V，輸出電流限制於±20mA。若負載電阻$R_L=10k\Omega$，輸出電壓波形尚未出現裁切（clipping）時的最大輸入電壓V_S為何？

(A)2.5V　　　　(B)3V

(C)3.5V　　　　(D)4V。

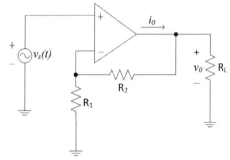

( ) 12. 中間抽頭式全波整流器有幾個二極體？
(A)1個　(B)2個　(C)3個　(D)4個。

( ) 13. 有關PN接面二極體，下列敘述何者正確？　(A)順向偏壓時，空乏區寬度變小　(B)逆向偏壓時，PN接面不會有電流存在　(C)空乏區中沒有電場的存在　(D)逆向偏壓時，空乏區寬度變小。

( ) 14. 如圖所示電路，變壓器一次側輸入電壓VP之峰值為120V，其線圈比為10：2，負載電阻RL為5Ω，均方根（root mean square）負載電流約為何？

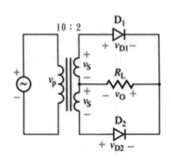

(A)3.1A

(B)2.4A

(C)1.7A

(D)1.52A。

( ) 15. 電容濾波電路中，下列何種狀況可以使輸出漣波電壓降到最小？

(A)增大負載電阻、提高電容值

(B)增大負載電阻、降低電容值

(C)降低負載電阻、提高電容值

(D)降低負載電阻、降低電容值。

( ) 16. 使用下列何種電路可以獲得最小的漣波電壓？

(A)半波整流電路

(B)橋式全波整流電路

(C)半波整流濾波電路

(D)橋式全波整流濾波電路。

( ) 17. 如圖電路，圖中所示波形為輸入電壓，假設二極體的切入電壓為0.7V，負載電阻RL兩端的最小輸出電壓為何？

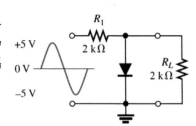

(A)-0.7V　　　(B)-2.5V

(C)-5V　　　　(D)0.7V。

( ) 18. 如圖所示電路，假設可忽略稽納二極體的順向導通電壓，V_i=5sin（377t）V、R=200Ω，輸出電壓V_o的最小值為何？

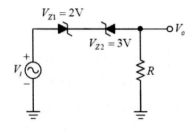

(A)-3V　　　(B)-4V

(C)-7V　　　(D)-9V。

( ) 19. 如圖所示電路，假設二極體導通電壓為0.7V，每個二極體的峰值順向
電流約為何？ (A)13.6mA (B)13.3mA (C)0.32mA (D)0mA。

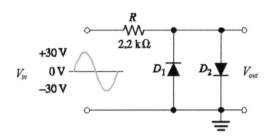

( ) 20. 一雙極性接面電晶體（BJT）偏壓於工作區後，測得IB=0.01mA、
IE=1.01mA，下列敘述何者正確？ (A)β=99 (B)IC=1.02 mA (C)
β=50 (D)$\alpha \sim 0.99$。

( ) 21. 有一如圖之BJT電路，若$\beta \to \infty$，V_{CC}=10V，
$V_{BE1}=V_{BE2}=V_{BE3}=0.7V$，$R_1=R_2=8.6k\Omega$，
R_E=10kΩ，則IO應為何？

(A)0.1mA

(B)0.2mA

(C)0.5mA

(D)1mA。

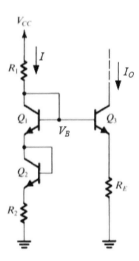

( ) 22. 圖示電路，若V_{CC}=9V、R_C=2kΩ、R_B=100kΩ，
電晶體之β=100，V_{BE}=0.7V，今若電晶體工作
在主動區（active region）與飽和區（saturation
region）之交界；VCE（sat）=0.2V，則電壓
VBB約為何？

(A)3.6V (B)4.2V

(C)5.1V (D)6.5V。

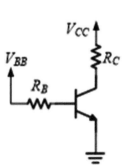

( )　23. 使用一增強型PMOS電晶體設計如圖的電路，此電晶體之V_{TH}=-1V，
　　　　$\mu pCOX（W/L）$=2mA/V2，其V_{GS}電壓為何？　(A)-1.5V　(B)-2V
　　　　(C)-2.5V　(D)-3V。

( )　24. 圖示MOS場效電晶體電路，電晶體之V_t=1V、
　　　　$\mu_n C_{ox}（W/L）$=2mA/V_2，欲電晶體在飽和區工
　　　　作，電阻RD的最大值約為何？
　　　　(A)10kΩ
　　　　(B)16kΩ
　　　　(C)20kΩ
　　　　(D)24kΩ。

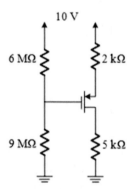

( )　25. 假設一N通道增強型MOSFET之臨界電壓V_{TH}=2V，若V_{GS}=4V時且工
　　　　作於飽和區之汲極電流ID=1.2mA，V_{GS}=5V時的互導值gm約為何？
　　　　(A)1.8mA/V　(B)2.2mA/V　(C)2.4mA/V　(D)2.6mA/V。

( )　26. 假設一ＮＰＮ電晶體的β值等於100、熱電壓V_T=25mV、集極電
　　　　流I_C=2mA，電晶體的射極電阻r_e約為何？　(A)8Ω　(B)10.5Ω
　　　　(C)12.4Ω　(D)14.3Ω。

( )　27. 圖中放大器電路中電晶體的β＝99、
　　　　V_A=100V，熱電壓V_T=0.025V，放大器
　　　　增益vo/vi的最接近值為何？
　　　　(A)96
　　　　(B)106
　　　　(C)116
　　　　(D)126。

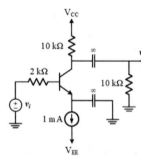

( )　28. 圖示電路中的電容C_E主要功用為何？
　　　　(A)提升電壓增益
　　　　(B)濾去高頻雜訊
　　　　(C)提升輸入阻抗
　　　　(D)頻率補償。

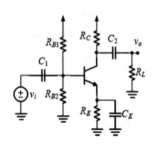

( ) 29. 有關共閘極放大器電路之特性,下列敘述何者錯誤? (A)優良的高頻響應特性 (B)具有很大的輸入電阻 (C)輸出電壓與輸入電壓同相 (D)電流增益值接近1。

( ) 30. 有一放大器輸出v_o為5V,輸入v_i為25mV,試問電壓增益$Av=v_o/v_i$約為多少分貝(dB)? (A)100 (B)46 (C)23 (D)200。

( ) 31. 在變壓器耦合串級放大器中,變壓器繞組的層間電容會影響放大器的頻率響應的何種部分? (A)高頻響應 (B)低頻響應 (C)中頻響應 (D)全頻響應。

( ) 32. 如圖所示,偏壓電流$I_Q=4mA$,電晶體Q_1基極端的等效電阻$R_B=25k\Omega$。已知電晶體Q_1之$\beta_1=10$,$r_{\pi 1}=170k\Omega$;Q_2之$\beta_2=50$,$r_{\pi 2}=18k\Omega$;Q_3之$\beta_3=50$,$r_{\pi 3}=330\Omega$。求輸出阻抗R_o約為何?
(A)0.75Ω　　　(B)7.5Ω
(C)75Ω　　　(D)750Ω。

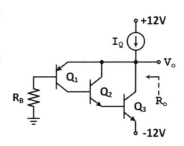

( ) 33. 有一圈數比為1:1的耦合變壓器擬作為阻抗匹配和最大功率轉換,如果連接變壓器初級側的系統阻抗為A+jB,連接在次級側的負載端阻抗X+jY,應如何設計才能獲得最大功率轉換? (A)X=A,Y=B (B)X=A,Y=-B (C)X=-A,Y=-B (D)X=-A,Y=B。

( ) 34. 下列何者與正弦波振盪電路無關? (A)具有正回授電路結構 (B)由回授電路決定振盪的頻率 (C)在振盪的頻率上,電路的閉迴路增益(closed-loop gain)將變得無窮大 (D)其閉迴路增益始終為線性函數。

( ) 35. 圖示為一多諧振盪電路,若電路振盪頻率等於$f_o=12kHz$,則對應之$R_{B1}=R_{B2}=R$電阻值約為何?
(A)$4.17k\Omega$
(B)$6k\Omega$
(C)$8.33k\Omega$
(D)$12k\Omega$。

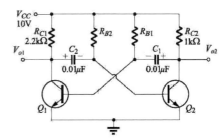

( ) 36. 圖示為一施加負偏壓之反相施密
特觸發器，運算放大器之輸出
飽和電壓為±20V，若其上臨界
電壓（threshold voltage）V_{TH}為
16V，則該電路之R_2電阻值為
何？
(A)5kΩ　　　　(B)10kΩ
(C)20kΩ　　　　(D)50kΩ。

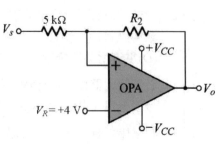

( ) 37. 圖示為一OPA方波產生電路，其振盪週
期約為何？
(A)47ms
(B)52.5ms
(C)94ms
(D)407ms。

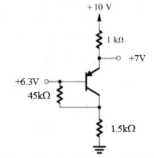

( ) 38. 在高純度矽半導體中摻雜元素「砷（As）」之目的為何？　(A)增加
少數載子　(B)增加導電性　(C)增加電洞數量　(D)增加電阻值。

( ) 39. 有一如圖之BJT電路，若電路各節點電
壓及電阻值如標示，則該BJT之β值應
為何？
(A)74
(B)84
(C)94
(D)104。

( ) 40. 假設二極體導通電壓為0.7V，如圖所示電路，若要設計輸出峰值電壓
為12.3V，則圖中電池V為何值？
(A)3V
(B)-3V
(C)2.6V
(D)-2.6V。

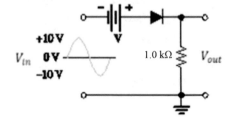

解答及解析

※答案標示為#者,表官方曾公告更正該題答案。

1. (C)。 SiC(碳化矽),GaN(氮化鎵)崩潰電壓極高,等同在高壓環境,還能保有半導體特性,因此適合高壓電應用場合。

2. (B)。 未經摻雜的半導體,才稱為本質半導體。

3. (C)。 順向偏壓且>切入電壓的二極體,有較大電流發生。

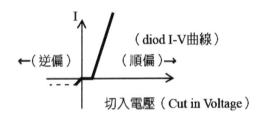

4. (D)。 NPN BJT就摻入的雜質濃度而言,依序為E>>B>C。

5. (B)。 (1)$\frac{\beta}{1+\beta}$=0.96→β=24,又β≜$\frac{I_E}{I_B}$=24。

   (2)NPN BJT在主動區,V_{CE}>0,電流方向由C→E,因此電子流即由E→C流動。

6. (B)。 注意,題目問的是「逆向」主動,亦即將整個BJT反過來使用
   →V_{BE}<0,V_{BC}>0
   →僅(B)有可能。

7. (C)。 P-MOSFET的通道形成條件0>V_T>V_{GS}。

8. (D)。 IGBT結合BJT的大電流輸出特性&MOSFET電壓控制電流源切換快速的性質切換速度較BJT快。

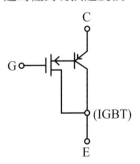

9. (D)。 (1)增強型N-MOSFET操作於三極區(trio region)時，V-I曲線可產生近似電阻的特性，其條件為：$V_{gs}>V_{th}$且$V_{ds}<V_{gs}-V_{th} \to V_{gd}>V_{th}$

(2)$R_{on}\Big|_{\text{三極區}}=\dfrac{V_{DS}}{I_D}=\dfrac{1}{\mu_n C_{ox}(\dfrac{L}{W})(V_{GS}-V_{th})} \propto \dfrac{1}{V_{GS}}$。

10. (B)。 $V_i(S) \times \dfrac{\dfrac{1}{SC}}{R+\dfrac{1}{SC}} = V_o(S)$

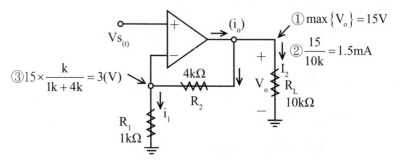

$\to \dfrac{V_o(S)}{V_i(S)} = \dfrac{1}{1\ (RC)S} = \dfrac{1}{1+\tau \cdot S} \cdots(1)$

若τ非常大，則(1)：$\dfrac{V_o(S)}{V_i(S)} \cong \dfrac{1}{\tau \cdot S}$，即近似為積分器。

11. (B)。 驗算：$i_1+i_2=\dfrac{3}{k}+1.5mA$，在$i_o$額定內，答案正確。

① $\max\{V_o\}=15V$
② $\dfrac{15}{10k}=1.5mA$
③ $15 \times \dfrac{k}{1k+4k}=3(V)$

12. (B)。 由圖可知，共需2個二極體。

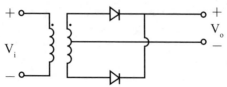

13. (A)。 (A)順向偏壓↑⇒W↓。
(B)逆偏時，PN接面會有漏電流。
(C)空乏區載子在偏壓下將會往兩側聚集，產生電場。

(D)逆向偏壓↑⇒W↑。

14. (C)。 $V_{s.m}=\dfrac{1}{2}\cdot V_{p.m}\cdot\dfrac{2}{10}=120\times\dfrac{1}{10}=12V$

$\rightarrow V_s\triangleq V_{s.rms}=\dfrac{V_{s.m}}{\sqrt{2}}=\dfrac{12}{\sqrt{2}}$

$\rightarrow i_L=\dfrac{V_S}{5k}=1.69A\cong 1.7(A)$。

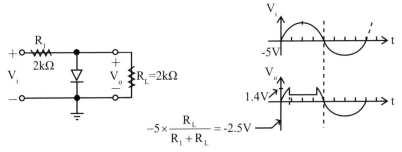

15. (A)。 $\gamma=\dfrac{V_\gamma}{V_{dc}}$，$V_\gamma$ 為連波電壓，γ 為漣波因數

$\rightarrow V_\gamma=V_{dc}\times\dfrac{f(t)}{R_LC}\rightarrow R_L\uparrow$且$C\uparrow$，則 $V_\gamma\downarrow$。

16. (D)。 波形輸出越平順，V_γ 越小。又全波整流優於半波整流，有經濾波，自然優於未經濾波。

17. (B)。

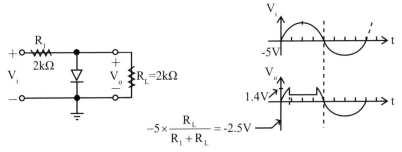

$-5\times\dfrac{R_L}{R_1+R_L}=-2.5V$

18. (A)。 V_i為負週期，V_o有機會為最小值。
min$\{V_i\}=-5V$
$\rightarrow$min$\{V_0\}$=min$\{V_i\}$+2V=$-3V$

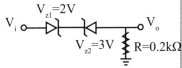

19. (B)。 當$V_{in}=\begin{bmatrix}\max\{V_{in}\}=30V\\ \min\{V_{in}\}=-30V\end{bmatrix}$

有峰值，因為電路對稱，我們只須考慮正週期的部分。

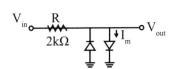

20. (D)。 $\beta \triangleq \dfrac{I_C}{I_B} = \dfrac{1.01m - 0.01m}{0.01m} = 100$

$\rightarrow \alpha = \dfrac{\beta}{1+\beta} \cong 0.99$

$\rightarrow I_C = I_E - I_B = 1mA$，選(D)。

21. (C)。 $I = \dfrac{10 - 0.7 - 0.7}{R_1 + R_2} = 0.5mA$

$\because \beta \rightarrow \infty \therefore I_0 = I = 0.5mA$，選(C)。

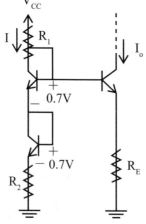

22. (C)。 $I_C = \dfrac{V_{CC} - 0.2}{R_C} = \dfrac{9 - 0.2}{2K} = 4.4mA$

$\rightarrow I_B = \dfrac{I_C}{\beta} = 0.044mA$

$\rightarrow V_{BE} = 0.7 + 0.044m \times 100k = 5.06(V)$，選(C)

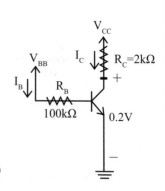

23. (B)。 $V_g = 10 \times \dfrac{9}{9+6} = 6V$

$I_0 = \dfrac{1}{2} \mu_p C_{ox} (\dfrac{W}{L})(V_{sg} - |V_{th}|)^2 m$

$= \dfrac{1}{2} \times 2 \times (V_s - V_g - 1)^2 m$

$$=\frac{1}{2}\times2\times(V_s-V_g-1)^2m$$

$$=(V_s-6-1)^2m=\frac{10}{2k}\text{ V}$$

→V_s=8 or 5.5（5.5<V_g，不合）

→V_{sg}=2V，選(B)。

24. (B)。 $V_g=5\times\dfrac{2}{3+2}=2V$

$I_o=\dfrac{1}{2}\mu_nC_{ox}(\dfrac{W}{L})(V_{gs}-V_{th})^2=\dfrac{1}{2}\times2m\times(2V-V_s-1)^2=(1-V_s)^2m=\dfrac{V_s}{2k}$

→V_s=2 or 0.5(2≥V_g，不合)

→I_o=0.25mA

又MOS在飽和區工作的條件$V_g-V_{th}<V_d$→$R_D\leq\dfrac{5-1}{I_o}=\dfrac{4}{0.25m}$

→R_D=16kΩ，選(B)。

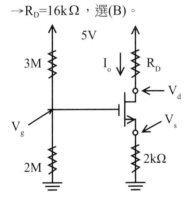

25. (A)。 $I_o=\dfrac{1}{2}\mu_nC_{ox}(\dfrac{W}{L})(V_{gs}-V_{th})^2\cdots(1)$

→$gm\triangleq\dfrac{\partial I_D}{\partial V_{GS}}=\dfrac{1}{2}\mu_nC_{ox}(\dfrac{W}{L})\cdot2(V_{gs}-V_{th})\cdots(2)$

∵V_{GS}=4V，V_{th}=2V，I_D=1.2mA，∴$\mu_nC_{ox}(\dfrac{W}{L})$=0.6m

再將$\mu_nC_{ox}(\dfrac{W}{L})$=0.6m，$V_{GS}$=4V，$V_{th}$=2代入(1)

26. (C)。 $r_e = \dfrac{V_T}{I_E} = \dfrac{25m}{(\beta+1)/\beta \times I} = \dfrac{25m}{\dfrac{101}{100} \times 2m} = 12.38\Omega$，選(C)。

27. (B)。 $r_e = \dfrac{V_T}{I_E} = \dfrac{0.025}{1m} = 25\Omega$

$\alpha = \dfrac{\beta}{1+\beta} = \dfrac{99}{100} = 0.99$

$i_e = \dfrac{v_i}{r_e + 2k/(1+\beta)}$ …(1)

$v_o = -\alpha \cdot i_e \cdot (10K//10K)$…(2)

(1)代(2)

$v_o = -\alpha \cdot \dfrac{v_i}{r_e + 2k/(1+\beta)} \cdot (10k//10k)$

$\rightarrow \dfrac{v_0}{v_i} = -0.99 \times \dfrac{1}{25 + 2K/100} \cdot 5K = -110(\dfrac{V}{V})$，選(B)。

28. (A) 　$(1) v_o = -\alpha \cdot i_e \cdot R_o$…1，$ie = \dfrac{v_i}{r_e + R_E}$…2

2代1：

(2)$R_{in} = (R_{B1}//R_{B2})//[(\beta+1)(r_e+R_E)]$，$R_E \uparrow$，則$R_{in} \uparrow$
相對的，$R_E \downarrow$ 則$R_{in} \downarrow$

(3)C_E通常有很大的值，產生很遠的極零點，與頻率補償較無關聯。

(4)C_E通常很大，因此可過濾直流訊號的雜訊，由這觀點，說是有過濾高頻雜訊的功能，似乎也可以。
故本題實際上(A)(B)皆可。

29. (B)。 CG組態特色：(1)高A_V。(2)低A_I。(3)低R_{in}。(4)高R_{out}。選(B)。

30. (B)。 $\dfrac{V_o}{V_i} = \dfrac{5}{25m} = 200 \equiv 20\log 200 = 46dB$。

31. (A)。 變壓器耦合內部層間電容，會使高頻響態不佳。(想像訊號進入並
聯無數個電容的電路再輸出)。選(A)。

32. (B)。 $i_{b1} = \dfrac{V_x}{170k + 25k} = 5.13m \times V_x$

$i_{b2} = 10 i_{b1} = (5.13mV_x) \times 10$

$i_{b3} = i_{b2} + 50 i_{b2} = 51 i_{b2} = (5.13mV_x) \times 10 \times 51$

又 $I_x = i_{b1} + 10 i_{b1} + 50 i_{b2} + 20 i_{b3} = (5.13mV_x) \times (11 + 10 \times 50 + 10 \times 51 \times 50)$

$\rightarrow R_o = \dfrac{V_x}{I_x} = 7.49m\Omega$。本題實際上無適合解。

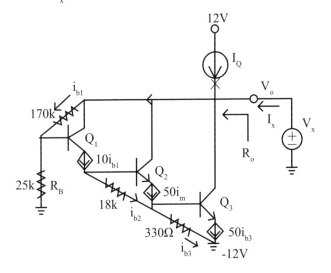

33.(B)。 當 $Y = -B$，$X = A$ 時，可將最大功率轉移。選(B)。

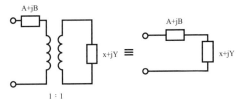

34.(D)。 (1)振盪電路依賴「正回授」，使用迴路增益→∞，從而產生無止境的振盪。

(2)「由回授電路決定振盪頻率」的講法有點怪，因為頻率是由主被動元件，在正回授架構滿足一定條件後決定的。(B)先保留。

(3)閉迴路增益$A_f = \dfrac{A_{open}}{1 + \beta A_{open}}$，並非線性函數。

選(D)。

35.(B)。 無穩態多諧振盪器$f = \dfrac{1}{0.693(R_{B1} \cdot C_1 + R_{B2} \cdot C_2)} = \dfrac{1}{0.693 \cdot R \cdot 2 \cdot 0.01\mu}$

$= 12kHz \rightarrow R = 6012\Omega$。選(B)

36.(B)。 $V_{TH} = V_R \times (1 + \dfrac{R_1}{R_2}) + V_{o(SAT)}^{+} \times \dfrac{R_1}{R_2} = 4 \times (1 + \beta) + 20 \times \beta = 16$

$\rightarrow \beta = 0.5 = \dfrac{5k}{R_2}$

$\rightarrow R_2 = 10K$，選(B)。

37.(C)。 OPA方波產生器波形振盪週期$T = 2RC \times \ln(1 + 2 \times \dfrac{R_1}{R_2})$

$= 2 \times 0.1\mu \times 1M \times \ln(1 + 2 \times \dfrac{300k}{1M}) = 0.094s = 94ms$。選(C)。

38.(B)。 As屬5價原子的參雜，若加到高純度矽，則會產生自由電子，即增加導電性。選(B)。

39.(A)。 $I_E = \dfrac{10-7}{1k} = 3mA$

$I_B = \dfrac{-(6.3-4.5)}{45k} = -0.04mA$

$I_C = I_E + I_B = 3 + (-0.04) = 2.96mA$

$\rightarrow \beta = \dfrac{I_C}{I_B} = 74$。選(A)。

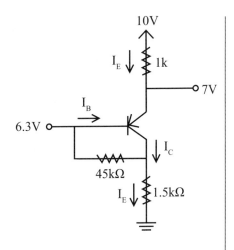

40.(A)。 $\max\{V_{in}\} + V - 0.7 = 12.3$

$10 - 0.7 + V = 12.3$

$\rightarrow V = 3(V)$。選(A)。

113年台電新進雇用人員

( ) 1. 氮化鎵(GaN)係由氮和鎵所組成之化合物,為使晶體結構中部分的鎵(Ga)原子被其他原子取代以形成N型半導體,可摻雜下列何種材料? (A)鎘(Cd) (B)鎂(Mg) (C)矽(Si) (D)鋅(Zn)。

( ) 2. 有關稽納二極體(Zenerdiode)之敘述,下列何者有誤? (A)p-n接面形成較窄之空乏區,而電場強度大 (B)稽納崩潰發生於低逆向偏壓 (C)稽納二極體可用於穩壓器 (D)稽納崩潰逆向偏壓較累增崩潰逆向偏壓大。

( ) 3. 有一放大器之功率增益為40dB,電壓增益為40dB,試求電流增益為何? (A)1 (B)10 (C)100 (D)1,000。

( ) 4. 有一全波整流器,輸入訊號為60Hz,輸出電壓峰值為1.5V,輸出負載為5kΩ及漣波電壓限制為0.1V,試求濾波電容為何? (A)2.5μF (B)5μF (C)25μF (D)50μF。

( ) 5. 有關箝位器功能之敘述,下列何者正確? (A)高頻濾波 (B)半波整流 (C)調整直流準位 (D)低頻濾波。

( ) 6. 有一電路如圖所示,r_π=1kΩ,R=0.01kΩ,β=199,試求輸入阻抗Z_i為何?
(A)0.015kΩ
(B)1.01kΩ
(C)3kΩ
(D)21kΩ。

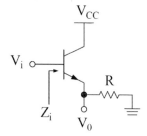

( ) 7. 有一電路如圖所示,下列何者將使D_1截止、D_2導通?
(A)V_1=0V,V_2=0V
(B)V_1=4V,V_2=0V
(C)V_1=8V,V_2=2V
(D)V_1=8V,V_2=8V。

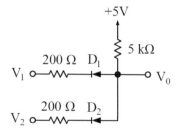

( )　8.如圖所示，假設二極體均為理想二極體，試求V_o為何？　(A)0V (B)4V　(C)6V　(D)8V。

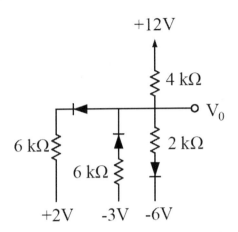

( )　9.有一半波整流電路之負載為電容器，則該電路中二極體之峰值反向電壓(PIV)為何？　(A)V_{rms}　(B)$2V_p$　(C)$\sqrt{2}\,V_{rms}$　(D)$\sqrt{2}\,V_p$。

( )　10.有一電路如圖所示，已知I_D=1.2mA，V_G=0V，V_T=-0.6V，$|V_{GS}-V_T|$=0.4V，試求R_1為何？　(A)1kΩ　(B)2kΩ　(C)2.67kΩ (D)4kΩ。

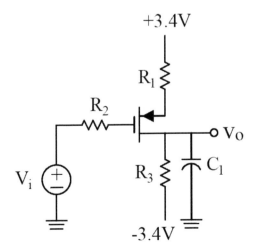

( )　11. 有一電路如圖所示，$I_{REF}=0.3mA$，試求I_1為何？　(A)0.15mA
(B)0.6mA　(C)0.9mA　(D)1.8mA。

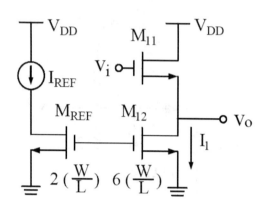

( )　12. 有一電路如圖所示，$V_1=1.5V$，$V_2=2.5V$，$V_3=2V$，$R_1=R_2=R_3=3k\Omega$，
$R_4=1k\Omega$，試求V_o為何？
(A)-6V
(B)-3V
(C)-2V
(D)0V。

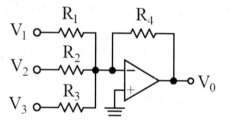

( )　13. 有一電路如圖所示，已知
PMOS參數$V_A=20V$，電晶
體$|V_A|=100V$，$\beta=100$，
$V_T=25mV$，下列何者有誤？
(A)$r_{o, PMOS}=20k\Omega$
(B)$r_{o, BJT}=200k\Omega$
(C)$r_{\pi, BJT}=10k\Omega$
(D)$g_{m, BJT}=20mS$。

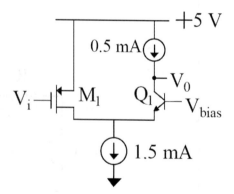

( ) 14. 有一電路如圖所示，$V_{BE}=0.6V$，$\beta=99$，
$V_T=25mV$，$V_i=1.6V$，$R_1=10k\Omega$，
$R_2=100\Omega$，試求r_π為何？
(A)$0.25k\Omega$
(B)$0.5k\Omega$
(C)$12k\Omega$
(D)$32k\Omega$。

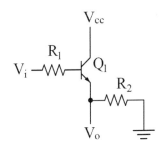

( ) 15. 有一共射極(CE)放大器如圖所示，下列敘述何者有誤？　(A)$r_\pi=(1+\beta)$ r_e　(B)$R_{o1}=R_c \parallel r_o$　(C)$R_{o2}=R_c \parallel r_o \parallel R_L$　(D)$R_{in}=R_{B1} \parallel R_{B2} \parallel r_\pi \parallel R_{sig}$。

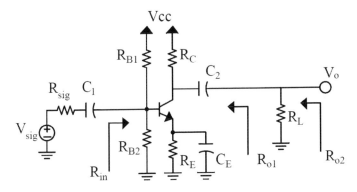

( ) 16. 有一負回授放大器，其閉迴路增益$A_f=100$，開迴路增益$A=10^4$，試求回授因子β為何？　(A)0.0099　(B)0.099　(C)0.99　(D)9.9。

( ) 17. 有一回授放大器，其開迴路增益$A=10^6$，開迴路頻寬1kHz，閉迴路增益$A_f=10^2$，試求閉迴路頻寬為何？　(A)10^2kHz　(B)10^3kHz　(C)10^4kHz　(D)10^5kHz。

( ) 18. 有一差動放大器，其共模拒斥比CMRR=80dB，差模增益$A_d=100$，試求共模增益A_{cm}為何？　(A)10^{-8}　(B)10^{-2}　(C)10^2　(D)10^6。

( ) 19. 有一週期性方波信號，其正峰值電壓為+8V，負峰值電壓為-4V，此信號平均值為+0.8V，試求工作週期（duty cycle）為何？　(A)20%　(B)40%　(C)60%　(D)80%。

( )　20. 有一橋式整流器，試求輸出電壓有效值V_{rms}約為平均值V_{av}的幾倍？
(A)$\dfrac{\sqrt{2}}{\pi}$　(B)$\dfrac{2\sqrt{2}}{\pi}$　(C)$\dfrac{\pi}{\sqrt{2}}$　(D)$\dfrac{\pi}{2\sqrt{2}}$。

( )　21. 有一理想變壓器之電流增益為40dB，試求初級線圈與次級線圈匝數比
（$N_1 : N_2$）為何？　(A)1:1　(B)1:100　(C)10:1　(D)100:1。

( )　22. 當p-n接面二極體的p端接電源的負極，n端接電源的正極，下列何者正
確？　(A)空乏區變寬、障壁電位增加　(B)空乏區變窄、障壁電位增加
(C)空乏區變寬、障壁電位減少　(D)空乏區變窄、障壁電位減少。

( )　23. 有一理想放大器如圖所示，V_1=3V，V_2=9V，V_o=9V，R_1=8kΩ，
R_2=3kΩ，R_3=6kΩ，試求R_4為何？
(A)1kΩ
(B)2kΩ
(C)4kΩ
(D)8kΩ。

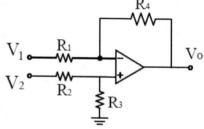

( )　24. 有一差動放大器，其共模拒斥比CMRR=40dB，差模增益A_d=200，當
輸入電壓分別為v_{i1}=35μV、v_{i2}=25μV時，下列何者有誤？　(A)差模
輸入電壓V_d=10μV　(B)共模輸入電壓V^{cm}=30μV　(C)共模增益A_{cm}=2
(D)輸出電壓V_o=1.06mV。

( )　25. 如圖所示之電路係屬下列何種型態？　(A)積分器　(B)微分器　(C)加
法器　(D)變頻器。

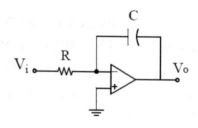

( )　26. 有關微分器、積分器之敘述，下列何者正確？　(A)方波輸入積分器後之輸出波形為三角波　(B)三角波輸入積分器後之輸出波形為方波　(C)方波輸入微分器後之輸出波形為三角波　(D)三角波輸入微分器後之輸出波形為正弦波。

( )　27. 雙極性接面電晶體(BJT)運作於主動模式，若β參數由99變化到49，則α參數之變化為何？　(A)由0.99變化到0.49　(B)由0.99變化到0.98　(C)由0.97變化到0.96　(D)由0.98變化到0.97。

( )　28. 有關理想運算放大器之敘述，下列何者有誤？　(A)輸出阻抗無窮大　(B)輸入阻抗無窮大　(C)頻帶寬度無窮大　(D)開迴路電壓增益無窮大。

( )　29. 電壓V(t)=80sin（ωt+30°）V，週期T=0.01秒，當t=0秒時瞬間電壓為何？　(A)40V　(B)50V　(C)60V　(D)80V。

( )　30. 雙極性接面電晶體(BJT)可分為NPN型及PNP型，其基極(B)、集極(C)及射極(E)的摻雜濃度由大至小依序排列，下列何者正確？　(A)NPN：E>C>B；PNP：E>C>B　(B)NPN：B>C>E；PNP：E>B>C　(C)NPN：E>B>C；PNP：E>C>B　(D)NPN：E>B>C；PNP：E>B>C。

( )　31. 有一雙極性接面電晶體(BJT)基本放大電路，若輸出端為射極(E)，則其放大電路組態應為下列何者？　(A)共集極(CC)組態　(B)共射極(CE)無R_E組態　(C)共射極(CE)有R_E組態　(D)共基極(CB)組態。

( )　32. 有關雙極性接面電晶體(BJT)之工作模式，下列敘述何者有誤？　(A)作為開關使用，若開關導通(ON)，應工作於飽和區　(B)B-E接面加逆向偏壓，B-C接面加順向偏壓時，處於截止區　(C)作為線性放大器使用，應工作於主動區　(D)應用於主動區時，則B-E接面加順向偏壓，B-C接面加逆向偏壓。

( )　33. 有一矽二極體在溫度90℃時，其逆向飽和電流為192 nA，若溫度下降至30℃時，試求逆向飽和電流為何？　(A)3nA　(B)6nA　(C)12nA　(D)24nA。

( )｜34. 有一放大電路以中頻段增益為基準，有關其截止頻率之敘述，下列何者有誤？　(A)截止頻率又稱半功率點頻率　(B)截止頻率又稱-3dB點頻率　(C)半功率點是指增益衰減至中頻段增益的一半　(D)截止頻率可分為低頻截止頻率點與高頻截止頻率點。

( )｜35. 有關場效電晶體(FET)之敘述，下列何者有誤？　(A)MOSFET的工作模式為歐姆區（三極管區）、夾止飽和區及截止區　(B)可分成傳導載子為電子的n通道與傳導載子為電洞的p通道　(C)MOSFET分成沒有預置通道的空乏型與有預置通道的增強型　(D)主要可分成JFET及MOSFET。

( )｜36. 有關雙極性接面電晶體(BJT)共射極(CE)、共集極(CC)及共基極(CB)組態放大電路特性之比較，下列何者有誤？　(A)功率增益：CE＞CB＞CC　(B)輸出阻抗：CB＞CE＞CC　(C)輸入阻抗：CC＞CE＞CB　(D)電壓增益：CB＞CC＞CE。

( )｜37. 有關場效電晶體(FET)與雙極性接面電晶體(BJT)之比較，下列敘述何者正確？　(A)FET的輸入阻抗較BJT低　(B)BJT比FET適合應用於超大型積體電路　(C)BJT的熱穩定性較FET好　(D)FET增益與頻寬的乘積較BJT小。

( )｜38. 有關差動放大器增益與共模拒斥比(CMRR)之敘述，下列何者正確？　(A)A_{cm}（共模增益）越大越好　(B)A_d（差模增益）越小越好　(C)理想CMRR為無窮大　(D)CMRR越小越能抑制雜訊。

( )｜39. 串級放大器相對於單級放大器，有關前者之增益與頻寬，下列敘述何者正確？　(A)增益變大，頻寬變窄　(B)增益變大，頻寬變寬　(C)增益變小，頻寬不變　(D)增益變小，頻寬變窄。

( )｜40. 下列何者不是達靈頓(Darlington)放大電路之特點？　(A)輸入阻抗高　(B)輸出阻抗低　(C)電流增益高　(D)電壓增益高。

( )｜41. 雙極性接面電晶體(BJT)運作於主動模式，熱電壓V_T=25mV，基極直流電I_B=10μA，β=99，試求室溫下交流等效電阻r_π為何？　(A)1kΩ　(B)2.5kΩ　(C)5kΩ　(D)25kΩ。

( )42. 電晶體共射極放大電路於射極電阻R_E增加一射極旁路電容C_E，其主要功用為下列何者？　(A)濾波功能　(B)防止直流電通過　(C)防止短路　(D)提高電壓增益。

( )43. 有一n通道接面場效電晶體(JFET)之汲極電流I_{DSS}=4mA，其中$V_{GS(OFF)}$=-4V，當JFET運作於V_{GS}=-2V時，試求順向轉移互導g^m為何？　(A)0.5m℧　(B)1m℧　(C)1.5m℧　(D)2m℧。

( )44. 有一n通道空乏型金屬氧化半導體場效電晶體(MOSFET)運作於夾止飽和區，其導電參數K=0.5mA/V^2，若直流工作點之汲極電流為I_D=8mA，試求g_m為何？　(A)2mS　(B)4mS　(C)6mS　(D)8mS。

( )45. 在矽半導體材料中摻入五價雜質，其半導體類型、電性及內部多數載子之敘述，下列何者正確？　(A)p型半導體、正電、電洞　(B)p型半導體、電中性、電洞　(C)n型半導體、負電、電子　(D)n型半導體、電中性、電子。

( )46. 有一p通道增強型金屬氧化半導體場效電晶體(MOSFET)，其參數K=0.5mA/V^2，臨界電壓V_T=-2V，試求V_{GS}=-4V時，I_D值為何？　(A)0mA　(B)2mA　(C)4.5mA　(D)6mA。

( )47. 雙極性接面電晶體(BJT)共射極(CE)組態中，小訊號電源是經由一個耦合電容CC進入基極，該電容CC之主要功能為何？　(A)阻隔直流　(B)使電流增益變大　(C)阻隔交流信號　(D)使電壓增益變大。

( )48. 有關功率放大器的特性分成A類、B類、AB類及C類，下列敘述何者有誤？　(A)A類放大器的工作操作點定於負載線中點　(B)B類放大器的失真程度最小　(C)AB類放大器的工作操作點介於A類及B類放大器之間　(D)C類放大器的工作操作點定於截止區之下。

( )49. 有一雙極性接面電晶體(BJT)，$\beta=100$，已知室溫下熱電壓V_T=25mV，若I_C=0.5mA，試求該BJT之g_m為何？　(A)20mA/V　(B)40mA/V　(C)60mA/V　(D)80mA/V。

( )50. 有關振盪器之敘述，下列何者有誤？　(A)石英振盪器是利用晶體本身之壓電效應　(B)一般RC相移振盪器所產生的輸出波形為三角波　(C)射頻振盪器一般採用LC電路　(D)低頻振盪器一般採用RC電路。

解答及解析

※答案標示為#者，表官方曾公告更正該題答案。

1. (C)。 氮化鎵(GaN)+ $\begin{cases} 鎂（Mg）取代鎵 \rightarrow 少了一個電子形成p型。 \\ 矽（Si）取代鎵 \rightarrow 少了一個電子形成n型。 \end{cases}$
   選(C)。

2. (D)。 齊納二極體從高摻雜的p-n接面製成，因而空乏區較窄，導致齊納二極體相較一般二極體，有著較低的崩潰電壓，故常用於穩壓電路→(A)、(B)、(C)正確。

3. (C)。 $A_p=40dB=10\log(\frac{P_{out}}{P_{in}})=10\log(\frac{I_{out}\cdot V_{out}}{I_{in}\cdot V_{in}})$

   $=10[\log(\frac{I_{out}}{I_{in}})+\log(\frac{V_{out}}{V_{in}})]$

   $=\frac{1}{2}[20\log(\frac{I_{out}}{I_{in}})+20\log(\frac{V_{out}}{V_{in}})]$

   $\rightarrow 40dB=\frac{1}{2}[A_I+40dB]$

   $\rightarrow 20\log A_I=40dB$

   $\rightarrow A_I=100$，選(C)。

4. (C)。 $V_{dc}=V_m-\frac{V_{r(p-p)}}{2}=1.5-\frac{0.1}{2}=1.45V$

   $V_{r(rms)}=\frac{V_{r(p-p)}}{2\sqrt{3}}\cong\frac{I_{dc}}{4\sqrt{3}\cdot f\cdot C}\times\frac{V_{dc}}{V_m}=\frac{1}{4\sqrt{3}\cdot f\cdot C}\times\frac{1}{V_m}\times\frac{V_{dc}^2}{R_L}$

   $\rightarrow\frac{0.1}{2\sqrt{3}}=\frac{1}{4\sqrt{3}\cdot 60\cdot C}\times\frac{1}{1.5}\times\frac{1.45^2}{5k}$

   $\rightarrow C=23\mu F$，選最近值(C)。

5. (C)。 箝位器之輸出與輸入波型相同，只是可調整直流位準，使輸出波型零電位的位置改變（即使輸入波形產生「垂直」位移）。選(C)。

6. (C)。 $Z_i = r_\pi + (1+\beta) \times 0.01 = 3k\Omega$。選(C)。

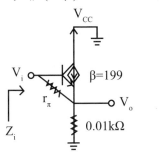

7. (C)。 (A)$V_1 = V_2 = 0 \Rightarrow$ 導致D_1 on，D_2 on。
   (B)假設D_1 off，D_2 on，則$V_0 \cong 6.52V > V_1(4V)$，則$D_1$不可能off。
   (C)假設D_1 off，D_2 on，則$V_0 \cong 2.21V < V_1(8V)$，假設正確。
   (D)$V_1 = V_2 = 8V$導致D_1 off，D_2 off。
   選(C)。

8. (A)。 設D_1 on，D_2 off，D_3 on

   $$\to \frac{12 - V_o}{4k} = \frac{V_o - (-2)}{6k} + \frac{V_o - (-6)}{2k}$$

   $\to V_o = -0.36V$將導致D_1 on，D_2 off，D_3 on
   $\to$假設正確
   選最近值(A)。

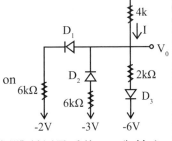

9. (B)。 ∵負載為電容，具有儲能效果，∴二極體所須承受的PIV為輸入
   訊號的峰值V_p，加上電容上儲存的電壓V_p。
   PIV=$2V_p$，選(B)。

10. (B)。 $3.4 - I_D \times R_1 = V_S = 3.4 - 1.2 \times R_1(k\Omega)$
    $|V_{GS} - V_T| = |V_G - V_S - (-0.6)|$
    $= |0 - 3.4 + 1.2 \times R_1 + 0.6| = 0.4$
    $\to R_1 = 2k\Omega$
    選(B)。

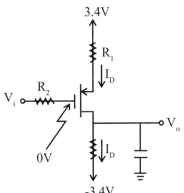

11. (C)。 $I_1 = I_{REF} / (\frac{2W}{L}) \times (\frac{6W}{L}) = 0.3mA \times 3$
    $= 0.9mA$。選(C)。

12. (C)。 $I_o = I_1 + I_2 + I_3$

$$\to \frac{V_0 - 0}{1k} = \frac{0 - 1.5}{3k} + \frac{0 - 2.5}{3k} + \frac{0 - 2}{3k}$$

$$\to 3V_0 = -6$$

$$\to V_0 = -2V，選(C)。$$

13. (C)。 $r_\pi = \dfrac{\beta \times V_T}{I_{CQ}} = \dfrac{100 \times 25m}{0.5m} = 5k\Omega$

$$gm = \frac{I_{CQ}}{V_T} = \frac{0.5m}{25m} = 0.02(\mho) = 20(ms)$$

$$r_{o,BJT} = \frac{V_A}{I_{CQ}} = \frac{100}{0.5m} = 200k\Omega$$

$$r_{o,PMOS} = \frac{V_B}{I_{CQ}} = \frac{20}{(1.5 - 0.5)m} = 20k\Omega$$

選(C)。

14. (B)。 $1.6 - R_1 \times I_B - 0.7 = V_o = I_E \times R_2 = (1 + \beta)I_B \times R_2$

$$\to 0.9 - 10k \times I_B = 100 \times I_B \times 100$$

$$\to I_B = 4.5 \times 10^{-5}A$$

$$\to r_\pi = \frac{V_1}{I_B} = 555\Omega，選最近值(B)。$$

15. (D)。 (A)$r_\pi = (1 + \beta)r_e$。

(B)$R_{o1} = R_c//r_o$。

(C)$R_{o2} = R_{o1}//R_L = Rc//r_o//R_L$。

(D)$R_{in} = (R_{B1}//R_{B2})//[(1 + \beta)r_e] = R_{B1}//R_{B2}//r_\pi$。

選(D)。

16. (A)。　$\dfrac{V_o}{V_i}=A_f=100=\dfrac{A_{open}}{1+\beta\cdot A_{open}}=\dfrac{10^4}{1+\beta\cdot 10^4}$

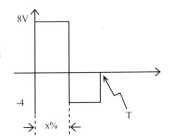

$\rightarrow\beta=9.9\times 10^{-3}$

選(A)。

17. (C)。　開迴路&閉迴路「頻寬×增益」相同。

$\rightarrow A_{open}\times BW_{open}=10^6\times 1k=A_{open}\times BW_{open}=A_f\times BW_{close}$

$\rightarrow BW_{close}=10^4 kHz$

選(C)。

18. (B)。　$CMRR=20log|\dfrac{A_d}{A_c}|=20log|\dfrac{100}{A_c}|=80dB$

$\rightarrow\dfrac{100}{A_c}=10^4$

$\rightarrow A_C=10^{-2}$，選(B)。

19. (B)。　$V_{av}=\dfrac{8\times T\times x\%+(-4)\times T\times(1-x\%)}{T}=0.8$

$\rightarrow 12\times x\%=4.8$

$\rightarrow x=40\%$

選(B)。

20. (D)。　橋式整流為一全波整流 $\rightarrow\begin{cases}V_{rms}=\dfrac{V_m}{\sqrt{2}}\rightarrow\dfrac{V_{rms}}{V_{av}}=\dfrac{V_m}{\sqrt{2}}\times\dfrac{\pi}{2V_m}=\dfrac{\pi}{2\sqrt{2}}\\ V_{av}=\dfrac{2V_m}{\pi}\end{cases}$

選(D)。

21. (D)。　$40dB=20log(\dfrac{I_2}{I_1})\rightarrow I_2：I_1=100：1\rightarrow N_1：N_2=100：1$。選(D)。

22. (A)。　p接「負」，n接「正」，二極體逆偏，則空乏區↑，障礙電位↑，使載子無法越過接面，如同斷路。選(A)。

23. (D)。　$V_r = \dfrac{9 \times 6}{3+6} = 6V$

　　　　$\rightarrow V_o = V_r + \dfrac{V_r - 3}{8k} \times R_4$

　　　　$\rightarrow 9 = 6 + \dfrac{6-3}{8} \times R_4$

　　　　$\rightarrow R_4 = 8k\,\Omega$

　　　　選(D)。

24. (D)。　$(A) V_d = V_{i1} - V_{i2} = 10\mu V$。

　　　　$(B) V_{cm} = \dfrac{V_{i1} + V_{i2}}{2} = 30\,\mu V$。

　　　　$(C) CMRR = 40dB = 20\log(\dfrac{A_d}{A_{cm}}) = 20\log(\dfrac{200}{A_{cm}}) \rightarrow A_{cm} = 2$。

　　　　$(D) V_o = A_d \times V_d = 200 \times 10\,\mu V = 2mV$。

　　　　選(D)。

25. (A)。　$V_o = 0 + (\dfrac{0 - V_i}{R}) \times \dfrac{1}{SC} \rightarrow \dfrac{V_2}{V_1} \equiv A_V(S) = \dfrac{-1}{SRC}$，屬於積分器

　　　　選(A)。

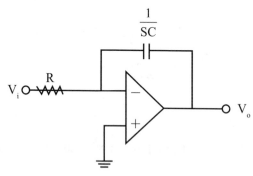

26. (A)。　方波 $\underset{微分}{\overset{積分}{\rightleftarrows}}$ △波

　　　　方波 $\underset{微分}{\overset{積分}{\rightleftarrows}}$ 脈波

　　　　選(A)。

27.(B)。 $\alpha = \dfrac{\beta}{1+\beta} = \begin{cases} 0.99, \beta=99 \\ 0.98, \beta=49 \end{cases}$。選(B)。

28.(A)。 理想OP條件：(1)$R_{in}=\infty$。(2)$R_{out}=0$。(3)BW=∞。(4)$A_V=\infty$。選(A)。

29.(A)。 V(0)=80×sin30°=40V。選(A)。

30.(D)。 BJT摻雜濃度：E>>B>C，pnp或npn皆然。選(D)。

31.(A)。 (1)射極為輸出，就不可能是共射極電路→(C)、(B)刪除。
(2)CB組態，以射極為輸入，集極為輸出。
(3)CC組態，以基極為輸入，射極為輸出。
選(A)。

32.(B)。 $V_{BE}<0$，$V_{BC}<0$為於反向主動。選(B)。

33.(A)。 $I_{S2}=I_{S1}\times 2^{\frac{T_2-T_1}{10}}\equiv I(30°)=I(90°)\times 2^{\frac{30°-90°}{10}}=3nA$。選(A)。

34.(C)。 截止頻率≡3dB頻率≡半功頻率，即此頻率下，功率為P_{max}的$\dfrac{1}{2}$，
而不是中頻段功率。選(C)。

35.(C)。 MOSFET分為「有」預置通道的「空乏型」；「沒有」預置通道的「增強型」。選(C)。

36.(D)。

	CE	CC	CB
Z_i	中	高	低
Z_o	中	低	高
A_V	中	<1	高
A_I	中	高	<1
A_P	高	低	中

選(D)。

37.(D)。 (A)Z_i：$\overset{\infty}{\text{FET}} > \overset{r_\pi}{\text{BJT}}$。

(B)面積：FET<BJT→FET適合VLSI。。
(C)BJT為雙載子元件，特性易受溫度影響→FET熱穩定性好。
(D)增益頻寬變頻：FET>BJT→BJT適合高速應用(須BW大)。
選(D)。

38.(C)。　差動放大器理想上CMRR=∞，俾抑制來自電源之共模雜訊。選
(C)。

39.(A)。　∵增益×頻寬不變∴串級放大使增益↑，則導致BW↓。選(A)。

40.(D)。　達靈頓電路相當串接二級CC組態放大器(高電流增益)→進一步提
升A_I及Z_i，保有CC組態低Z_o的特色。選(D)。

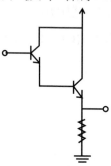

41.(B)。　$r_\pi = \dfrac{V_T}{I_{BQ}} = \dfrac{25 \times 10^{-3}}{10 \times 10^{-6}} = 2.5k\Omega$。選(B)。

42.(D)。　$V_o = \dfrac{-V_{in}}{r_e + R_E} \times \alpha \times R_L$

$\rightarrow \dfrac{V_o}{V_{in}} = -\dfrac{\alpha R_L}{r_e + R_E}$　$\dfrac{若有 C_E，則 R_E}{被 by\ pass}$　$\dfrac{-\alpha R_L}{r_e}$ ↑

→即增益↑

選(D)。

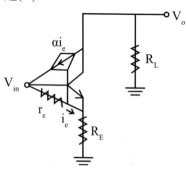

43.(B)。　$gm = \dfrac{2I_{DSS}}{-V_P}(1 - \dfrac{V_{GS}}{V_P}) = \dfrac{2 \times 4m}{+4}(1 - \dfrac{-2}{-4}) = 1m\mho$。選(B)。

44.(B)。　$(1)I_D = K(V_{gs} - V_t)^2 \rightarrow gm = \dfrac{\partial I_D}{\partial V_{gs}} = 2k(V_{gs} - V_T) \cdots (2)$

$(2) \rightarrow (V_{gs} - V_T) = \sqrt{\dfrac{I_D}{k}}$ 代入(1)

$\rightarrow gm = 2\sqrt{kI_D} = 2\sqrt{0.5 \times 8}$ m=4mA。

選(B)。

45.(D)。　經摻雜後的半導體，仍為電中性，只是不太受束縛的可傳導粒子增加，在p型為電洞，n型為電子。選(D)。

46.(B)。　$I_D = k(V_{gs} - |V_t|)^2 = 0.5(4-2)^2 = 2mA$。選(B)。

47.(A)。　C_C耦合電容用於阻隔直流訊號。選(A)。

48.(B)。　(A)class A放大器操作點Q位於自載線中點，可得最大放大訊號。
(B)失真最小的是classA放大器。
(C)class AB放大器，Q點位於class A、class B放大器間。
(D)class C，Q點在截止區下。
選(B)。

49.(A)。　$gm = \dfrac{I_C}{V_T} = \dfrac{0.5m}{25m} = 20mA/V$。選(A)。

50.(B)。　RC振盪器輸出理想上為弦波。選(B)。

一試就中，升任各大
國民營企業機構
高分必備，推薦用書

共同科目

2B811121	國文	高朋・尚榜	590元
2B821131	英文	劉似蓉	650元
2B331141	國文(論文寫作)	黃淑真・陳麗玲	470元

專業科目

2B031131	經濟學	王志成	620元
2B041121	大眾捷運概論（含捷運系統概論、大眾運輸規劃及管理、大眾捷運法 👑 榮登博客來、金石堂暢銷榜	陳金城	560元
2B061131	機械力學(含應用力學及材料力學)重點統整＋高分題庫	林柏超	430元
2B071111	國際貿易實務重點整理+試題演練二合一奪分寶典 👑 榮登金石堂暢銷榜	吳怡萱	560元
2B081141	絕對高分! 企業管理(含企業概論、管理學)	高芬	690元
2B111082	台電新進雇員配電線路類超強4合1	千華名師群	750元
2B121081	財務管理	周良、卓凡	390元
2B131121	機械常識	林柏超	630元
2B141141	企業管理(含企業概論、管理學)22堂觀念課	夏威	780元
2B161141	計算機概論(含網路概論) 👑 榮登博客來、金石堂暢銷榜	蔡穎、茆政吉	660元
2B171121	主題式電工原理精選題庫 👑 榮登博客來暢銷榜	陸冠奇	530元
2B181141	電腦常識(含概論) 👑 榮登金石堂暢銷榜	蔡穎	590元
2B191141	電子學	陳震	650元
2B201121	數理邏輯(邏輯推理)	千華編委會	530元

2B251121	捷運法規及常識(含捷運系統概述) 👑 榮登博客來暢銷榜	白崑成	560元
2B321141	人力資源管理(含概要) 👑 榮登博客來、金石堂暢銷榜	陳月娥、周毓敏	近期出版
2B351131	行銷學(適用行銷管理、行銷管理學) 👑 榮登金石堂暢銷榜	陳金城	590元
2B421121	流體力學（機械）・工程力學（材料）精要解析 👑 榮登金石堂暢銷榜	邱寬厚	650元
2B491131	基本電學致勝攻略 👑 榮登金石堂暢銷榜	陳新	690元
2B501131	工程力學(含應用力學、材料力學) 👑 榮登金石堂暢銷榜	祝裕	630元
2B581112	機械設計(含概要) 👑 榮登金石堂暢銷榜	祝裕	580元
2B661141	機械原理(含概要與大意)奪分寶典	祝裕	近期出版
2B671101	機械製造學(含概要、大意)	張千易、陳正棋	570元
2B691131	電工機械(電機機械)致勝攻略	鄭祥瑞	590元
2B701112	一書搞定機械力學概要	祝裕	630元
2B741091	機械原理(含概要、大意)實力養成	周家輔	570元
2B751131	會計學(包含國際會計準則IFRS) 👑 榮登金石堂暢銷榜	歐欣亞、陳智音	590元
2B831081	企業管理(適用管理概論)	陳金城	610元
2B841131	政府採購法10日速成👑 榮登博客來、金石堂暢銷榜	王俊英	630元
2B851141	8堂政府採購法必修課：法規+實務一本go！ 👑 榮登博客來、金石堂暢銷榜	李昀	530元
2B871091	企業概論與管理學	陳金城	610元
2B881141	法學緒論大全(包括法律常識)	成宜	近期出版
2B911131	普通物理實力養成 👑 榮登金石堂暢銷榜	曾禹童	650元
2B921141	普通化學實力養成 👑 榮登金石堂暢銷榜	陳名	550元
2B951131	企業管理(適用管理概論)滿分必殺絕技 👑 榮登金石堂暢銷榜	楊均	630元

以上定價，以正式出版書籍封底之標價為準

歡迎至千華網路書店選購
服務電話(02)2228-9070

千華網路書店

更多網路書店及實體書店

博客來網路書店　PChome 24hr書店　三民網路書店

MOMO 購物網　金石堂網路書店　誠品網路書店

查詢實體書店

一試就中，升任各大
國民營企業機構
高分必備，推薦用書

書號	書名	作者	定價
2B021111	論文高分題庫	高朋 尚榜	360元
2B061131	機械力學(含應用力學及材料力學)重點統整＋高分題庫	林柏超	430元
2B091111	台電新進雇員綜合行政類超強5合1題庫	千華 名師群	650元
2B171121	主題式電工原理精選題庫	陸冠奇	530元
2B261121	國文高分題庫	千華	530元
2B271131	英文高分題庫　👑榮登金石堂暢銷榜	德芬	630元
2B281091	機械設計焦點速成＋高分題庫	司馬易	360元
2B291131	物理高分題庫	千華	590元
2B301141	計算機概論高分題庫　👑榮登金石堂暢銷榜	千華	550元
2B341091	電工機械(電機機械)歷年試題解析	李俊毅	450元
2B361061	經濟學高分題庫	王志成	350元
2B371101	會計學高分題庫	歐欣亞	390元
2B391131	主題式基本電學高分題庫	陸冠奇	600元
2B511131	主題式電子學(含概要)高分題庫	甄家灝	500元
2B521131	主題式機械製造(含識圖)高分題庫　👑榮登金石堂暢銷榜	何曜辰	近期出版

2B541131	主題式土木施工學概要高分題庫　👑榮登金石堂暢銷榜	林志憲	630元
2B551081	主題式結構學(含概要)高分題庫	劉非凡	360元
2B591121	主題式機械原理(含概論、常識)高分題庫　👑榮登金石堂暢銷榜	何曜辰	590元
2B611131	主題式測量學(含概要)高分題庫　👑榮登金石堂暢銷榜	林志憲	450元
2B681131	主題式電路學高分題庫	甄家灝	550元
2B731101	工程力學焦點速成＋高分題庫　👑榮登金石堂暢銷榜	良運	560元
2B791121	主題式電工機械(電機機械)高分題庫	鄭祥瑞	560元
2B801081	主題式行銷學(含行銷管理學)高分題庫	張恆	450元
2B891131	法學緒論(法律常識)高分題庫	羅格思 章庠	570元
2B901131	企業管理頂尖高分題庫(適用管理學、管理概論)	陳金城	410元
2B941131	熱力學重點統整＋高分題庫　👑榮登金石堂暢銷榜	林柏超	470元
2B951131	企業管理(適用管理概論)滿分必殺絕技	楊均	630元
2B961121	流體力學與流體機械重點統整＋高分題庫	林柏超	470元
2B971141	自動控制重點統整＋高分題庫	翔霖	560元
2B991141	電力系統重點統整＋高分題庫	廖翔霖	650元

以上定價，以正式出版書籍封底之標價為準

歡迎至千華網路書店選購
服務電話(02)2228-9070

千華網路書店

更多網路書店及實體書店

博客來網路書店　　PChome 24hr書店　　三民網路書店

MOMO 購物網　　金石堂網路書店　　誠品網路書店

查詢實體書店

國家圖書館出版品預行編目(CIP)資料

電子學/陳震, 甄家灝編著. -- 第十版. -- 新北市：千華
數位文化股份有限公司, 2024.10
　　面；　公分
國民營事業
ISBN 978-626-380-754-9 (平裝)

1.CST: 電子工程　2.CST: 電子學

448.6　　　　　　　　　　113015612

[國民營事業]　　**電子學**

編 著 者：陳　震、甄　家　灝

發 行 人：廖 雪 鳳
登 記 證：行政院新聞局局版台業字第 3388 號
出 版 者：千華數位文化股份有限公司
　　　　　地址：新北市中和區中山路三段 136 巷 10 弄 17 號
　　　　　電話：(02)2228-9070　　傳真：(02)2228-9076
　　　　　客服信箱：chienhua@chienhua.com.tw

法律顧問：永然聯合法律事務所
編輯經理：甯開遠
主　　編：甯開遠
執行編輯：廖信凱
校　　對：千華資深編輯群
設計主任：陳春花
編排設計：邱君儀

千華官網
／購書　　　　千華蝦皮

出版日期：2024 年 10 月 25 日　　第十版／第一刷

本書如有勘誤或其他補充資料，
將刊於千華官網，歡迎前往下載。